BEMESSUNGS- UND KONSTRUKTIONSBEISPIELE NACH EUROCODE 2

BEMESSUNGS- UND KONSTRUKTIONS-BEISPIELE NACH EUROCODE 2

Stahlbetonbau in praktischen Anwendungen

von

Prof. Dr.-Ing. Alfons Goris

Bibliografische Information der Deutschen Nationalbibliothek
Die Deutsche Nationalbibliothek verzeichnet diese Publikation in der Deutschen Nationalbibliografie; detaillierte bibliografische Daten sind im Internet über
http://dnb.d-nb.de abrufbar.

Ihre Meinung ist uns wichtig!
http://www.bundesanzeiger-verlag.de/Meinung

Bundesanzeiger Verlag GmbH
Amsterdamer Straße 192
50735 Köln

Internet: www.bundesanzeiger-verlag.de
Weitere Informationen finden Sie auch in unserem Themenportal unter
www.betrifft-bau.de

Beratung und Bestellung:
Tel.: +49 (0) 221 97668-306
Fax: +49 (0) 221 97668-236
E-Mail: bau-immobilien@bundesanzeiger.de

ISBN (Print): 978-3-8462-0518-1

Herstellung: Günter Fabritius

Druck und buchbinderische Verarbeitung: Appel & Klinger Druck und Medien GmbH, Schneckenlohe

Printed in Germany

Vorwort

Die neue europäische Norm des Stahlbetonbaus DIN EN 1992-1-1:2011 ist zusammen mit DIN EN 1992-1-1/NA:2013 seit einiger Zeit verfügbar. Änderungen zu diesen Normen sind Ende 2015 mit DIN EN 1992-1-1/A1:2015 und DIN EN 1992-1-1/NA/A1:2015 erschienen. Gegenüber der bisherigen Norm (DIN 1045-1) wurden einige Nachweise grundlegend geändert und das Normenwerk insgesamt neuen Erkenntnissen angepasst und überarbeitet.

Mit dem vorliegenden Buch wird anhand von **ausführlich dargestellten Projektbeispielen** die Anwendung von Grundlagenkenntnissen bei Entwurf und Planung von Stahlbetontragwerken aufgezeigt und vertieft. Die Vielfalt der Bemessungs- und Konstruktionsaufgaben lassen sich an nur einem Projekt nur unvollständig darstellen. In diesem Buch werden daher drei Bauprojekte und zwar

- ein Bürogebäude
- eine Industrie-/Lagerhalle sowie
- eine Fußweg-/Verbindungsbrücke

dargestellt, so dass die Besonderheiten des Hoch- und Industriebau gezeigt werden können. Besonderen Wert wird dabei auf die umfassende Aufbereitung und Darstellung der gewählten Projekte gelegt. Um den Umfang des Buches dennoch nicht zu sprengen und auf das Wesentliche zu begrenzen, wurden Wiederholungen weitestgehend vermieden; die Ergebnisse dieser Rechenschritte sind jedoch nachvollziehbar in Tabellen zusammengestellt.

Das Projekt Bürogebäude umfasst die Bemessung einer **Hochbaukonstruktion** mit den wesentlichen Tragwerksteilen. Hierzu gehören die Nachweise der Gesamtstabilität, die Berechnung, Bemessung und konstruktive Durchbildung von Platten, Balken, Stützen und Fundamenten. Die berechneten Tragwerksteile sind ausführlich dargestellt und erläutert. Lagerhallen des **Industriebaus** werden häufig als reine Fertigteilkonstruktionen ausgeführt. Im Projektbeispiel 2 liegt daher der Schwerpunkt auf die Besonderheiten in der Bemessung von Fertigteilen mit ihren typischen Konstruktionsformen und Nachweisführungen, wie z. B. weitgespannte Binder, schlanke Stützen, Konsolen, Fundamentausbildungen. Das gewählte Beispiel einer **Fußweg-/Verbindungsbrücke** – ausgeführt als einstegiger Plattenbalken – zeigt einige Besonderheiten bzgl. der Überlagerung von verschiedenen Beanspruchungsarten (Biegung, Querkraft und Torsion), der Lagerung von Brücken und deren Unterbauten.

Eine kurze **Zusammenfassung der Bemessungsgleichungen und -tabellen** runden die berechneten Beispiele ab, sodass ein lästiges Nachschlagen in verschiedenen Werken weitestgehend vermieden wird.

Für die Anwendung des aktuellen Normenkonzeptes und des Eurocodes 2 bietet das Buch damit umfassende und wertvolle Unterstützungen.

Siegen, im September 2016

Alfons Goris

Inhalt

Hochbauprojekt

Bauwerksbeschreibung, Übersicht HB.1
Lastannahmen HB.3
Expositionsklassen und Baustoffe HB.4

Pos. G: Nachweis der Gesamtstabilität und der Unverschieblichkeit

1 Ausgangssituation HB.5
2 Nachweis der Gesamtstabilität HB.6
2.1 Translationssteifigkeit (Seitensteifigkeit) HB.6
2.1.1 Seitensteifigkeit in z-Richtung (Biegung um y) HB.6
2.1.2 Seitensteifigkeit in y-Richtung (Biegung um z) HB.6
2.2 Verdrehungssteifigkeit HB.6
2.2.1 Berechnung nach EC2-1-1 ..... HB.6
2.2.2 Näherungsverfahren HB.9

Pos. W1/W4: Nachweis der Scheiben

1 Scheibe 1 (Pos. W1) HB.11
1.1 Einwirkungen HB.11
1.1.1 Vertikallasten HB.11
1.1.2 Horizontallasten aus Wind HB.12
1.1.3 Horizontallasten aus Imperfektionen HB.14
1.2 Nachweis Scheibe 1 ..... HB.15
2 Scheibe 4 (Pos. W4) HB.16
2.1 Einwirkungen HB.16
2.1.1 Vertikallasten HB.16
2.1.2 Horizontallasten aus Wind HB.16
2.1.3 Horizontallasten aus Imperfektionen HB.18
2.2 Nachweis Scheibe 4 ..... HB.19

Pos. D1: Flachdecke als Dachgeschossdecke

1 Aufgabenstellung HB.21
2 System, Einwirkungen, Schnittgrößen HB.21
2.1 System und Einwirkungen HB.21
2.2 Schnittgrößen HB.22
2.2.1 Auflagerkräfte im Grenzzustand der Tragfähigkeit HB.22
2.2.2 Biegemomente im Grenzzustand der Tragfähigkeit HB.23
3 Grenzzustand der Tragfähigkeit HB.29
3.1 Biegebemessung HB.29
3.2 Robustheitsbewehrung HB.29
3.3 Nachweis auf Durchstanzen HB.32
3.3.1 Nachweis für Stütze C2 (Innenstütze) HB.32
3.3.2 Nachweis für Stütze A2 (Randstütze) HB.34
3.3.3 Nachweis für Stütze D1 (Eckstütze) HB.35
3.3.4 Nachweis für das Wandende in Achse C5 ..... HB.36

3.4 Querkraftbemessung außerhalb des Durchstanzbereichs HB.37
3.5 Nachweis der Brandsicherheit HB.38
4 Gebrauchstauglichkeit HB.39
4.1 Spannungsbegrenzung HB.39
4.2 Beschränkung der Rissbreite HB.39
4.3 Beschränkung der Durchbiegung HB.41
5 Bewehrungsführung und bauliche Durchbildung HB.41
5.1 Grundmaß der Verankerungslängen HB.41
5.2 Verankerungen und Übergreifungen HB.41
5.3 Bauliche Durchbildung HB.43
6 Bewehrungsskizze HB.44

Pos. D2: Deckenplatte über Erdgeschoss

1 Aufgabenstellung HB.46
2 System, Einwirkungen, Schnittgrößen HB.46
2.1 System und Einwirkungen HB.46
2.2 Schnittgrößen HB.47
3 Grenzzustand der Tragfähigkeit HB.48
3.1 Biegebemessung HB.48
3.1.1 Feldmomente HB.48
3.1.2 Stützmomente HB.48
3.2 Bemessung für Querkraft HB.49
4 Gebrauchstauglichkeit HB.50
4.1 Spannungsbegrenzung HB.50
4.2 Beschränkung der Rissbreite HB.51
4.3 Beschränkung der Durchbiegung HB.53
5 Bewehrungsführung und bauliche Durchbildung HB.54
5.1 Verankerungslängen HB.54
5.2 Zugkraftdeckungslinie HB.55
5.3 Bauliche Durchbildung HB.55
6 Bewehrungsskizze HB.57
7 Ausführung als Teilfertigdecke HB.58
7.1 Nachweis der Verbundfuge HB.58
7.2 Weitere Nachweise HB.61

Pos U1: Unterzug

1 Beschreibung HB.62
2 System, Einwirkungen, Schnittgrößen HB.62
2.1 System und Einwirkungen HB.62
2.2 Querschnittswerte HB.63
2.3 Schnittgrößen HB.64
3 Grenzzustand der Tragfähigkeit HB.66
3.1 Grenzlinie der Schnittgrößen HB.66
3.2 Biegebemessung HB.68
3.2.1 Feldmomente HB.68
3.2.2 Stützmomente HB.69
3.2.3 Nachweis der Rotationsfähigkeit/ Neubemessung an Stütze B HB.70
3.3 Bemessung für Querkraft HB.71
3.3.1 Bemessungsquerkräfte HB.71
3.3.2 Nachweis an Stütze B_{li} HB.71
3.3.3 Weitere Nachweisstellen HB.73

3.3.4 Schubkräfte zwischen Balkensteg und Gurt HB.73
4 Gebrauchstauglichkeit HB.76
4.1 Begrenzung der Spannungen HB.76
4.1.1 Begrenzung der Betondruckspannungen HB.76
4.1.2 Begrenzung der Betonstahlspannungen HB.76
4.2 Begrenzung der Rissbreite HB.77
4.2.1 Mindestbewehrung HB.78
4.2.1.1 Stützbereich HB.78
4.2.1.2 Nachweis für den Feldquerschnitt HB.79
4.2.2 Rissbreitenbegrenzung für die Lastbeanspruchung HB.79
4.2.3 Begrenzung der Verformungen HB.80
5 Bewehrungsführung und bauliche Durchbildung HB.81
5.1 Mindestbewehrung HB.81
5.2 Verankerungslängen HB.83
5.3 Zugkraftdeckungslinie HB.83
5.4 Querkraftbewehrung HB.84
6 Bewehrungsskizze HB.84
7 Ausführung von Position U1 als Teilfertiglösung HB.86
7.1 Tragfähigkeitsnachweis für Biegung HB.86
7.2 Tragfähigkeitsnachweis für Querkraft – Nachweis der Verbundfuge ... HB.87
7.3 Weitere Nachweise HB.88

Pos. S1: Innenstütze

1 Beschreibung HB.89
2 System, Einwirkungen, Schnittgrößen HB.89
3 Nachweise im Grenzzustand der Tragfähigkeit HB.90
3.1 Schlankheit und Grenzschlankheit HB.90
3.2 Nachweis nach Theorie II. Ordnung HB.91
3.2.1 Berechnung nach dem Modellstützenverfahren HB.91
3.2.2 Berechnung mit Diagrammen HB.93
3.2.3 Zweiachsiges Knicken HB.93
3.3 Brandschutzbemessung HB.94
3.3.1 Einwirkungskombination HB.94
3.3.2 Nachweis HB.94
4 Nachweise im Grenzzustand der Gebrauchstauglichkeit HB.96
5 Bewehrungsführung und bauliche Durchbildung HB.96
5.1 Mindest- und Höchstbewehrung HB.96
5.2 Verankerungs- und Übergreifungslänge HB.97
5.3 Bügelbewehrung HB.97
6 Darstellung der Bewehrung HB.98

Pos. S2: Randstütze

1 Beschreibung HB.99
2 System, Schnittgrößen HB.99
3 Nachweise in Rahmenebene HB.100
3.1 Schlankheit und Grenzschlankheit HB.100
3.2 Nachweis nach Theorie II. Ordnung HB.101
4 Nachweise senkrecht zur Rahmenebene HB.102
4.1 Schlankheit und Grenzschlankheit HB.102
4.2 Nachweis nach Theorie II. Ordnung HB.102
5 Weitere Nachweise HB.103
6 Darstellung der Bewehrung HB.103

Pos. F1: Mittig belastetes Fundament

1 Beschreibung HB.104
2 Einwirkungen HB.104
3 Nachweis der Bodenpressungen HB.104
4 Grenzzustand der Tragfähigkeit HB.105
4.1 Biegung HB.106
4.2 Durchstanzen HB.106
5 Grenzzustand der Gebrauchstauglichkeit HB.110
6 Bewehrungsführung und bauliche Durchbildung HB.110
6.1 Mindestbewehrung HB.110
6.2 Verankerung der Biegezugbewehrung HB.111
6.3 Sonstige Bewehrungsregeln HB.112
7 Bewehrungsskizze HB.112

Pos. F2: Ausmittig belastetes Fundament

1 Beschreibung HB.113
2 Einwirkungen HB.113
3 Nachweis der Bodenpressungen HB.113
4 Grenzzustand der Tragfähigkeit HB.114
4.1 Biegung HB.114
4.2 Durchstanzen HB.115
5 Gebrauchstauglichkeit HB.116
6 Bauliche Durchbildung HB.116
6.1 Mindestbewehrung HB.116
6.2 Weitere Nachweise HB.116
7 Bewehrungsskizze HB.116

Pos. T1: Treppenläufe und Podeste

1 Beschreibung HB.117
2 Treppenläufe HB.117
2.1 System und Belastung HB.117
2.2 Schnittgrößen HB.118
2.3 Grenzzustand der Tragfähigkeit HB.118
2.3.1 Biegung HB.118
2.3.1.1 Feldbewehrung HB.118
2.3.1.2 Stützbewehrung HB.119
2.3.2 Bemessung für Querkraft HB.119
2.4 Grenzzustand der Gebrauchstauglichkeit HB.119
2.4.1 Spannungsbegrenzung HB.119
2.4.2 Rissbreitenbegrenzung HB.119
2.4.3 Beschränkung der Durchbiegung HB.120
2.5 Bauliche Durchbildung HB.120
3 Podeste HB.121
3.1 System und Belastung HB.121
3.2 Schnittgrößen HB.121
3.3 Grenzzustand der Tragfähigkeit HB.122
3.3.1 Biegung HB.122
3.3.2 Bemessung für Querkraft HB.122
3.4 Grenzzustand der Gebrauchstauglichkeit HB.122
3.4.1 Spannungsbegrenzung HB.122
3.4.2 Rissbreitenbegrenzung HB.122

3.4.3 Beschränkung der Durchbiegung HB.123
3.5 Bauliche Durchbildung HB.123
4 Bewehrungsführung und bauliche Durchbildung HB.124
4.1 Verankerungen HB.124
4.2 Zugkraftdeckungslinie HB.125
4.3 Bauliche Durchbildung HB.125
5 Darstellung der Bewehrung HB.126

Industriebauprojekt

Bauwerksbeschreibung, Übersicht IB.1
Lastannahmen IB.4
Expositionsklassen und Baustoffe IB.5

Pos. B2: Binder in Achse 2

1 Beschreibung IB.6
2 Parallelgurtiger Binder IB.6
2.1 Vorbemessung IB.6
2.2 Bemessung IB.7
2.2.1 System und Belastung IB.7
2.2.2 Nachweise im Grenzzustand der Tragfähigkeit IB.8
2.2.2.1 Schnittgrößenverlauf IB.8
2.2.2.2 Biegebemessung IB.8
2.2.2.3 Querkraftbemessung IB.9
2.2.2.4 Kippsicherheitsnachweis IB.11
2.2.2.5 Nachweis der Brandsicherheit IB.16
2.2.3 Nachweise im Grenzzustand der Gebrauchstauglichkeit IB.17
2.2.3.1 Spannungsbegrenzung IB.17
2.2.3.2 Rissbreitenbegrenzung IB.17
2.2.3.3 Begrenzung der Verformungen IB.18
2.3 Bewehrungsführung und bauliche Durchbildung IB.23
2.3.1 Mindestbewehrung IB.23
2.3.2 Verankerungslänge IB.23
2.3.3 Zugkraftdeckungslinie IB.24
2.3.4 Querkraftbewehrung IB.25
2.3.5 Bewehrungsdarstellung IB.25
3 Satteldachbinder (alternativ zu Abschn. 2) IB.27
3.1 System und Belastung IB.27
3.2 Nachweise im Grenzzustand der Tragfähigkeit IB.28
3.2.1 Schnittgrößenverlauf IB.28
3.2.2 Biegebemessung IB.28
3.2.3 Querkraftbemessung IB.30
3.2.4 Kippsicherheit IB.32
3.3 Weitere Nachweise IB.32

Pos. S2: Stützen in Achse 2

1 Übersicht IB.33
2 System und Einwirkungen IB.33

2.1 System IB.33
2.2 Einwirkungen IB.34
3 Schnittgrößen IB.34
3.1 Schnittgrößen infolge vertikaler Lasten IB.36
3.2 Schnittgrößen infolge horizontaler Lasten (Wind) IB.37
4 Bemessung in den Grenzzuständen der Tragfähigkeit IB.38
4.1 Bemessungswerte IB.38
4.2 Bemessung als Druckglieder IB.38
4.2.1 Lastfallkombinationen IB.38
4.2.2 Ersatzlänge und Schlankheit der Stütze IB.39
4.2.3 Imperfektionen IB.39
4.2.4 Bemessung für Biegung mit Längskraft IB.39
4.3 Bemessung für Querkraft IB.42
4.4 Brandschutztechnische Nachweise IB.42
5 Bemessung in den Grenzzuständen der Gebrauchstauglichkeit IB.44
5.1 Begrenzung der Betondruckspannungen IB.44
5.2 Rissbreitenbegrenzung IB.44
5.3 Begrenzung der Verformungen IB.44
6 Nachweise im Binderauflagerbereich IB.46
6.1 Erforderliche Nachweise IB.46
6.2 Nachweis der Teilflächenbelastung IB.46
6.3 Querzugkraft am Elastomerlager, Spalt- und Randzugkraft IB.46
6.4 Weiterleitung der Koppelkräfte IB.47
7 Bauliche Durchbildung IB.46
7.1 Längsbewehrung IB.48
7.2 Bügelbewehrung IB.48
7.3 Darstellung der Bewehrung IB.48

Pos. F2: Fundament F2 in Achse 2

1 Übersicht IB.49
2 System und Einwirkungen IB.50
3 Bodenmechanische Nachweise IB.50
4 Grenzzustand der Tragfähigkeit IB.50
4.1 Biegung IB.50
4.2 Durchstanzen IB.52
5 Grenzzustand der Gebrauchstauglichkeit IB.54
6 Bewehrungsführung IB.54
6.1 Mindestbewehrung IB.54
6.2 Verankerung der Biegezugbewehrung IB.55
6.3 Sonstige Bewehrungsregeln IB.55
7 Bewehrungsdarstellung IB.56

Fußwegbrücke

Bauwerksbeschreibung BB.1
1 Überbau BB.2
1.1 Einwirkungen, Betondeckung BB.2
1.2 Platte in Querrichtung BB.2

1.2.1 Tragfähigkeitsnachweise BB.2
1.2.2 Mindest-/Duktilitätsbewehrung BB.3
1.2.3 Gebrauchstauglichkeitsnachweise BB.3
1.2.4 Konstruktive Durchbildung BB.3
1.3 Plattenbalken in Längsrichtung BB.4
1.3.1 Tragfähigkeitsnachweise BB.4
1.3.1.1 Schnittgrößen BB.4
1.3.1.2 Biegebemessung BB.6
1.3.1.3 Bemessung für Querkraft; $V_{Ed,max}$ BB.8
1.3.1.4 Bemessung für Querkraft und Torsion BB.9
1.3.2 Grenzzustände der Gebrauchstauglichkeit BB.11
1.3.2.1 Spannungsbegrenzung BB.11
1.3.2.2 Rissbreitenbegrenzung BB.11
1.3.2.3 Begrenzung der Verformungen BB.13
1.4 Bewehrungsführung und bauliche Durchbildung BB.14
1.4.1 Mindestbewehrung BB.14
1.4.2 Verankerungslänge BB.14
1.4.3 Bügelbewehrung BB.14
1.4.4 Übergreifung Plattenbewehrung – Stegbügel BB.15
1.4.5 Zug- und Schubkraftdeckung BB.15
1.5 Bewehrungsdarstellung BB.16
2 Endquerträger BB.18
2.1 System mit Belastung; Schnittgrößen BB.18
2.1.1 Lastfall max F_{Ed} BB.18
2.1.2 Lastfall max T_{Ed} mit zug F_{Ed} BB.18
2.2 Grenzzustände der Tragfähigkeit BB.19
2.2.1 Biegebemessung BB.19
2.2.2 Bemessung für Querkraft BB.19
2.2.3 Aufhängebewehrung BB.20
2.3 Nachweise der Gebrauchstauglichkeit BB.20
2.4 Bewehrungsführung/-darstellung BB.20
3 Stütze BB.21
3.1 System und Einwirkungen BB.21
3.2 Bemessung als Druckglieder BB.21
3.2.1 Ersatzlänge und Schlankheit BB.21
3.2.2 Imperfektionen BB.21
3.2.3 Bemessung BB.22
3.2.4 Bauliche Durchbildung BB.24
4 Fundament BB.26
4.1 System und EInwirkungen BB.26
4.2 Bodenmechanische Nachweise BB.26
4.3 Grenzzustand der Tragfähigkeit BB.26
4.3.1 Biegung BB.26
4.3.2 Durchstanzen BB.28
4.4 Grenzzustand der Gebrauchstauglichkeit BB.30
4.5 Bewehrungsführung BB.30
4.5.1 Mindestbewehrung BB.30
4.5.2 Verankerung der Biegezugbewehrung BB.31
4.5.3 Sonstige Bewehrungsregeln BB.32
4.6 Bewehrungsdarstellung BB.33

Anhang

Bemessungs- und Konstruktionshilfen

Einführung A.1
1 Bemessungstafeln A.3
- Allgemeines Bemessungsdiagramm für Rechteckquerschnitte A.3
- Bemessungstafel (μ_s-Verfahren) für Querschnitte ohne Druckbewehrung A.4
- Bemessungstafel (k_d-Verfahren) für Querschnitte ohne Druckbewehrung A.5
- Interaktionsdiagramme A.6
  - 2-seitig symmetrisch bewehrte Rechteckquerschnitte A.6
  - 4-seitig symmetrisch bewehrte Rechteckquerschnitte A.7
- Diagramme nach dem Modellstützenverfahren A.8
  - 2-seitig symmetrisch bewehrte Rechteckquerschnitte A.8
  - 4-seitig symmetrisch bewehrte Rechteckquerschnitte A.9
- Bemessungstafeln für den Durchstanznachweis A.10
- Spannungsermittlung im Gebrauchszustand, Rechteckquerschnitt A.12
- Spannungsermittlung im Gebrauchszustand, Plattenbalken A.13

3 Konstruktionstafeln A.14
- Querschnittstabellen A.14
- Verankerungslängen A.15

Literatur A.17

Hochbauprojekt

Bauwerksbeschreibung

Übersicht

Für die dargestellte Hochbaukonstruktion (Bürogebäude) sollen beispielhaft die wesentlichen Tragelemente nach EC 2-1-1 bemessen und konstruiert werden. Die Gesamtkonstruktion ist in Abb. Ü.1 dargestellt; detailliertere Angaben zu den einzelnen Positionen sind in der jeweiligen Beispielrechnung enthalten.

Das dargestellte Hochbauprojekt wurde in Teilen bereits in [Goris/ Schmitz – 13] veröffentlicht. Nachfolgend wird das Projekt jedoch deutlich erweitert und um die Bemessung und Konstruktion weiterer Tragwerksteile (Flachdecke, Treppen ...) ergänzt.

Die Gesamtkonstruktion wird ohne Dehnfugen ausgebildet. Zur Vermeidung von Zwangsschnittgrößen und aus Brandschutzgründen sollte im Allgemeinen ein Dehnfugenabstand von ca. 30 m nicht überschritten werden. Dieser Abstand ist hier näherungsweise eingehalten.

vgl. DIN 1045 – 88, 14.4.1

Das Gebäude soll in Ortbetonbauweise errichtet werden; auf einige Besonderheiten der Teilfertigbauweise wird jedoch mit Alternativlösungen eingegangen. Die Decken werden mit einer Dicke von 18 cm ausgeführt, die Unterzüge sind jeweils 30 cm breit bei einer Bauhöhe von 40 cm (zzgl. Deckenstärke, d. h. Gesamtbauhöhe 58 cm). Die Stützen sind quadratisch und haben eine Kantenlänge von 30 cm, die stabilisierenden Wände erhalten eine Dicke von 30 cm.

Der Raumabschluss des Bauwerks wird durch eine nichttragende Fassade hergestellt. Der Anschluss der Fassade erfolgt an die Tragwerksdecken bzw. die Randunterzüge in vertikaler Richtung.

Nachfolgend werden im Einzelnen behandelt:

- Pos. G: Nachweis der Gesamtstabilität und der Unverschieblichkeit
- Pos. W1: Wandscheibe außen
- Pos. W4: Wandscheibe innen
- Pos. D1: Flachdecke als Dachgeschossdecke
- Pos. D2: Einachsig gespannte Platte über EG
- Pos. U1: Vierfeldriger Unterzug
- Pos. S1: Innenstütze S1
- Pos. S2: Randstütze S2
- Pos. F1: Fundament unter Innenstütze S1
- Pos. F2: Fundament unter Randstütze S2
- Pos. T1: Treppe

Die Positionen wurden so ausgewählt, dass die in EC 2-1-1 behandelten Nachweise möglichst vollständig dargestellt werden. Die Beispiele sind im Allgemeinen umfassend behandelt, einzelne Nachweise werden jedoch – um Wiederholungen in zu großem Umfang zu vermeiden – nur am Rande angesprochen. Die Berechnungen werden durch Bewehrungsskizzen und/oder -zeichnungen ergänzt; sie dienen u.a. zur Erläuterung der statischen Berechnung und zur prinzipiellen Darstellung der gewählten Bewehrungsführung.

In den folgenden Beispielen wird nur die Bemessung nach EC 2-1-1 gezeigt; außerdem wird die Brandschutzbemessung (EC 2-1-2) dargestellt. Weitergehende Forderungen wie die des Wärme-, Feuchte- und Schallschutzes werden nicht behandelt.

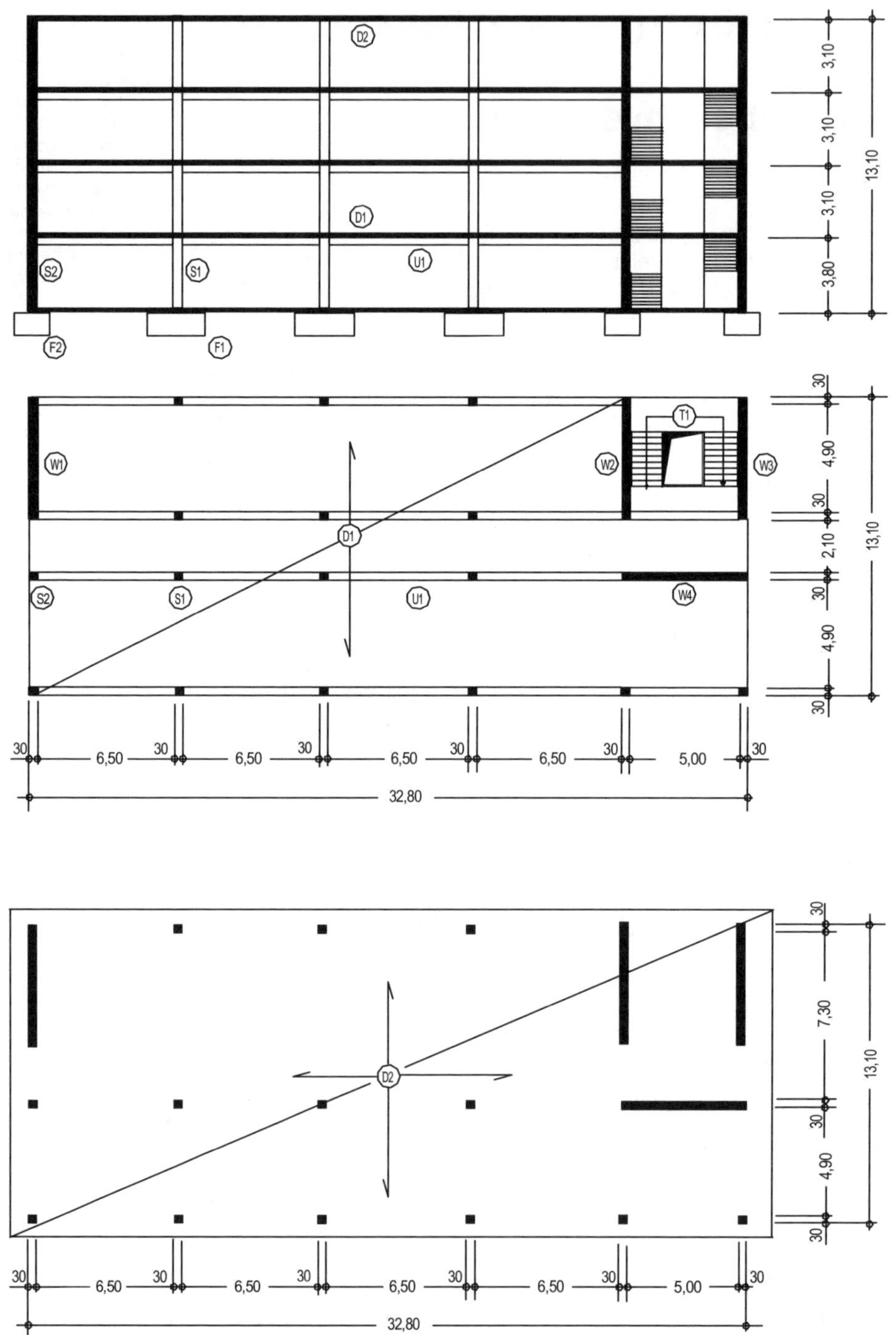

Abb. Ü.1: Schal- und Positionsplan (Übersicht)

Lastannahmen

Flachdach

Eigenlasten

Konstruktionseigenlast: $g_{1k} = 0{,}26 \cdot 25{,}0 = 6{,}50\ \text{kN/m}^2$
Ausbaulast: $g_{2k} = 1{,}75\ \text{kN/m}^2$

Die angesetzte Ausbaulast ergibt sich bei einem Dachaufbau, der aus ca. 3 cm Gefälleestrich (0,66 kN/m²), 3 cm Kiesschüttung (0,60 kN/m²), Abdichtung und Wärmedämmung (0,20 kN/m²) sowie einer abgehängten Decke (0,30 kN/m²) besteht.

Kiesschüttung ist nach EC 1-1-1/NA, 2.1(5) als veränderliche Last zu behandeln; sie wird hier jedoch vereinfachend bei der Ausbaulast berücksichtigt.

Schneelast

Das Bauwerk befindet sich in Schneelastzone 2 bei einer Geländehöhe von 325 m ü. NN.

EC 1-1-3/NA, Bild NA.1

$$s_i = \mu_i \cdot C_e \cdot C_t \cdot s_k$$

EC 1-1-3, Gl. (5.1)

$$C_e = C_t = 1{,}0$$

EC1-1-3/NA, 5.2(7), (8)

$$\mu_i = \mu_1 = \mu_2 = 0{,}8 \quad \text{(Formbeiwert für } \alpha = 0°\text{)}$$

EC 1-1-3, Bild 5.1 und Tab. 5.2

$$s_k = 0{,}25 + 1{,}91 \cdot \left(\frac{A + 140}{760}\right)^2 \geq 0{,}85\ \text{kN/m}^2$$

EC 1-1-3/NA, Gl. (NA.2) und Bild NA.2

$$= 0{,}25 + 1{,}91 \cdot \left(\frac{325 + 140}{760}\right)^2 = \mathbf{0{,}97} > 0{,}85\ \text{kN/m}^2$$

$$s_i = 0{,}8 \cdot 0{,}97 = 0{,}78\ \text{kN/m}^2 \qquad \approx 0{,}80\ \text{kN/m}^2$$

Nutzlast

Das Dach wird nicht begehbar ausgeführt (außer für übliche Unterhaltungs- und Reparaturarbeiten). Die anzusetzende Nutzlast beträgt dann

$$Q_k = 1{,}00\ \text{kN}$$

EC 1-1-1/NA, Tab. 6.10DE

Diese Nutzlast ist nur für die örtliche Mindesttragfähigkeit zu berücksichtigen und muss nicht mit der Schneelast überlagert werden.

Geschossdecken

Eigenlasten

Konstruktionseigenlast: $g_{1k} = 0{,}18 \cdot 25{,}0 = 4{,}50\ \text{kN/m}^2$
Ausbaulast: $g_{2k} = 1{,}50\ \text{kN/m}^2$

Ausbaulast bei 5 cm Estrich, Bodenbelag und Trittschalldämmung sowie abgehängter Decke

Nutzlast

Für Bürogebäude sind Nutzlasten von 2,00 kN/m² zu berücksichtigen. Nach Vorgabe[1)] des Bauherrn soll jedoch angesetzt werden

Nutzlast $q_k = 5{,}00\ \text{kN/m}^2$

EC1-1-1/NA, 6.3.1.2(8)

Eine zusätzliche Berücksichtigung leichter unbelasteter Trennwände bis zu einer Last von 5 kN/m Wandlänge ist dann nicht mehr erforderlich.

[1)] In Bürogebäuden werden häufig Bereiche mit fester Bestuhlung ausgewiesen; hierfür gilt nach EC 1-1-1 eine Nutzlast von 4,00 kN/m². Zusätzlich ist i.d.R. ein Zuschlag für leichte unbelastete Trennwände zu berücksichtigen, der je nach Wandgewicht zwischen 0,80 kN/m² bis 1,20 kN/m² liegt.

EC 1-1-1/NA, Tab. 6.1DE und 6.3.1.2(8)

Expositionsklassen und Baustoffe

Jedes Bauteil ist in Abhängigkeit von den Umgebungsbedingungen zu klassifizieren. Ein Bauteil kann mehr als einer Umgebungsbedingung ausgesetzt sein. Die Umgebungsbedingung ist dann als Kombination der zugeordneten Expositionsklassen anzugeben. EC 2-1-1, 4.2

Den Expositionsklassen ist eine Mindestbetonfestigkeitsklasse zugeordnet. Die jeweils höchste sich ergebende Betonfestigkeitsklasse ist dem Entwurf und der Bemessung der Bauteile zugrunde zu legen. EC 2-1-1/NA, Anhang E

Expositionsklassen

Für das zu berechnende Bürogebäude sollen folgende Umgebungsbedingungen bzw. Expositionsklassen vorliegen:

- **Expositionsklassen für Bewehrungskorrosion** EC 2-1-1/NA, Tab. NA.E.1

  Bewehrungskorrosion, ausgelöst durch Karbonatisierung

XC 1	trocken oder ständig nass	Innenbauteil mit normaler Luftfeuchte	C16/20
XC 2	nass, selten trocken	Gründungsbauteile	C16/20
XC 4	wechselnd nass und trocken	Außenbauteil mit direkter Beregnung	C25/30

- **Expositionsklassen für Betonangriff** EC 2-1-1/NA, Tab. NA.E.1

  Betonangriff durch Frost

XF 1	mäßige Wassersättigung ohne Taumittel	Außenbauteil	C25/30

  (Betonangreifende Böden liegen nicht vor.)

- **Betonkorrosion infolge Alkali-Kieselsäure-Reaktion** EC 2-1-1/NA, Tab. 4.1, NA.7

WO	trocken	Innenbauteile
WF	feucht	ungeschützte Außenbauteile - Bodenfeuchte (Gründungsbauteil) - Niederschläge (Außenbauteil)

Für die berechneten Positionen D1/D2, U1, S1 und S2 gelten die Expositionsklassen XC1, W0 mit einer Mindestbetonfestigkeit C16/20. Für die Fundamente (F1, F2), die sich vollständig im frostfreien Bereich befinden sollen, ist XC2, WF mit einer Mindestbetonfestigkeit C16/20 maßgebend. Die stabilisierenden Wände sollen – zumindest teilweise – der Expositionsklasse XC4, XF1, WF zugeordnet werden; es ist eine Mindestbetonfestigkeit C25/30 vorzusehen.

Baustoffe

Aufgrund der zuvor dargestellten Anforderungen an die Baustoffe (Beton) werden für das gesamte Bauwerk einheitlich gewählt:

- Beton C30/37 EC 2-1-1, Tab. 3.1
- Betonstahl B500 DIN 488

Weitere Angaben finden sich bei der Berechnung der einzelnen Positionen.

Pos. G: Nachweis der Gesamtstabilität und der Unverschieblichkeit

1 Ausgangssituation

Das Aussteifungssystem ist in Abb. G.1 im Grundriss dargestellt; es wird unterstellt, dass die dargestellte Situation über die gesamte Gebäudehöhe vorhanden ist.

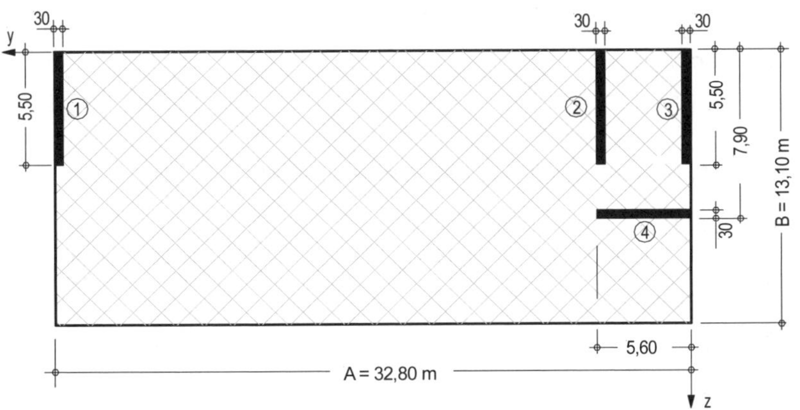

Abb. G.1: Geometrie der aussteifenden Scheiben

s. hierzu Gesamtübersicht, Abb. Ü.1 und zugehörige Erläuterungen

Bauwerksdaten

Abmessungen der aussteifenden Bauteile: s. Abb. G.1

Gesamthöhe über O. K. Fundament: $L = 13{,}10$ m

Anzahl der Geschosse: $n = 4$

Elastizitätsmodul (Beton C30/37): $E_{cm} = 32\,800$ MN/m²

Fundamentoberkante = Einspannebene

s. EC 2-1-1, Tab. 3.1

Belastungen (Vertikallasten)

Decke über 3. OG (Dachdecke):

Konstruktionseigenlast	=	6,50 kN/m²
Ausbaulasten	≈	1,75 kN/m²
Zuschlag für Wände, Dachüberstände, Fassaden	≈	2,00 kN/m²
	Σg_k =	10,25 kN/m²
Schnee	Σs_k =	0,80 kN/m²
Gesamtlast		11,05 kN/m²

vgl. S. HB.3

Zuschlag als „verschmierte" Flächenlasten; überschlägige Ermittlung

Decke über EG und 1. bis 2. OG:

Konstruktionseigenlast	=	4,50 kN/m²
Ausbaulasten	≈	1,50 kN/m²
Zuschlag für Unterzüge, Wände, Fassaden usw.	≈	3,50 kN/m²
	Σg_k =	9,50 kN/m²
Nutzlast	Σq_k =	5,00 kN/m²
Gesamtlast		14,50 kN/m²

vgl. S. HB.3

s. Anmerkung oben

2 Nachweis der Gesamtstabilität

Die Gesamtstabilität und die Unverschieblichkeit ist – soweit sie nicht zweifelsfrei feststeht – nachzuweisen und zwar als Seitensteifigkeit in Längs- und Querrichtung und als Verdrehungssteifigkeit um die x-Achse. Im vorliegenden Fall werden zur Demonstration sowohl die Seitensteifigkeiten α_y und α_z als auch die Rotationssteifigkeit α_T nachgewiesen.

2.1 Translationssteifigkeit (Seitensteifigkeit)

2.1.1 Seitensteifigkeit in *z*-Richtung (Biegung um *y*)

Die Seitensteifigkeit wird bestimmt aus

Seitensteifigkeit nach EC 2-1-1, Gl. 5.18

$$\frac{F_{V,Ed} \cdot L^2}{\sum E_{cd} \cdot I_{c,y}} \leq k^*$$

$$\begin{aligned}
F_{V,Ed} &= 32{,}80 \cdot 13{,}10 \cdot (11{,}05 + 3 \cdot 14{,}50) = 23\,500 \text{ kN} = 23{,}5 \text{ MN} \\
L &= 13{,}10 \text{ m} \\
E_{cd} &= E_{cm}/\gamma_C = 32\,800/1{,}2 = 27\,300 \text{ MN/m}^2 \\
I_{c,y} &= (0{,}30 + 2 \cdot 0{,}30) \cdot 5{,}50^3 / 12 = 12{,}5 \text{ m}^4 \\
k^* &= K_i \cdot n_s/(n_s+1{,}6) \\
n_s &= 4 \text{ (Anzahl der Geschosse)} \\
K_i &= K_2 = 0{,}62 \\
k^* &= 0{,}62 \cdot 4/(4+1{,}6) = 0{,}44
\end{aligned}$$

Ermittlung von $I_{c,y}$ für die Wandelemente in y-Richtung

$K_2 = 0{,}62$ bei $\sigma_{ct} \leq f_{ctm}$ (vgl. Abschn. 2.3); falls der Nachweis nicht geführt wird, gilt $K_i = K_1 = 0{,}31$.

$$\frac{23{,}5 \cdot 13{,}1^2}{27300 \cdot 12{,}5} = 0{,}012 < 0{,}44 \rightarrow \text{ Nachweis erfüllt}$$

2.1.2 Seitensteifigkeit in *y*-Richtung (Biegung um *z*)

Die Labilitätszahl α_y für die y-Richtung wird analog bestimmt (s. o.)

$$\frac{F_{V,Ed} \cdot L^2}{\sum E_{cd} \cdot I_{c,z}} \leq K_i \frac{n_s}{n_s + 1{,}6}$$

$I_{c,z}$ für die Wandelemente in z-Richtung

$$\begin{aligned}
F_{V,Ed} &= 23{,}5 \text{ MN (s. Abschn. 2.1.1)} \\
L &= 13{,}10 \text{ m}; \qquad E_{cd} = 27\,300 \text{ MN/m}^2 \\
I_{c,z} &= 0{,}30 \cdot 5{,}60^3 / 12 = 4{,}39 \text{ m}^4
\end{aligned}$$

$$\frac{23{,}5 \cdot 13{,}1^2}{27300 \cdot 4{,}39} = 0{,}034 < 0{,}62 \frac{4}{4 + 1{,}6} = 0{,}44 \rightarrow \text{ Nachweis erfüllt}$$

2.2 Verdrehungssteifigkeit

(Rotation um die x-Achse)

2.2.1 Berechnung nach Eurocode 2

Die Verdrehungssteifigkeit aus der Kopplung der Wölbsteifigkeit $E_{cm}I_\omega$ und der Torsionssteifigkeit $G_{cm}I_T$ wird nach EC 2-1-1 nachgewiesen durch

$$\left(\frac{1}{L} \cdot \sqrt{\frac{E_{cd} \cdot I_\omega}{\sum_j F_{V,Ed,j} \cdot r_j^2}} + \frac{1}{2{,}28} \cdot \sqrt{\frac{G_{cd} \cdot I_T}{\sum_j F_{V,Ed,j} \cdot r_j^2}}\right)^2 \geq \frac{1}{k^*}$$

Verdrehungssteifigkeit nach EC 2-1-1, Gl. (NA.5.18.1)

mit $F_{Ed,j}$ als Vertikallast der Stütze j und r_j als Abstand der Stütze j vom Schubmittelpunkt M des Gesamtsystems.

Berechnung des Schubmittelpunkts M des Aussteifungssystems

Die Schubmittelpunktkoordinaten M ergeben sich zu

$$y_0 = \frac{(\Sigma EI_{y,i} \cdot y_i - \Sigma EI_{yz,i} \cdot z_i) \cdot \Sigma EI_{z,i} - (\Sigma EI_{yz,i} \cdot y_i - \Sigma EI_{z,i} \cdot z_i) \cdot \Sigma EI_{yz,i}}{\Sigma EI_{y,i} \cdot \Sigma EI_{z,i} - (\Sigma EI_{yz,i})^2}$$

$$z_0 = \frac{(\Sigma EI_{y,i} \cdot y_i - \Sigma EI_{yz,i} \cdot z_i) \cdot \Sigma EI_{yz,i} - (\Sigma EI_{yz,i} \cdot y_i - \Sigma EI_{z,i} \cdot z_i) \cdot \Sigma EI_{y,i}}{\Sigma EI_{y,i} \cdot \Sigma EI_{z,i} - (\Sigma EI_{yz,i})^2}$$

Die erforderlichen Flächenwerte werden tabellarisch ermittelt (s. nachfolgende Tafel G.1 und Abb. G.2); auf eine ausführliche Darstellung des Rechengangs wird verzichtet.

Für E_{cd} = const. und $I_{yz} \approx 0$ gilt:

$$y_0 = \frac{\Sigma I_{y,i} \cdot y_i}{\Sigma I_{y,i}}$$

$$z_0 = \frac{\Sigma I_{z,i} \cdot z_i}{\Sigma I_{z,i}}$$

(alternativ: Berechnung mit Excel-Anwendung Stabilität; s. [Goris/ Schmitz - 13])

Tafel G.1: Flächenwerte des Aussteifungssystems

Bauteil i	$I_{y,i}$ m⁴	$I_{z,i}$ m⁴	$I_{yz,i}$ m⁴	y_i 1) m	z_i 1) m	$I_{y,i} \cdot y_i$ m⁵	$I_{z,i} \cdot z_i$ m⁵	$I_{yz,i} \cdot y_i$ m⁵	$I_{yz,i} \cdot z_i$ m⁵
1	4,16	≈ 0	0	32,65	2,75	135,8	0	0	0
2	4,16	≈ 0	0	5,45	2,75	22,7	0	0	0
3	4,16	≈ 0	0	0,15	2,75	0,6	0	0	0
4	≈ 0	4,39	0	2,80	7,75	0	34,0	0	0
Σ	12,48	4,39	0			159,1	34,0	0	0

1) Koordinaten des Schubmittelpunkts des Einzelbauteils i

s. [Schneider - 16], Kap. 4A Baustatik

Damit erhält man die Schubmittelpunktkoordinaten M

$$y_0 = \frac{159{,}1 \cdot 4{,}39 + 34{,}0 \cdot 0}{12{,}48 \cdot 4{,}39} = 12{,}75 \text{ m}$$

$$z_0 = \frac{159{,}1 \cdot 0 + 34{,}0 \cdot 12{,}48}{12{,}48 \cdot 4{,}39} = 7{,}75 \text{ m}$$

Für $I_{yz} \approx 0$ gilt (s.o.):

$$y_0 = \frac{159{,}1}{12{,}48} = 12{,}75 \text{ m}$$

$$z_0 = \frac{34{,}0}{4{,}39} = 7{,}75 \text{ m}$$

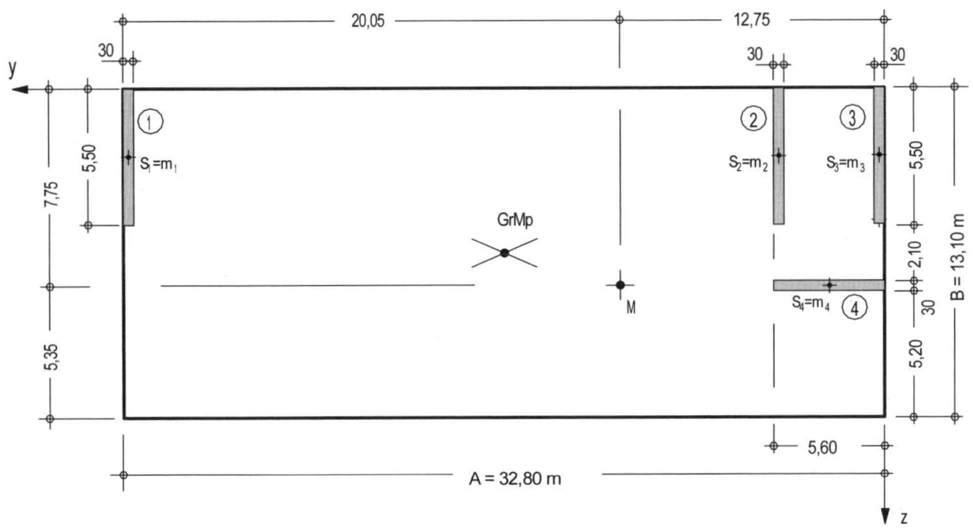

Abb. G.2: Lage des Schubmittelpunkts M der aussteifenden Scheiben

Ermittlung der Wölbsteifigkeit und Torsionssteifigkeit

Die Ermittlung erfolgt tabellarisch; man erhält die in Tafel G.2 angegebenen Werte für das Wölbflächenmoment 2. Grades I_ω und für das Torsionsflächenmoment 2. Grades I_T.

Tafel G.2: Ermittlung von I_ω und I_T

s. [Schneider - 16], Kap. 4A Baustatik

Bauteil i	$I_{y,i}$ m⁴	$I_{z,i}$ m⁴	y_{Mmi} m	z_{Mmi} m	$I_{y,i} \cdot y_{Mmi}$ m⁵	$I_{z,i} \cdot z_{Mmi}$ m⁵	$I_{y,i} \cdot y^2_{Mmi}$ m⁶	$I_{z,i} \cdot z^2_{Mmi}$ m⁶	$I_{T,i}$ m⁴
1	4,16	≈ 0	19,90	-5,00	82,78	0	1647,4	0	0,05
2	4,16	≈ 0	-7,30	-5,00	-30,37	0	221,7	0	0,05
3	4,16	≈ 0	-12,60	-5,00	-52,42	0	660,4	0	0,05
4	≈ 0	4,39	-9,95	0,00	0	0	0	0	0,05
Σ	12,48	4,39	–	–	–	–	2529,5	0	**0,20**
I_ω = **2530** m⁶ (bei Vernachlässigung von $I_{yz,i}$ und von $I_{\omega,i}$)									

Vertikallasten $F_{Ed,j}$

In einer hier nicht dargestellten, überschlägigen Lastermittlung wurden die in Abb. G.3 dargestellten Vertikallasten der Stützen an der Oberkante Fundament als Einspannebene ermittelt. Die Lasten der Wandscheiben wurden dabei vereinfachend durch in den Eckpunkten konzentrierte Einzellasten erfasst.

Es wird im Rahmen des Beispiels nur der Lastfall „Volllast" untersucht (s. auch Pos. S1 und S2)

Als Summe der Vertikallasten, multipliziert mit dem Quadrat der jeweiligen Abstände, erhält man

$\Sigma F_{Ed,j} \cdot r_j^2$	$= 0{,}689 \cdot [(12{,}75 - 32{,}65)^2 + (7{,}75 - 0{,}15)^2]$	312,6
	$+1{,}029 \cdot [(12{,}75 - 25{,}85)^2 + (7{,}75 - 0{,}15)^2]$	236,0
	$+0{,}956 \cdot [(12{,}75 - 19{,}05)^2 + (7{,}75 - 0{,}15)^2]$	93,2
	$+1{,}030 \cdot [(12{,}75 - 12{,}25)^2 + (7{,}75 - 0{,}15)^2]$	59,8
	$+1{,}017 \cdot [(12{,}75 - 5{,}45)^2 + (7{,}75 - 0{,}15)^2]$	112,9
	$+0{,}564 \cdot [(12{,}75 - 0{,}15)^2 + (7{,}75 - 0{,}15)^2]$	122,1
	$+0{,}775 \cdot [(12{,}75 - 32{,}65)^2 + (7{,}75 - 5{,}35)^2]$	311,4
	$+1{,}218 \cdot [(12{,}75 - 25{,}85)^2 + (7{,}75 - 5{,}35)^2]$	216,0
	$+1{,}104 \cdot [(12{,}75 - 19{,}05)^2 + (7{,}75 - 5{,}35)^2]$	50,2
	$+1{,}218 \cdot [(12{,}75 - 12{,}25)^2 + (7{,}75 - 5{,}35)^2]$	7,3
	$+1{,}107 \cdot [(12{,}75 - 5{,}45)^2 + (7{,}75 - 5{,}35)^2]$	65,4
	$+0{,}618 \cdot [(12{,}75 - 0{,}15)^2 + (7{,}75 - 5{,}35)^2]$	101,7
	$+0{,}789 \cdot [(12{,}75 - 32{,}65)^2 + (7{,}75 - 7{,}75)^2]$	312,5
	$+1{,}660 \cdot [(12{,}75 - 25{,}85)^2 + (7{,}75 - 7{,}75)^2]$	284,9
	$+1{,}517 \cdot [(12{,}75 - 19{,}05)^2 + (7{,}75 - 7{,}75)^2]$	60,2
	$+1{,}558 \cdot [(12{,}75 - 12{,}25)^2 + (7{,}75 - 7{,}75)^2]$	0,4
	$+1{,}531 \cdot [(12{,}75 - 5{,}45)^2 + (7{,}75 - 7{,}75)^2]$	81,6
	$+0{,}839 \cdot [(12{,}75 - 0{,}15)^2 + (7{,}75 - 7{,}75)^2]$	133,2
	$+0{,}453 \cdot [(12{,}75 - 32{,}65)^2 + (7{,}75 - 12{,}95)^2]$	191,6
	$+0{,}977 \cdot [(12{,}75 - 25{,}85)^2 + (7{,}75 - 12{,}95)^2]$	194,1
	$+0{,}881 \cdot [(12{,}75 - 19{,}05)^2 + (7{,}75 - 12{,}95)^2]$	58,8
	$+0{,}929 \cdot [(12{,}75 - 12{,}25)^2 + (7{,}75 - 12{,}95)^2]$	25,4
	$+0{,}808 \cdot [(12{,}75 - 5{,}45)^2 + (7{,}75 - 12{,}95)^2]$	64,9
	$+0{,}286 \cdot [(12{,}75 - 0{,}15)^2 + (7{,}75 - 12{,}95)^2]$	53,1
Σ	23,553	<u>3149,2</u>

Allgemein gilt:
$r_j^2 = (y_0 - y_j)^2 + (z_0 - z_j)^2$
mit y_0 und z_0 als Abstand vom Koordinatenursprung bis zum Schubmittelpunkt sowie y_j und z_j als Abstand bis zur Stützenlast $F_{Ed,j}$

Stützenlast $F_{Ed,j}$ nach Abb. G.3

$\Sigma F_{Ed,j}$ = 23,55 MN
≈ 23,5 MN
(vgl. Abschn. 2.1.1)

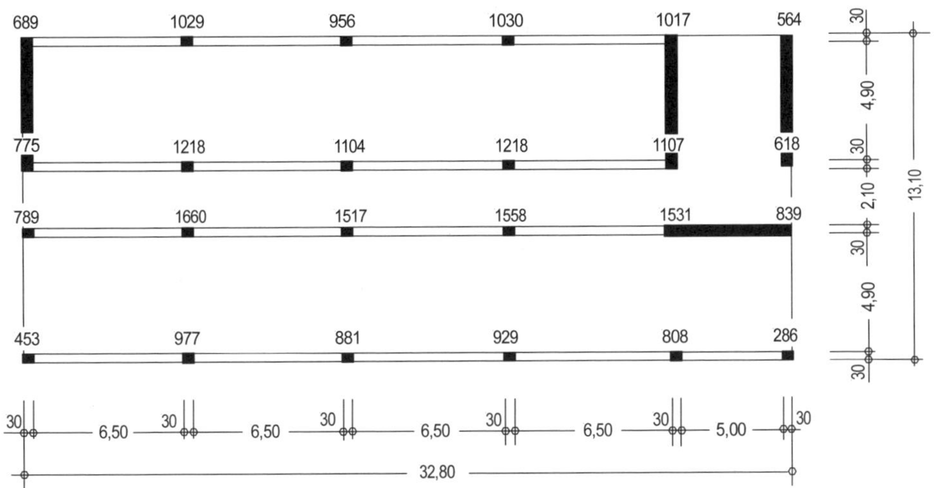

Abb. G.3: Vertikallasten $F_{Ed,j}$ der Stützen an O. K. Fundament

Berechnung der Labilitätszahl für Torsion um die x_M-Achse

Die Rotationssteifigkeit wird nachgewiesen mit (s. vorher):

$$\left(\frac{1}{L}\cdot\sqrt{\frac{E_{cd}\cdot I_\omega}{\sum_j F_{V,Ed,j}\cdot r_j^2}}+\frac{1}{2{,}28}\cdot\sqrt{\frac{G_{cd}\cdot I_T}{\sum_j F_{V,Ed,j}\cdot r_j^2}}\right)^2 \geq \frac{1}{k*}$$

$\Sigma F_{V,Ed,j}\cdot r_j^2 = 3149\ \text{MNm}^2$

$I_\omega = 2530\ \text{m}^6$

$G_{cd} = E_{cd}/(1+\nu) = 27\,300/2{,}4 = 11\,400\ \text{MN/m}^2$

$I_T = 0{,}20\ \text{m}^4$

$L,\ E_{cd},\ k*$ s. vorher

I_ω s. Tafel G.2
Querdehnzahl $\nu = 0{,}2$
I_T s. Tafel G.2

$$\left(\frac{1}{13{,}10}\cdot\sqrt{\frac{27300\cdot 2530}{3149}}+\frac{1}{2{,}28}\cdot\sqrt{\frac{11400\cdot 0{,}20}{3149}}\right)^2$$

$= (11{,}3 + 0{,}4)^2 = 137 > 1/0{,}44 = 2{,}3 \rightarrow$ Nachweis erfüllt.

2.2.2 Näherungsverfahren

Das zuvor dargestellte Berechnungsverfahren ist relativ aufwändig. Insbesondere für Vordimensionierungen wird man sich daher häufig mit Näherungen begnügen. Das nachfolgend dargestellte Verfahren gibt die Lösung nach EC 2-1-1 exakt wieder unter folgenden Voraussetzungen:

- Die Torsionssteifigkeit $G_{cd}I_T$ ist vernachlässigbar klein.
- Eine große Anzahl von Stützenlasten $F_{V,Ed,j}$ ist nach Lage und Größe gleichmäßig über den Grundriss verteilt.

Es gilt dann

$$\left(\frac{1}{L}\cdot\sqrt{\frac{E_{cd}\cdot I_\omega}{\Sigma F_{V,Ed}\cdot\left(d^2/12+c^2\right)}}\right)^2 \geq \frac{1}{k*}$$

vgl. [Brandt - 76/77] (s. a. [Goris - 13])

mit d als Grundrissdiagonale und c als Abstand zwischen Schubmittelpunkt M und Grundrissmittelpunkt GrMp (vgl. Abb. G.4).

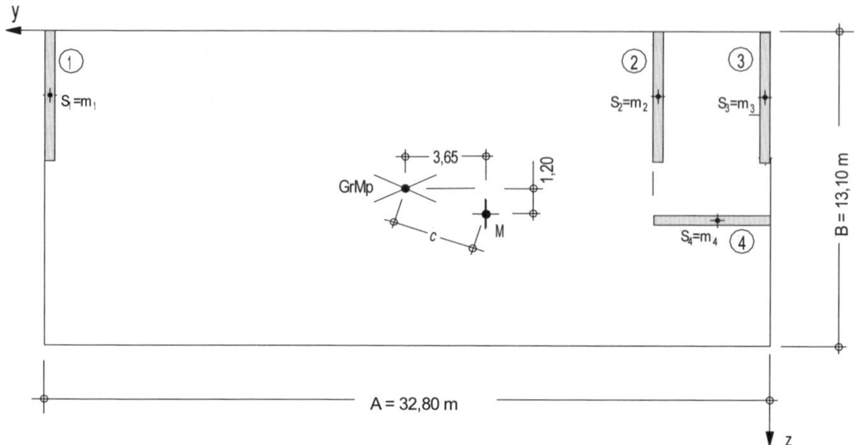

Abb. G.4: Abstand zwischen Grundrissmittelpunkt (GrMp) und Schubmittelpunkt (M)

Insbesondere bei größerer Torsionssteifigkeit $G_{cm}I_T$ und/oder bei ungleichmäßiger Verteilung (Lage und Größe) der Stützenlasten $F_{Ed,j}$ sind jedoch genauere Untersuchungen erforderlich.

Die Voraussetzungen für die Anwendung des Näherungsverfahrens sind im vorliegenden Fall näherungsweise erfüllt. Es ergibt sich

$$\left(\frac{1}{L}\cdot\sqrt{\frac{E_{cd}\cdot I_\omega}{\Sigma F_{V,Ed}\cdot\left(d^2/12+c^2\right)}}\right)^2 \geq \frac{1}{k*}$$

$d^2 = (32{,}80^2 + 13{,}10^2) = 1247\ m^2$ (Grundrissdiagonale)
$c^2 = (3{,}65^2 + 1{,}20^2) = 14{,}8\ m^2$ (s. Abb. G.4)
$\Sigma F_{V,Ed} = 23{,}5$ MN
$I_\omega = 2530\ m^6$
$L = 13{,}10$ m

$$\left(\frac{1}{13{,}10}\cdot\sqrt{\frac{27300\cdot 2530}{23{,}5\cdot(1247/12+14{,}8)}}\right)^2 = 144 > 2{,}3$$

vgl. Abschn. 2.1.1

Eine ausreichende Seiten- und Verdrehungssteifigkeit der aussteifenden Bauteile ist damit nachgewiesen. Für die Ermittlung der Nennbiegesteifigkeiten bzw. beim Nachweis ausreichender Steifigkeit wurde vorausgesetzt, dass die vertikalen aussteifenden Bauteile im Zustand I verbleiben ($K_i = K_2 = 0{,}62$, s. Abschn. 2.2.1). Es muss daher noch nachgewiesen werden, dass die größte Betonzugspannung im Grenzzustand der Tragfähigkeit den Wert f_{ctm} nicht überschreitet.

Seitensteifigkeit nach EC 2-1-1, Gl. 5.18

$f_{ctm} = 2{,}9\ N/mm^2$ (für Beton C30/37; s. EC 2-1-1, Tab. 3.1)

Als maßgebende Einwirkungskombination sind dabei neben den Vertikallasten mit ihren Lastexzentrizitäten die Horizontallasten aus Wind und die Ersatzhorizontalkräfte aus der Schiefstellung des Gesamtsystems zu betrachten. Die Berechnung erfolgt zunächst mit charakteristischen Werten.

(vgl. hierzu Ausführungen und Beispiel in [Goris – 13] u.a.)

Der Nachweis wird im Beispiel für die Scheibe 1 und 4 geführt.

Pos. W1/W4: Nachweis der Scheiben

1 Scheibe 1 (Pos. W1)

1.1 Einwirkungen

Im Rahmen des Beispiels wird nur der Lastfall „Volllast" betrachtet. Zu berücksichtigen sind die Lastfälle:

- Eigenlast und Zusatzeigenlast g, Δg
- Nutzlasten, Schneelast q, s
- Windlast w
- Imperfektionen (Ersatzhorizontallast) ΔH

Nach dem Sicherheitskonzept von EC 0 werden die veränderlichen Einwirkungen in der Form berücksichtigt, dass eine Leiteinwirkung in voller Größe, die weiteren veränderlichen Einwirkungen nur mit ihrem Kombinationswert – d. h. mit dem Faktor ψ_0 reduziert – berücksichtigt werden. Beispielweise ergibt sich für den Fall, dass der Lastfall Wind Leiteinwirkung ist, als maßgebende Kombination

vgl. EC 0

$$E = E\,[\,g_k \text{ „+" } \Delta g_k \text{ „+" } w_k \text{ „+" } (\psi_{0,q} \cdot q_k) \text{ „+" } (\psi_{0,s} \cdot s_k) \text{ „+" } \Delta H_k]$$

(Bei der Ersatzhorizontallast ΔH_k , die aus den Vertikallasten ermittelt werden, darf ein Kombinationsfaktor nicht berücksichtigt werden, da dieser bereits bei den Vertikallasten erfasst ist.)

Vereinfachend werden in diesem Beispiel die veränderlichen Lasten ohne Kombinationsfaktor angesetzt.

1.1.1 Vertikallasten

In einer Nebenrechnung wurden die in Abb. W.1 dargestellten Vertiallasten (gerundet) ermittelt. Die Eigenlasten der Scheibe wirken zentrisch, die Lasten der Geschossdecken werden über die Unterzüge 15 cm vom Rand der Scheibe eingeleitet (wird vereinfachend auch für die Dachgeschossdecke angesetzt).

vgl. auch Abb. G.3

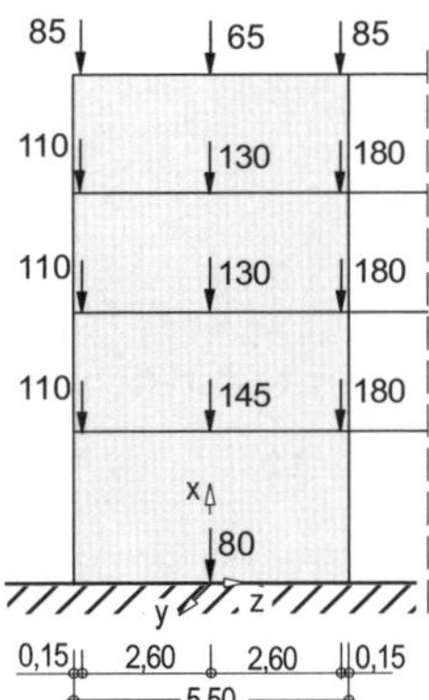

Abb. W.1: Vertikallasten der Scheibe 1

Die Lastannahmen für die Geschossdecken sind in der einleitenden Bauwerksbeschreibung ausführlich dargestellt. Die Eigenlast der Scheibe wird je zur Hälfte der oberen und unteren Ebene zugerechnet.

Im Schwerpunkt der Scheibe (Scheibenmitte) erhält man damit in der Ebene 0 (= Einspannebene) als resultierende Schnittgrößen

$$N_x = -[(85+3 \cdot 110)+(65+2 \cdot 130+145+80)+(85+3 \cdot 180)] = -1590 \text{ kN}$$
$$M_y = 3 \cdot 110 \cdot 2{,}60 - 3 \cdot 180 \cdot 2{,}60 = 858 - 1404 = -546 \text{ kNm}$$

Die Ermittlung erfolgt zunächst mit charakteristischen Werten; s. vorher.

1.1.2 Horizontallasten aus Wind

Das Gebäude liegt in der Windlastzone 1 (Binnenland). Der Böengeschwindigkeitsdruck für nicht schwingungsanfällige Bauwerke kann für Bauwerke bis 25 m nach dem vereinfachten Verfahren bestimmt werden.

EC 1-1-4/NA, Bild NA.A.1

Für die Windangriffsfläche werden zusätzlich zur Bauwerkshöhe (vgl. Abb. Ü.1) 40 cm für Aufkantungen u.a.m. berücksichtigt, so dass sich $H = L + 0{,}40 = 13{,}50$ m ergibt. Als Geschwindigkeitsdruck erhält man dann ($10 \text{ m} < H \leq 18 \text{ m}$):

$$q_\mathrm{p} = 0{,}65 \text{ kN/m}^2$$

EC 1-1-4/NA, Tab. NA.B.3

q

H = 13,50

B = 13,10

Beim vereinfachten Verfahren wird die Windlast konstant über die gesamte Bauwerkshöhe angesetzt EC 1-1-4/NA, NA.B.3.2

Abb. W.2: Windangriff in *z*-Richtung (auf die Gebäudelängsseite)

Die Gesamtwindkraft wird ermittelt aus

$$F_\mathrm{w} = c_\mathrm{s}c_\mathrm{d} \cdot c_\mathrm{f} \cdot q_\mathrm{p}(z_\mathrm{e}) \cdot A_\mathrm{ref}$$

EC 1-1-4, 5.3

mit $c_\mathrm{s}c_\mathrm{d} = 1$ und c_f als aerodynamischer Kraftbeiwert. Für c_f gilt der Außendruckbeiwert $c_{\mathrm{pe},10}$, der sich ergibt bei

EC 1-1-4, 6.2

$$H/B = 13{,}50/13{,}10 = 1{,}03 \begin{matrix} > 1{,}0 \\ < 5{,}0 \end{matrix}$$

Bereich D: $c_{\mathrm{pe},10,\mathrm{D}} = 0{,}80$

Bereich E: $c_{\mathrm{pe},10,\mathrm{E}} = -0{,}50$

EC 1-1-4, Tab. 7.1

EC 1-1-4, Bild 7.5

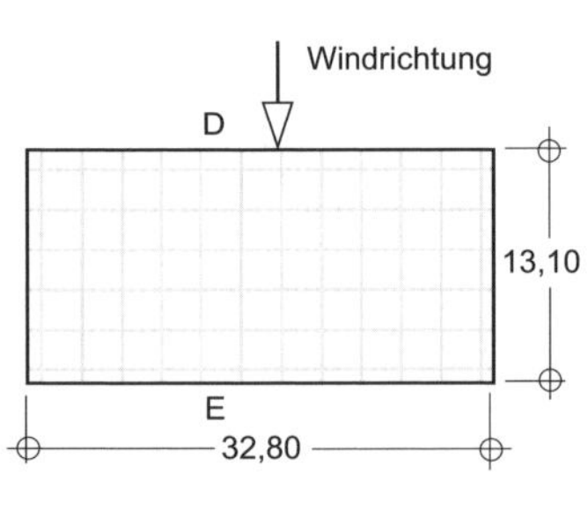

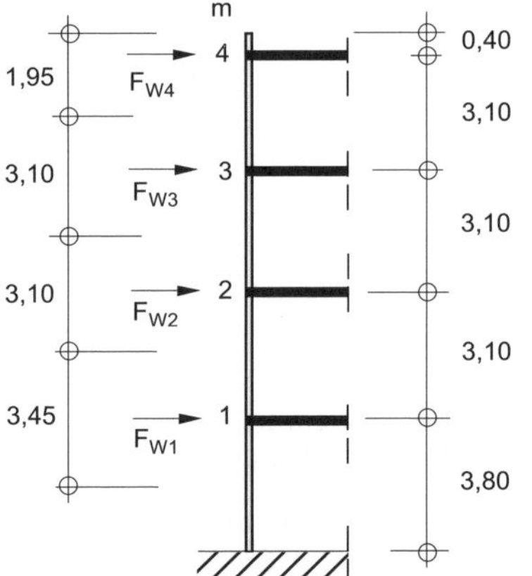

Abb. W.3: Windkräfte auf die Ebenen 1bis 4

Tafel W.1: Zusammenstellung der Windkräfte je Deckenscheibe

	Lasteinzugsfläche			Charakteristische Windlast		
Ebene	h_m [m]	b_m [m]	$A_{m,ref}$ [m²]	q	$\Sigma c_{pe,10}$	$F_{w,m}$
4	1,95	32,80	64,0	0,65	1,30	54,0
3	3,10	32,80	101,7	0,65	1,30	85,9
2	3,10	32,80	101,7	0,65	1,30	85,9
1	3,45	32,80	113,2	0,65	1,30	95,7

$A_{m.ref} = h_m \cdot b_m$ (h_m, b_m s. Abb. W.3)

Nach EC 1-1-4 sind zwei Lastfälle zu untersuchen:

- Lastfall 1: Volllast mit zentr. Windbelastung im Luv und Lee
  $w_{res,1} = (c_{pe,10,D} \cdot q_p + c_{pe,10,E} \cdot q_p) \cdot A_{ref}$
- Lastfall 2: Exzentr. Windbelastung im Luv, zentr. im Lee
  $w_{res,2} = (c_{pe,10,D} \cdot 0{,}5 \cdot q_p + c_{pe,10,E} \cdot q_p) \cdot A_{ref}$

Windangriff nach EC 1-1-4, Bild 7.1

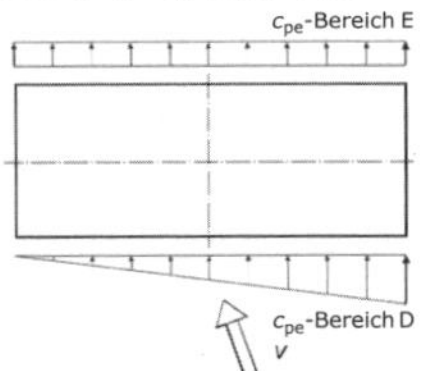

vgl. Abb. G.1

Vereinfachend wird der LF. Volllast, jedoch im Luv mit der Exzentrizität einer dreieckförmigen Winddruckverteilung (= $A/6$), berücksichtigt. Als res. Ausmitte erhält man $0{,}8 \cdot 0{,}167 / (0{,}8+0{,}5) = 0{,}103 \approx 0{,}10$, d. h.:

$$e = \pm 0{,}1 \cdot A = \pm\ 0{,}1 \cdot 32{,}80 = \pm\ 3{,}28 \text{ m}$$

Es wird zunächst eine Einheitslast von 100 kN (Angriffspunkt bei y = 19,68 m) betrachtet. Die Berechnung erfolgt mit der Excel-Anwendung Stabilität; man erhält einen Lastanteil von 56,0 % (s. Tafel W.2).

Excel-Anwendung Stabilität, siehe [Goris/Schmitz – 13]

Tafel W.2: Berechnung der Lastanteile infolge H_z = 100 bei y = 19,08 m
(Ausschnitt aus der Ergebnisdarstelllung)

Bauteil	Lastfall 1: H_y				**Lastfall 2: H_z**			
	in y-Richtung infolge			z-Richtg infolge	y-Richtg infolge	in z-Richtung infolge		
Nr. i	H_{yM^*}	M_{xM^*}	Summe	M_{xM^*}	M_{xM^*}	H_{zM^*}	M_{xM^*}	Summe
1	0,00	0,00	0,00	0,00	0,00	33,33	22,68	**56,01**
2	0,00	0,00	0,00	0,00	0,00	33,33	-8,32	25,01
3	0,00	0,00	0,00	0,00	0,48	33,33	-14,36	18,97
4	0,00	0,00	0,00	0,00	-0,48	0,00	0,00	0,00

Für die Scheibe 1 ergeben sich dann die in Abb. W.4 dargestellten Windkräfte in den jeweiligen Ebenen (jeweils ermittelt aus $F_{w,m} \cdot 0{,}560$)

$F_{w,m}$ nach Tafel W.1

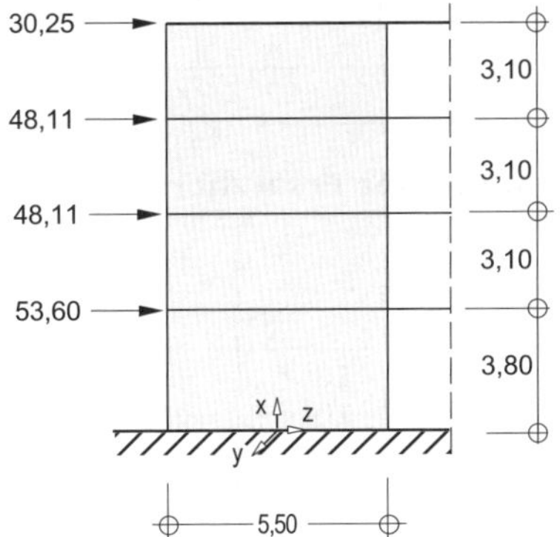

Abb. W.4: Windkräfte auf Scheibe 1

In der Ebene 0 ergibt sich als resultierende Schnittgröße

$$M_y = -(30{,}25 \cdot 13{,}1 + 48{,}11 \cdot 10{,}0 + 48{,}11 \cdot 6{,}9 + 53{,}60 \cdot 3{,}8) = -1413 \text{ kN}$$

Horizontallasten infolge Imperfektion (Schiefstellung)

Die Schiefstellung θ_i des Gesamtsystems beträgt

$$\theta_i = \theta_0 \cdot \alpha_h \cdot \alpha_m$$

mit $\theta_0 = (1/200)$

$$\alpha_h = 2/\sqrt{L} = 2/\sqrt{13,1} = 0,553$$

$$\alpha_m = \sqrt{0,5 \cdot \left(1 + \frac{1}{m}\right)}$$

EC 2-1-1, 5.2(5) sowie NDP zu 5.2(5)

Beim Abminderungsfaktor α_m dürfen nur die lotr. Bauglieder m berücksichtigt werden, die mind. 70 % der mittleren Längskraft aufnehmen.

EC 2-1-1/NA, NCI zu 5.2(6)

vgl. S. HB.6

Gesamtlast	$F_{V,Ed}$	= 23 500 kN	
Anzahl lotrechter Bauteile:	m	= 20 (16 Stützen + 4 Scheiben)	
Mittelwert	$F_{Ed,m}$	= 23 500 / 20	= 1175 kN
70 % des Mittelwertes	$F_{Ed,0.7}$	= 0,7 · 1175	= 823 kN

Wie Abb. G.3 zu entnehmen ist, sind die Vertikallasten von 4 Stützen kleiner als $F_{Ed,0.7}$, somit dürfen nur 16 Bauteile angesetzt werden.

$$\alpha_m = \sqrt{0,5 \cdot \left(1 + \frac{1}{16}\right)} = 0,73$$

Damit erhält man als anzusetzende Schiefstellung

$$\theta_i = (1/200) \cdot 0,553 \cdot 0,73 \cdot 10^{-3} = 2,02 \cdot 10^{-3}$$

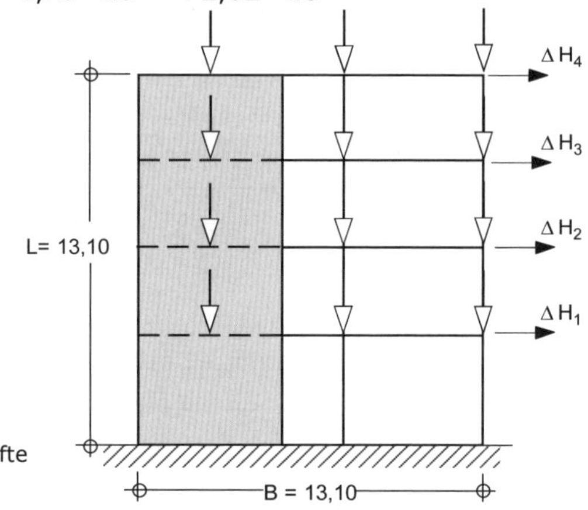

Abb. W.5: Ersatzhorizontalkräfte auf Scheibe 1

EC 2-1-1, 5.2(8): Die Abweichungen von der Solllage dürfen durch die Wirkung äquivalenter Horizontalkräfte ersetzt werden.

Tafel W.3: Zusammenstellung der Ersatzhorizontalkräfte

Ebene	$\Sigma V_m = \Sigma (G_{km} + Q_{k,m})$ [kN]	θ_i	$\Delta H_m = \Sigma V_j \cdot \theta_i$ [kN]
4	4750	$2,02 \cdot 10^{-3}$	9,60
3	6230	$2,02 \cdot 10^{-3}$	12,58
2	6230	$2,02 \cdot 10^{-3}$	12,58
1	6230	$2,02 \cdot 10^{-3}$	12,58

vgl. auch Abb. G.3

Die Lastannahmen für die Geschossdecken sind in der einleitenden Bauwerksbeschreibung (vgl. a. Abschn. 1) ausführlich dargestellt.

Die resultierende Ersatzhorizontallast greift im Schwerpunkt aller Vertikallasten an (häufig genügend genau im Grundrissmittelpunkt). Im vorliegenden Fall liegt dieser Punkt im Abstand (vgl. Abb. G.3)

$$y = \frac{\Sigma\,(F_{Ed,j} \cdot y_j)}{F_{Ed,j}} = 16{,}23\ \text{m}^{*)}$$

Für H_z = 100 (Einheitgröße) mit Angriffspunkt bei y = 16,23 m ergibt sich für Scheibe 1 ein Lastanteil von 44,66 % (vgl. Tafel W.4).

Bei der vereinfachenden Annahme des Lastangriffs im Grundrissmittelpunkt ergäbe sich y = 16,40 m.

Tafel W.4: Berechnung der Lastanteile infolge H_z = 100 bei y = 16,23 m
(Ausschnitt aus der Ergebnisdarstelllung)

Bauteil	Lastfall 1: H_y				**Lastfall 2: H_z**			
	in y-Richtung infolge			z-Richtg infolge	y-Richtg infolge	in z-Richtung infolge		
Nr. i	H_{yM^*}	M_{xM^*}	Summe	M_{xM^*}	M_{xM^*}	H_{zM^*}	M_{xM^*}	Summe
1	0,00	0,00	0,00	0,00	0,00	33,33	11,33	**44,66**
2	0,00	0,00	0,00	0,00	0,00	33,33	-4,15	29,18
3	0,00	0,00	0,00	0,00	0,28	33,33	-7,17	26,16
4	0,00	0,00	0,00	0,00	-0,28	0,00	0,00	0,00

Excel-Anwendung Stabilität, siehe [Goris/Schmitz – 13])

Für die Scheibe 1 erhält man dann die Ersatzhorizontalkräfte gemäß Abb. W.6 (jeweils ermittelt aus $\Delta H_m \cdot 0{,}4466$)

ΔH_m nach Tafel W.1

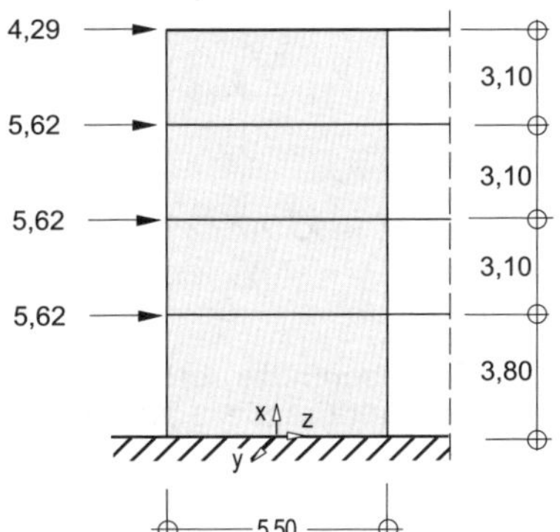

Abb. W.6: Ersatzhorizontallasten auf Scheibe 1

In der Ebene 0 ergibt sich als resultierende Schnittgröße

$$M_y = -(4{,}29 \cdot 13{,}1 + 5{,}62 \cdot 10{,}0 + 5{,}62 \cdot 6{,}9 + 5{,}62 \cdot 3{,}8) = -173\ \text{kNm}$$

1.2 Nachweis Scheibe 1

Der Nachweis, ob die Scheiben im Zustand I verbleiben, ist im Grenzzustand der Tragfähigkeit zu führen. Vereinfachend werden die Schnittgrößen aus den Vertikallasten inf. G und Q mit einem mittleren Sicherheitsbeiwert $\gamma_{G,Q} = 1{,}4$ multipliziert, Momente aus Wind und Schiefstellung mit $\gamma_Q = 1{,}5$.

EC 2-1-1, 5.8.3.3(2)

Zusätzlich ist eine Kombination mit minimaler Längskraft zu untersuchen, d. h. mit:
Eigenlast $\gamma_G = 1{,}00$
Verkehrslast $\gamma_Q = 0$
Wind, Imperfektion $\gamma_Q = 1{,}50$
Diese Kombination ist im vorliegenden Fall geringfügig ungünstiger; vgl. S. HB.19f.

$$N_{Ed} = 1{,}40 \cdot (-1{,}590) = -2{,}226\ \text{MN}$$
$$M_{Ed} = 1{,}40 \cdot 0{,}546 + 1{,}50 \cdot (1{,}413 + 0{,}173) = 3{,}143\ \text{MNm}$$

$$\sigma = \frac{N}{A} - \frac{M}{W} = \frac{-2{,}226}{(0{,}30 \cdot 5{,}50)} + \frac{3{,}143 \cdot 6}{(0{,}30 \cdot 5{,}50^2)}$$
$$= -1{,}35 + 2{,}08 = +0{,}76\ \text{MN/m}^2 < f_{ctm} = 2{,}9\ \text{MN/m}^2$$

→ Scheibe bleibt im Zustand I, Nachweis erfüllt.

---

*) Rechengang mit Zahlenwerten

$$y = \frac{(564+618+839+286) \cdot 0{,}15 + (1017+1107+1531+808) \cdot 5{,}45 + \ldots}{(564+618+839+286) + (1017+1107+1531+808) + \ldots}$$

vgl. Abb. G.3

2 Scheibe 4 (Pos. W4)

Rechengang analog zu Scheibe 1. Es werden nur die Rechenschritte ausführlicher dargestellt, die abweichend von Scheibe 1 sind.

2.1 Einwirkungen

2.1.1 Vertikallasten

vgl. auch Abb. G.3

Es gelten die in Abb. W.7 dargestellten Vertiallasten (gerundet). Die Eigenlasten der Scheibe und die Lasten aus der direkten Lasteinleitung durch die Decke wirken zentrisch, die Lasten aus dem Unterzug U1 werden 15 cm vom Rand, die Lasten aus den Fassaden am Rand der Scheibe angesetzt.

Die Lastannahmen für die Geschossdecken sind in der einleitenden Bauwerksbeschreibung ausführlich dargestellt. Die Eigenlast der Scheibe wird je zur Hälfte der oberen und unteren Ebene zugerechnet.

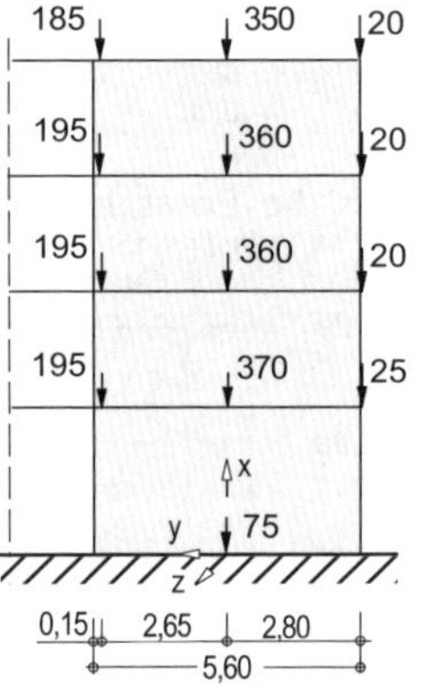

Abb. W.7: Vertikallasten der Scheibe 4

Im Schwerpunkt der Scheibe (Scheibenmitte) erhält man damit in der Ebene 0 (= Einspannebene) als resultierende Schnittgrößen:

Nachweis erfolgt unter Gebrauchslasten; s. vorher.

$$N_x = -[(185+3\cdot195)+(350+2\cdot360+370+75)+(20+2\cdot20+25)]$$
$$= -2370 \text{ kN}$$
$$M_z = (185+3\cdot195)\cdot2{,}65 - (25+3\cdot20)\cdot2{,}80 = 2040 - 238$$
$$= +1802 \text{ kNm}$$

2.1.2 Horizontallasten aus Wind

vgl. Abschn. 2.3.1

Geschwindigkeitsdruck für 10 m < $H \leq 18$ m: $q = 0{,}65$ kN/m²

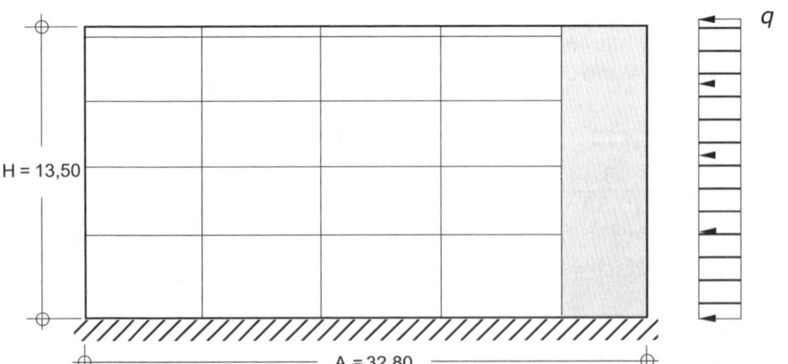

Abb. W.8: Windangriff in y-Richtung (auf die Gebäudequerseite)

Beim vereinfachten Verfahren wird die Windlast konstant über die gesamte Bauwerkshöhe angesetzt EC 1-1-4/NA, NA.B.3.2

Die Gesamtwindkraft wird ermittelt aus

$$F_w = c_f \cdot q_p(z_e) \cdot A_{ref}$$

EC 1-1-4, 5.3; es ist $c_s c_d = 1$ (s. vorher)

Für c_f gilt der Außendruckbeiwert $c_{pe,10}$, der sich ergibt bei

$$H/A = 15{,}50/32{,}80 = 0{,}47 \begin{matrix} < 1{,}0 \\ > 0{,}25 \end{matrix}$$

Bereich D: $c_{pe,10} = 0{,}73$

Bereich E: $c_{pe,10} = -0{,}36$

EC 1-1-4, Tab. 7.1
EC 1-1-4, Bild 7.5

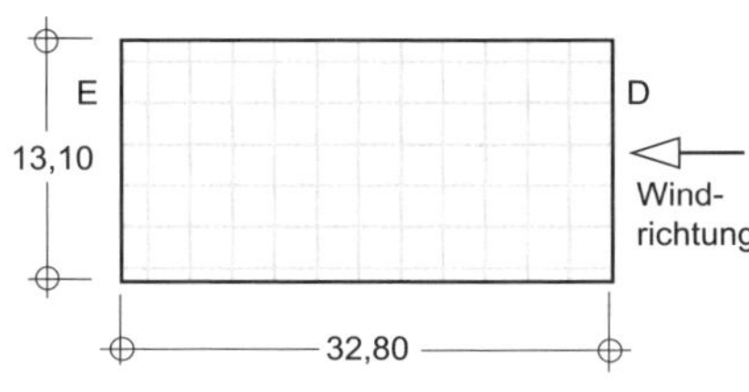

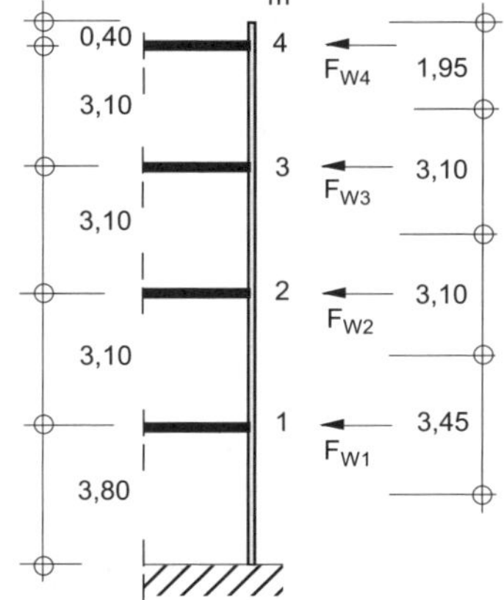

Abb. W.9: Windkräfte auf die Ebenen 1- 4

Tafel W.5: Zusammenstellung der Windkräfte je Deckenscheibe

	Lasteinzugsfläche			Charakteristische Windlast		
Ebene	h_m [m]	b_m m	$A_{m,ref}$ m²	q	$\Sigma c_{pe,10}$	$F_{w,m}$
4	1,95	13,10	25,5	0,65	1,09	18,1
3	3,10	13,10	40,6	0,65	1,09	28,8
2	3,10	13,10	40,6	0,65	1,09	28,8
1	3,45	13,10	45,2	0,65	1,09	32,0

$A_{m.ref} = h_m \cdot b_m$ (h_m, b_m s. Abb. W.9)

Als res. Gesamtausmitte erhält man 0,73 · 0,167 / (0,73+0,36) = 0,112 bezogen auf die Bauwerkseite.

s. Anmerkung im Abschn. 2.3.1

$$e = \pm 0{,}112 \cdot a = \pm\ 0{,}112 \cdot 13{,}10 = \pm\ 1{,}47 \text{ m}$$

Die Windlast mit einer Exzentrizität vom 1,47 m (Angriffspunkt bei z = 5,08 m) muss vollständig, d. h. zu 100 %, von der Scheibe 4 aufgenommen werden. Die Exzentrizität führt zu einem Versatzmoment, das von den Scheiben der z-Richtung aufgenommen wird (s. Tafel G.8).

vgl. Abb. G.1

Tafel G.8: Berechnung der Lastanteile infolge H_y = 100 bei z = 8,02 m
(Ausschnitt aus der Ergebnisdarstelllung)

Bauteil	**Lastfall 1: H_y**				Lastfall 2: H_z			
	in y-Richtung infolge			z-Richtg infolge	y-Richtg infolge	in z-Richtung infolge		
Nr. i	H_{yM^*}	M_{xM^*}	Summe	M_{xM^*}	M_{xM^*}	H_{zM^*}	M_{xM^*}	Summe
1	0,00	0,00	0,00	8,74	0,00	0,00	0,00	0,00
2	0,00	0,00	0,00	-3,20	0,00	0,00	0,00	0,00
3	0,00	0,00	0,00	-5,53	0,00	0,00	0,00	0,00
4	100,00	0,00	**100,00**	0,00	0,00	0,00	0,00	0,00

Excel-Anwendung Stabilität; siehe [Goris/Schmitz - 13]

Für die Scheibe 4 ergeben sich dann die in Abb. W.10 dargestellten Windkräfte

$F_{w,m}$ nach Tafel W.3

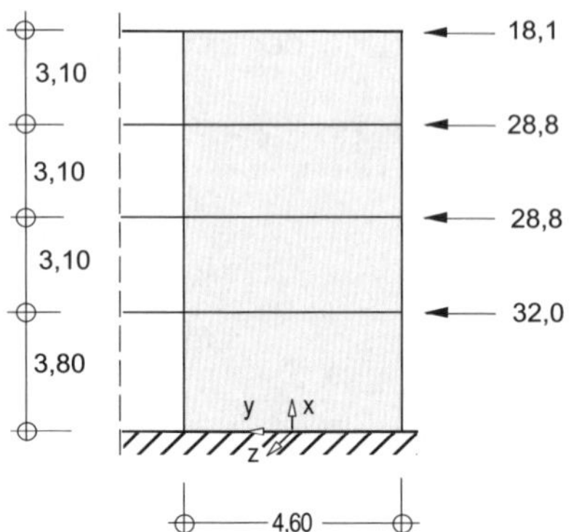

Abb. W.10: Windkräfte auf Scheibe 4

In der Ebene 0 (= Einspannebene) ergibt sich als resultierende Schnittgröße

M_z = 18,1 · 13,10 + 28,8 · 10,00 + 28,8 · 6,90 + 32,0 · 3,80
= 845 kNm

2.1.3 Horizontallasten infolge Imperfektion

Schiefstellungswinkel

$\theta_i = (1/200) \cdot 0{,}553 \cdot 0{,}73 \cdot 10^{-3} = 2{,}02 \cdot 10^{-3}$

vgl. Abschn. 2.3.1

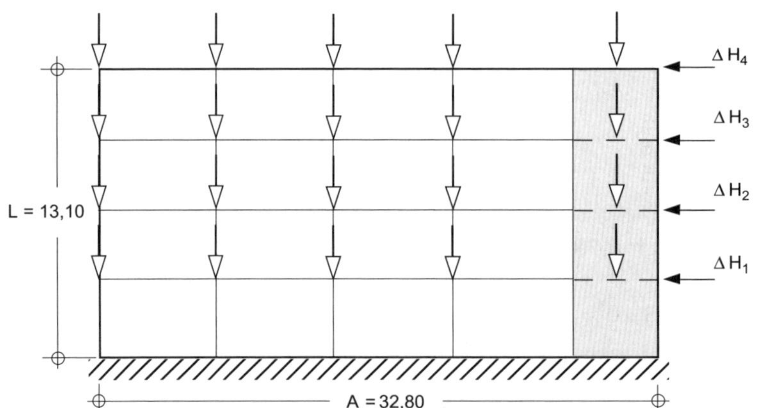

Abb. W.11: Ersatzhorizontalkräfte auf Scheibe 4

EC 2-1-1, 5.2(8): Die Abweichungen von der Solllage dürfen durch die Wirkung äquivalenter Horizontalkräfte ersetzt werden.

Tafel W.7: Zusammenstellung der Ersatzhorizontalkräfte

Ebene	$\Sigma V_m = \Sigma (G_{km} + Q_{k,m})$ [kN]	$\alpha_{a1,red}$	$\Delta H_m = \Sigma V_j \cdot \alpha_{a1,red}$ [kN]
4	4750	$2{,}02 \cdot 10^{-3}$	9,60
3	6230	$2{,}02 \cdot 10^{-3}$	12,58
2	6230	$2{,}02 \cdot 10^{-3}$	12,58
1	6230	$2{,}02 \cdot 10^{-3}$	12,58

vgl. auch Tafel W.3

Die Lastannahmen für die Geschossdecken sind in der einleitenden Bauwerksbeschreibung ausführlich dargestellt.

Die resultierende Ersatzhorizontallast greift im Schwerpunkt aller Vertikallasten an (häufig genügend genau im Grundrissmittelpunkt). Im vorliegenden Fall liegt dieser Punkt im Abstand (vgl. Abb. G.3)

Bei der vereinfachenden Annahme des Lastangriffs im Grundrissmittelpunkt ergäbe sich z = 6,55 m.

$$z = \frac{\Sigma\,(F_{Ed,j} \cdot z_j)}{F_{Ed,j}} = 6{,}37 \text{ m}^{*)}$$

Die Ersatzhorizontallast wird vollständig von der Scheibe 4 aufgenommen (zusätzlich ergeben sich Beanspruchungen für die Scheiben der z-Richtung; vgl. Tafel G.10).

Tafel W.8: Berechnung der Lastanteile infolge H_y = 100 bei z = 6,37 m (Ausschnitt aus der Ergebnisdarstelllung)

Excel-Anwendung Stabilität

Bauteil	Lastfall 1: H_y				Lastfall 2: H_z			
	in y-Richtung infolge			z-Richtg infolge	y-Richtg infolge	in z-Richtung infolge		
Nr. i	H_{yM^*}	M_{xM^*}	Summe	M_{xM^*}	M_{xM^*}	H_{zM^*}	M_{xM^*}	Summe
1	0,00	0,00	0,00	4,51	0,00	0,00	0,00	0,00
2	0,00	0,00	0,00	-1,66	0,00	0,00	0,00	0,00
3	0,00	0,00	0,00	-2,86	0,00	0,00	0,00	0,00
4	100,00	0,00	**100,00**	0,00	0,00	0,00	0,00	0,00

Für die Scheibe 4 erhält man dann die in Abb. W.12 dargestellten Ersatzhorizontalkräfte (jeweils ermittelt aus $\Delta H_m \cdot 0{,}7543$)

ΔH_m nach Tafel W.7

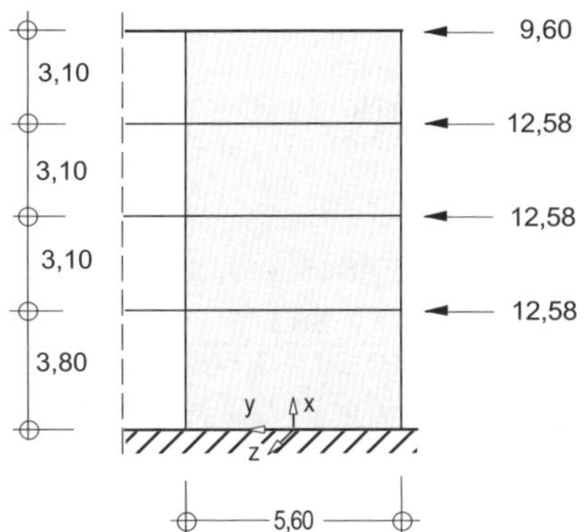

Abb. W.12: Ersatzhorizontallasten auf Scheibe 4

In der Ebene 0 ergibt sich als resultierende Schnittgröße

$$M_z = 9{,}60 \cdot 13{,}10 + 12{,}58 \cdot 10{,}00 + 12{,}58 \cdot 6{,}90 + 12{,}58 \cdot 3{,}80 = 386 \text{ kNm}$$

2.2 Nachweis Scheibe 4

EC 2-1-1, 5.8.3.3(2)

Der Nachweis, ob die Scheiben im Zustand I verbleiben, ist im Grenzzustand der Tragfähigkeit zu führen. Es sind zwei Kombinationen zu untersuchen:

- Kombination mit max. Vertikallast (Volllast)
  Vertikallasten infolge G und Q sind mit γ_G = 1,35 bzw. γ_Q = 1,50 zu multiplizieren, Momente aus Wind und Schiefstellung mit γ_Q = 1,50.

*) Rechengang mit Zahlenwerten

$$y = \frac{(564+1017+1030+956+1029+689) \cdot 0{,}15 + (618+1107+\ldots) \cdot 5{,}35 + \ldots}{(564+1017+1030+956+1029+689) + (618+1107+\ldots) + \ldots}$$

- Kombination mit min. Vertikallast (nur *G*)
  Vertikallasten infolge *G* und *Q* sind mit $\gamma_G = 1{,}00$ und $\gamma_Q = 0$ zu multiplizieren, Momente aus Wind und Schiefstellung mit $\gamma_Q = 1{,}50$.

Nachweis mit max. N_{Ed}

Vereinfachend werden die Schnittgrößen aus den Vertikallasten inf. *G* und *Q* mit einem mittleren Sicherheitsbeiwert $\gamma_{G,Q} = 1{,}4$ multipiziert, Momente aus Wind und Schiefstellung mit $\gamma_Q = 1{,}5$.

$$N_{Ed} = 1{,}40 \cdot (-2{,}370) \qquad = -3{,}318 \text{ MN}$$
$$M_{Ed} = 1{,}40 \cdot 1{,}802 + 1{,}50 \cdot (0{,}845 + 0{,}386) \qquad = 4{,}369 \text{ MNm}$$

$$\sigma = \frac{N}{A} - \frac{M}{W} = \frac{-3{,}318}{(0{,}30 \cdot 5{,}60)} + \frac{4{,}369 \cdot 6}{(0{,}30 \cdot 5{,}60^2)}$$
$$= -1{,}98 + 2{,}79 = +0{,}81 \text{ MN/m}^2 < f_{ctm} = 2{,}9 \text{ MN/m}^2$$

→ Scheibe 4 bleibt im Zustand I, Nachweis erfüllt.

Nachweis mit min. N_{Ed}

Die Schnittgrößen aus den Vertikallasten inf. *G* werden mit $\gamma_G = 1{,}0$ multipiziert, diejenigen aus *Q* sind wegzulassen; Momente aus Wind und Schiefstellung mit $\gamma_Q = 1{,}5$.

In einer hier nicht dargestellten Nebenrechung (Rechengang analog, jedoch ohne Ansatz der Schnee- und Nutzlast), ergaben sich als charakteristische Schnittgrößen vgl. S. HB.16

- inf. Eigenlast: $N_x = -1650$ kN
  $M_z = 985$ kNm
- inf. Wind: $M_z = 845$ kNm (wie vorher)
- inf. Imperfektion $M_z = 220$ kNm

Damit erhält man:

$$N_{Ed} = 1{,}00 \cdot (-1{,}650) \qquad = -1{,}650 \text{ MN}$$
$$M_{Ed} = 1{,}00 \cdot 0{,}985 + 1{,}50 \cdot (0{,}845 + 0{,}220) \qquad = 2{,}583 \text{ MNm}$$

$$\sigma = \frac{N}{A} - \frac{M}{W} = \frac{-1{,}650}{(0{,}30 \cdot 5{,}60)} + \frac{2{,}583 \cdot 6}{(0{,}30 \cdot 5{,}60^2)}$$
$$= -0{,}98 + 1{,}65 = +0{,}67 \text{ MN/m}^2 < f_{ctm} = 2{,}9 \text{ MN/m}^2$$

→ Scheibe 4 bleibt im Zustand I, Nachweis erfüllt.

3 Weitere Nachweise

Im Weiteren sind die Bemessung der Scheiben im Grenzzustand der Tragfähigkeit und im Grenzzustand der Gebrauchstauglichkeit durchzuführen sowie die bauliche Durchbildung festzulegen.

Im Grenzzustand der Tragfähigkeit ist der Nachweis unter γ_F-fachen Lasten (Bemessungslasten) zu führen, im Gebrauchszustand sind je nach Bemessungssituation die selten, häufige oder quasi-ständige Last anzusetzen.

Auf diese (und weitere) Nachweise wird im Rahmen des Beispiels verzichtet.

Pos. D1: Flachdecke als Dachgeschossdecke

1 Aufgabenstellung

Für die in Abb. D.1 dargestellte Platte – ausgeführt als 26 cm dicke Ortbetondecke – soll die Bemessung nach EC 2-1-1 durchgeführt werden. Neben der Eigenlast der Konstruktion sind eine Zusatzeigenlast (Belag) von 1,50 kN/m² und eine veränderliche Last von 0,80 kN/m² zu berücksichtigen.

Nähere Erläuterungen zu den Lasten (Ausbaulasten und Nutzlasten) s. S. HB.3

Im Beispiel wird nur die Bemessung für lotrechte Lasten gezeigt, Horizontallasten infolge Scheibenwirkung der Decke sind nicht Gegenstand der nachfolgenden Betrachtungen.

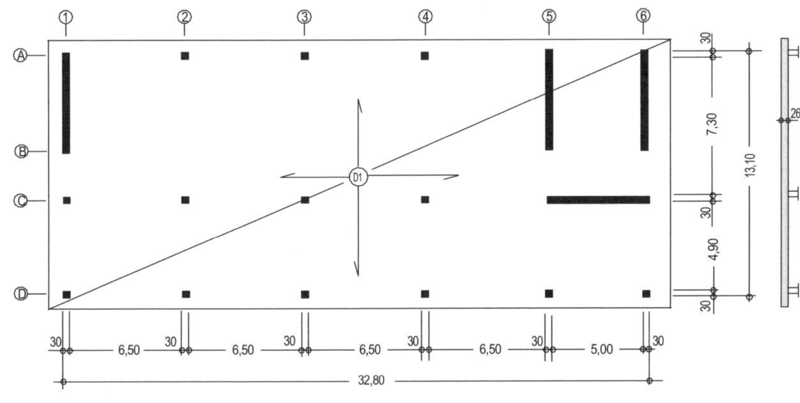

Baustoffe:
- Beton C30/37
- Betonstahl B500

EC 2-1-1, Tab. 3.1
EC 2-1-1, 3.2 und DIN 488

Umweltbedingung:
- Bauteil in Innenräumen mit normaler Luftfeuchte
- Expositionsklasse für Bewehrungskorrosion: XC 1
- Expositionsklasse für Betonangriff: –
- Expositionsklasse der Alkali-Kieselsäurereaktionen WO

EC 2-1-1, Tab. 4.1

Abb. D.1: Schalplan, Baustoffe, Umweltbedingungen

2 System, Einwirkungen, Schnittgrößen

2.1 System und Einwirkungen

Der statischen Berechnung wird eine gelenkige Lagerung an den Stützen und Wänden zugrunde gelegt. Als wirksame Stützweite wird jeweils der Abstand der Auflagermitten gewählt.

Wirksame Stützweiten nach EC 2-1-1, 5.3.2

Als charakteristische Werte der Belastungen erhält man mit den zuvor gemachten Angaben für die:

- Eigenlast: $g_k = g_{k1} + g_{k2} = 0,26 \cdot 25,0 + 1,75 = 8,25$ kN/m²
- Schneelast: $s_k = 0,80$ kN/m²

2.2 Schnittgrößen

Die Schnittgrößenermittlung erfolgt mit Hilfe eines FEM-Programms [InfoGraph - 14]. Zur Kontrolle erfolgt eine Näherungsberechung mit dem Verfahren nach DAfStb-H. 240.

Für die Flachdecke wird nur der Lastfall Volllast (Eigenlasten, ständige Ausbaulasten und Schnee) untersucht. Annahmen:

- isotrope, drillsteife Platte
- Querdehnzahl $\nu = 0{,}2$
- elastische, gelenkige Lagerung an den Wänden und Stützen
  - Stützen: $C = E_{cm} \cdot A_c / l = 33\,000 \cdot 0{,}3 \cdot 0{,}3 / 2{,}90 = 1020$ MN/m
  - Wände: $C = E_{cm} \cdot A_c / l = 33\,000 \cdot 0{,}3 \cdot 1{,}0 / 2{,}90 = 3410$ MN/m²
- linear-elastisches Berechung ohne Umlagerung von Schnittgrößen

Es wird nur die Länge l=2,90 m der darunterliegenden Etage berücksichtigt.

Zugrunde gelegt wird das in Abb. D2 dargestellt FEM-Netz.

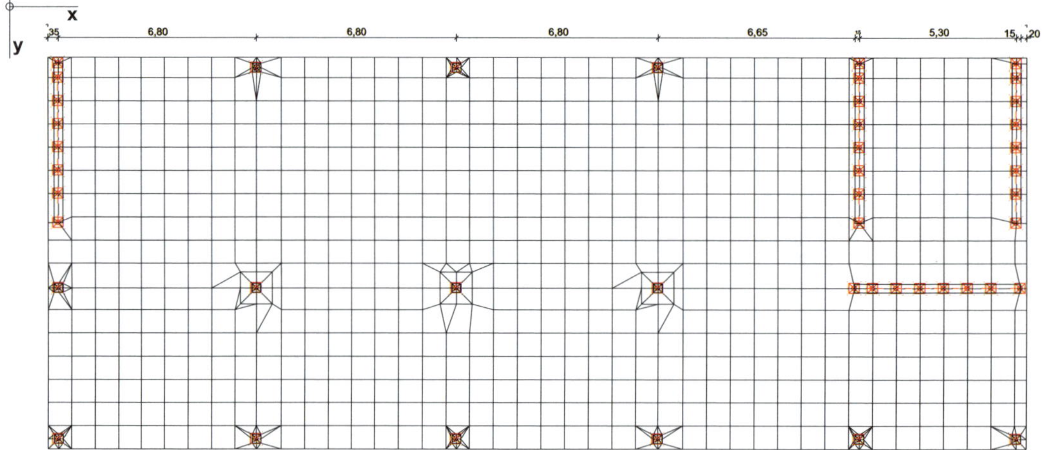

Abb. D.2: FEM-Netz der Flachdecke

2.2.1 Auflagerkräfte im Grenzzustand der Tragfähigkeit

Die Ergebnisse der FEM-Berechnung sind in Abb. D.3 dargestellt.

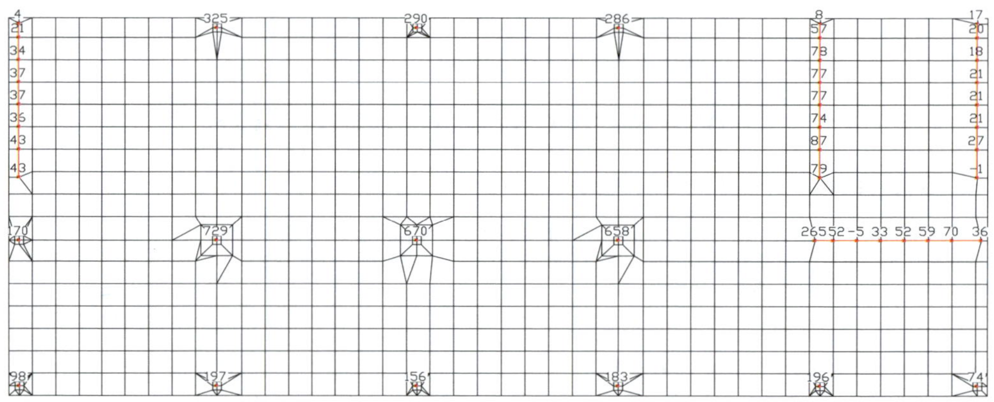

Abb. D.3: Auflagerkräfte im Grenzzustand der Tragfähigkeit

***Kontrolle*:**

Summe der Vertikallasten:	33,20 · 13,50 · (8,25 · 1,35 + 0,80 · 1,50) =	5530 kN
Summe der Auflagerkräfte:	4+21+34+37+37+36+42+45	256
	+8+57+78+77+77+74+87+79	537
	+17+20+18+21+21+21+27−1	144
	266+52−6+33+52+59+70+36	562
	+325+290+285	900
	+168+729+670+659	2226
	+98+197+56+183+196+74	804
		= 5429 kN

Es wird überprüft, ob die Summe der Vertikallasten gleich der Summe der Auflagerkräfte ist (einfache und schnelle Kontrolle, die immer geführt werden sollte). Der Nachweis ist erfüllt.

2.2.2 Biegemomente im Grenzzustand der Tragfähigkeit

FEM-Berechung

Für den Lastfall Volllast ergeben sich die nachfolgend dargestellten Biegemomente in Längs- und Querrichtung (weitere Erläuterungen s.n. S).

a)

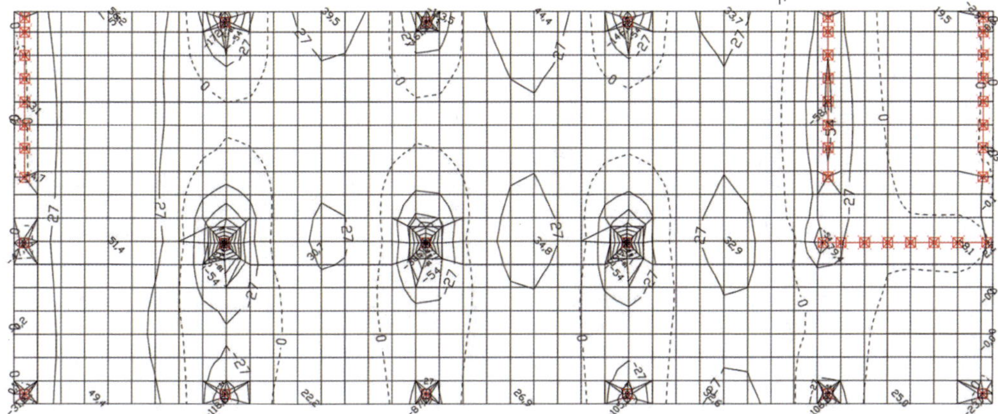

b)

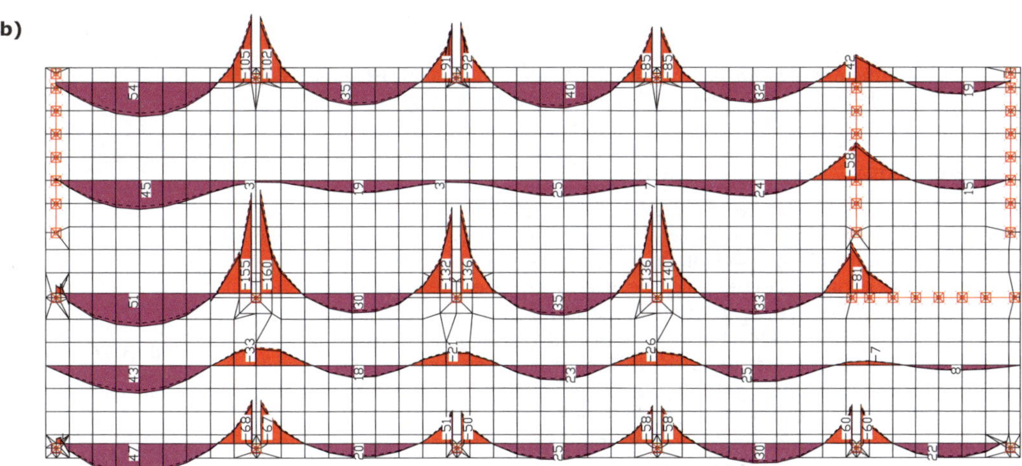

Abb. D.4: Biegemomente m_x im Grenzzustand der Tragfähigkeit als Höhenschichtlinien (a) und in ausgewälten Schnitten (b); [InfoGraph – 14]

a)

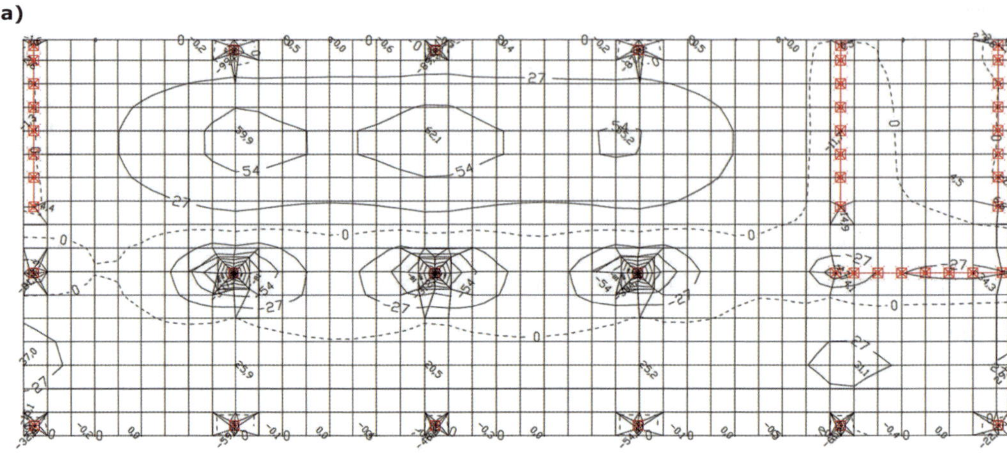

b)

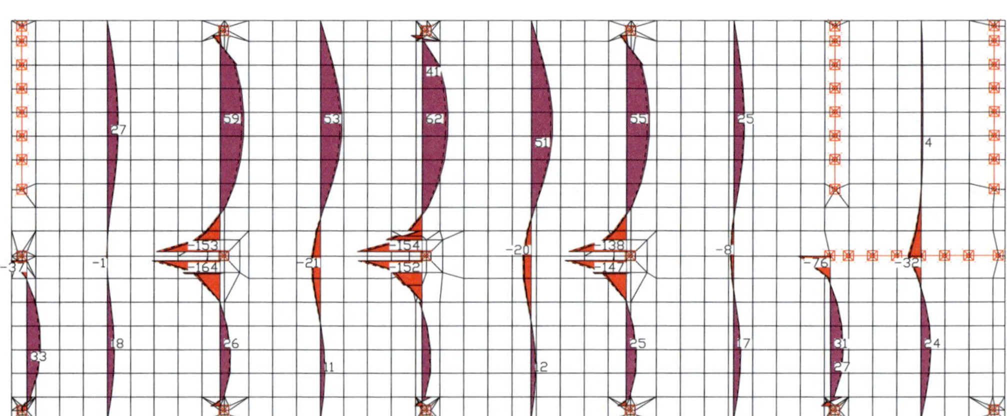

Abb. D.5: Biegemomente m_y im Grenzzustand der Tragfähigkeit als Höhenschichtlinien (a) und in ausgewälten Schnitten (b); [InfoGraph – 14]

Erläuterungen

Die Biegemomente in Längs- und Querrichtung sind jeweils als Höhenschichtlinien und in ausgewählten Schnitten dargestellt. Wie aus den Höhenschichtlinien ersichtlich, nehmen die Biegemomente an den Stützen sehr große Werte an. Die Bestimmung der erforderlichen Bewehrung für diese Werte in den Stützenknoten ist nicht sinnvoll, da in dem Berechungsmodell eine begrenzte Plastifizierung der Platte über den Stützen nicht erfasst wird. Es wird daher für die Bemessung ein Schnitt am *Stützenrand* zugrunde gelegt (vgl. a. [DBV-Bsp2 – 15]) und – analog zu dem nachfolgend dargestellten Verfahren nach DAfStb-H. 240 – die sich daraus ergebende Bewehrung über eine Stützstreifenbreite von etwa 0,1*L* konstant gehalten (Flächenausgleich).

Vergl. hierzu auch DAfStb-H. 240, Bild 3.4

Für die Biegebemessung sind noch zusätzlich die hier nicht dargestellten Drillmomente m_{xy} zu berücksichtigen.

Kontrolle

Die zuvor ermittelten Biegemomente sollen überprüft werden. Es wird ein Teilsystem mit zwei Innenfeldern in *x*-Richtung gewählt, das durch die Achsen 2 und 4 begrenzt ist (vgl. Abb. D.1 und D.6).

Die Kontrolle erfolgt mit dem Näherungsverfahren nach DAfStb-H. 240. Dabei wird der Grundriss in sich kreuzende Gurt- und Feldstreifen eingeteilt, innerhalb der Streifen wird quer zur untersuchten Tragrichtung ein konstantes Biegemoment unterstellt.

Wie auch in der FEM-Berechnung wird eine gelenkige Lagerung an den Stützen unterstellt. Die Plattenüberstände an den Rändern werden vernachlässigt.

Als Bedingungen für die Anwendung des Verfahrens gilt

- nur Gleichlast vorhanden
- Seitenverhältnis der Plattenfelder $0{,}67 \leq L_x/L_y \leq 1{,}5$
- Verhältnis benachbarter Stützweiten $0{,}67 \leq L_i/L_{i+1} \leq 1{,}5$

Die Bedingungen sind hier erfüllt.

Mit der Kontrollberechung soll auch das Näherungsverfahren nach DAfStb-H. 240 ausführlicher erläutert werden. Sie ist daher wesentlich ausführlicher als das für eine „reine" Kontrolle der FEM-Berechung erforderlich gewesen wäre.

$L_x/L_{y1} = 6{,}8/7{,}6 = 0{,}89$
$L_x/L_{y2} = 6{,}8/5{,}2 = 1{,}31$
$L_{x1}/L_{x2} = 6{,}8/6{,}8 = 1{,}00$
$L_{y1}/L_{y2} = 7{,}6/5{,}2 = 1{,}46$

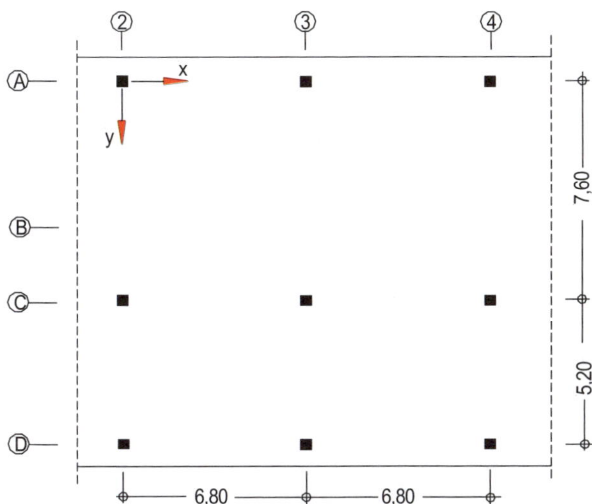

Abb. D.6 Untersuchtes Teilsystem

Für die Ermittlung der Stütz- und Feldmomente wird in DAfStb-H. 240 auch eine feldweise ungünstige Anordnung der Nutzlast berücksichtigt. Da im vorliegende Fall nur der Lastfall Volllast ((g_d+s_d) – Eigenlasten und Schnee) – untersucht werden soll, vereinfacht sich der Rechengang. Nachfolgende Gleichungen gelten daher nur für den Sonderfall, dass eine feldweise Nutzlastanordnung nicht erforderlich ist.

Stützmomente

Gurtstreifen über Stütze: $m_{SS} = c \cdot k_{SS} \cdot (g_d + s_d) \cdot L_m^2$ (D.1)

restlicher Gurtstreifen: $m_{SG} = 0{,}7 \cdot m_{SG}$ (D.2)

Feldstreifen: $m_{SF} = k_{SF} \cdot (g_d + s_d) \cdot L_m^2$ (D.3)

Feldmomente

Gurtstreifen: $m_{FG} = k_{FG} \cdot (g_d + s_d) \cdot L^2$ (D.4)

Feldstreifen: $m_{FF} = k_{FF} \cdot (g_d + s_d) \cdot L^2$ (D.5)

- c Korrekturbeiwert für die Stützendicke d_s nach DAfStb-H. 240 Tafel 3.4
- k Momentenbeiwerte nach DAfStb-H. 240 Tafeln 3.1, 3.2, 3.3 oder 3.5
- L_m mittlere Stützweite benachbarter Felder in der betrachteten Richtung
- L Stützweite in der betrachteten Richtung

Biegemomente m_x

Es gelten die in Abb. D.7 dargestellten Stütz- und Feldstreifen für das untersuchte Plattenteilsystem.

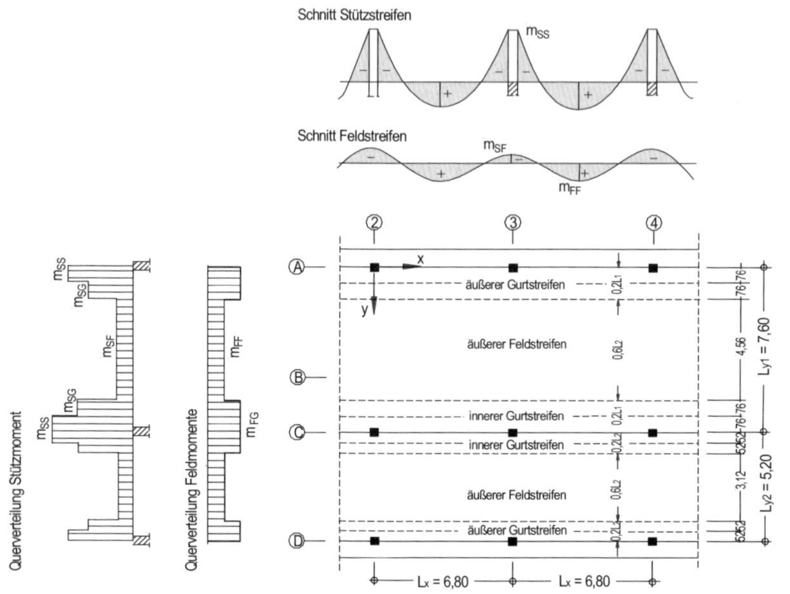

Vergl. DAfStb-H. 240, Bild 3.4

Abb. D.7 Bezeichnung der Plattenstreifen, Verlauf der Momente m_x und Verteilung der Momente senkrecht zur Tragrichtung – Lastfall Volllast

Tafel D.1 Momente m_x nach DAfStb-H. 240

Bereich zw. A und C	Feldmomente			Stützmomente					
$\varepsilon = 6{,}80/7{,}60 = 0{,}90$ $d_s/L_{min} = 0{,}05$	Gurtstreifen äußerer	 innerer	Feld- streifen	Feld- streifen	Randstützen erste	 weitere	Innenstützen erste	 weitere	
Tafel in DAfStb-H. 240 Beiwerte	3.2 k_{FG} 0,069	3.2 k_{FG} 0,058	3.2 k_{FF} 0,047	3.2 k_{SF} −0,029	3.5 $k_{SS,R1}$ −0,205	3.5 $k_{SS,R}$ −0,171	3.5 $k_{SS,I1}$ −0,272	3.5 $k_{SS,I}$ −0,224	3.4 c 1,13
Gleichungen Momente m	(D.4) m_{FG}	(D.4) m_{FG}	(D.5) m_{FF}	(D.3) m_{SF}	(D.1) m_{SS}	(D.1) m_{SS}	(D.1) m_{SS}	(D.1) m_{SS}	
	$(g_d+s_d)\cdot L_x^2 = 12{,}34 \cdot 6{,}80^2$				$c \cdot (g_d+s_d)\cdot L_x^2 = 1{,}13 \cdot 12{,}34 \cdot 6{,}80^2$				
	39,4	33,1	26,8	−16,5	−132,2	−110,3	−175,4	−144,4	

Bereich zw. C und D	Feldmomente			Stützmomente					
$\varepsilon = 6{,}80/5{,}20 = 1{,}31$ $d_s/L_{min} = 0{,}05$	Gurtstreifen äußerer	 innerer	Feld- streifen	Feld- streifen	Randstützen erste	 weitere	Innenstützen erste	 weitere	
Tafel in DAfStb-H. 240 Beiwerte	3.2 k_{FG} 0,055	3.2 k_{FG} 0,051	3.2 k_{FF} 0,045	3.2 k_{SF} −0,043	3.5 $k_{SS,R1}$ −0,201	3.5 $k_{SS,R}$ −0,168	3.5 $k_{SS,I1}$ −0,288	3.5 $k_{SS,I}$ −0,214	3.4 c 0,89
Gleichungen Momente m	(D.4) m_{FG}	(D.4) m_{FG}	(D.5) m_{FF}	(D.3) m_{SF}	(D.1) m_{SS}	(D.1) m_{SS}	(D.1) m_{SS}	(D.1) m_{SS}	
	$(g_d+s_d)\cdot L_x^2 = 12{,}34 \cdot 6{,}80^2$				$c \cdot (g_d+s_d)\cdot L_x^2 = 0{,}89 \cdot 12{,}34 \cdot 6{,}80^2$				
	31,4	29,1	25,7	−24,5	−102,1	−85,3	−146,3	−108,7	

Biegemomente m_Y

Es gelten die in Abb. D.8 dargestellten Stütz- und Feldstreifen für das untersuchte Plattenteilsystem.

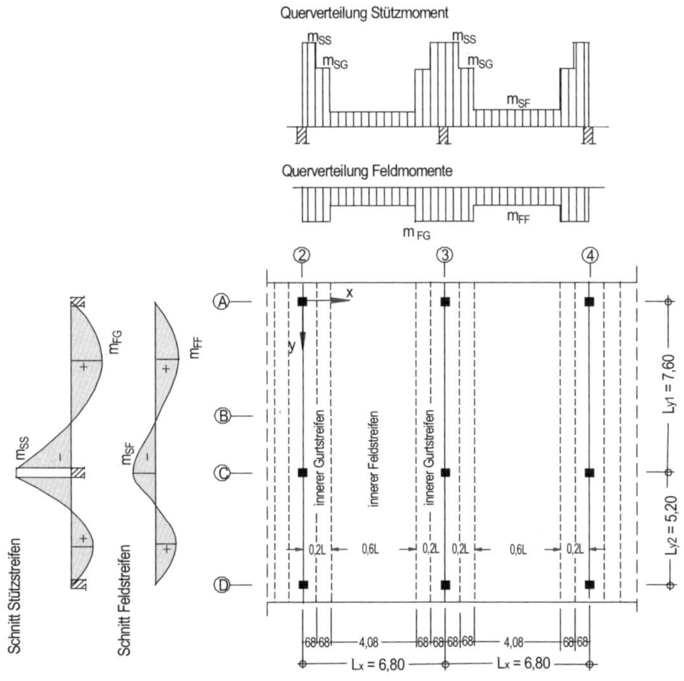

Vergl. DAfStb-H. 240, Bild 3.4

Abb. D.8 Bezeichnung der Plattenstreifen, Verlauf der Momente m_y und Verteilung der Momente senkrecht zur Tragrichtung – Lastfall Volllast

Tafel D.2 Momente m_y nach DAfStb-H. 240

ε_{F1} = 7,60/6,80 = 1,12 ε_{F2} = 5,20/6,80 = 0,76 d_s/L_{min} = 0,05	Feld 1		Feld 2		Stützmomente		
	Gurt-streifen	Feld-streifen	Gurt-streifen	Feld-streifen	Feld-streifen	1. Innenstützen	
Tafel in DAfStb-H. 240 Beiwerte	3.2 k_{FG} 0,078	3.2 k_{FF} 0,069	3.2 k_{FG} 0,088	3.2 k_{FF} 0,068	3.2 k_{SF} -0,043*)	3.5 k_{SS} -0,301	3.4 c*) 1,08
Gleichungen Momente m	(D.4) m_{FG}	(D.4) m_{FF}	(D.4) m_{FG}	(D.4) m_{FF}	(D.3) m_{SF} $\times 12{,}34 \cdot 6{,}40^2$	(D.1) m_{SS} $\times\ 1{,}08 \cdot 12{,}34 \cdot 6{,}40^2$	(D.1)
	$\times 12{,}34 \cdot 7{,}60^2$		$\times 12{,}34 \cdot 5{,}20^2$				
	55,6	49,2	29,4	22,7	-21,7	-164,3	

*) Ermittelt jeweils für ein Verhältnis ε_{Fm} = 6,40/6,80 = 0,94, d. h. mit dem Verhältnis der mittleren Stützweite (0,5 · (7,60+5,20) = 6,40) der benachbarten Felder zur Stüzweite rechtwinklig zur Tragrichtung.

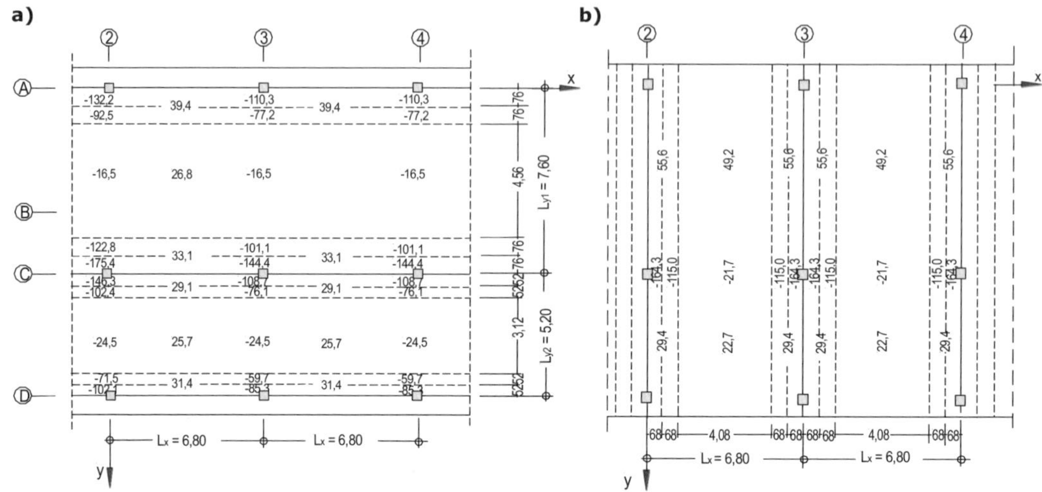

Abb. D.9 Biegemomente m_x (a) und m_y (b) im Lastfall Volllast

Tafel D.3 Vergleich der Ergebnisse nach FEM mit H. 240

Biegemomente m_x in Längsrichtung

Stelle x	y	Momente $m_{x,d}$ FEM	H. 240	Stelle x	y	Momente $m_{x,d}$ FEM	H. 240	Stelle x	y	Momente $m_{x,d}$ FEM	H. 240
0	0,00	−128[a]	−132	3,40	0,0	+36	+39	6,80	0,00	−98[a]	−110
0	3,80	+3	−17	3,40	3,80	+19	+27	6,80	3,80	+3	−17
0	7,60	−197[a]	−175	3,40	7,60	+30	+33	6,80	7,45	−170[a]	−144
0	10,20	−33	−25	3,40	10,20	+18	+26	6,80	10,20	−21	−25
0	12,80	−76[a]	−102	3,40	12,80	+20	+31	6,80	12,65	−55[a]	−85

Biegemomente m_y in Querrichtung

Stelle x	y	Momente $m_{y,d}$ FEM	H. 240	Stelle x	y	Momente $m_{y,d}$ FEM	H. 240
0	3,80	+59	+56	3,40	3,80	53	+49
0	7,60	−199[a]	−164	3,40	7,60	−21	−22
0	10,20	+26	+29	3,40	10,20	11	+23

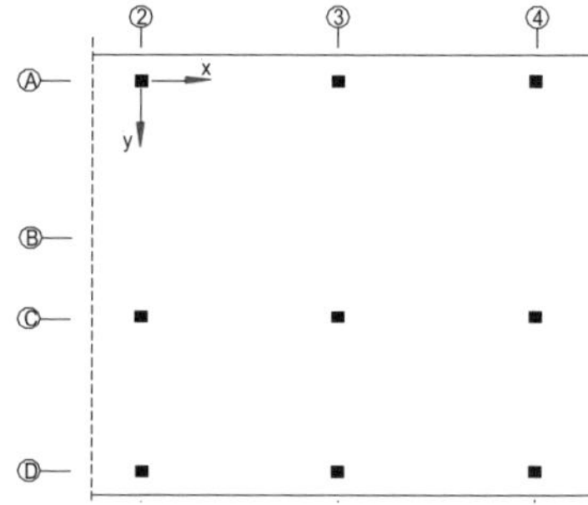

[a] Bemessungsmomente unter Berücksichtigung der Drillmomente ermittelt aus $m_d = m + |m_{xy}|$; vgl. a. Abschn. 2.2.3.

Fazit

Die Abweichungen in den Ergebnissen, die nach den beiden Verfahren erzielt werden, sind im Wesentlichen in den unterschiedlichen Annahmen begründet, über welche Streifenbreite ein Momentenausgleich durchgeführt wird. Zudem wirken sich die Unterschiede bzgl. der Randbedigungen der abliegenden Ränder aus. Die Nachrechnung nach DAfStb-H. 240 bestätigt aber prinzipiell die Richtigkeit der FEM-Berechung, d. h. grobe Eingabefehler können ausgeschlossen werden.

3 Grenzzustände der Tragfähigkeit

3.1 Biegebemessung

Die Bemessung wird beispielhaft für die erste Innenstütze in Achse C (größte Biegebeanspruchung) durchgeführt, die weitere Bemessung erfolgt mit dem in [InfoGraph -15] beschriebenen FEM-Prgrogramm.

Mindestwert der Betondeckung c_{min} nach EC 2-1-1, 4.4.1 bzw. Tab. NA.4.4 für die Umweltklasse XC 1

Vorgaben

Betondeckung

Mindestmaß	c_{min}	= 1,0 cm
Vorhaltemaß	Δc_{dev}	= 1,0 cm
Nennmaß	c_{nom}	= 2,0 cm

Vorhaltemaß Δc_{dev} nach EC 2-1-1, NDP zu 4.4.1.3(1) für XC 1

Für Längsstabdurchmesser $d_{sl} \leq 14$ mm bei einlagiger Bewehrung.

Nutzhöhe

$d_x = 26{,}0 - 2{,}0 - 1{,}4/2 = 23{,}3$ cm

$d_y = 26{,}0 - 2{,}0 - 1{,}5 \cdot 1{,}4 = 21{,}9$ cm

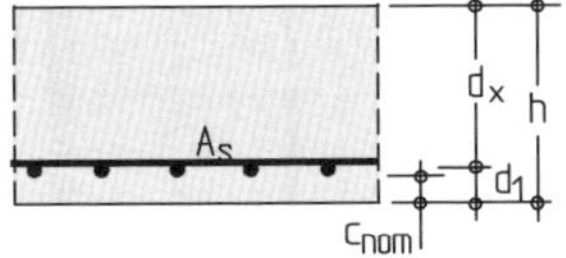

Stützmoment Längsrichtung (1. Innenstütze in Achse C)

$m_{x,Ed} \approx m_x + |m_{xy}| = 160 + 37 = 197$ kNm/m

$m_{Eds} = m_{x,Ed} = 197$ kNm/m

$$\mu_{Eds} = \frac{m_{Eds}}{b \cdot d^2 \cdot f_{cd}} = \frac{0{,}197}{1{,}0 \cdot 0{,}233^2 \cdot 17{,}00} = 0{,}213$$

$\Rightarrow \omega = 0{,}244;\ \zeta = z/d = 0{,}87;\ \sigma_{sd} = 435$ MN/m²

$$A_s = \omega \cdot b \cdot d \cdot \frac{f_{cd}}{f_{yd}} = 0{,}244 \cdot 1{,}0 \cdot 0{,}233 \cdot \frac{17{,}00}{434} \cdot 10^4 = 22{,}2 \text{ cm}^2/\text{m}$$

$\approx 22{,}4$ cm²/m (s. FEM-Berechung, Abb. D.10)

Bemessungstafeln mit dimensionslosen Beiwerten (μ_s-Tabellen)

$f_{cd} = \alpha_{cc} f_{ck} / \gamma_C$
$= 0{,}85 \cdot 30 / 1{,}5$
$= 17{,}00$ MN/m²
(vgl. NDP zu 3.1.6(1))

σ_{sd} ohne Ansatz des ansteigenden Astes

Stützmoment Querrichtung (Innenstütze in Achse C)

$m_{y,Ed} \approx m_y + |m_{xy}| = 164 + 35 = 199$ kNm/m

$m_{yds} = m_{y,Ed} = 199$ kNm/m

$$\mu_{Eds} = \frac{m_{Eds}}{b \cdot d^2 \cdot f_{cd}} = \frac{0{,}199}{1{,}0 \cdot 0{,}219^2 \cdot 17{,}00} = 0{,}244$$

$\Rightarrow \omega = 0{,}286;\ \zeta = z/d = 0{,}85;\ \sigma_{sd} = 435$ MN/m²

$$A_s = \omega \cdot b \cdot d \cdot \frac{f_{cd}}{f_{yd}} = 0{,}286 \cdot 1{,}0 \cdot 0{,}219 \cdot \frac{17{,}00}{435} \cdot 10^4 = 24{,}5 \text{ cm}^2/\text{m}$$

$\approx 24{,}3$ cm²/m (s. FEM-Berechung, Abb. D.11)

3.2 Robustheitsbewehrung

Zur Verhinderung eines Bauteilversagens bei Erstrissbildung muss eine Mindestbewehrung angeordnet werden (Duktilitätskriterium). Sie ist für das Rissmoment zu ermitteln.

Die Mindestbewehrung ist als untere Bewehrung im Feld von Auflager zu Auflager zu führen. Als obere Bewehrung (über den Innenauflagern) ist sie über eine Länge von einem Viertel der Stützweite erforderlich. Hier wird sie als „Grundbewehrung" oben und unten für beide Richtungen angeordnet.

$\min A_s \geq M_{cr} / (z \cdot f_{yk})$	(Stahlspannung $\sigma_s = f_{yk}$)
$M_{cr} = f_{ctm} \cdot b_t\, h^2/6$	(für Rechteckquerschnitte)
$f_{ctm} = 2{,}9$ MN/m²	(Mittelwert der Betonzugfestigkeit)
$M_{cr} = 2{,}9 \cdot 1{,}0 \cdot 0{,}26^2 / 6 = 0{,}0327$ MNm/m	
$z \approx 0{,}9\, d = 0{,}20$ m	(Hebelarm der inneren Kräfte nach Rissbildung für die Querrichtung; ungünstig)

$\min A_s \geq 0{,}0327 / (0{,}20 \cdot 500) = 3{,}27 \cdot 10^{-4}$ m²/m $= 3{,}27$ cm²/m

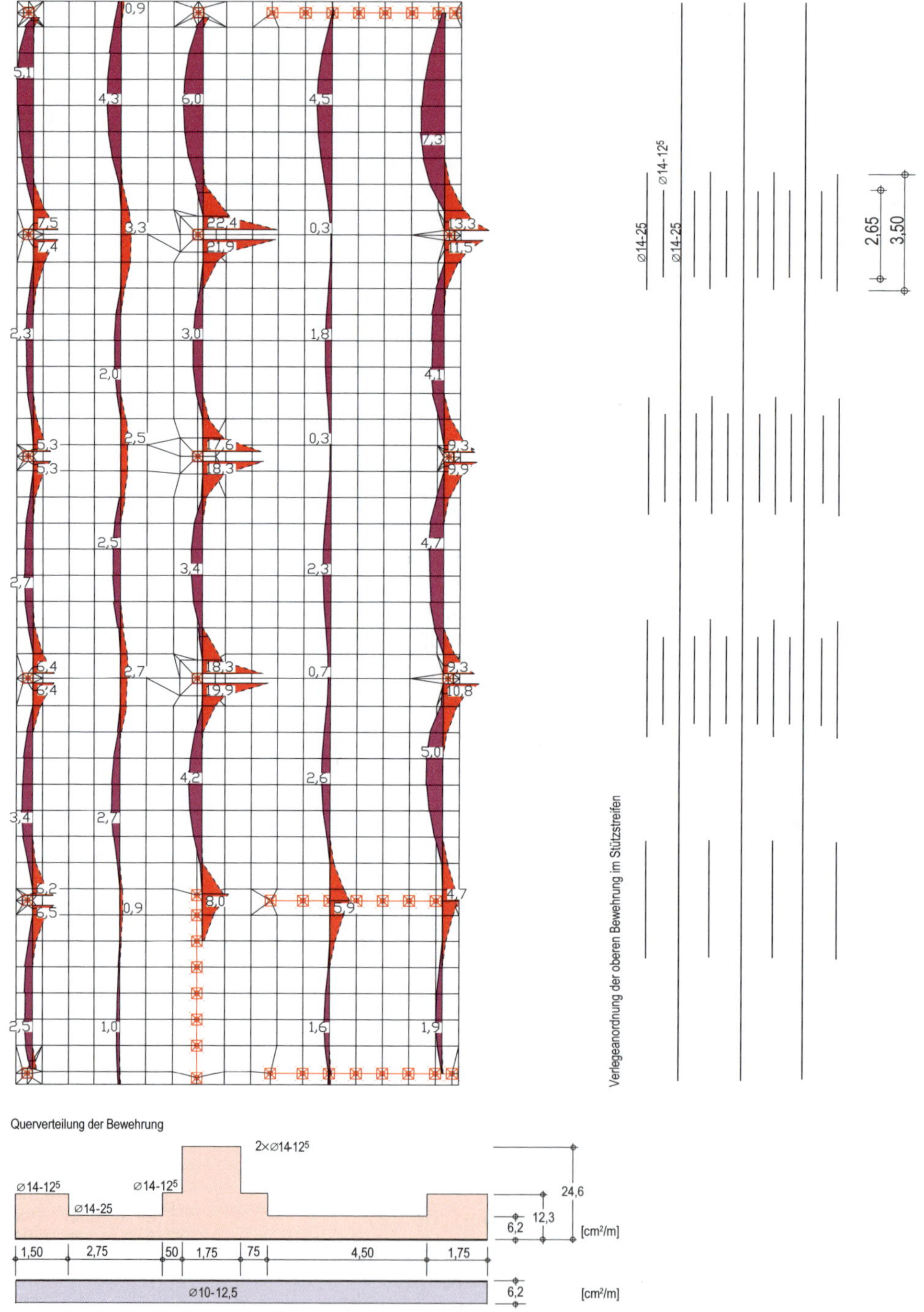

Abb. D.10 Erforderliche Biegezugbewehrung für die untere und obere Bewehrungslage der Längsrichtung (x-Richtung)

FEM-Ergebnissdarstellung [InfoGraph - 14]

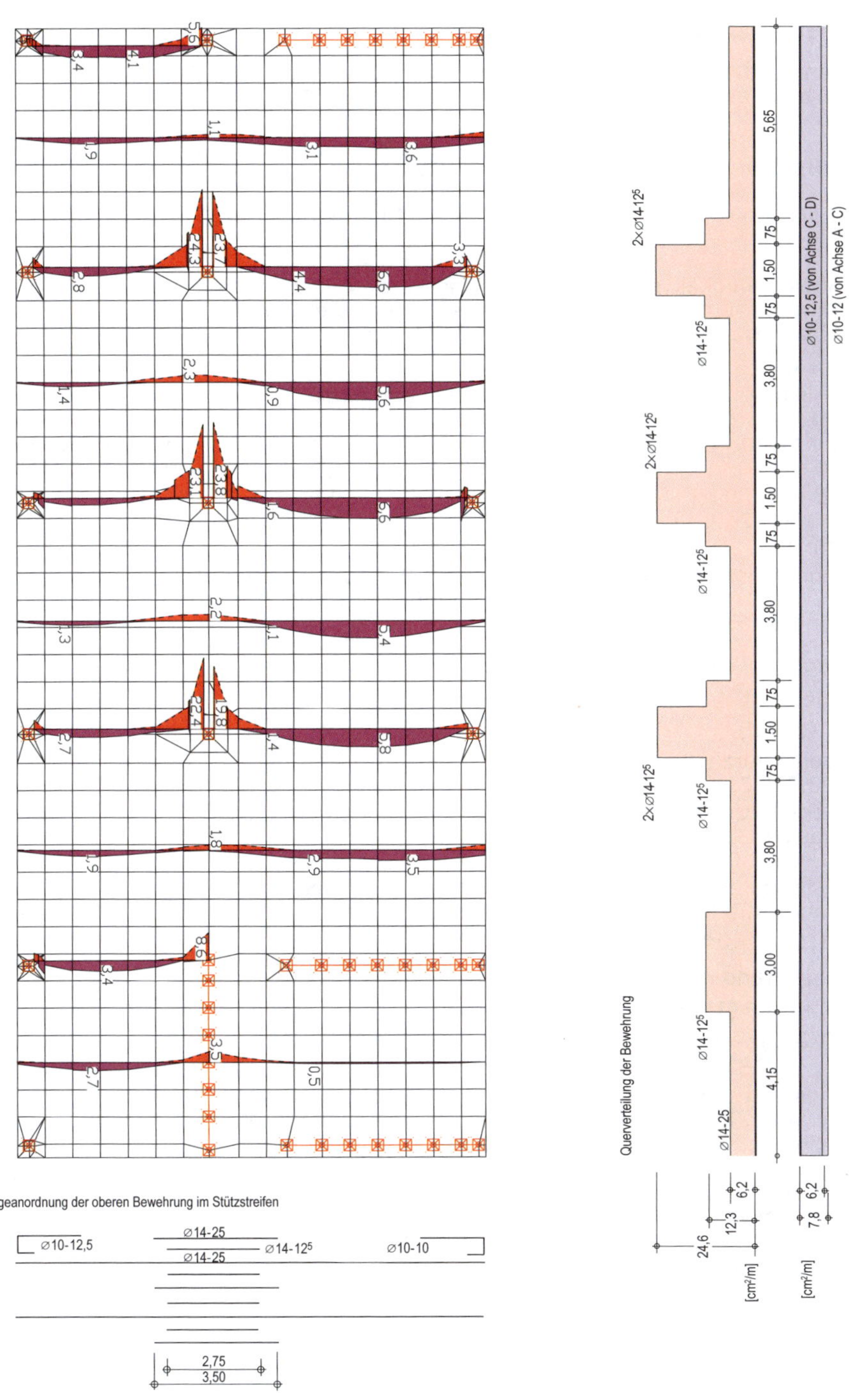

Abb. D.11 Erforderliche Biegezugbewehrung für die untere und obere Bewehrungslage der Querrichtung (y-Richtung)

FEM-Ergebnissdarstellung [InfoGraph - 14]

3.3 Nachweis auf Durchstanzen

Die Stützen haben quadratischen Querschnitt mit $h / b = 30 / 30$ cm. Die Stützlängskräfte bzw. aufzunehmenden Querkräfte sind im Abb. D.3 angegeben.

3.3.1 Nachweis für Stütze C2 (Innenstütze)

Die Stützenlängskraft bzw. die Druchstanzkraft beträgt $V_{Ed} = 729$ kN.

Mindestmomente

Um die Querkrafttragfähigkeit sicherzustellen, sind Platten im Bereich der Stütze für Mindestmomente m_{Ed} zu bemessen, sofern die Schnittgrößen nicht zu höheren Werten führen (EC 2-1-1/NA, 6.4.5).

$m_{Edy} \geq \eta \cdot V_{Ed} = 0{,}125 \cdot 729 = 91{,}1$ kNm/m
($\eta = 0{,}125$ für Innenstütze; Zug auf der Plattenoberseite)

$m_{Eds} = m_{Eds} / (b \cdot d^2 \cdot f_{cd})$
$= 0{,}0911 / (1{,}00 \cdot 0{,}219^2 \cdot 17) = 0{,}112$

$\Rightarrow \omega = 0{,}119$

$a_{sy} = \omega \cdot b \cdot d \cdot (f_{cd} / \sigma_{sd})$
$= 0{,}119 \cdot 100 \cdot 21{,}9 \cdot (17{,}0/435)$
$= 10{,}2$ cm²/m

Nachweis ungünstig mit der geringeren Nutzhöhe d_y=21,9 cm.

Die Mindestbewehrung ist auf einer Breite $b_x = 0{,}3L_x = 0{,}3 \cdot 6{,}8 \approx 2{,}00$ m bzw. $b_y = 0{,}3L_{ym} = 0{,}3 \cdot 6{,}4 \approx 1{,}90$ m zu überprüfen. Die vorhandene Biegezugbewehrung ist ausreichend.

Vorhanden sind in diesem Bereich mindestens $\varnothing$ 14/12⁵ bzw. 12,3 cm²/m.

Nachweis der Tragfähigkeit auf Durchstanzen

- Bemessungsquerkraft v_{Ed}

  $v_{Ed} = V_{Ed} \cdot \beta / (u_1 \cdot d)$

  $d = d_m$ mitteler Nurzhöhe
  $= 0{,}5 \cdot (23{,}3 + 21{,}9) = 22{,}6$ cm

  u_1 Umfang des kirtischen Rundschnitts; bei Platten ist der Nachweis im Abstand $2d$ vom Stützenrand zu führen
  $= 4 \cdot 0{,}30 + 2 \cdot 2{,}0 \cdot 0{,}226 \cdot \pi = 4{,}04$ m

  β Erhöhungsfaktor zur Berücksichtigung von Lastausmitten
  $= 1{,}10$ (Innenstütze unverschieblicher Systeme)

  $v_{Ed} = 0{,}729 \cdot 1{,}10 / (4{,}04 \cdot 0{,}226) = 0{,}878$ MN/m²

- Bemessungswiderstand ohne Durchstanzbewehrung:

  $v_{Rd,c} = [(0{,}18/\gamma_C) \cdot k \cdot (100 \cdot \rho_l \cdot f_{ck})^{1/3}] \geq v_{min}$

  für $\sigma_{cd} = 0$

  $k = 1+(200/226)^{0,5} = 1{,}94$

  $\rho_l = \sqrt{\rho_{lx} \cdot \rho_{ly}} < 0{,}5 f_{cd} / f_{yd}$

  Bewehrungsgrad auf eine Breite gleich der Stützenabmessung zzgl. $3d$ je Seite (bezogen auf die verankerte Zugbewehrung)
  maßg. Breite: $0{,}30 + 2 \times 3 \cdot 0{,}226 = 1{,}66$ m

  $A_{sx} = 24{,}6$ cm²/m (2 × $\varnothing$ 14–12,5; s. Abb. D.10 und D.11)
  $\rho_{lx} = A_{sx} / (bd_x) = 24{,}6 / (100 \cdot 23{,}3) = 1{,}06$ %
  $A_{sy} = 24{,}6$ cm²/m (2 × $\varnothing$ 14–12,5; s. Abb. D.10 und D.11)
  $\rho_{ly} = A_{sy} / (bd_y) = 24{,}6 / (100 \cdot 21{,}9) = 1{,}12$ %

  $\rho_l = (0{,}0106 \cdot 0{,}0112)^{0,5} = 0{,}0109 < 0{,}5 \cdot 17{,}0 / 435 = 0{,}0195$

  $v_{min} = (0{,}0525/\gamma_C) \cdot k^{3/2} \cdot f_{ck}^{1/2} = (0{,}0525/1{,}5) \cdot 1{,}95^{3/2} \cdot 30^{1/2}$
  $= 0{,}522$ MN/m²

  $v_{Rd,c} = (0{,}18/1{,}5) \cdot 1{,}95 \cdot (100 \cdot 0{,}0112 \cdot 30)^{1/3} = 0{,}755$ MN/m²
  $< v_{Ed} = 0{,}878$ MN/m²

  $\Rightarrow$ Durchstanzbewehrung erforderlich.

- Größter Durchstanzwiderstand bei Anordnung von Durchstanzbewehrung:

  $v_{Rd,max} = 1{,}4 \cdot v_{Rd,c} = 1{,}4 \cdot 0{,}755 = 1{,}057$ MN/m² $> v_{Ed} = 0{,}878$ MN/m²

  $\Rightarrow$ Ausführung zulässig.

- Bemessungswiderstand mit Durchstanzbewehrung, Ermittlung der erforderlichen Bewehrung:

  Es wird zunächst der Rundschnitt u_{out} festgelegt, für den Durchstanzbewehrung nicht erforderlich wird.

  $u_{out} = \beta \cdot V_{Ed} / (v_{Rd,c} \cdot d)$
  $= 1{,}10 \cdot 0{,}729 / (0{,}755 \cdot (0{,}15/0{,}18) \cdot 0{,}226) = 5{,}64$ m
  $u_{out} = 5{,}64 \text{ m} = 4 \cdot 0{,}30 + 2\pi \cdot r_{out} \rightarrow r_{out} = 0{,}71$ m

  Die letzte Bewehrungsreihe ist im Abstand $(u_{out} - 1{,}5d)$ vom Stützenrand anzuordnen, hier also im Abstand $0{,}71 - 1{,}5 \cdot 0{,}226 = 0{,}37$ m bzw. im Abstand $1{,}6d$.

Faktor (0,15/0,18), da im äußeren Rundschnitt nur die Querkrafttragfähigkeit berücksichtigt werden darf.

Es wird eine erste Reihe im Abstand $a_1 = 0{,}4d$, eine zweite Reihe im Abstand $1{,}0d$ und eine dritte Reihe im Abstand $1{,}6d$ vom Stützenrand angeordnet . Für *lotrechte* Bügel erhält man damit

Gegenseitiger Abstand $s_r = 0{,}6\,d < 0{,}75\,d$

$A_{sw} = (v_{Ed} - 0{,}75 v_{Rd,c}) \cdot d \cdot u_1 / [1{,}5 \cdot (d / s_r) \cdot f_{ywd,ef}]$
$v_{Ed} - 0{,}75 v_{Rd,c} = 0{,}878 - 0{,}75 \cdot 0{,}755 = 0{,}312$
$u_1 = 4{,}04$ m; $v_{Ed} = 0{,}878$ MN/m² (s. vorher)
$f_{ywd,ef} = 250 + 0{,}25d = 250 + 0{,}25 \cdot 226 = 307$ MN/m²
$d / s_r = (d / 0{,}6d) = 1{,}67$ (für s_r gilt der maximale Abstand)

$A_{sw} = 0{,}312 \cdot 0{,}226 \cdot 4{,}04 / (1{,}5 \cdot 1{,}67 \cdot 307) \cdot 10^4 = 3{,}70$ cm²

Erste Bügelreihe
$A_{sw} = 2{,}5 \cdot 3{,}70 = 9{,}3$ cm² (2,5facher Wert)
$u_1 = 4 \cdot 0{,}30 + 2 \cdot 0{,}4 \cdot 0{,}226 \cdot \pi = 1{,}77$ m
$n \geq u_1/1{,}5d = 1{,}77/(1{,}5 \cdot 0{,}226) = 6$

Zweite Bügelreihe
$A_{sw} = 1{,}4 \cdot 3{,}70 = 5{,}18$ cm² (1,4facher Wert)
$u_2 = 4 \cdot 0{,}30 + 2 \cdot 1{,}0 \cdot 0{,}226 \cdot \pi = 2{,}62$ m
$n \geq u_2/1{,}5d = 2{,}62/(1{,}5 \cdot 0{,}226) = 8$

Dritte Bügelreihe
$A_{sw} = 1{,}0 \cdot 3{,}70 = 3{,}70$ cm² (1,0facher Wert)
$u_3 = 4 \cdot 0{,}30 + 2 \cdot 1{,}6 \cdot 0{,}226 \cdot \pi = 3{,}47$ m
$n \geq u_3/1{,}5d = 3{,}47 / (1{,}5 \cdot 0{,}226) = 11$

Eine Ausführung mit Schrägaufbiegung ist nicht zulässig, da der Abstand zwischen Lasteinleitungsfläche und Durchstanzbewehrung größer als $1{,}5d$ ist (vgl. EC 2-1-1/ NA, Bild 9.10DE).

Es ist
$(r_{out} - 1{,}5d)$
$= 0{,}71 - 1{,}5 \cdot 0{,}226$
$= 0{,}37$ m
$> 1{,}5d$
$= 1{,}5 \cdot 0{,}226$
$= 0{,}34$ m

Regelungen zur baulichen Durchbildung

Als Mindestdurchstanzbewehrung ergibt sich gemäß EC2-1-1, 9.4.3(2) z. B. für die zweite Bügelreihe mit $s_r = 0{,}6d = 0{,}6 \cdot 0{,}226 = 0{,}14$ m und einem gegenseitigen tangentialen Abstand von $1{,}5d = 1{,}5 \cdot 0{,}226 = 0{,}34$ m je Bügelschenkel

$A_{sw,min} = 0{,}08 \cdot f_{ck}^{0{,}5} \cdot s_r \cdot s_t / (f_{yk} \cdot 1{,}5)$
$= 0{,}08 \cdot 30^{0{,}5} \cdot 0{,}14 \cdot 0{,}34 / (500 \cdot 1{,}5)$
$= 0{,}28 \cdot 10^{-4}$ m² $= 0{,}28$ cm²

Der Durchmesser der Bügel muss die Bedingung $d_s \leq 0{,}05d = 0{,}05 \cdot 226 = 11{,}3$ mm erfüllen. Diese Anforderungen werden mit Bügelschenkel 6 mm $\leq d_s \leq$ 10 mm erfüllt.

Es werden gewählt (vgl. Abb.):

1. Reihe: 18 ∅ 8 (= 9,1 cm²)
2. Reihe: 14 ∅ 8 (= 7,0 cm²)
3. Reihe: 16 ∅ 8 (= 8,1 cm²)

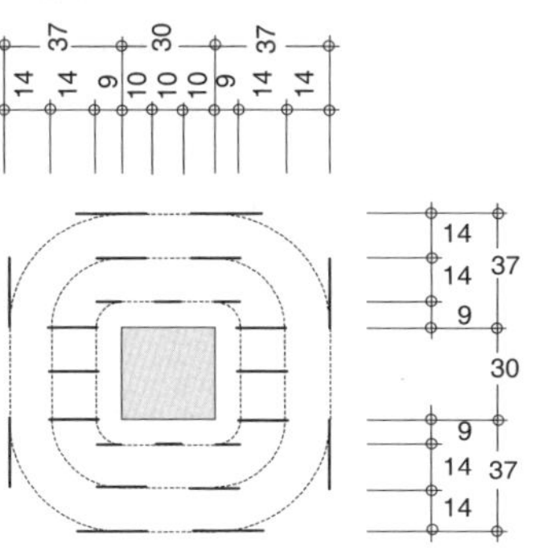

3.3.2 Nachweis für Stütze A2 (Randstütze)

Die Stützenlängskraft bzw. die Druchstanzkraft beträgt V_{Ed} = 325 kN.

Mindestmomente

$m_{Edx} \geq \eta \cdot V_{Ed} = 0{,}25 \cdot 325 = 81{,}3$ kNm/m
(η = 0,25 für Randstütze; Zug auf der Plattenoberseite)

$m_{Eds} = m_{Eds} / (b \cdot d^2 \cdot f_{cd})$
$= 0{,}0813 / (1{,}00 \cdot 0{,}219^2 \cdot 17) = 0{,}100$

$\Rightarrow \omega = 0{,}106$

$a_{sx} = \omega \cdot b \cdot d \cdot (f_{cd} / \sigma_{sd})$
$= 0{,}106 \cdot 100 \cdot 21{,}9 \cdot (17{,}0/435)$
$= 9{,}07$ cm²/m

Nachweis mit der Nutzhöhe d_x=23,3 cm.

Die Mindestbewehrung ist auf einer Breite $b_y = 0{,}15 L_y = 0{,}15 \cdot 7{,}60 \approx$ 1,15 m zu überprüfen. Die vorh. Biegezugbewehrung (= 12,3 cm²/m, s.u.) ist ausreichend.

Vorhanden sind in diesem Bereich ∅14/12⁵ bzw. 12,3 cm²/m.

Nachweis der Tragfähigkeit auf Durchstanzen

- Bemessungsquerkraft v_{Ed}

  $v_{Ed} = V_{Ed} \cdot \beta / (u_1 \cdot d)$

  $d = d_m$ mittlere Nutzhöhe
  $= 0{,}5 \cdot (23{,}3 + 21{,}9) = 22{,}6$ cm

  u_1 Umfang des kritischen Rundschnitts (s. Abb.)
  $= 3 \cdot 0{,}30 + 2 \cdot 0{,}30 + (2{,}0 \cdot 0{,}226) \cdot \pi = 2{,}92$ m

  β Erhöhungsfaktor zur Berücksichtigung von Lastausmitten
  = 1,4 (Randstütze unverschieblicher Systeme)

  $v_{Ed} = 0{,}325 \cdot 1{,}40 / (2{,}92 \cdot 0{,}226) = 0{,}689$ MN/m²

Es wird angenommen, dass ein Plattenüberstand von 30 cm vorhanden ist (s. Skizze).

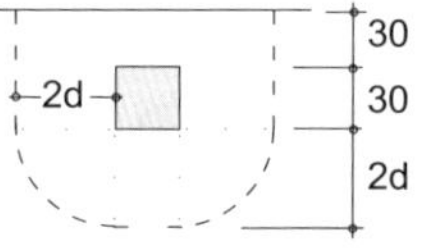

- Bemessungswiderstand ohne Durchstanzbewehrung:

  $v_{Rd,c} = [(0{,}18/\gamma_C) \cdot k \cdot (100 \cdot \rho_l \cdot f_{ck})^{1/3}] \geq v_{min}$

  $k = 1 + (200/226)^{0{,}5} = 1{,}94$

  $\rho_l = \sqrt{\rho_{lx} \cdot \rho_{ly}} < 0{,}5 f_{cd} / f_{yd}$

  A_{sx} = 12,3 cm²/m (∅ 14–12,5; s. Abb. D.10 und D.11)
  $\rho_{lx} = A_{sx} / (bd_x) = 12{,}3 / (100 \cdot 23{,}3) = 0{,}53$ %
  A_{sy} = 12,3 cm²/m (∅ 14–12,5; s. Abb. D.10 und D.11)
  $\rho_{ly} = A_{sy} / (bd_y) = 12{,}3 / (100 \cdot 21{,}9) = 0{,}56$ %

  $\rho_l = (0{,}0053 \cdot 0{,}0056)^{0{,}5} = 0{,}0054 < 0{,}5 \cdot 17{,}0 / 435 = 0{,}0195$

  $v_{min} = (0{,}0525/\gamma_C) \cdot k^{3/2} \cdot f_{ck}^{1/2} = (0{,}0525/1{,}5) \cdot 1{,}95^{3/2} \cdot 30^{1/2}$
  $= 0{,}522$ MN/m²

  $v_{Rd,c} = (0{,}18/1{,}5) \cdot 1{,}95 \cdot (100 \cdot 0{,}0054 \cdot 30)^{1/3} = 0{,}592$ MN/m²
  $< v_{Ed} = 0{,}768$ MN/m²

  $\Rightarrow$ Durchstanzbewehrung erforderlich.

- Größter Durchstanzwiderstand mit Durchstanzbewehrung:

  $v_{Rd,max} = 1{,}4 \cdot v_{Rd,c} = 1{,}4 \cdot 0{,}592 = 0{,}829$ MN/m² $> v_{Ed} = 0{,}689$ MN/m²

  $\Rightarrow$ Ausführung zulässig.

- Ermittlung der erforderlichen Bewehrung:

  Rundschnitt u_{out} ohne rechnerisch erf. Durchstanzbewehrung

  $u_{out} = \beta \cdot V_{Ed} / (v_{Rd,c} \cdot d)$
  $= 1{,}40 \cdot 0{,}325 / (0{,}592 \cdot (0{,}15/0{,}18) \cdot 0{,}226) = 4{,}08$ m

  $u_{out} = 4{,}08$ m $= 3 \cdot 0{,}30 + 2 \cdot 0{,}30 + \pi \cdot r_{out} \rightarrow r_{out} = 0{,}82$ m

  Die letzte Bewehrungsreihe ist im Abstand ($u_{out} - 1{,}5d$) vom Stützenrand anzuordnen, hier also im Abstand $0{,}82 - 1{,}5 \cdot 0{,}226 = 0{,}48$ m bzw. im Abstand $2{,}1d$.

Faktor (0,15/0,18), da im äußeren Rundschnitt nur die Querkrafttragfähigkeit berücksichtigt werden darf.

Es wird eine erste Reihe im Abstand $a_1 = 0{,}5d$, eine zweite Reihe im Abstand $1{,}25d$ und eine dritte Reihe im Abstand $2{,}0d$ ($\approx 2{,}1\,d$) vom Stützenrand angeordnet. Für *lotrechte* Bügel erhält man damit

$A_{sw} = (v_{Ed} - 0{,}75\,v_{Rd,c}) \cdot d \cdot u_1 / [1{,}5 \cdot (d / s_r) \cdot f_{ywd,ef}]$

$v_{Ed} - 0{,}75\,v_{Rd,c} = 0{,}689 - 0{,}75 \cdot 0{,}592 = 0{,}245$ MN/m²

$u_1 = 2{,}92$ m (s. vorher)

$f_{ywd,ef} = 250 + 0{,}25d = 250 + 0{,}25 \cdot 226 = 307$ MN/m²

$d / s_r = (d / 0{,}75d) = 1{,}33$ (für s_r gilt der maximale Abstand)

$A_{sw} = 0{,}245 \cdot 0{,}226 \cdot 2{,}92 / (1{,}5 \cdot 1{,}33 \cdot 307) \cdot 10^4 = 2{,}64$ cm²

Gegenseitiger Abstand $s_r = 0{,}75\,d = 0{,}75\,d$

Erste Bügelreihe

$A_{sw} = 2{,}5 \cdot 2{,}64 = 6{,}60$ cm² (2,5facher Wert)

$u_1 = 3 \cdot 0{,}30 + 2 \cdot 0{,}30 + 0{,}5 \cdot 0{,}226 \cdot \pi = 1{,}85$ m

$n \geq u_1/1{,}5d = 1{,}85/(1{,}5 \cdot 0{,}226) = 6$

Zweite Bügelreihe

$A_{sw} = 1{,}4 \cdot 2{,}64 = 3{,}70$ cm² (1,4facher Wert)

$u_2 = 3 \cdot 0{,}30 + 2 \cdot 0{,}30 + 1{,}25 \cdot 0{,}226 \cdot \pi = 2{,}39$ m

$n \geq u_2/1{,}5d = 2{,}39/(1{,}5 \cdot 0{,}226) = 7$

Dritte Bügelreihe

$A_{sw} = 1{,}0 \cdot 2{,}64 = 2{,}64$ cm² (1,0facher Wert)

$u_3 = 3 \cdot 0{,}30 + 2 \cdot 0{,}30 + 2{,}0 \cdot 0{,}226 \cdot \pi = 2{,}92$ m

$n \geq u_3/1{,}5d = 2{,}92 / (1{,}5 \cdot 0{,}226) = 9$

Regelungen zur baulichen Durchbildung

Als Mindestdurchstanzbewehrung ergibt sich gemäß EC2-1-1, 9.4.3(2) z. B. für die zweite Bügelreihe mit $s_r = 0{,}75d = 0{,}75 \cdot 0{,}226 = 0{,}17$ m und einem gegenseitigen tangentialen Abstand von $1{,}5d = 1{,}5 \cdot 0{,}226 = 0{,}34$ m je Bügelschenkel

$A_{sw,min} = 0{,}08 \cdot f_{ck}^{0,5} \cdot s_r \cdot s_t / (f_{yk} \cdot 1{,}5)$

$= 0{,}08 \cdot 30^{0,5} \cdot 0{,}17 \cdot 0{,}34 / (500 \cdot 1{,}5)$

$= 0{,}34 \cdot 10^{-4}$ m² $= 0{,}34$ cm²

Der Bügeldurchmesser muss die Bedingung $d_s \leq 0{,}05\,d = 0{,}05 \cdot 226 = 11{,}3$ mm erfüllen. Diese Anforderungen werden mit Bügelschenkel 6 mm $\leq d_s \leq$ 10 mm erfüllt.

Es werden gewählt (vgl. Abb.):

1. Reihe: 14 ∅ 8 (= 7,0 cm²)
2. Reihe: 10 ∅ 8 (= 5,0 cm²)
3. Reihe: 12 ∅ 8 (= 6,0 cm²)

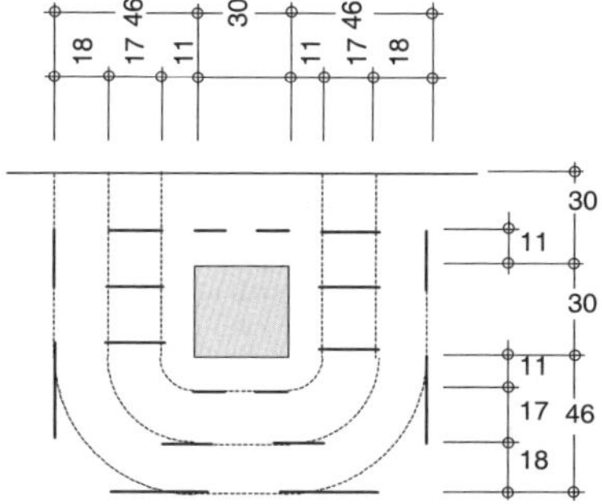

3.3.3 Nachweis für die Stütze D1 (Eckstütze)

Die Stützenlängskraft beträgt $V_{Ed} = 98$ kN. Der Umfang u_1 des kritischen Rundschnitts beträgt (s. Abb.) $u_1 = 4 \cdot 0{,}30 + 0{,}226 \cdot \pi = 1{,}91$ m. Mit einem Erhöhungsfaktor $\beta = 1{,}5$ (Eckstütze) erhält man

Es wird angenommen, dass ein Plattenüberstand von 30 cm vorhanden ist (s. Skizze).

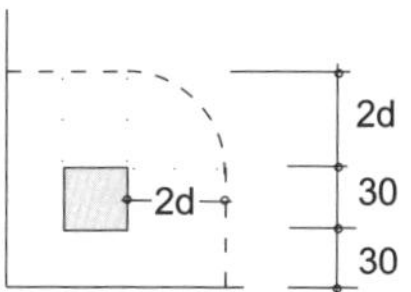

$v_{Ed} = 0{,}098 \cdot 1{,}50 / (1{,}91 \cdot 0{,}226) = 0{,}341$ MN/m²

Der Mindestwert der Durchstanztragfähigkeit $v_{Rd,c,min} = 0{,}522$ MN/m² (s. vorher) wird damit nicht erreicht, eine Durchstanzbewehrung ist nicht erforderlich.

Auf weitere Nachweis für die Eckstütze wird im Rahmen des Beispiels verzichtet.

3.3.4 Nachweis für die Wand in Achse C (Wandende C5)

Die Lasteinleitungsfläche und der kritische Rundschnitt ist in EC2-1-1/NA, Bild NA.6.12.1 definiert. In diesem Bereich ist ein Durchstanznachweis zu führen, außerhalb davon ist die Querkrafttragfähigkeit maßgebend.

Ausschnitt aus EC2-1-1/NA, Bild NA.6.12.1

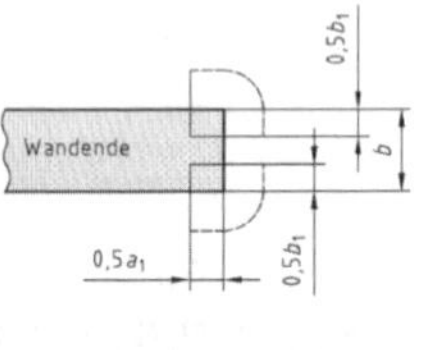

Für das Durchstanzen ist zur Berücksichtigung einer nichtrotationssymmetrischem Verteilung der Querkraft ein Lasterhöhungsfaktor β = 1,35 zu berücksichtigen.

Man erhält die nebenstehend dargestellte Situation mit dem zu untersuchenden kritischen Rundschnitt.

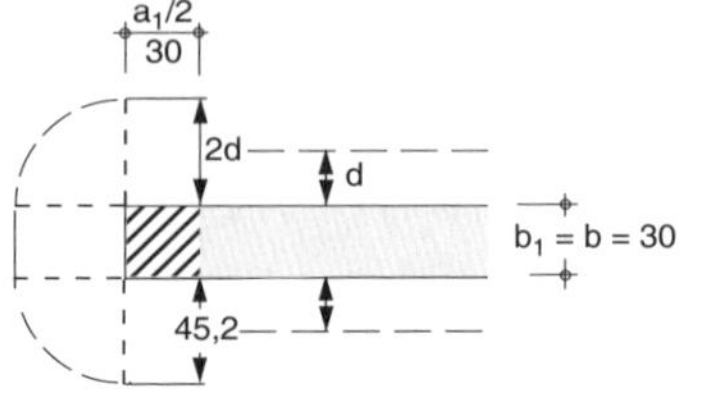

Die durchstanzerzeugende Belastung am Wandende wird mit Hilfe einer Lasteinzugsfläche A_E abgeschätzt.

Zwischen Achse 4 und 5 sowie B und C wird die halbe, zwischen C und D etwa 60 % der Stützweite angesetzt.

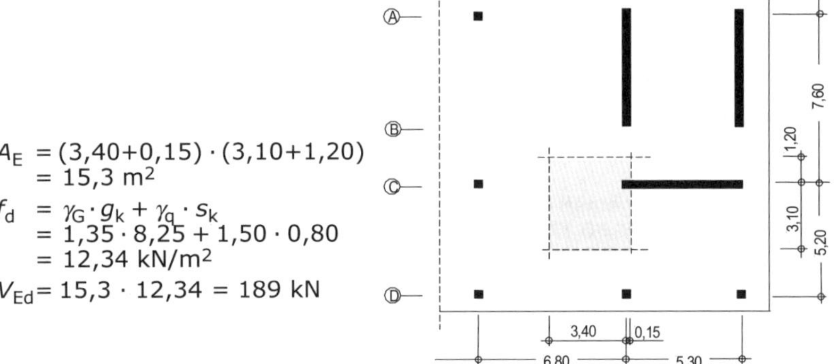

A_E = (3,40+0,15) · (3,10+1,20)
= 15,3 m²

f_d = $\gamma_G \cdot g_k + \gamma_q \cdot s_k$
= 1,35 · 8,25 + 1,50 · 0,80
= 12,34 kN/m²

V_{Ed} = 15,3 · 12,34 = 189 kN

- Bemessungsquerkraft v_{Ed}

  $v_{Ed} = V_{Ed} \cdot \beta / (u_1 \cdot d)$

  $d = d_m$ mittlere Nutzhöhe
  = 0,5 · (23,3 + 21,9) = 22,6 cm

  u_1 Umfang des kritischen Rundschnitts (s. Seite vorher)
  = 3 · 0,30 + (2,0 · 0,226) · π = 2,32 m

  β Erhöhungsfaktor zur Berücksichtigung von Lastausmitten
  = 1,35 (Wandende)

  v_{Ed} = 0,189 · 1,35 / (2,32 · 0,226) = 0,487 MN/m²

- Bemessungswiderstand ohne Durchstanzbewehrung:

  $v_{Rd,c} = [(0,18/\gamma_C) \cdot k \cdot (100 \cdot \rho_l \cdot f_{ck})^{1/3}] \geq v_{min}$

  $k = 1+(200/226)^{0,5} = 1,94$

  $\rho_l = \sqrt{\rho_{lx} \cdot \rho_{ly}} < 0,5 f_{cd} / f_{yd}$

  A_{sx} = 12,3 cm²/m (∅ 14–12,5; s. Abb. D.10 und D.11)

  $\rho_{lx} = A_{sx} / (bd_x)$ = 12,3 / (100 · 23,3) = 0,53 %

  A_{sy} = 12,3 cm²/m (∅ 14–12,5; s. Abb. D.10 und D.11)

  $\rho_{ly} = A_{sy} / (bd_y)$ = 12,3 / (100 · 21,9) = 0,56 %

  $\rho_l = (0,0053 \cdot 0,0056)^{0,5} = 0,0054 < 0,5 \cdot 17,0 / 435 = 0,0195$

  v_{min} = 0,522 MN/m² (s.voher)

  $v_{Rd,c} = (0,18/1,5) \cdot 1,95 \cdot (100 \cdot 0,0054 \cdot 30)^{1/3}$ = 0,592 MN/m²
  $> v_{Ed}$ = 0,487 MN/m²

⇒ keine Durchstanzbewehrung erforderlich.

Nach FE-Berechnung ergibt sich an *Wandvorderkante* eine Auflagerkraft von 266 kN (s. Abb. D2). Wie jedoch der Berechung zu entnehmen ist, fällt die Kraft rasch ab (an den daran anschließenden Auflagerpunkten werden Auflagerkräfte von 52 kN bzw. -6 kN ermittelt); s. Skizze. Nach einer groben graphischen Interpolation ergäbe sich im Abstand 15 cm vom Auflagerrand (Schwerpunkt der Lasteinleitungsfläche) eine Auflagerkraft von etwa 175 kN. Es ergibt sich eine gute Übereinstimmung mit der hier bevorzugten Ermittlung der Auflagerkraft mittels Lasteinzugsflächen.

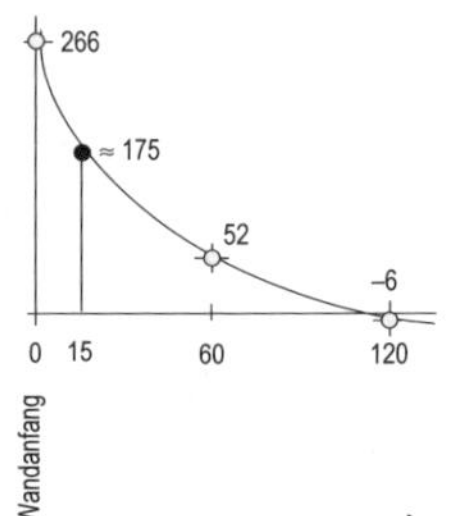

3.4 Querkraftbemessung außerhalb des Durchstanzbereichs

Außerhalb der Durchstanzbereiche ist die Querkrafttragfähigkeit der Flachdecke nachzuweisen. Exemplarisch wird der Bereich um die am höchsten belastete Innenstütze Stütze C2 nachgewiesen.

Vereinfachend wird für den Querkraftnachweis ein Rundschnitt betrachtet, der durch die sich kreuzenden Gurtstreifen begrenzt wird. Für die unterschiedlichen Gurtstreifenbreiten in Längs- und Querrichtung wird ein Mittelwert angesetzt.

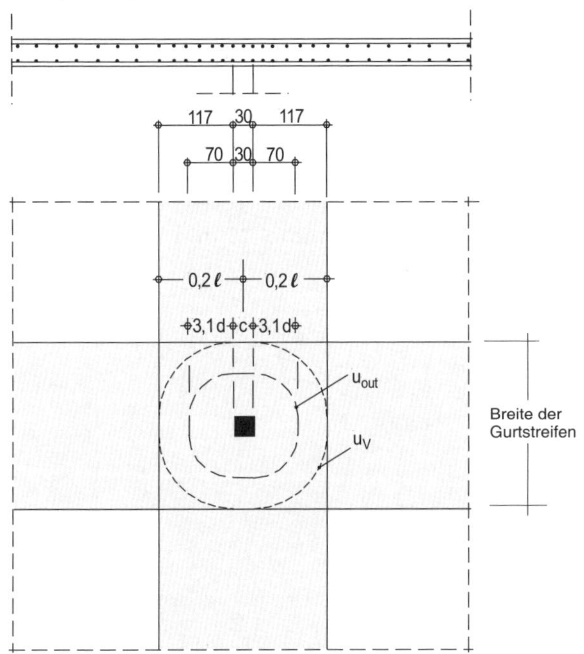

u_{out} äußerer Rundschnitt des Durchstanznachweises
u_V Rundschnitt für den Querkraftnachweis

Maßgebender Rundschnitt und Lastfläche

- Gurtstreifenbreite: $(2 \cdot (0{,}52+0{,}76) + 2 \cdot (0{,}68+0{,}68)) / 2 = 2{,}64$ m
- Maßg. Rundschnitt: $u_V = (4 \cdot 0{,}30 + 2\pi \cdot (2{,}64 - 0{,}30) / 2) = 8{,}55$ m
- Lastfläche (durch den Bemessungschnitt begrenzte Fläche)
  $A = 0{,}30^2 + 4 \cdot 0{,}30 \cdot (2{,}64 - 0{,}30)/2 + \pi \cdot ((2{,}64 - 0{,}30)/2)^2 = 5{,}79$ m²

Mittelwert der Längs- und Querrichtung; vgl. Abb. D.7 und D.8

Bemessungswert der einwirkenden Querkraft v_{Ed}

$v_{Ed} = V_{Ed,red} \cdot \beta / (u_V \cdot d)$

$V_{Ed,red} = 729 - 12{,}34 \cdot 5{,}79 = 658$ kN

$d = d_m = 22{,}6$ cm; $u_V = 8{,}55$ m

$\beta = 1{,}10$ (Innenstütze)

$v_{Ed} = 0{,}658 \cdot 1{,}1 / (8{,}55 \cdot 0{,}226) = 0{,}375$ MN/m²

Bemessungswert der einwirkenden Querkraft v_{Ed}

Vereinfachend wird nur der Mindestwert der Querkrafttragfähigkeit nachgewiesen

$v_{Rd,min} = (0{,}0525/1{,}5) \cdot 1{,}95^{3/2} \cdot 30^{1/2} = 0{,}522$ MN/m²

Nachweis

$v_{Ed} \leq v_{Rd,min} \Rightarrow$ keine Querkraftbewehrung erforderlich.

3.5 Nachweis der Brandsicherheit

Der Nachweis wird mit dem „Tabellenverfahren" nach EC2-1-2 geführt. Im Beispiel soll die Feuerwiderstandsklasse REI 90 eingehalten werden.

EC2-1-2, Tab. 5.9

FWK	Mindestmaße h_s (mm)	a (mm)
REI 30	150	10
REI 60	180	15
REI 90	200	25
REI 120	200	35
REI 180	200	45
REI 240	200	50

Das Tabellenverfahren darf bei Flachdecken ohne Einschränkungen angewendet werden, falls die Momentenumlagerung 15 % nicht überschreitet und für Feuerwiderstandklassen ≥ REI 90 in jeder Richtung mindestens 20 % der nach EC2-1-1 erforderlichen Bewehrung über den Zwischenauflagern über die gesamte Spannweite durchgeführt und in den Stützstreifen angeordnet werden.

Nach EC2-1-2, Tab. 5.9 sind bei Flachdecken folgende Anforderungen zu erfüllen:

- Mindestplattendicke $h_s \geq 200$ mm
- Mindestachsabstand der Bewehrung $a \geq 25$ mm

Im vorliegenden Fall gilt

- Plattendicke $h = 260$ mm > 200 mm
- Achsabstand $a = c_{V,l} + \varnothing_l/2 = 20 + 14/2 = 27$ mm > 25 mm

Der Nachweis für REI 90 ist damit erbracht.

4 Gebrauchstauglichkeit

Im Grenzzustand der Gebrauchstauglichkeit sind die Beschränkung der Rissbreite, die Beschränkung der Durchbiegung und Spannungsbegrenzungen nachzuweisen.

Die Lasten werden mit ihren charakteristischen Werten in Ansatz gebracht, wobei die veränderliche Last je nach zu führendem Nachweis gegebenenfalls nur anteilsmäßig (in der „seltenen", „häufigen" oder „quasi-ständigen" Kombination) berücksichtigt werden muss.

Für die weiteren Nachweise - Rissbreitenbegrenzung; Verformungsbegrenzung wird im vorliegenden Falle nur die quasi-ständige Einwirkungskombinationen benötigt:

Lastkombination der quasi-ständigen Situation nach EC 0

quasi-ständige Kombination: $g_k + \psi_2 \cdot q_k$

Der Faktor ψ_2 wird EC 0 entnommen, wobei hier bei einer Schneelast $\psi_2 = 0$ gilt.

4.1 Spannungsbegrenzung

Nach EC 2-1-1 dürfen die Nachweise zur Spannungsbegrenzung entfallen, wenn es sich um ein nicht vorgespanntes Tragwerk des üblichen Hochbaus handelt, bei dem

EC 2-1-1, NCI zu 7.1

- die nach der Elastizitätstheorie ermittelten Schnittgrößen nicht umgelagert wurden und
- die bauliche Durchbildung nach EC 2-1-1, Abschn. 9 erfolgt und die Festlegungen für die Mindestbewehrung eingehalten werden (s. nachfolgend).

Nachweis der Mindestbewehrung vgl. Abschn. 5.3

Die Nachweise dürfen daher hier entfallen.

4.2 Beschränkung der Rissbreite

Für die vorliegende Umweltklasse XC 1 ist die Rissbreite w_k auf 0,4 mm zu begrenzen. Für Stahlbetonplatten mit einer Dicke bis zu 20 cm ohne nennenswerten zentrischen Zwang darf der Nachweis generell entfallen. Da hier jedoch eine Plattenstärke von 26 cm > 20 cm vorhanden ist, sind die Nachweise zur Begrenzung der Rissbreite zu führen. Die Nachweise werden hier exemplarisch für die obere Bewehrung an der Stütze C2 geführt.

EC 2-1-1, Tab. NA.7.1

EC 2-1-1, 7.3.3(1)

Mindestbewehrung

Bei den gegebenen Verhältnissen (bei der gewählte Anordung der Wandscheiben liegen keine größere Verformungsbehinderung vor; es sind keine größere Temperaturschwankungen zu erwarten) tritt keine nenneswerte zentrische Zwangbeanspruchung auf.

EC 2-1-1, 7.3.2(2)

Es wird jedoch Biegezwang unterstellt, der z. B. durch ungleichmäßige Setzungen entstehen kann. Die Zwangbeanspruchung tritt erst nach Erreichen der 28-Tage-Festigkeit des Betons auf. Der Nachweis erfolgt nach EC 2-1-1, Gl. (7.1).

$A_{s,min} = k_c \cdot k \cdot f_{ct,eff} \cdot A_{ct} / \sigma_s$

$k_c = 0{,}4$ (Betonspannung σ_c in der Schwerlinie gleich 0)

$k = 1{,}0$ (Annahme: äußere Zwangeinwirkung)

$f_{ct,eff} = f_{ctm} = 2{,}9$ MN/m² < 3,0 MN/m² (Mindestzugfestigkeit maßgebend)

$A_{ct} = 0{,}13 \cdot 1{,}0 = 0{,}13$ m²/m

$\sigma_s = 380$ MN/m² (für $d_s^* = 10$ mm bei $w_k = 0{,}4$ mm)

EC 2-1-1, Gl. (7.1) und NCI zu 7.3.2(2)

A_{ct} näherungsweise als „reiner" Betonquerschnitt (ohne Berücksichtigung der Bewehrung)

$A_{s,min} = 0{,}4 \cdot 1{,}0 \cdot 3{,}0 \cdot 0{,}13 / 320 = 0{,}000488$ m²/m = 4,88 cm²/m

Im Stützstreifen sind mindestens ∅ 14 – 12,5 (= 12,3 cm²/m) vorhanden

$A_{s,min} = 4{,}88$ cm²/m < $A_{s,vorh} = 12{,}3$ cm²/m

EC 2-1-1, Tab. NA.7.2 und Gl. (NA.7.6)

Wegen $f_{ct,eff} = 3{,}0$ MN/m² > $f_{ct,0} = 2{,}9$ MN/m² ist mit $\varnothing_s \geq \varnothing_s^* \cdot f_{ct,eff} / f_{ct,0}$ der gewählte Durchmesser $d_s = 14$ mm zulässig; weitere Nachweise erübrigen sich daher.

EC 2-1-1, Tab. NA.7.1

Begrenzung der Rissbreite für die Lastbeanspruchung

Für Stahlbetonbauteile ist der Nachweis für die quasi-ständige Last zu führen. Die Rissbreitenbegrenzung kann in Abhängigkeit von der gegebenen Betonstahlspannung über eine Durchmesserbegrenzung geführt werden.

EC 2-1-1, 7.3.3

Moment unter quasi-ständiger Last

Das Bemessungmoment im GZT beträgt $|m_{y,Ed}| = 199$ kNm/m. Näherungsweise wird das Moment unter quasi-ständiger Last ermittelt, in dem $|m_{y,Ed}|$ im Verhältnis $g_d/(g_d + s_d) = 11{,}14/12{,}34 = 0{,}90$ reduziert und durch $\gamma_G = 1{,}35$ dividiert wird.

$g_d = 1{,}35 \cdot 8{,}25 = 11{,}14$
$s_d = 1{,}50 \cdot 0{,}80 = 1{,}20$

$|m_{y,perm}| = 199 \cdot 0{,}90 / 1{,}35 = 133$ kNm/m

Stahlspannung

$$\sigma_s = \frac{M}{z \cdot A_s} = \frac{0{,}133}{0{,}203 \cdot 0{,}00246} = 266 \text{ MN/m}^2$$

$z \approx 0{,}9d = 0{,}203$ m (Abschätzung)

Grenzdurchmesser $\varnothing_s$

$$\varnothing_s = \varnothing_s^* \cdot \frac{\sigma_s \cdot A_s}{4 \cdot (h-d) \cdot b \cdot 2{,}9} \geq \varnothing_s^* \cdot \frac{f_{ct,eff}}{2{,}9}$$

EC 2-1-1, Gl. (NA.7.7.1)

$\varnothing^* = 20$ mm (für $\sigma_s = 266$ MN/m²)

EC 2-1-1, Tab. NA.7.2

$$\frac{\sigma_s \cdot A_s}{4 \cdot (h-d) \cdot b \cdot 2{,}9} = \frac{266 \cdot 0{,}00266}{4 \cdot 0{,}027 \cdot 1 \cdot 2{,}9} = 2{,}3$$

$$\frac{f_{ct,eff}}{2{,}9} = \frac{2{,}9}{2{,}9} = 1 < 2{,}3$$

$f_{ct,eff}$ für C30/37

$\varnothing_s = \varnothing_s^* \cdot 2{,}3 = 46$ mm > vorh $d_s = 14$ mm

⇒ Nachweis erfüllt.

Alternativ kann auch der Höchstwert der Stababstände nachgewiesen werden. Hierfür ergibt sich:

Stahlspannung:		$\sigma_s = 266$ MN/m²
Rechenwert der Rissbreite:		$w_k = 0{,}4$ mm
	→	$s_l \leq 22$ cm

⇒ Nachweis erfüllt.

EC 2-1-1, Tab. 7.3N

4.3 Beschränkung der Durchbiegung

Der Nachweis wird durch Begrenzung der Biegeschlankheit geführt; maßgebend sind die Endfelder:

Nachweis erfolgt nach EC 2-1-1, 7.4.2

$$\frac{l}{d} \le K \cdot \left[11 + 1{,}5\sqrt{f_{ck}} \cdot \frac{\rho_0}{\rho} + 3{,}2\sqrt{f_{ck}} \cdot \left(\frac{\rho_0}{\rho} - 1 \right)^{3/2} \right] \le (l/d)_{max}$$

EC 2-1-1, Gl.(7.16a) für $\rho \le \rho_0$

$(l/d)_{max} \le K \cdot 35$ (allgemeine Anforderungen; s.u.)

$K = 1{,}2$ (bei Flachdecken)

Der Beiwert K kann für Regelfälle EC 2-1-1, Tab. 7.4N entnommen werden

EC 2-1-1/NA, NCI zu 7.4.2(2)

$\rho_0 = f_{ck}^{0,5} \cdot 10^{-3} = 30^{0,5} \cdot 10^{-3} = 0{,}0055$

$\rho = 6{,}2/(100 \cdot 22{,}6) = 0{,}0027$ ($< \rho_0$; s. o.)

EC 2-1-1, Tab. 7.4N

$$\left(\frac{l}{d}\right)_{zul} \le 1{,}2 \cdot \left[11 + 1{,}5 \cdot \sqrt{30} \cdot \frac{0{,}0055}{0{,}0027} + 3{,}2 \cdot \sqrt{30} \cdot \left(\frac{0{,}0055}{0{,}0027} - 1 \right)^{3/2} \right]$$

$= 55 > 1{,}2 \cdot 35 = 42$ (normale Anforderungen)

$(l/d)_{vorh} = 7{,}50/0{,}226 = 33$ (Bei Flachdecken ist der Nachweis auf der Basis der größeren Stützweite zu führen.)

$(l/d)_{vorh} > (l/d)_{zul}$

$\Rightarrow$ Der Nachweis ist damit erfüllt.

Es wird unterstellt, dass die Flachdecke (Dachdecke) als nicht besonders verformungsempfindlich einzustufen ist und daher keine besonders hohen Anforderungen an die Verformungsbegrenzung gestellt werden müssen.

5 Bewehrungsführung

5.1 Grundmaß der Verankerungslängen

Es liegen gute Verbundbedingungen vor. Für den Beton C30/37 ergibt sich

$$l_{b,rqd,y} = \frac{f_{yd}}{4 \cdot f_{bd}} \cdot \varnothing$$ [1)]

$f_{bd} = 2{,}25 \cdot f_{ctd} = 2{,}25 \cdot (2{,}0/1{,}5) = 3{,}0 \text{ MN/m}^2$

EC 2-1-1, 8.4.3

$$l_{b,rqd,y} = \frac{500/1{,}15}{4 \cdot 3{,}0} \cdot 1{,}4 = 51 \text{ cm} \quad \text{für } \varnothing_s = 14 \text{ mm}$$

$$l_{b,rqd,y} = \frac{500/1{,}15}{4 \cdot 3{,}0} \cdot 1{,}0 = 36 \text{ cm} \quad \text{für } \varnothing_s = 10 \text{ mm}$$

EC 2-1-1, Gl. (8.3)

EC 2-1-1, Gl. (8.2)

5.2 Verankerung und Übergreifungen

Die Feldbewehrung wird nicht gestaffelt. Die obere Bewehrung wird teilweise ab dem Punkt verankert, an dem sie nicht mehr benötigt wird (Zugkraftdeckung).

1) Abweichend von EC 2-1-1, Gl. (8.3) ist hier das Grundmaß der Verankerungslänge mit der Stahlspannung an der Streckgrenze $\sigma_{sd} = f_{yd}$ formuliert (zur Kennzeichnung wurde der Index y angehängt); die tatsächliche Stahlspannung σ_{sd} wird bei der Ermittlung der erf. Verankerungslänge durch das Verhältnis $A_{s,req}/A_{s,prov}$ erfasst.

Randeinfassung der freien Ränder

Als Randeinfassung werden im Raster der gewählten Feldbewehrung (s. Abb. D.10 und D.11) Steckbügel ∅ 10 – 12,5 bzw. ∅ 10 – 10,0 gewählt. Die Steckbügel werden mit Übergreifung an die Feldbewehrung angeschlossen. Auf der Oberseite wird eine Schenkellänge gewählt, die etwa 25 % der Stützweite entspricht.

EC 2-1-1, 9.2.1.4 und 8.4.4

EC 2-1-1, Bild 8.1

EC 2-1-1, Gl. (NA.9.3)

vgl. Tafel D.1

Für die Übergreifung der Feldbewehrung gilt das Mindestmaß.

$$l_0 = \alpha_1 \cdot \alpha_6 \cdot \frac{A_{s,rqd}}{A_{s,prov}} \cdot l_{b,rqd,y} \geq l_{0,min} = 0{,}3 \cdot \alpha_1 \cdot \alpha_6 \cdot l_{b,rqd,y} \quad \begin{matrix} \geq 15\varnothing \\ \geq 20\ \text{cm} \end{matrix}$$

EC 2-1-1, 9.3.1.1(4)

$A_{s,rqd} / A_{s,prov} = 1$ (sichere Seite)
$\alpha_1 = 1{,}0$ (gerades Stabende)
$\alpha_6 = 1{,}0$ ($\varnothing < 16$ und $a > 8\ \varnothing$)

$$l_0 = l_{b,rqd,y} = 36\ \text{cm} > l_{0,min} = \max\{0{,}3 \cdot 36\ \text{cm};\ 15 \cdot 1{,}0\ \text{cm};\ 20\ \text{cm}\}$$

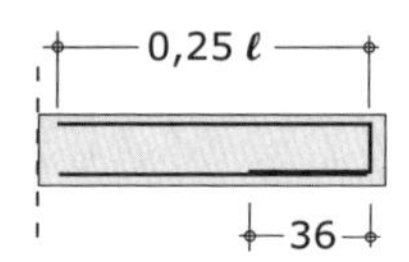

Verankerung der Feldbewehrung

Mindestens die Hälfte der Feldbewehrung ist über die Auflager zu führen; die Bedingung ist hier erfüllt, da die Feldbewehrung nicht gestaffelt wird. Im Bereich der jeweiligen Gurtstreifen erfolgt die Verankerung der gesamten Feldbewehrung.

Am Endauflager wird die Feldbewehrung durch Übergreifung an die Steckbügel angeschlossen (s. vorher). Am Innenauflager wird das Mindestmaß (≥ 6 ∅) maßgebend; die Bewehrung wird hier durchlaufend ausgeführt bzw. konstruktiv gestoßen. Auf weitere Nachweise wird im Rahmen des Beispiels verzichtet.

Die Bewehrung ist mindestens über die rechnerische Auflagerlinie zu führen (EC 2-1-1, 9.2.1.4).

Im **Bereich der Lasteinleitungflächen** ist zur Vermeidung eines fortschreitenden Versagens stets ein Teil der Feldbewehrung hinwegzuführen bzw. zu verankern. Diese Bewehrung muss mindestens betragen

$$A_s \geq V_{Ed} / f_{yk}$$

V_{Ed} Bemessungswert der eingeleiteten Querkraft, ermittelt mit $\gamma_F = 1{,}0$, die Stützkräfte des GZT dürfen daher im Verhältnis $(g_k+s_k)/(g_d+s_d)$ = (8,25+0,80)/12,34 = 0,733 reduziert werden.

s. hierzu EC 2-1-1, 8.4.2 und Bild 8.2

Stütze C2:

$$V_{Ed} = 729\ \text{kN} \quad V_{Ed,\gamma f=1} = 534\ \text{kN} \quad A_{s,erf} = 10{,}7\ \text{cm}^2$$

Im Bereich der Lasteinleitungsflächen sind je Richtung mindestens 2 ∅ 10 vorhanden, zusätzlich wird 1 ∅ 12 je Richtung angeordnet.

$$A_{s,vorh} = 8 \cdot 0{,}79 + 4 \cdot 1{,}13 = 10{,}8\ \text{cm}^2$$

Stütze C1:

$$V_{Ed} = 325\ \text{kN} \quad V_{Ed,\gamma f=1} = 238\ \text{kN} \quad A_s = 4{,}8\ \text{cm}^2$$

Im Bereich der Lasteinleitungsflächen sind je Richtung mindestens 2 ∅ 10 vorhanden, die Bewehrung ist ausreichend.

$$A_{s,vorh} = 6 \cdot 0{,}79 = 4{,}8\ \text{cm}^2$$

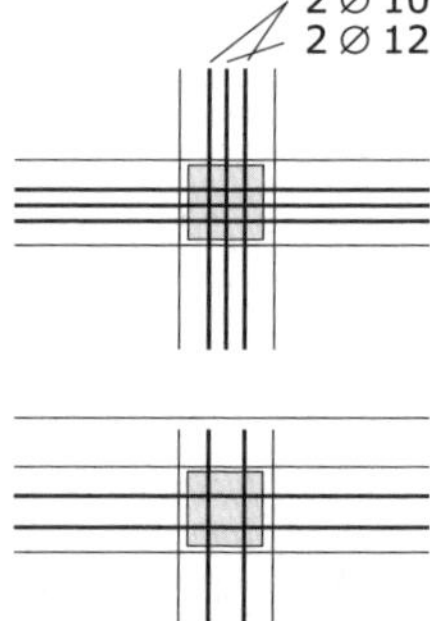

Verankerung außerhalb von Auflagern:

Die obere Bewehrung wird teilweise außerhalb der Auflager verankert, die Verankerungslänge beträgt l_{bd}. Die Bewehrung wird ab dem Punkt verankert, an dem sie nicht mehr benötigt wird. Es wird das Mindestmaß der Verankerungslänge maßgebend.

EC 2-1-1, 9.2.1.3

$$l_{bd} \geq l_{b,min} = \begin{matrix} 0{,}3 \cdot l_{b,rqd,y} = 0{,}3 \cdot 36 = 11\ \text{cm} \\ 10 \cdot \varnothing = 10 \cdot 1{,}0 = 10\ \text{cm} \end{matrix}$$

5.3 Bauliche Durchbildung

Mindestbewehrung

Zur Verhinderung eines Bauteilversagens bei Erstrissbildung muss eine Mindestbewehrung angeordnet werden („Robustheitsbewehrung"). Diese Mindestbewehrung wurde bereits unter Abschn. 3.2 nachgewiesen, s. dort.

Querbewehrung

Die Querbewehrung muss mindestens 20 % der Biegezugbewehrung betragen. Diese Bedingung ist im vorliegenden Fall durch die sich kreuzende Bewehrung eingehalten. EC 2-1-1, 9.3.1.1(2)

Weitere Bewehrungsrichtlinien:

- mindestens die Hälfte der Feldbewehrung muss zum Auflager geführt und dort verankert werden EC 2-1-1, 9.3.1.2(1)
- Abstand der Stäbe für die Hauptbewehrung:

  $s_l \leq h = 26\text{ cm}\ \begin{matrix} \geq 15\text{ cm} \\ \leq 25\text{ cm} \end{matrix}$ EC 2-1-1/NA, NDP zu 9.3.1.1(1),
- Größtabstände für die Querbewehrung:

  $s_q \leq 25\text{ cm}$

Auf weitere Nachweise wird im Rahmen des Beispiels verzichtet.

6 Bewehrungsdarstellung

Die erforderlichen bautechnischen Unterlagen sind in EC 2-1-1/NA, NCI zu 2.8 angegeben; es wird insbesondere auf die Anforderungen an Zeichnungen hingewiesen.

Grundriss

untere Bewehrung

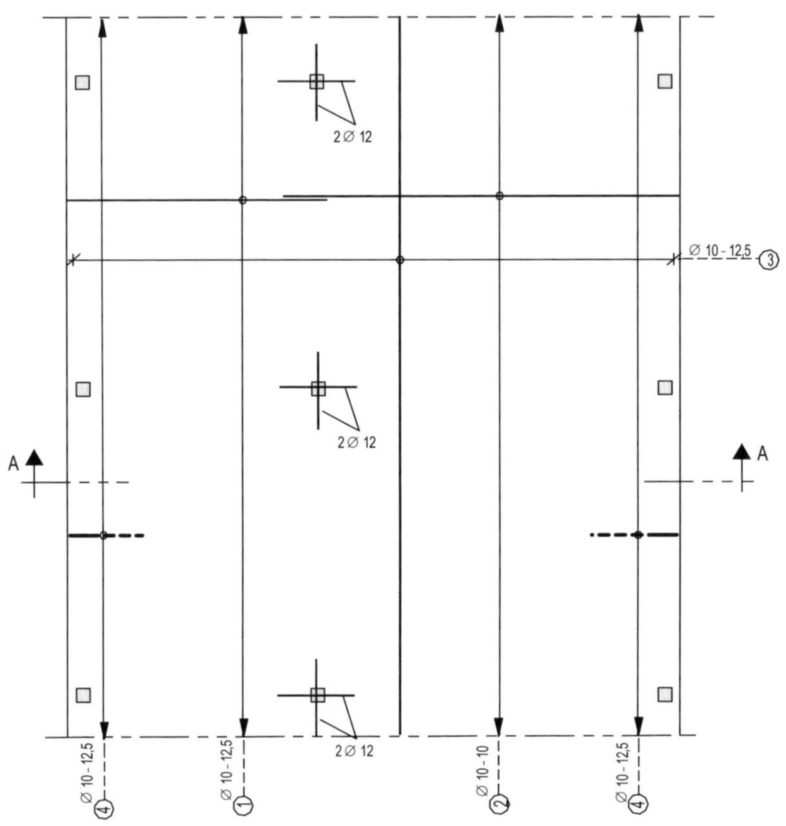

Anmerkung:
Die Bewehrungsdarstellung dient in erster Linie zur Erläuterung des dargestellten Rechengangs. Die Angaben und Verlegemaße sind daher teilweise unvollständig.

Durchstanzbewehrung nicht dargestellt (s. Abschn. 3.3.1 und 3.3.2)

Schnitt A-A

26 ④ ⑤ ① ② ③

20 30 4,90 30 7,30 30 20

Expositionsklasse: XC 1, WO
Baustoffe: C30/37; B500 (B)
Betondeckung: c_v = 2,0 cm (Verlegemaß)
Δc_{dev} = 1,0 cm (Vorhaltemaß)

Betonstabstähle nach DIN 488, hochduktil

Die erforderlichen bautechnischen Unterlagen sind in EC 2-1-1/NA, NCI zu 2.8 angegeben; es wird insbesondere auf die Anforderungen an Zeichnungen hingewiesen.

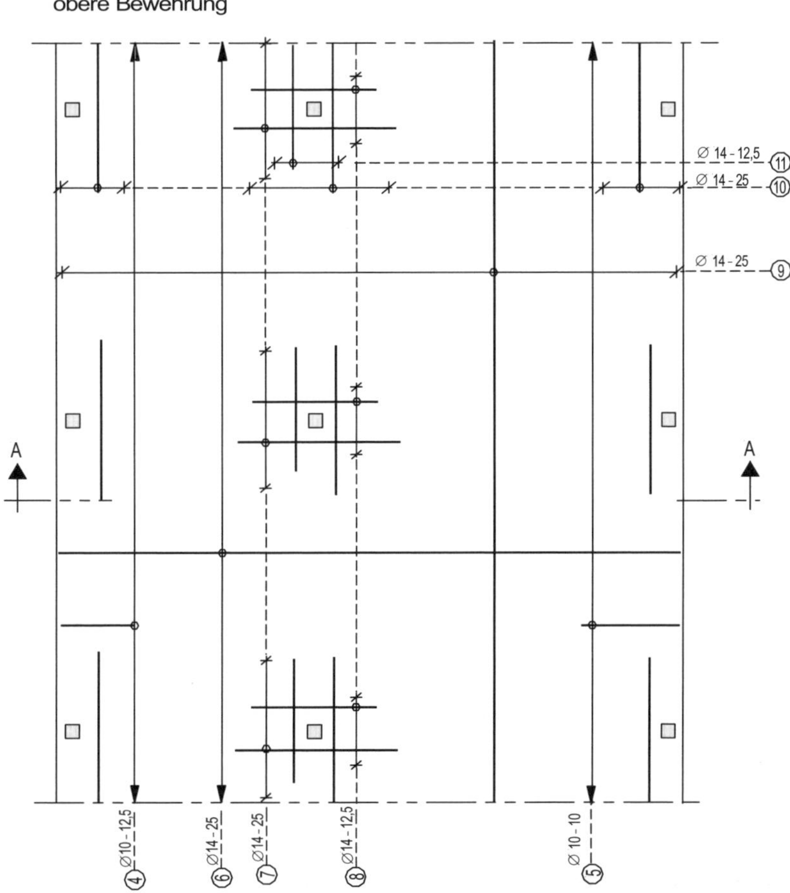

Anmerkung:

Die Bewehrungsdarstellung dient in erster Linie zur Erläuterung des dargestellten Rechengangs. Die Angaben und Verlegemaße sind daher teilweise unvollständig.

Schnitt A-A

(9) (10) (11)
(6) (7) (8) 26
(4) (5)
(1) (2)
(3)
20 30 4,90 30 7,30 30 20

Durchstanzbewehrung nicht dargestellt (s. Abschn. 3.3.1 und 3.3.2). Beispielhafte Darstellung der Durchstanzbewehrung an Stütze C2 nach Abschn. 3.3.1

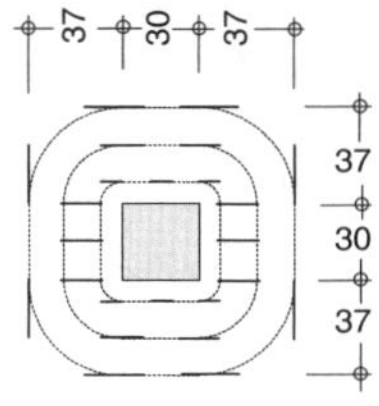

Pos. D2: Bemessung der Deckenplatte

1 Aufgabenstellung

Für die in Abb. D.1 dargestellte Platte – ausgeführt als 18 cm dicke Ortbetondecke – soll die Bemessung nach EC 2-1-1 durchgeführt werden. Neben der Eigenlast der Konstruktion sind eine Zusatzeigenlast (Belag) von 1,50 kN/m² und eine veränderliche Last von 5,00 kN/m² zu berücksichtigen.

Nähere Erläuterungen zu den Lasten (Ausbaulasten und Nutzlasten) s. S. HB.3

Im Beispiel wird nur die Bemessung für lotrechte Lasten gezeigt, Horizontallasten infolge Scheibenwirkung der Decke sind nicht Gegenstand der nachfolgenden Betrachtungen.

Position D2

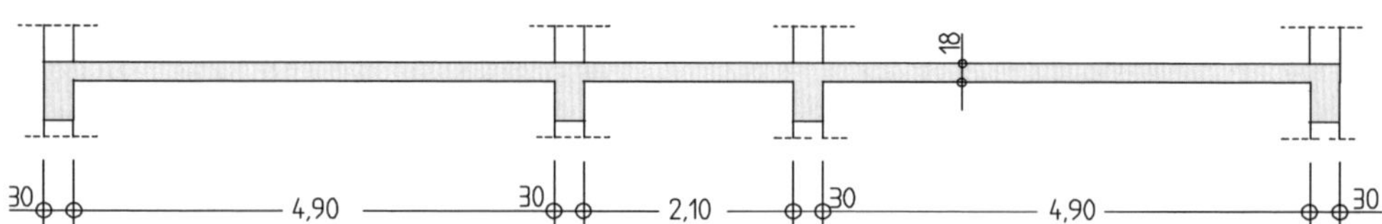

Baustoffe:
- Beton C30/37
- Betonstahl B500

Umweltbedingung:
- Bauteil in Innenräumen mit normaler Luftfeuchte
- Expositionsklasse für Bewehrungskorrosion: XC 1
- Expositionsklasse für Betonangriff: –
- Expositionsklasse der Alkali-Kieselsäurereaktionen WO

EC 2-1-1, Tab. 3.1
EC 2-1-1, 3.2 und DIN 488

EC 2-1-1, Tab. 4.1

Abb. D.1: Schalplan, Baustoffe, Umweltbedingungen

2 System, Einwirkungen, Schnittgrößen

2.1 System und Einwirkungen

Der statischen Berechnung wird eine 3-feldrige Platte mit starrer[1)] Stützung durch die Unterzüge zugrunde gelegt. Als wirksame Stützweite wird jeweils der Abstand der Auflagermitten gewählt.

Wirksame Stützweiten nach EC 2-1-1, 5.3.2

Als charakteristische Werte der Belastungen erhält man mit den zuvor gemachten Angaben für die:

- Eigenlast: $g_k = g_{k1}+g_{k2} = 0{,}18 \cdot 25{,}0 + 1{,}50 = 6{,}00\ \text{kN/m}^2$
- Verkehrslast: $q_k = 5{,}00\ \text{kN/m}^2$

[1)] Die in einer „Von-Hand-Rechnung" übliche Näherung; die Nachgiebigkeit der Unterzüge zu vernachlässigen, ist im Einzelfall kritisch zu prüfen.

Als effektive Stützweite wird der Abstand der Auflagermitten gewählt, so dass für die Unterzüge rechnerisch eine zentrische Einleitung der Auflagerkräfte erfolgt.

(vgl. hierzu EC 2-1-1, Gl. (5.8))

$l_{eff,1} = 4{,}90 + 0{,}15 + 0{,}15 = 5{,}20$ m
$l_{eff,2} = 2{,}10 + 0{,}15 + 0{,}15 = 2{,}40$ m

Es gilt somit das in Abb. D.2 dargestellte System mit zugehöriger Belastung.

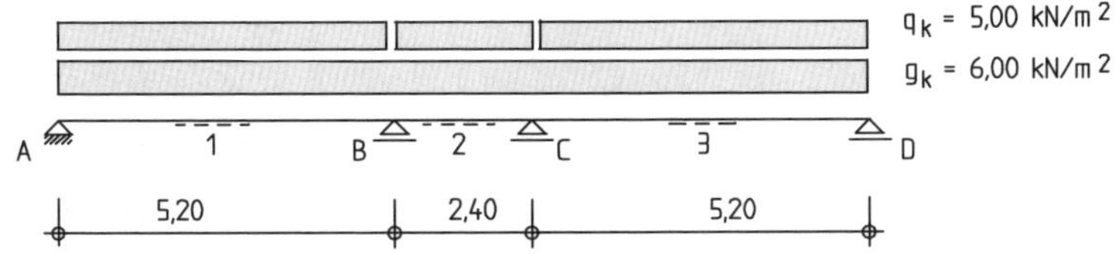

Abb. D.2: System und Belastung

2.2 Schnittgrößen

Die Schnittgrößenermittlung erfolgt zunächst mit den charakteristischen Lasten. Teilsicherheitsbeiwerte (ggf. Kombinationsfaktoren) werden – soweit relevant – erst bei der Bemessung berücksichtigt. Die Ermittlung der Schnittgrößen erfolgt nach der Elastizitätstheorie.

Es werden insgesamt vier Lastfälle unterschieden und zwar der Lastfall Eigenlast g_k als Gleichstreckenlast über alle drei Felder sowie die feldweise Anordnung der Nutzlast q_{k1}, q_{k2} und q_{k3} in den Feldern 1 bis 3. Es ergeben sich die in nachfolgender Tafel D.1 angegebenen Schnittgrößen an den Stützen A bis D bzw. in den Feldern 1 bis 3.

Schnittgrößenermittlung nicht dargestellt

Tafel D.1: Schnittgrößen unter charakteristischen Lasten

Lastfall	M_B	M_C	V_A	V_{Bl}	V_{Br}	V_{Cl}	V_{Cr}	V_D
	kNm/m	kNm/m	kN/m	kN/m	kN/m	kN/m	kN/m	kN/m
1 g_k	-13,16	-13,16	13,06	-18,14	7,20	-7,20	18,14	-13,06
2 q_{k1}	-11,86	1,87	10,72	-15,28	5,72	5,72	-0,36	-0,36
3 q_{k2}	-0,98	-0,98	-0,19	-0,19	6,00	-6,00	0,19	0,19
4 q_{k3} (A B C D)	1,87	-11,86	0,36	0,36	-5,72	-5,72	15,28	-10,72

Schnittgrößenumlagerung

Die nach der Elastizitätstheorie ermittelten Schnittgrößen dürfen i. d. R. umgelagert werden. Dies ist jedoch u. a. an die Bedingung geknüpft, dass das Verhältnis benachbarter Stützweiten nicht größer als 2 (bzw. kleiner als 0,5) ist. Im konkreten Fall gilt

$l_1/l_2 = 5{,}20 \,/\, 2{,}40 = 2{,}17 > 2$ EC 2-1-1, 5.5

Eine Umlagerung der Schnittgrößen nach dem vereinfachten Verfahren ist daher nicht zulässig.

3 Grenzzustand der Tragfähigkeit

3.1 Biegebemessung

3.1.1 Feldmomente

Betondeckung

Mindestmaß	c_{min}	= 1,0 cm
Vorhaltemaß	Δc_{dev}	= 1,0 cm
Nennmaß	c_{nom}	= 2,0 cm

Mindestwert der Betondeckung c_{min} nach EC 2-1-1, 4.4.1 bzw. Tab. NA.4.4 für die Umweltklasse XC 1

Vorhaltemaß Δc_{dev} nach EC 2-1-1, NDP zu 4.4.1.3(1) für XC 1

Nutzhöhe

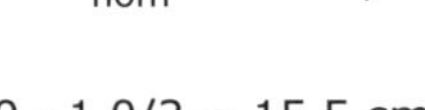

$d = 18{,}0 - 2{,}0 - 1{,}0/2 = 15{,}5$ cm

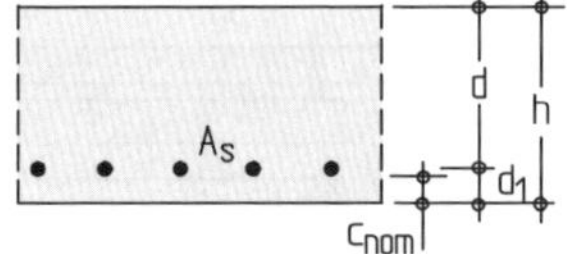

Für Längsstabdurchmesser $d_{sl} \leq 10$ mm bei einlagiger Bewehrung

Randfeld:

$$M_{Ed,1} = \frac{V_{Ed,A}{}^2}{2 \cdot (g_d + q_d)}$$

$V_{Ed,A} = 1{,}35 \cdot 13{,}06 + 1{,}50 \cdot (10{,}72+0{,}36) = 34{,}25$ kN/m

$(g_d + q_d) = 1{,}35 \cdot 6{,}00 + 1{,}50 \cdot 5{,}00 = 15{,}6$ kN/m²

vgl. Tafel D.1

$$M_{Ed,1} = \frac{34{,}25^2}{2 \cdot 15{,}6} = 37{,}60 \text{ kNm/m}$$

$M_{Eds} = M_{Ed,1} = 37{,}60$ kNm/m

Bemessungstafeln mit dimensionslosen Beiwerten (μ_s-Tabellen)

$$\mu_{Eds} = \frac{M_{Eds}}{b \cdot d^2 \cdot f_{cd}} = \frac{0{,}03760}{1{,}0 \cdot 0{,}155^2 \cdot 17{,}00} = 0{,}092$$

$f_{cd} = \alpha_{cc} f_{ck} / \gamma_C = 0{,}85 \cdot 30 / 1{,}5 = 17{,}00$ MN/m² (vgl. NDP zu 3.1.6(1))

$\Rightarrow \omega = 0{,}097$; $\zeta = z/d = 0{,}95$; $\sigma_{sd} = 435$ MN/m²

σ_{sd} vereinfachend ohne Ansatz des ansteigenden Astes

$$A_s = \omega \cdot b \cdot d \cdot \frac{f_{cd}}{f_{yd}} = 0{,}097 \cdot 1{,}0 \cdot 0{,}155 \cdot \frac{17{,}00}{435} \cdot 10^4$$

$= 5{,}88$ cm²/m

gew.: ∅ 12 - 18 cm (= 6,28 cm²/m)

Innenfeld:

Im Innenfeld treten nur negative Feldmomente auf; sie brauchen hier nicht nachgewiesen zu werden, da die obere Bewehrung ohne Staffelung zwischen den Stützen B und C durchgeführt wird. Als untere Bewehrung wird die Mindestbewehrung gewählt.

3.1.2 Stützmomente

Betondeckung, Nutzhöhe wie vorher.

Stütze B und C:

$|M_{Ed,B}| = |M_{Ed,C}| = 1{,}35 \cdot 13{,}16 + 1{,}50 \cdot (11{,}86 + 0{,}98)$
$= 37{,}03$ kNm/m

vgl. Tafel D.1

Bei biegesteifer Verbindung darf für die Bemessung das Moment am Rand der Unterstützung gewählt werden. Das Stützmoment darf jedoch nicht kleiner in Rechnung gestellt werden als 65 % des Momentes, das sich unter Annahme einer vollen Einspannung am Auflageranschnitt ergibt.

EC 2-1-1, 5.3.2.2

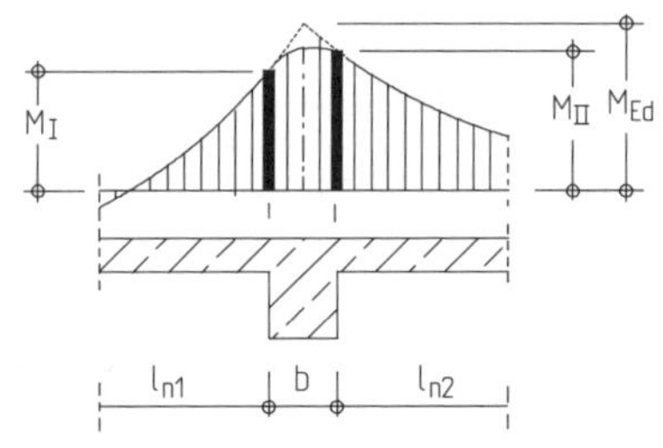

Anschnittsmoment $M_{Ed,II}$

$|M_{Ed,II}| = |M_{Ed,b}| - |V_{Ed,br}| \cdot b/2$

$V_{Ed,br} = 1{,}35 \cdot 7{,}20 + 1{,}5 \cdot (5{,}72 + 6{,}00) = 27{,}30$ kN/m

$|M_{Ed,II}| = 37{,}03 - 27{,}30 \cdot 0{,}30/2 = 32{,}94$ kNm/m

Mindestmoment $M_§$

Randfeld: $|M_§| = 0{,}65 \cdot (g_d + q_d) \cdot l_{n1}^2/8$
$= 0{,}65 \cdot (8{,}10 + 7{,}50) \cdot 5{,}05^2/8 = 32{,}32$ kNm/m

65 % des Starreinspannmomentes

Innenfeld: wegen erheblich kleinerer Stützweite hier nicht maßgebend (ohne Nachweis).

Die Mindestmomente werden nicht maßgebend.

$M_{Eds} = |M_{Ed,II}| = 32{,}94$ kNm/m

$$\mu_{Eds} = \frac{M_{Eds}}{b \cdot d^2 \cdot f_{cd}} = \frac{0{,}03294}{1{,}0 \cdot 0{,}155^2 \cdot 17{,}00} = 0{,}081$$

Bemessungstafeln mit dimensionslosen Beiwerten (μ_s-Tabellen, s. S. 142)

$\Rightarrow \omega = 0{,}085; \quad \sigma_{sd} = 435$ MN/m²

$\xi = x/d = 0{,}11; \quad \zeta = z/d = 0{,}96$

$f_{cd} = \alpha_{cc} f_{ck}/\gamma_C = 17{,}00$ MN/m²

σ_{sd} ohne Ansatz des ansteigenden Astes

$$A_s = 0{,}085 \cdot 1{,}0 \cdot 0{,}155 \cdot \frac{17{,}00}{435} \cdot 10^4 = 5{,}15 \text{ cm}^2/\text{m}$$

gew.: ∅ 12 – 17 cm (= 6,65 cm²/m)

vgl. a. S. HB.74

3.2 Bemessung für Querkraft

Auf Schubbewehrung darf verzichtet werden, wenn der Bemessungswert der Einwirkung V_{Ed} den Widerstand $V_{Rd,c}$ nicht überschreitet. Bei direkter Lagerung darf die Querkraft V_{Ed} im Abstand 1,0 *d* vom Auflagerrand zugrunde gelegt werden. Der Nachweis erfolgt nur für die ungünstigste Querkraft an der Stütze B_{links}

EC 2-1-1, 6.2.2

Einwirkung $V_{Ed} = |V_{Ed,Bl}| - (g_d + q_d) \cdot (b/2 + d)$

$|V_{Ed,Bl}| = 1{,}35 \cdot 18{,}14 + 1{,}50 \cdot (15{,}28 + 0{,}19) = 47{,}7$ kN/m

$V_{Ed} = 47{,}69 - (8{,}10 + 7{,}50) \cdot (0{,}30/2 + 0{,}155) = 42{,}9$ kN/m

Die Abminderung von $V_{Ed,Bl}$ um auflagernahe Lastanteile ist auch für den Nachweis von $V_{Rd,c}$ zulässig; vgl. EC 2-1-1, 6.2.1(8).

Widerstand $V_{Rd,c} = [(C_{Rd,c}/\gamma_C) \cdot k \cdot (100 \cdot \rho_l \cdot f_{ck})^{1/3} + 0{,}12 \cdot \sigma_{cp}] \cdot b_w \cdot d$

EC 2-1-1, Gl. (6.2a)

$k = 1 + (200/d)^{1/2} = 1 + (200/155)^{1/2} = 2{,}14 > 2$

$C_{Rd,c} = 0{,}15$

$\rho_l = 6{,}65/(100 \cdot 15{,}5) = 0{,}0043$

$f_{ck} = 30$ N/mm²

$\sigma_{cp} = 0$

Die Bewehrung A_{sl} muss mindestens mit $(d + l_{bd})$ über den betrachteten Querschnitt hinaus geführt werden.

$V_{Rd,c} = (0{,}15/1{,}5) \cdot 2{,}0 \cdot (100 \cdot 0{,}0043 \cdot 30)^{1/3} \cdot 1{,}0 \cdot 0{,}155$
$= 72{,}7 \cdot 10^{-3}$ MN/m $= 72{,}7$ kN/m*)

Nachweis $V_{Ed} = 42{,}9 < V_{Rd,ct} = 72{,}7 \Rightarrow$ Keine Querkraftbewehrung erforderlich!

EC 2-1-1, 6.2.1

Alternativ: Nachweis der Mindestquerkrafttragfähigkeit

$V_{Rd,c,min} = [(0{,}0525/\gamma_C) \cdot (k^3 \cdot f_{ck})^{0{,}5} + 0{,}12\, \sigma_{pd}] \cdot b_w \cdot d$
$= (0{,}0525/1{,}5) \cdot (2{,}0^3 \cdot 30)^{0{,}5} \cdot 1{,}0 \cdot 0{,}155 \cdot 10^3$
$= 84{,}0$ kN/m (> 42,9)

EC 2-1-1, Gl. (6.2b)

Die Bemessungsquerkraft darf in keinem Querschnitt den Wert $V_{Rd,max}$ überschreiten. Der Nachweis ist hier jedoch entbehrlich.

4 Gebrauchstauglichkeit

Im Grenzzustand der Gebrauchstauglichkeit sind die Beschränkung der Rissbreite, die Beschränkung der Durchbiegung und Spannungsbegrenzungen nachzuweisen.

Die Lasten werden mit ihren charakteristischen Werten in Ansatz gebracht, wobei die veränderliche Last je nach zu führendem Nachweis gegebenenfalls nur anteilsmäßig (in der „seltenen", „häufigen" oder „quasi-ständigen" Kombination) berücksichtigt werden muss.

Nachfolgend wird generell die Nutzlast feldweise ungünstig berücksichtigt. Ggf. dürfte der *quasi-ständige* Wert der Nutzlast auch als Volllast angesetzt werden (vgl. z. B. [DBV-Beispiele - 05]).

Für die weiteren Nachweise werden im vorliegenden Falle die folgenden Einwirkungskombinationen benötigt:

seltene Kombination: $g_k + q_k$
quasi-ständige Kombination: $g_k + \psi_2 \cdot q_k$

EC 0

Der Kombinationsfaktor ψ_2 wird EC 0 entnommen, wobei hier - Nutzlast eines Bürogebäudes - $\psi_2 = 0{,}6$ ist.

EC 0/NA, Tab. NA.1.1 (ungünstig wurde die Kategorie C zugrunde gelegt; s. S. 53)

4.1 Spannungsbegrenzung

Nach EC 2-1-1 dürfen die Nachweise zur Spannungsbegrenzung im vorliegenden Falle entfallen, da es sich um ein nicht vorgespanntes Tragwerk des üblichen Hochbaus handelt, bei dem

EC 2-1-1, NCI zu 7.1

- die nach der Elastizitätstheorie ermittelten Schnittgrößen nicht umgelagert wurden und
- die bauliche Durchbildung nach EC 2-1-1, Abschn. 9 erfolgt und die Festlegungen für die Mindestbewehrung eingehalten werden (s. nachfolgend).

Nachweis der Mindestbewehrung vgl. Abschn. 5.3

Die Nachweise werden hier zur Demonstration geführt.

Begrenzung der Betondruckspannungen

Die Betondruckspannungen sind zur Vermeidung übermäßiger Kriechverformungen unter quasi-ständigen Lasten auf $0{,}45 f_{ck}$ zu begrenzen. Der Nachweis erfolgt exemplarisch an der Stütze B.

EC 2-1-1, 7.2(3)

Moment $M_b{}^{II}{}_{,perm}$ an der Stütze B unter quasi-ständiger Last

$$|M_B{}^{II}{}_{,perm}| = |M_{B,perm}| - V_{Br,perm} \cdot b/2$$
$$|M_{B,perm}| = 13{,}16 + 0{,}6 \cdot (11{,}86 + 0{,}98) = 20{,}9 \text{ kNm/m}$$
$$|V_{Br,perm}| = 7{,}20 + 0{,}6 \cdot (5{,}72 + 6{,}00) = 14{,}2 \text{ kN/m}$$
$$|M_B{}^{II}{}_{,perm}| = 20{,}9 - 14{,}2 \cdot 0{,}15 = 18{,}8 \text{ kNm/m}$$

Werte für V_{gk} und V_{qk} s. Tafel D.1

Betonspannungen

Für die Ermittlung der Betonspannungen im Gebrauchszustand wird eine lineare Spannungsverteilung in der Druckzone angenommen.

(alternativ: Berechnung mit Excel-Anwendung Spannungen in [Goris/Schmitz - 13])

$$\sigma_c = \frac{2M}{b \cdot x \cdot z}$$

Die Druckzonenhöhe x ergibt sich für den Rechteckquerschnitt ohne Druckbewehrung (dargestellt als bezogene Größe $\xi = x/d$):

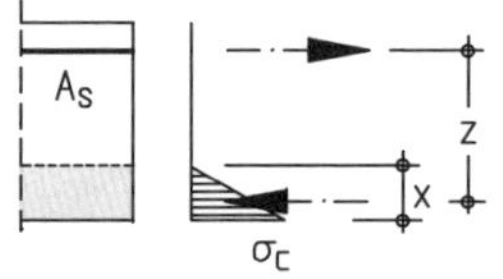

$$\xi = -\alpha_e \rho + [(\alpha_e \rho)^2 + 2\,\alpha_e \rho]^{0,5}$$

$$\alpha_e \rho = \alpha_e A_s/(b\,d)$$
$$= 6{,}1 \cdot 6{,}65 / (100 \cdot 15{,}5) = 0{,}0262$$

$$\xi = -\alpha_e \rho + [(\alpha_e \rho)^2 + 2\,\alpha_e \rho]^{0,5}$$
$$= -0{,}0262 + (0{,}0262^2 + 2 \cdot 0{,}0262)^{0,5} = 0{,}204$$

$$z = d \cdot (1 - \xi/3) = 0{,}155 \cdot (1 - 0{,}204/3) = 0{,}144 \text{ m}$$

$$\sigma_c = \frac{2 \cdot 0{,}0188}{1{,}0 \cdot (0{,}204 \cdot 0{,}155) \cdot 0{,}144} = 8{,}26 \text{ MN/m}^2$$
$$< 0{,}45 \cdot f_{ck} = 0{,}45 \cdot 30 = 13{,}50 \text{ MN/m}^2$$

$\Rightarrow$ Nachweis erfüllt.

vgl. [Goris - 11]

Für den Nachweis der Betondruckspannung ist im Allg. der Zeitpunkt $t = 0$ ungünstig; hierfür gilt
$\alpha_e = E_s / E_{cm} = 6{,}1$
(mit $E_s = 200000$ und $E_{cm} = 32800$ MN/m²).

Für Bedingungen der Umweltklassen XD, XF und XS sind außerdem zur Vermeidung von Längsrissen die Betondruckspannungen unter der *seltenen* Einwirkungskombination auf 0,6 f_{ck} zu begrenzen. Bei den hier vorliegenden Umweltklassen XC 1 ist der Nachweis entbehrlich.

EC 2-1-1, 7.2(2)

Begrenzung der Betonstahlspannungen

Die Betonstahlspannungen sind unter der seltenen Einwirkungskombination auf 0,8 f_{yk} zu begrenzen. Der Nachweis erfolgt beispielhaft für die Biegebeanspruchung an der Stütze B (wie vorher).

EC 2-1-1, 7.2(5)

Betonstahlspannungen

$$\sigma_s = \frac{M}{z \cdot A_s}$$

$$z \approx 0{,}9 \cdot d$$
$$A_s = 6{,}65 \cdot 10^{-4} \text{ m}^2\text{/m}$$

$$|M_B{}^{II}{}_{,rare}| = |M_{B,rare}| - V_{Br,rare} \cdot b/2$$
$$|M_{B,rare}| = 13{,}16 + (11{,}86 + 0{,}98) = 26{,}0 \text{ kNm/m}$$
$$|V_{Br,perm}| = 7{,}20 + (5{,}72 + 6{,}00) = 18{,}9 \text{ kN/m}$$
$$|M_B{}^{II}{}_{,rare}| = 26{,}0 - 18{,}9 \cdot 0{,}15 = 23{,}2 \text{ kNm/m}$$

$$\sigma_s = \frac{0{,}0232}{0{,}9 \cdot 0{,}155 \cdot 6{,}65 \cdot 10^{-4}} = 250 \text{ MN/m}^2$$
$$< 0{,}80 \cdot f_{yk} = 0{,}80 \cdot 500 = 400 \text{ MN/m}^2$$

$\Rightarrow$ Nachweis erfüllt.

Der Hebelarm z kann bei Platten bei der Ermittlung der Stahlspannung häufig mit $0{,}9d$ abgeschätzt werden. Genauere Ermittlung wie vorher, allerdings ist $t = \infty$ maßgebend; hierfür gilt $\alpha_e = E_s / E_{c,eff}$, wobei $E_{c,eff} \approx E_{cm} / (1 + \varphi)$ ist.

4.2 Beschränkung der Rissbreite

Für die vorliegende Umweltklasse XC 1 ist die Rissbreite w_k auf 0,4 mm zu begrenzen. Für Stahlbetonplatten mit einer Dicke von höchstens 20 cm ohne wesentliche Zugbeanspruchung (z. B. aus Zwang) sind jedoch keine Nachweise zur Begrenzung der Rissbreite notwendig, wenn keine strengere Begrenzung für besondere Bauteile erforderlich ist und die allgemeinen Konstruktionsregeln für Platten eingehalten sind. Die Nachweise werden hier – exemplarisch nur an der Stütze B – zur Demonstration geführt.

EC 2-1-1, Tab. NA.7.1

EC 2-1-1, 7.3.3(1)

Mindestbewehrung

Es wird Biegezwang unterstellt; die Zwangbeanspruchung soll erst nach Erreichen der 28-Tage-Festigkeit des Betons auftreten. Erforderliche Mindestbewehrung:

EC 2-1-1, 7.3.2(2)

$A_{s,min} = k_c \cdot k \cdot f_{ct,eff} \cdot A_{ct}/\sigma_s$

$k_c = 0{,}4$ (Betonspannung σ_c in der Schwerlinie gleich 0)

$k = 1{,}0$ (Annahme: äußere Zwangeinwirkung)

$f_{ct,eff} = f_{ctm} = 2{,}9\ \text{MN/m}^2 < 3{,}0\ \text{MN/m}^2$ (Mindestzugfestigkeit maßgebend)

$A_{ct} = 0{,}09 \cdot 1{,}0 = 0{,}09\ \text{m}^2/\text{m}$

$\sigma_s = 340\ \text{MN/m}^2$ (für $d_s^* = 12$ mm bei $w_k = 0{,}4$ mm)

$A_{s,min} = 0{,}4 \cdot 1{,}0 \cdot 3{,}0 \cdot 0{,}09 / 340 = 0{,}000318\ \text{m}^2/\text{m} = 3{,}18\ \text{cm}^2/\text{m} < A_{s,vorh} = 6{,}65\ \text{cm}^2/\text{m}$

EC 2-1-1, Gl. (7.1) und NCI zu 7.3.2(2)

A_{ct} näherungsweise als „reiner" Betonquerschnitt (ohne Berücksichtigung der Bewehrung)

Wegen $f_{ct,eff} = 2{,}9\ \text{MN/m}^2 = f_{ct,0} = 2{,}9\ \text{MN/m}^2$ ist mit $\varnothing_s \geq \varnothing_s^* \cdot f_{ct,eff}/f_{ct,0}$ der gewählte Durchmesser $d_s = 12$ mm zulässig; weitere Nachweise erübrigen sich daher.

EC 2-1-1, Tab. NA.7.2 und Gl. (NA.7.6)

Begrenzung der Rissbreite für die Lastbeanspruchung

Für Stahlbetonbauteile der Expositionsklasse XC 1 ist der Nachweis für die quasi-ständige Last zu führen (gilt generell bei Stahlbetonbauteilen). Die Rissbreitenbegrenzung kann in Abhängigkeit von der gegebenen Betonstahlspannung über eine Durchmesserbegrenzung geführt werden.

EC 2-1-1, Tab. NA.7.1

EC 2-1-1, 7.3.3

Moment unter quasi-ständiger Last

$|M_B^{II}{}_{,perm}| = |M_{B,perm}| - V_{Br,perm} \cdot b/2$

$|M_{B,perm}| = 13{,}16 + 0{,}6 \cdot (11{,}86 + 0{,}98) = 20{,}9\ \text{kNm/m}$

$|V_{Br,perm}| = 7{,}20 + 0{,}6 \cdot (5{,}72 + 6{,}00) = 14{,}2\ \text{kN/m}$

$|M_B^{II}{}_{,perm}| = 20{,}9 - 14{,}2 \cdot 0{,}15 = 18{,}8\ \text{kNm/m}$

charakteristische Werte der Schnittgrößen s. Tafel D.1

Stahlspannung

$$\sigma_s = \frac{M}{z \cdot A_s} = \frac{0{,}0188}{0{,}14 \cdot 0{,}000665} = 202\ \text{MN/m}^2$$

$z \approx 0{,}9d = 0{,}14$ m (Abschätzung)

Grenzdurchmesser $\varnothing_s$

$$\varnothing_s = \varnothing_s^* \cdot \frac{\sigma_s \cdot A_s}{4 \cdot (h-d) \cdot b \cdot 2{,}9} \geq \varnothing_s^* \cdot \frac{f_{ct,eff}}{2{,}9}$$

EC 2-1-1, Gl. (NA.7.7.1)

$\varnothing^* = 35$ mm (für $\sigma_s = 202\ \text{MN/m}^2$)

EC 2-1-1, Tab. NA.7.2

$$\frac{\sigma_s \cdot A_s}{4 \cdot (h-d) \cdot b \cdot 2{,}9} = \frac{202 \cdot 0{,}000665}{4 \cdot 0{,}025 \cdot 1 \cdot 2{,}9} = 0{,}46$$

$$\frac{f_{ct,eff}}{2{,}9} = \frac{2{,}9}{2{,}9} = 1 > 0{,}46$$

$f_{ct,eff}$ für C30/37

$\varnothing_s = \varnothing_s^* \cdot 1 = 35\ \text{mm} > \text{vorh}\ d_s = 12\ \text{mm}$

$\Rightarrow$ Nachweis erfüllt.

Alternativ kann auch der Höchstwert der Stababstände nachgewiesen werden. Hierfür ergibt sich:

Stahlspannung: $\sigma_s = 202\ \text{MN/m}^2$

Rechenwert der Rissbreite: $w_k = 0{,}4$ mm

$\rightarrow$ $s_l \leq 30$ cm

EC 2-1-1, Tab. 7.3N

$\Rightarrow$ Nachweis erfüllt.

4.3 Beschränkung der Durchbiegung

Der Nachweis wird durch Begrenzung der Biegeschlankheit geführt; maßgebend sind die Endfelder:

Nachweis erfolgt nach EC 2-1-1, 7.4.2

$$\frac{l}{d} \le K \cdot \left[11 + 1,5\sqrt{f_{ck}} \cdot \frac{\rho_0}{\rho} + 3,2\sqrt{f_{ck}} \cdot \left(\frac{\rho_0}{\rho} - 1 \right)^{3/2} \right] \le (l/d)_{max}$$

EC 2-1-1, Gl.(7.16a) für $\rho \le \rho_0$

$$(l/d)_{max} \le \begin{matrix} K \cdot 35 & \text{(allgemein)} \\ K^2 \cdot 150/l & \text{(Bauteile mit erhöhten Anforderungen)} \end{matrix}$$

K Der Beiwert K kann für Regelfälle EC 2-1-1, Tab. 7.4N entnommen werden; wegen der stark unterschiedlichen Stützweiten der benachbarten Felder ist eine direkte Anwendung dieser Tabelle im vorliegenden Falle nicht möglich. Als erste grobe Abschätzung wird K zu 1,15 gewählt (Mittelwert zwischen den Werten für den Einfeldträger und für das Endfeld eines Durchlaufträgers).

EC 2-1-1/NA, NCI zu 7.4.2(2)

EC 2-1-1, Tab. 7.4N

$\rho_0 = f_{ck}^{0,5} \cdot 10^{-3} = 30^{0,5} \cdot 10^{-3} = 0,0055$
$\rho = 5,88/(100 \cdot 15,5) = 0,0038$ ($< \rho_0$; s. o.)

$$\left(\frac{l}{d}\right)_{zul} \le 1,15 \cdot \left[11 + 1,5\sqrt{30} \cdot \frac{0,0055}{0,0038} + 3,2\sqrt{30} \cdot \left(\frac{0,0055}{0,0038} - 1 \right)^{3/2} \right]$$

$$= 32,4 < \begin{matrix} 1,15 \cdot 35 = 40 \\ 1,15^2 \cdot 150/5,20 = 38 \end{matrix}$$

Der Wert darf wegen $A_{s,req} = 5,88$ cm²/m und $A_{s,prov} = 6,28$ cm²/m im Verhältnis 6,28/5,88 = 1,07 erhöht werden, so dass gilt

$(l/d)_{zul} = 1,07 \cdot 32,4 = 34,7 \ge (l/d)_{vorh} = 5,20 / 0,155 = 33,5$

$\Rightarrow$ Der Nachweis ist damit erfüllt.

Eine „genauere" Ermittlung der Ersatzstützweite bzw. des Beiwertes K kann z. B. mit den Angaben in DAfStb-H.240 erfolgen. Danach ergibt sich (Schreibweise angepasst)

[DAfStb-H.240 - 91]
M, f:
Moment M bzw. Belastung f der maßg. Belastungskombination (quasi-ständige Last)

$$\frac{1}{K} = \alpha = \frac{1 + 4,8\,(m_1 + m_2)}{1 + 4\,(m_1 + m_2)}$$

$m_1 = 0$
$m_2 = M / (f \cdot l^2)$
$M = -13,16 - 0,6 \cdot (11,86 + 0,98) = -20,9$ kNm/m
$f = 6,00 + 0,6 \cdot 5,00 = 9,00$ kN/m²
$m_2 = -20,9 / (9,00 \cdot 5,20^2) = -0,086$
$\alpha = 0,90$
$K = 1/0,90 = 1,11$

Der „genauere" Wert entspricht in etwa der oben dargestellten Abschätzung.

Anmerkung

Der Nachweis nach EC 2-1-1 hat den Nachteil, dass er für Vorbemessungen nicht geeignet ist, da die erforderliche Biegezugbewehrung bereits bekannt sein muss. Für eine Abschätzung im Rahmen einer Vorbemessung s. z. B. *Strohbusch; Krüger/Mertzsch.*

[Strohbusch - 10]
[Krüger/Mertzsch - 03]

5 Bewehrungsführung und bauliche Durchbildung

5.1 Verankerungslängen

Grundmaß $l_{b,rqd}$ der Verankerungslänge: EC 2-1-1, 8.4.3

Bei guten Verbundbedingungen ergibt sich für den Beton C30/37

$$l_{b,rqd,y} = \frac{f_{yd}}{4 \cdot f_{bd}} \cdot \varnothing$$ [1] EC 2-1-1, Gl. (8.3)

$$f_{bd} = 2{,}25 \cdot f_{ctd} = 2{,}25 \cdot (2{,}0/1{,}5) = 3{,}0 \text{ MN/m}^2$$ EC 2-1-1, Gl. (8.2)

$$l_{b,rqd,y} = \frac{500/1{,}15}{4 \cdot 3{,}0} \cdot \varnothing = 36{,}2 \cdot \varnothing$$

Bei mäßigen Verbundbedingungen sind die Verbundspannungen f_{bd} auf 70 % herabzusetzen ($\eta_1 = 0{,}7$), d. h., das Grundmaß der Verankerungslänge ist dann mit $1/0{,}7 = 1{,}43$ zu multiplizieren.

Verankerung am Endauflager:

$$l_{bd,dir} = 0{,}67 \cdot l_{bd} = 0{,}67 \cdot \alpha_1 \cdot (A_{s,rqd} / A_{s,prov}) \cdot l_{b,rqd,y} \geq 0{,}67 l_{b,min}$$ EC 2-1-1, 9.2.1.4 und 8.4.4

$\alpha_1 = 1{,}0$ (gerades Stabende) EC 2-1-1, Bild 8.1

$A_{s,rqd} = F_{Ed,R} / f_{yd}$

$F_{Ed,R} = V_{Ed} \cdot a_l / z \geq V_{Ed} / 2$ (für $N_{Ed} = 0$) EC 2-1-1, Gl. (NA.9.3)

$V_{Ed} = 1{,}35 \cdot 13{,}06 + 1{,}50 \cdot (10{,}72 + 0{,}36)$ vgl. Tafel D.1

$= 34{,}25$ kN/m (Querkraft auf Endauflager)

$a_l = d$ (Versatzmaß bei Platten ohne Schubbewehrung) EC 2-1-1, 9.3.1.1(4)

$z \approx d$ (näherungsweise am Endauflager)

$F_{Ed,R} = 34{,}25 \cdot d / d = 34{,}25$ kN/m

$f_{yd} = 500 / 1{,}15 = 435$ MN/m²

$$A_{s,rqd} = \frac{34{,}25}{435 \cdot 10^{-1}} = 0{,}79 \text{ cm}^2\text{/m}$$

$A_{s,prov} = 6{,}28$ cm²/cm (Bewehrung wird nicht gestaffelt)

$l_{b,rqd,y} = 1{,}43 \cdot (36{,}2 \varnothing)$ (mäßige Verbundbedingungen[2])

$= 1{,}43 \cdot 36{,}2 \cdot 1{,}2$ (Stabdurchmesser $\varnothing = 12$ mm)

$= 62$ cm

$l_{b,min} = 0{,}3 \cdot l_{b,rqd,y} = 0{,}3 \cdot 62 = 19$ cm

$$l_{bd,dir} = 0{,}67 \cdot 1 \cdot \frac{0{,}79}{6{,}28} \cdot 62 = 5 \text{ cm} < \begin{matrix} 0{,}67 \cdot 19 = 13 \text{ cm (maßg.!)} \\ 6{,}7\, d_s = 6{,}7 \cdot 1{,}2 = 8 \text{ cm} \end{matrix}$$

gew.: 20 cm

Die Bewehrung ist mindestens über die rechnerische Auflagerlinie zu führen (EC 2-1-1, 9.2.1.4).

1) Abweichend von EC 2-1-1, Gl. (8.3) ist hier das Grundmaß der Verankerungslänge mit der Stahlspannung an der Streckgrenze $\sigma_{sd} = f_{yd}$ formuliert (zur Kennzeichnung wurde der Index y angehängt); die tatsächliche Stahlspannung σ_{sd} wird bei der Ermittlung der erf. Verankerungslänge durch das Verhältnis $A_{s,req}/A_{s,prov}$ erfasst.

2) Hierbei wird unterstellt, dass Deckenplatte und (Rand-)Unterzüge „in einem Guss" hergestellt bzw. betoniert werden. Für die untere Bewehrung am Endauflager liegen dann mäßige Verbundbedinungen vor, da die Bewehrung mehr als 30 cm über OK Schalung und nicht mindestens 30 cm unter der OK Bauteil liegt.

s. hierzu EC 2-1-1, 8.4.2 und Bild 8.2

Verankerung am Zwischenauflager:

Verankerungslänge $\geq 6 \cdot d_s = 6 \cdot 1{,}2 = 7$ cm — EC 2-1-1/NA, NCI zu 9.2.1.5(2)

In EC 2-1-1, 9.2.1.5(3) wird ausgeführt, die Bewehrung am Zwischenauflager ggf. durchlaufend auszuführen bzw. kraftschlüssig zu stoßen, um außergewöhnliche Beanspruchungen aufnehmen zu können. Auf einen Nachweis der hierfür erforderlichen Übergreifungslänge wird im Rahmen des Beispiels verzichtet; die Übergreifung wird konstruktiv ausgeführt (vgl. Abschn. 6). — EC 2-1-1. 9.2.1.5(3)

Verankerung außerhalb von Auflagern:

Außerhalb von Auflagern wird die Bewehrung mit l_{bd} verankert. Im vorliegenden Falle wird die Bewehrung nicht gestaffelt. Die obere Bewehrung wird im Bereich positiver Momente verankert. Da in diesem Bereich $A_{s,rqd} = 0$ ist, wird das Mindestmaß der Verankerungslänge maßgebend. Es liegen gute Verbundbedingungen vor. — EC 2-1-1, 9.2.1.3

$$l_{bd} \geq l_{b,min} = \begin{matrix} 0{,}3 \cdot l_{b,rqd,y} = 0{,}3 \cdot 36 \cdot 1{,}2 = 13 \text{ cm} \\ 10 \cdot \varnothing = 10 \cdot 1{,}2 = 12 \text{ cm} \end{matrix}$$

5.2 Zugkraftdeckungslinie

Die Bewehrung wird nicht gestaffelt. Das Versatzmaß a_l beträgt bei Platten ohne Schubbewehrung $a_l = 1{,}0\ d$ (s. vorher). — EC 2-1-1, 9.3.1.1(4)

5.3 Bauliche Durchbildung

Mindestbewehrung

Zur Verhinderung eines Bauteilversagens bei Erstrissbildung muss eine Mindestbewehrung angeordnet werden (Duktilitätskriterium). Diese Mindestbewehrung ist für das Rissmoment mit dem Mittelwert der Betonzugfestigkeit f_{ctm} und der Stahlspannung $\sigma_s = f_{yk}$ zu berechnen. — EC 2-1-1/NA, NDP zu 9.2.1.1(1)

$\min A_s \geq M_{cr} / (z \cdot f_{yk})$

$M_{cr} = f_{ctm} \cdot b_t\, h^2/6$ (für Rechteckquerschnitte) — Näherungsweise „reiner" Betonquerschnitt (ohne Berücksichtigung der Bewehrung)

$f_{ctm} = 2{,}9$ MN/m² — Zugfestigkeit f_{ctm} nach EC 2-1-1, Tab. 3.1

$M_{cr} = 2{,}9 \cdot 1{,}0 \cdot 0{,}18^2 / 6 = 0{,}0157$ MNm/m

$z \approx 0{,}9\, d = 0{,}14$ m (Hebelarm der inneren Kräfte nach Rissbildung)

$\min A_s \geq 0{,}0157 / (0{,}14 \cdot 500) = 2{,}24 \cdot 10^{-4}$ m²/m $= 2{,}24$ cm²/m

Die Mindestbewehrung muss als untere Bewehrung im Feld von Auflager zu Auflager durchlaufen. Als obere Bewehrung (über den Innenauflagern) ist sie über eine Länge von einem Viertel der Stützweite erforderlich, d.h., sie ist mindestens $^1/_4 \cdot 5{,}20 = 1{,}30$ m weit in das Randfeld zu führen, soweit nicht aus statischen Gründen eine größere Länge erforderlich wird*). — EC 2-1-1/NA, NDP zu 9.2.1.1(1)

---

*) Für die Lastbeanspruchung ist eine Länge erforderlich von

$x_0 + a_l + l_{b,net} = 0{,}91 + 0{,}155 + 0{,}11 = 1{,}18$ m

Die Lage des Momentennullpunktes x_0 wurde in einer hier nicht dargestellten Nebenrechnung ermittelt.

Querbewehrung

Die Querbewehrung muss mindestens 20 % der Biegezugbewehrung betragen.

erf $A_{sq} \geq 0{,}20 \cdot A_{sl}$ — EC 2-1-1, 9.3.1.1(2)

- an den Stützen: $A_{s,q} = 0{,}20 \cdot 6{,}65 = 1{,}33$ cm²/m
- im (Rand-)Feld: $A_{s,q} = 0{,}20 \cdot 5{,}88 = 1{,}18$ cm²/m

Weitere Bewehrungsrichtlinien:

- mindestens die Hälfte der Feldbewehrung muss zum Auflager geführt und dort verankert werden — EC 2-1-1, 9.3.1.2(1)
- Abstand der Stäbe für die Hauptbewehrung:

  $s_l \leq h = 18\text{ cm}$ ≥ 15 cm, ≤ 25 cm — EC 2-1-1/NA, NDP zu 9.3.1.1(1),
- Größtabstände für die Querbewehrung:

  $s_q \leq 25$ cm
- Für eine rechnerisch nicht berücksichtigte Endeinspannung sollte eine obere Bewehrung angeordnet werden, die mindestens ein Viertel des größten Feldmoments im angrenzenden Feld aufnehmen kann. Diese Bewehrung sollte nicht kürzer als die 0,25fache Länge des Feldes sein (gemessen vom Auflageranschnitt). — EC 2-1-1, 9.3.1.2(2)

  erf $A_s = 0{,}25 \cdot 5{,}88 = 1{,}47$ cm²/m

6 Bewehrungsskizze

Die erforderlichen bautechnischen Unterlagen sind in EC 2-1-1/NA, NCI zu 2.8 angegeben; es wird insbesondere auf die Anforderungen an Zeichnungen hingewiesen.

Grundriss

untere Bewehrung

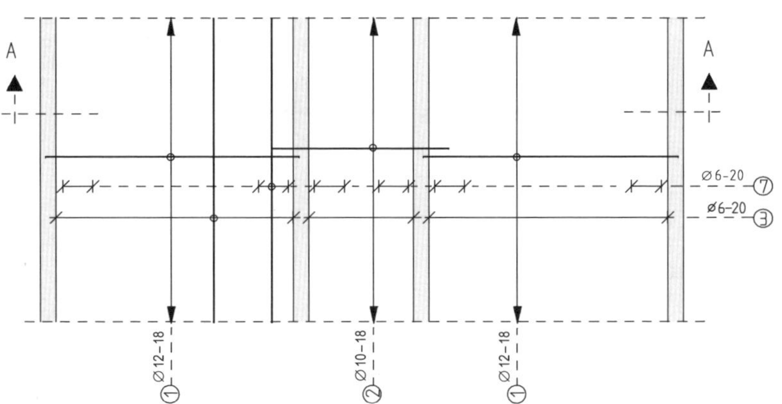

Die Verlegemaße sind unvollständig.

Wegen der Plattenquerbewehrung der Pos. 7 und 8 wird auf die Berechnung des Unterzuges (Pos. U.1, Abschn. 4.2.1.1) verwiesen.

Obere Bewehrung

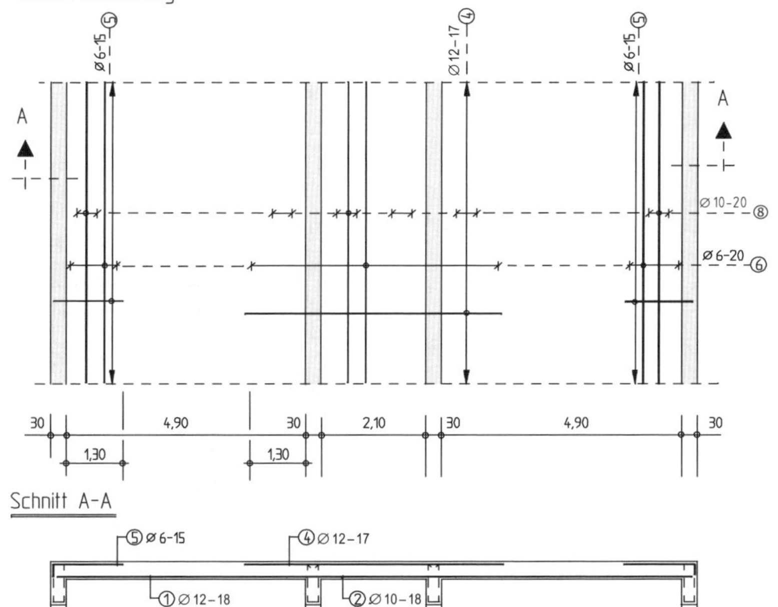

Die Angaben sind unvollständig

Expositionsklasse: XC 1, WO
Baustoffe: C30/37; B500 (B)
Betondeckung: c_v = 2,0 cm (Verlegemaß)
Δc_{dev} = 1,0 cm (Vorhaltemaß)

Betonstabstähle nach DIN 488, hochduktil

7 Ausführung als Teilfertigdecke

(Alternative Ausführung)

Als Alternative zur Ortbetonlösung kommt eine Ausführung als Teilfertigdecke in Frage. Eine mögliche Variante ist in Abb. D.3 dargestellt. Zusätzlich zu den bisher geführten Nachweisen ist insbesondere der Nachweis der Verbundfuge erforderlich.

Vereinfachend werden die Nutzhöhen von der Ortbetonlösung übernommen.

Abweichend von der Bauwerksbeschreibung wird der Aufbeton als C20/25 ausgeführt.

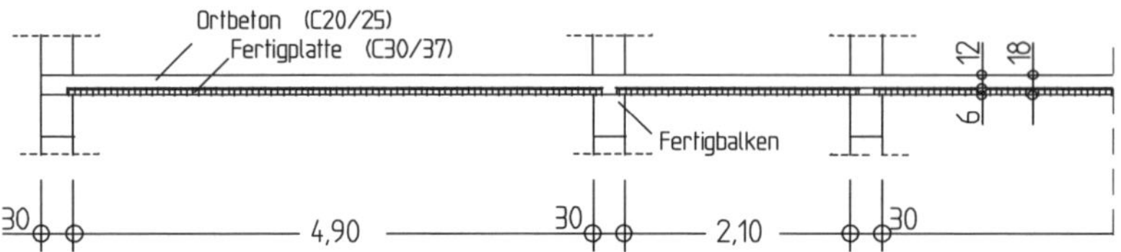

Abb. D.3: Alternative Ausführung als Elementdecke

7.1 Nachweis der Verbundfuge

EC 2-1-1, 6.2.5

Die Übertragung von Schubkräften in den Fugen zwischen Ortbeton und einem vorgefertigten Bauteil ist nachzuweisen. Die in der Kontaktfläche zu übertragende Schubkraft wird ermittelt aus

$$v_{Edi} = \beta \cdot V_{Ed} / (z \cdot b_i)$$

EC 2-1-1, Gl. (6.24)

mit β als Quotient aus der Längskraft im Aufbeton $F_{cd,i}$ und der Gurtlängskraft $F_{cd} = M_{Ed}/z$ im betrachteten Querschnitt. Ohne Nachweis ist ersichtlich, dass im vorliegenden Falle $\beta = 1$ ist, d. h., dass die gesamte Längskraft durch die Verbundfuge übertragen wird.

$\beta = F_{cd,i}/F_{cd}$

Stütze A

V_{Ed} im Abstand d_j vom Auflagerrand (d_j Nutzhöhe der Fertigplatte).

$$V_{Ed,A} = 1{,}35 \cdot 13{,}06 + 1{,}50 \cdot (10{,}72 + 0{,}36) = 34{,}3 \text{ kN/m}$$
$$V_{Ed} = 34{,}3 - (8{,}10 + 7{,}50) \cdot (0{,}30/2 + 0{,}035) = 31{,}4 \text{ kN/m}$$
$$v_{Edi} = \beta \cdot V_{Ed} / (z \cdot b_i)$$
$$z \approx 0{,}9d = 0{,}14 \text{ m}$$
$$b_i = 1{,}0 \text{ m/m}$$
$$v_{Edi} = 1 \cdot 31{,}4 \cdot 10^{-3} / (0{,}14 \cdot 1{,}0) = 0{,}224 \text{ MN/m}^2$$

$z \approx 0{,}9d$ (ist die Verbundbewehrung gleichzeitig Querkraftbewehrung, gilt zusätzlich $z \leq d - 2c_{nom}$)

EC 2-1-1, Gl. (6.25) für $\rho = 0$

Der Bemessungswert der aufnehmbaren Schubkraft in der Verbundfuge beträgt bei Verzicht auf Verbundbewehrung

$$v_{Rdi} = v_{Rdi,c} = c \cdot f_{ctd} + \mu \cdot \sigma_n$$

$c = 0{,}20$ (glatte Fuge)

$f_{ctd} = \alpha_{ct} \cdot f_{ctk;0,05}/\gamma_C = 0{,}85 \cdot 1{,}5/1{,}5 = 0{,}85 \text{ MN/m}^2$ (Bemessungswert der Betonzugfestigkeit des Ortbetons oder des Fertigteils; der kleinere Wert ist maßgebend)

$\sigma_n = 0$ (Normalspannung senkrecht zur Fugenfläche)

$$v_{Rdi,c} = 0{,}2 \cdot 0{,}85 = 0{,}170 \text{ MN/m}^2 < v_{Edi} = 0{,}224 \text{ MN/m}^2$$

Beiwerte c nach EC 2-1-1, 6.2.5(2); Annahme: Fuge wird nach dem Betonieren nicht zusätzlich aufgeraut.

Die Verbundfuge darf somit an der Stütze A nicht ohne Verbundbewehrung ausgeführt werden.

Gesamttragfähigkeit bei Anordnung von Verbundbewehrung

$$v_{Rdi} = v_{Rdi,c} + v_{Rdi,s}$$
$$v_{Rdi,s} = a_s \cdot f_{yd} \cdot (1{,}2\mu \cdot \sin \alpha + \cos \alpha)$$

EC 2-1-1, Gl. (6.25) und NCI zu 6.2.5(1)

$$a_s \geq \frac{v_{Ed,i} - v_{Rdi,c}}{f_{yd} \cdot (1{,}2\mu \cdot \sin\alpha + \cos\alpha)}$$

Gitterträger als Verbundbewehrung

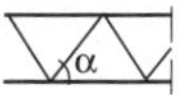

μ = 0,6 (glatte Fuge)
$\alpha \approx 54°$ (Neigung der die Fuge kreuzenden Bewehrung)

$$a_s \geq \frac{0{,}224 - 0{,}167}{365 \cdot (1{,}2 \cdot 0{,}6 \cdot 0{,}809 + 0{,}588)} \cdot 10^4 = 1{,}33 \text{ cm}^2/\text{m}^2$$

Als Streckgrenze wird nur f_{yk} = 420 MN/m² angesetzt (Diagonale aus BSt 500 G, nach Zulassung); vgl. a. [Land - 03].

Rechnerisch ist Verbundbewehrung erforderlich bis zu einer Querkraft

$V_{Ed,i} = V_{Rdi,c} = 0{,}167 \cdot 0{,}14 = 0{,}0234$ MN/m = 23,4 kN/m

d. h. auf einer Länge (von der theor. Auflagerlinie gemessen)

$V_{Ed} = 34{,}3 - (8{,}10 + 7{,}50) \cdot x = 23{,}4$ kN/m
$x = (34{,}3 - 23{,}4)/(8{,}10 + 7{,}50) = 0{,}70$ m

Falls am Endauflager keine Wandauflasten vorhanden sind, ist jedoch eine Verbundsicherungsbewehrung in einer Größe von 6 cm²/m auf einer Randstreifenbreite von 75 cm entlang der Endauflagerlinie anzuordnen.

Konstruktive Bewehrung s. EC 2-1-1, NCI zu 10.9.3

Stütze B_l

s. Abschnitt 2.2
vgl. Stütze A

Einwirkende Schubkraft

$|V_{Ed,Bl}| = 1{,}35 \cdot 18{,}14 + 1{,}50 \cdot (15{,}28 + 0{,}19) = 47{,}69$ kN/m
$V_{Ed} = 47{,}69 - (8{,}10 + 7{,}50) \cdot (0{,}30/2 + 0{,}035) = 44{,}8$ kN/m

z = 0,14 m

$v_{Edi} = \beta \cdot V_{Ed} / (z \cdot b_i)$
$z \approx 0{,}9d = 0{,}14$ m
$b_i = 1{,}0$ m/m
$v_{Edi} = 1 \cdot 44{,}8 \cdot 10^{-3} / (0{,}14 \cdot 1{,}0) = 0{,}320$ MN/m²

Ohne Verbundbewehrung aufnehmbare Schubkraft

$v_{Rdi,c} = 0{,}167$ MN/m² (wie an Stütze A)

Die Verbundfuge darf hier somit ebenfalls nicht ohne Verbundbewehrung ausgeführt werden. Der Bemessungswert der aufnehmbaren Schubkraft beträgt bei Anordnung von Verbundbewehrung

EC 2-1-1, Gl. (6.25) und NCI zu 6.2.5(1); die Zulassung der Gitterträger ist zusätzlich zu beachten.

$$a_s \geq \frac{v_{Edi} - v_{Rdi,c}}{f_{yd} \cdot (1{,}2\mu \cdot \sin\alpha + \cos\alpha)}$$

μ = 0,6 (glatte Fuge)
$v_{Rdi,c}$ = 0,167 MN/m²
$\alpha = 54°$ (Neigung der die Fuge kreuzenden Bewehrung)

Gitterträger als Verbundbewehrung; s.o.

$$a_s \geq \frac{0{,}320 - 0{,}167}{365 \cdot (1{,}2 \cdot 0{,}6 \cdot 0{,}809 + 0{,}588)} \cdot 10^4 = 3{,}58 \text{ cm}^2/\text{m}^2$$

Rechnerisch ist Verbundbewehrung auf einer Länge (vom Auflager B aus gemessen) erforderlich:

$x = (V_{Ed,Bl} - V_{Rdi,c})/(g_d + q_d)$
V_{Ed} = 47,7 kN/m
$V_{Rdi,c}$ = 23,4 kN/m
$x = (47{,}7 - 23{,}4)/(8{,}10 + 7{,}50) = 1{,}56$ m

Stütze B_r

Einwirkende Schubkraft

$$V_{Ed,Br} = 1{,}35 \cdot 7{,}20 + 1{,}50 \cdot (5{,}72 + 6{,}00) = 27{,}3 \text{ kN/m}$$
$$V_{Ed} = 27{,}3 - (8{,}10 + 7{,}50) \cdot (0{,}30/2 + 0{,}035) = 24{,}4 \text{ kN/m}$$

vgl. Tafel D.1

$$v_{Edi} = \beta \cdot V_{Ed} / (z \cdot b_i)$$
$$z \approx 0{,}9d = 0{,}14 \text{ m}$$
$$b_i = 1{,}0 \text{ m/m}$$
$$v_{Edi} = 1 \cdot 24{,}4 \cdot 10^{-3} / 0{,}14 = 0{,}174 \text{ MN/m}^2$$

$z = 0{,}14$ m

Somit ist wegen $v_{Edi} = 0{,}174$ MN/m² $> v_{Rdi,c} = 0{,}167$ MN/m² rechnerisch ebenfalls Verbundbewehrung erforderlich.

$$a_s \geq \frac{v_{Edi} - v_{Rdi,c}}{f_{yd} \cdot (1{,}2\mu \cdot \sin\alpha + \cos\alpha)}$$
$$\mu = 0{,}6 \quad \text{(glatte Fuge)}$$
$$v_{Rdi,c} = 0{,}167 \text{ MN/m}^2$$
$$\alpha = 54° \quad \text{(Neigung der die Fuge kreuzenden Bewehrung)}$$
$$a_s \geq \frac{0{,}174 - 0{,}167}{365 \cdot (1{,}2 \cdot 0{,}6 \cdot 0{,}809 + 0{,}588)} \cdot 10^4 = 0{,}16 \text{ cm}^2/\text{m}^2$$

Auf weitere Nachweise wird an dieser Stelle verzichtet.

Nachweis von $v_{Rd,max}$

Es soll noch überprüft werden, ob die Verbundbewehrung ausschließlich aus den Schrägstäben der Gitterträger bestehen darf. Der Nachweis erfolgt für die größte Querkraftbeanspruchung an der Stütze B. Gemäß EC 2-1-1 ist dann nachzuweisen, dass

EC 2-1-1, 9.3.2(3) (Zulassungen sind zusätzlich zu beachten.)

$$v_{Edi} \leq 0{,}33 \cdot v_{Rd,max}$$
$$v_{Rd,max} = 0{,}5 \cdot \nu \cdot f_{cd}$$

EC 2-1-1, Gl. (6.25)

$$f_{cd} = 11{,}33 \text{ MN/m}^2$$
$$\nu = 0{,}20 \text{ (glatte Fuge)}$$
$$v_{Rd,max} = 0{,}5 \cdot 0{,}2 \cdot 11{,}33 = 1{,}13 \text{ MN/m}^2$$

$v_{Edi} = 0{,}320$ MN/m² (ungünstigster Wert an der Stütze Bl; s. vorher)

$$v_{Edi} = 0{,}320 < 0{,}33 \cdot 1{,}13 = 0{,}373 \text{ MN/m}^2$$

Die Verbund-/Querkraftbewehrung darf somit ausschließlich aus Schrägstäben bestehen.

Anmerkung

Eine Bewehrungswahl wird im Rahmen des Beispiels nicht vorgenommen. Hierfür sind weitere Bedingungen (Bauaufsichtliche Zulassungen, Brandschutz u. a.) sowie Transport- und Bauzustände mit einer erforderlichen Montagebewehrung zusätzlich zu beachten.

Insbesondere ist darauf hinzuweisen, dass in den Zulassungen für Gitterträger abweichende und/oder zusätzliche Regelungen festgelegt sein können, die bei der Bemessung und konstruktiven Durchbildung zu berücksichtigen sind.

7.2 Weitere Nachweise

Die weiteren Nachweise erfolgen wie bei der „reinen" Ortbetonkonstruktion, allerdings ist die Betonfestigkeitsklasse C20/25 des Ortbetons zu berücksichtigen.

Pos. U1: Unterzug

1 Beschreibung

Der in Abb. U.1 dargestellte Unterzug ist monolithisch mit der 18 cm dicken Platte (s. Pos. D1) verbunden und wirkt in Längsrichtung als Plattenbalken. Die Stützen sind an den Träger biegesteif angeschlossen, auf der rechten Seite ist der Unterzug in die daran anschließende Wand eingespannt. Die gewählten Bauteilmaße, Stützweiten usw. können Abb. U.1 entnommen werden.

s. hierzu auch Gesamtübersicht in Abb. Ü.1.

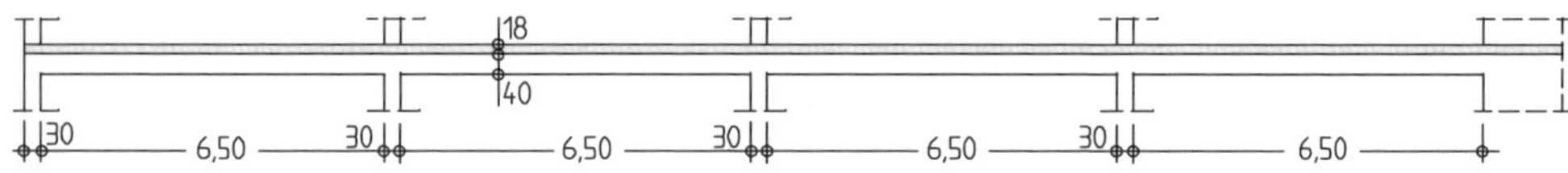

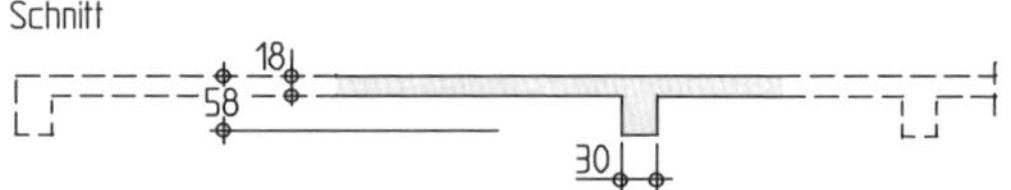

Baustoffe:

Beton	C30/37
Betonstahl	B500(B) (hochduktil)

EC 2-1-1, Tab. 3.1
EC 2-1-1, 3.2 und DIN 488

Umweltbedingung:

Bauteil in Innenräumen mit normaler Luftfeuchte

Expositionsklasse für Bewehrungskorrosion:	XC 1
Expositionsklasse für Betonangriff:	–
Expositionsklasse der Alkali-Kieselsäurereaktionen	WO

EC 2-1-1, Tab. 4.1

Abb. U.1: Schalplan, Baustoffe, Umweltbedingungen

2 System, Einwirkungen, Schnittgrößen

2.1 System und Einwirkungen

Es liegt ein 4-Feld-Träger vor. Die Rahmenwirkung an den Innenstützen darf vernachlässigt werden, da alle horizontalen Kräfte von aussteifenden Scheiben aufgenommen werden können; das Stützweitenverhältnis der benachbarten Felder liegt in den Grenzen $0{,}5 < l_1/l_2 < 2{,}0$ (hier: $l_1/l_2 = 1$). Am linken Trägerende ist die Randeinspannung durch die Stütze zu berücksichtign (Randstütze eines rahmenartigen Tragwerks). Am rechten Trägerende wird näherungsweise eine starre Einspannung durch die dort vorhandene Wandscheibe unterstellt.

EC 2-1-1, 5.3.2.2(2)

Als wirksame Stützweite wird jeweils der Abstand der Auflagermitten gewählt. Am rechten Trägerende kann die Einspannstelle im Abstand gleich der halben Bauhöhe ($h/2$) des Trägers von Vorderkante Wand angenommen werden. Vereinfachend erhält man damit einen Träger mit konstanter Stützweite von 6,80 m (im Feld 4 wird dabei die theoretische Stützweite geringfügig unterschritten).

Wirksame Stützweiten nach EC 2-1-1, 5.3.2.2

s. hierzu EC 2-1-1, Bild 5.4

Die Belastung ergibt sich aus den Einwirkungen der Platte gemäß Pos. D1; zusätzlich ist die Eigenlast des Unterzuges zu berücksichtigen. Als charakteristische Werte erhält man:

- Eigenlast: aus Pos. D1 $g_{k1} = 18{,}14 + 7{,}20 = 25{,}34$ kN/m
  Eigenlast $g_{k2} = 0{,}3 \cdot 0{,}4 \cdot 25 = 3{,}00$ kN/m
  $g_k = 28{,}34$ kN/m
- Verkehrslast: aus Pos. D1 $q_k = 15{,}28 + 5{,}72 + 0{,}19 + 6{,}00 = 27{,}19$ kN/m

s. Pos. D1, Tafel D.1

s. Pos. D1, Tafel D.1 (Verkehrslast in ungünstiger Anordnung)

Das System mit zugehöriger Belastung ist in Abb. U.2 dargestellt.

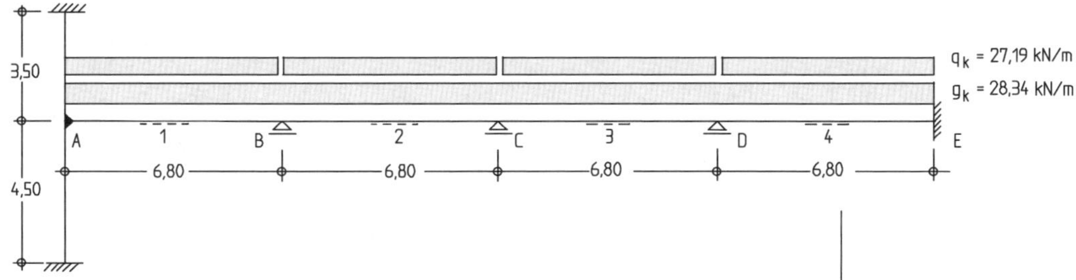

Abb. U.2: System und Belastung

2.2 Querschnittswerte

Es werden zunächst die Querschnittswerte (Zustand I) in den Feldern und an der Stütze bestimmt. Die unterschiedlichen mittragenden Plattenbreiten sind dabei zu berücksichtigen. Hierfür erhält man

Feld

- *Feld 1*

$b_{eff} = \Sigma b_{eff,i} + b_w$

$b_{eff,i} = 0{,}2\, b_i + 0{,}1 \cdot l_0 \quad \begin{matrix} \le 0{,}2\, l_0 \\ \le b_i \end{matrix}$

EC 2-1-1, Gl. (5.7)

$l_0 = 0{,}85\, l$
$= 0{,}85 \cdot 6{,}80 = 5{,}78$ m (Randfeld; geringe Randeinspannung vernachlässigt)

EC 2-1-1, Bild 5.2

b_i: s. Abb. U.3

$b_{eff,1} = 0{,}2 \cdot 2{,}45 + 0{,}1 \cdot 5{,}78 = 1{,}07 \text{ m} \quad \begin{matrix} < 0{,}2\, l_0 = 1{,}16 \text{ m} \\ < b_1 = 2{,}45 \text{ m} \end{matrix}$

$b_{eff,2} = 0{,}2 \cdot 1{,}05 + 0{,}1 \cdot 5{,}78 = 0{,}79 \text{ m} \quad \begin{matrix} < 0{,}2\, l_0 = 1{,}16 \text{ m} \\ < b_2 = 1{,}05 \text{ m} \end{matrix}$

$b_{eff} = 1{,}07 + 0{,}79 + 0{,}30 = 2{,}16$ m

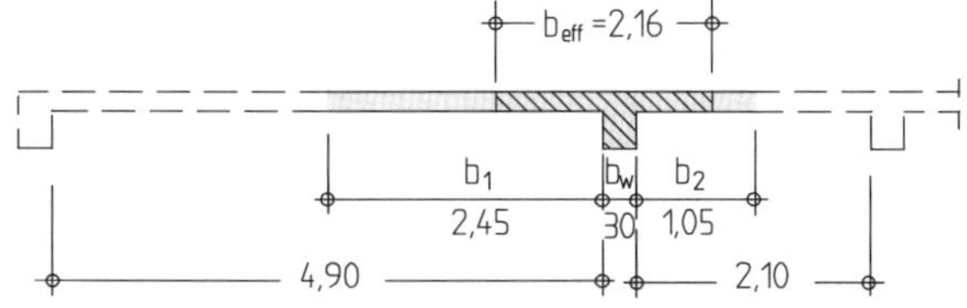

Abb. U.3: Querschnitt im Feld 1

- *Feld 2*

  Ermittlung wie Feld 1, jedoch mit $l_0 = 0{,}70\,l = 0{,}70 \cdot 6{,}80 = 4{,}76\,\text{m}$ (Innenfeld); es ergibt sich

  EC 2-1-1, Bild 5.2

  $$b_{\text{eff},1} = 0{,}2 \cdot 2{,}45 + 0{,}1 \cdot 4{,}76 = 0{,}97\ \text{m} \begin{matrix} > 0{,}2\,l_0 = 0{,}95\ \text{m} \\ < b_1 \quad = 2{,}45\ \text{m} \end{matrix}$$

  EC 2-1-1, Gl. (5.7)

  $$b_{\text{eff},2} = 0{,}2 \cdot 1{,}05 + 0{,}1 \cdot 4{,}76 = 0{,}69\ \text{m} \begin{matrix} < 0{,}2\,l_0 = 0{,}95\ \text{m} \\ < b_2 \quad = 1{,}05\ \text{m} \end{matrix}$$

  $$b_{\text{eff}} = 0{,}95 + 0{,}69 + 0{,}30 = 1{,}94\ \text{m}$$

Stütze

- *Stütze B*

  $$b_{\text{eff}} = \Sigma\, b_{\text{eff},i} + b_w$$

  EC 2-1-1, Gl. (5.7)

  $$b_{\text{eff},i} = 0{,}2\,b_i + 0{,}1 \cdot l_0 \begin{matrix} \le 0{,}2\,l_0 \\ \le b_i \end{matrix}$$

  $$l_0 = 2 \cdot 0{,}15\,l = 0{,}30 \cdot 6{,}80 = 2{,}04\,\text{m}$$

  EC 2-1-1, Bild 5.2

  b_i: s. Abb. U.3

  $$b_{\text{eff},1} = 0{,}2 \cdot 2{,}45 + 0{,}1 \cdot 2{,}04 = 0{,}69\ \text{m} \begin{matrix} > 0{,}2\,l_0 = 0{,}41\ \text{m} \\ < b_1 \quad = 2{,}45\ \text{m} \end{matrix}$$

  $$b_{\text{eff},2} = 0{,}2 \cdot 1{,}05 + 0{,}1 \cdot 2{,}04 = 0{,}41\ \text{m} \begin{matrix} = 0{,}2\,l_0 = 0{,}41\ \text{m} \\ < b_2 \quad = 1{,}05\ \text{m} \end{matrix}$$

  $$b_{\text{eff}} = 0{,}41 + 0{,}41 + 0{,}30 = 1{,}12\ \text{m}$$

Damit ergeben sich als Querschnittswerte

Ermittlung der Querschnittswerte z. B. mit [Schneider - 16]

- für den Riegel im Feld 1

  A_c = 0,5088 m^2
  I_c = 0,01036 m^4
  z_u = 0,4216 m
  z_o = 0,1584 m

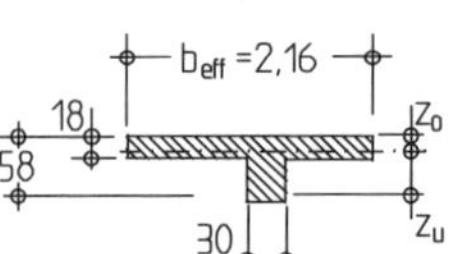

- für den Riegel im Feld 2-4

  A_c = 0,4692 m^2
  I_c = 0,01005 m^4
  z_u = 0,4158 m
  z_o = 0,1642 m

- für den Riegel an der Stütze B (bis E)

  A_c = 0,3216 m^2
  I_c = 0,00847 m^4
  z_u = 0,3818 m
  z_o = 0,1982 m

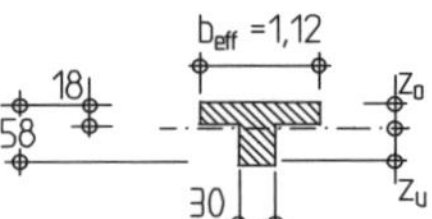

- für die Randstütze

  A_c = 0,0900 m^2
  I_c = 0,000675 m^4

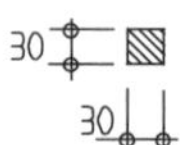

2.3 Schnittgrößen

Die Schnittgrößenermittlung erfolgt mit den charakteristischen Lasten. Die Teilsicherheits- und Kombinationsbeiwerte werden bei der Bemessung berücksichtigt. Die Ermittlung der Schnittgrößen erfolgt nach der Elastizitätstheorie.

Es werden insgesamt fünf Lastfälle unterschieden:

- Lastfall Eigenlast g_k als Gleichstreckenlast über alle Felder
- Nutzlast q_k in den Feldern 1 bis 4.

Für die *Schnittgrößenermittlung* wird näherungsweise eine konstante Steifigkeit des Unterzugs angesetzt; es wird die Steifigkeit des Feldquerschnitts (Innenfeld) zugrunde gelegt. Für die abliegenden Stützenenden der Randstützen wird vereinfachend jeweils eine starre Einspannung unterstellt.

Übliche Näherung, die für den Hochbau i.d.R. genügend genau ist (die Berücksichtigung der unterschiedlichen mittragenden Breiten bzw. Querschnitte – s. Abschn. 2.2 – führt nur zu geringfügig anderen Ergebnissen); vgl. a. DAfStb-H525.

Die unter den genannten Voraussetzungen sich ergebenden Schnittgrößen sind in nachfolgender Tafel U.1 zusammengestellt (Grenzlinien der Schnittgrößen s. Abschn. 3.1).

Schnittgrößenermittlung nicht gezeigt

Tafel U.1: Schnittgrößen unter charakteristischen Lasten

a) Stützmomente

Lastfall	M_A kNm	M_B kNm	M_C kNm	M_D kNm	M_E kNm
1 (g_k)	-23,16	-132,27	-102,99	-110,98	-108,32
2 (q_{k1})	-28,17	-76,70	20,65	-5,90	2,95
3 (q_{k2})	7,54	-63,59	-67,50	19,29	-9,64
4 (q_{k3})	-1,98	16,73	-64,95	-71,25	35,62
5 (q_{k4})	0,40	-3,35	12,99	-48,61	-132,85

b) Querkräfte

Lastfall	V_A kN	V_{Bl} kN	V_{Br} kN	V_{Cl} kN	V_{Cr} kN	V_{Dl} kN	V_{Dr} kN	V_E kN
1 (g_k)	80,31	-112,40	100,66	-92,05	95,18	-97,53	96,75	-95,96
2 (q_{k1})	85,31	-99,58	14,32	14,32	-3,90	-3,90	1,30	1,30
3 (q_{k2})	-10,46	-10,46	91,87	-93,02	12,76	12,76	-4,25	-4,25
4 (q_{k3})	2,75	2,75	-12,01	-12,01	91,52	-93,37	15,72	15,72
5 (q_{k4})	-0,55	-0,55	2,40	2,40	-9,06	-9,06	80,06	-104,83

Schnittgrößenumlagerung

Die nach der Elastizitätstheorie ermittelten Schnittgrößen dürfen umgelagert werden, da ein unverschieblicher Rahmen vorliegt und das Stützweitenverhältnis benachbarter Felder zwischen 0,5 und 2,0 liegt. Eine Umlagerung wird nur im Grenzzustand der Tragfähigkeit vorgenommen; hierauf wird unter Abschn. 3 eingegangen.

EC 2-1-1, 5.5(4)

3 Grenzzustand der Tragfähigkeit

3.1 Grenzlinie der Schnittgrößen

Im Grenzzustand der Tragfähigkeit müssen die ständigen und veränderlichen Einwirkungen mit Teilsicherheitsbeiwerten γ_G und γ_Q multipliziert werden, die jeweils mit oberen und unteren Werten angegeben sind. Die günstig wirkenden Lasten sind mit oberen, die ungünstig wirkenden Lasten mit unteren Bemessungswerten zu berücksichtigen.

Einwirkungskombination und Teilsicherheitsbeiwert nach EC 0

Für die *ständige Einwirkung* darf im Gesamtsystem ein und derselbe Bemessungswert angesetzt werden und zwar entweder $\gamma_{G,sup} = 1{,}35$ oder $\gamma_{G,inf} = 1{,}00$. Ohne Nachweis ist jedoch erkennbar, dass der untere Bemessungswert der ständigen Einwirkung nur im Bereich geringer Beanspruchung (in der Nähe der Nullpunkte der Schnittgrößen) maßgebend werden kann; es wird unterstellt, dass diese Schnittgrößen durch eine konstruktive Bewehrung (Mindestbewehrung) abgedeckt sind.

EC 2-1-1, 2.4.3

Die *veränderlichen Lasten* (Verkehrslasten) sind feldweise ungünstig mit $\gamma_Q = 1{,}50$ zu berücksichtigen.

Es ergeben sich danach folgende Bemessungslasten

$$g_d = 1{,}35 \cdot 28{,}34 = 38{,}26 \text{ kN/m}$$
$$q_d = 1{,}50 \cdot 27{,}19 = 40{,}79 \text{ kN/m}$$
$$79{,}05 \text{ kN/m}$$

Die sich ergebende Grenzlinie der Schnittgrößen ist in Abb. U.4 dargestellt.

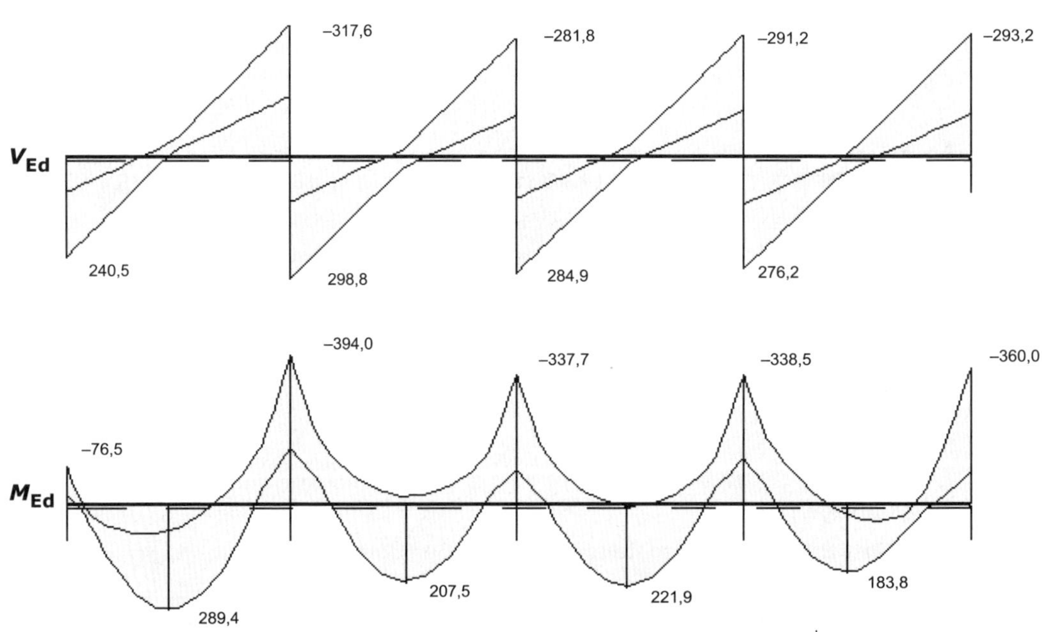

Abb. U.4: Schnittgrößengrenzlinie nach linear-elastischer Berechnung

Schnittgrößenumlagerung

Es wird angestrebt, an allen Innenstützen (Stützen B bis E) dieselbe Biegezugbewehrung zu erhalten, d. h. für ein konstantes Stützmoment zu bemessen; als Bemessungsmoment soll $M_{Ed} = M_{Ed,C} = -337{,}7$ kNm ($\approx M_{Ed,D}$) gewählt werden. Hierfür muss das Moment an der Stütze B um ca. 14 % (Umlagerungsfaktor $\delta_B = 0{,}857$) und an der Einspannstelle E um ca. 6 % ($\delta_E = 0{,}938$) umgelagert werden. Es wird gewählt:

s. hierzu auch Abb. U.5

$$M_{B,\delta} = 0{,}857 \cdot 394{,}0 = 337{,}7 \text{ kNm}$$
$$M_{E,\delta} = 0{,}938 \cdot 360{,}0 = 337{,}7 \text{ kNm}$$

Aus Gleichgewichtsgründen ergeben sich dann für die jeweils maßgebende Lastfallkombination:

Die Umlagerung wird vereinfachend in der Weise durchgeführt, dass für die zur Umlagerung erforderlichen Differenzmomente am jeweils abliegenden Stabende ein Fließgelenk unterstellt wird.

- Umlagerung an der Stütze B

zug $M_{Ed,A} = -1{,}35 \cdot 23{,}16 + 1{,}5 \cdot (-28{,}17+7{,}54+0{,}40) = -61{,}6$ kNm
zug $V_{Ed,A} = 79{,}05 \cdot 6{,}80/2 - (337{,}7 - 61{,}6) / 6{,}80 = 228{,}2$ kN
zug $V_{Ed,Bl} = -79{,}05 \cdot 6{,}80/2 - (337{,}7 - 61{,}6) / 6{,}80 = -309{,}4$ kN
zug $M_{Ed,1} = 309{,}4^2/(2 \cdot 79{,}05) - 337{,}7 = 267{,}8$ kNm

zug $M_{Ed,C} = -1{,}35 \cdot 103{,}0 + 1{,}5 \cdot (20{,}65-67{,}50+12{,}99) = -189{,}8$ kNm
zug $V_{Ed,Br} = 79{,}05 \cdot 6{,}80/2 + (337{,}7 - 189{,}8) / 6{,}80 = 290{,}5$ kN
zug $V_{Ed,Cl} = -79{,}05 \cdot 6{,}80/2 + (337{,}7 - 189{,}8) / 6{,}80 = -247{,}0$ kN
zug $M_{Ed,2} = 290{,}5^2/(2 \cdot 79{,}05) - 337{,}7 = 196{,}1$ kNm

- Umlagerung an der Stütze E

zug $M_{Ed,D} = -1{,}35 \cdot 111{,}0 + 1{,}5 \cdot (19{,}29 - 48{,}61) = -193{,}8$ kNm
zug $V_{Ed,Dr} = 79{,}05 \cdot 6{,}80/2 - (337{,}7 - 193{,}8) / 6{,}80 = 247{,}6$ kN
zug $V_{Ed,El} = -79{,}05 \cdot 6{,}80/2 - (337{,}7 - 193{,}8) / 6{,}80 = -289{,}9$ kN
zug $M_{Ed,4} = 247{,}6^2/(2 \cdot 79{,}05) - 193{,}8 = 194{,}0$ kNm

Im Feld 4 wird das zugehörige Feldmoment für die Bemessung maßgebend, in den übrigen Feldern dagegen nicht. Man erhält für die Bemessung den in Abb. U.5 dargestellten Verlauf der Momentengrenzlinien.

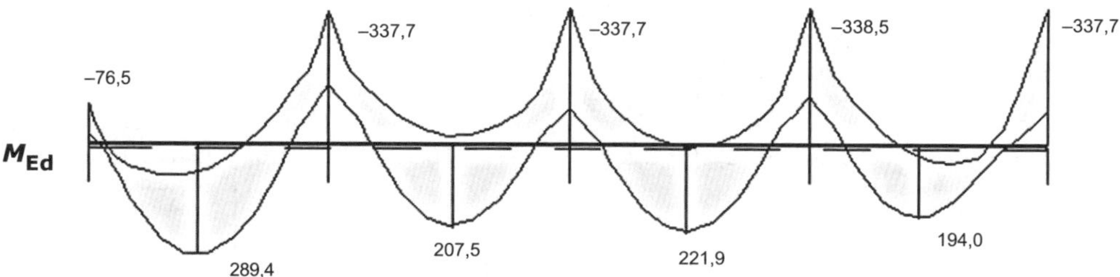

Abb. U.5: Momentengrenzlinie nach linear-elastischer Berechnung mit begrenzter Umlagerung

Die durchgeführte Umlagerung der Biegemomente wirkt sich ebenfalls auf die Querkräfte aus. An den jeweils betrachteten Stützen B und E erhält man eine Reduzierung der maßgebenden Querkräfte, die jedoch nachfolgend auf der sicheren Seite liegend nicht berücksichtigt wird. An den abliegenden Enden (Stütze A, C und D) werden die zugehörigen Querkräfte erhöht. Wie jedoch zu sehen ist, werden sie nicht maßgebend. Es werden daher für die Bemessung (s. Abschn. 3.3) die Querkräfte nach Abb. U.4 angesetzt.

s. Abb. U.4

3.2 Biegebemessung

3.2.1 Feldmomente

Betondeckung

Mindestmaß	c_{min}	= 1,0 cm
Vorhaltemaß	Δc_{dev}	= 1,0 cm
Nennmaß	c_{nom}	= 2,0 cm

Mindestwert der Betondeckung c_{min} vgl. EC 2-1-1, 4.4.1 bzw. Tab. NA.4.4 für die Umweltklasse XC 1

Vorhaltemaß Δc_{dev} nach EC 2-1-1, NDP zu 4.4.1.3(1)

Nutzhöhe

d = 58,0 – 2,0 – 1,0 – 1,0 = 54,0 cm

Für Bügeldurchmesser $d_s \leq 10$ mm bei 1-lagiger Längsbewehrung mit $d_s \leq 20$ mm

Feld 1:

$M_{Eds} = M_{Ed,1} = 289{,}4$ kNm; $N_{Ed} = 0$
$b_{eff} = 2{,}16$ m

$$k_d = \frac{d\,[\text{cm}]}{\sqrt{M_{Eds}[\text{kNm}]/b[\text{m}]}} = \frac{54}{\sqrt{289{,}4/2{,}16}} = 4{,}67$$

Bemessung mit k_d- Tafel (dimensionsgebundenes Verfahren); s. S. A.3

$\Rightarrow$ $\xi = 0{,}053$; $x = 0{,}053 \cdot 0{,}54 = 0{,}03$ m $< h_f = 0{,}18$ m

für Beton C30/37

$\rightarrow$ Dehnungsnulllinie in der Platte mit rechteckiger Druckzone; Bemessung als Rechteckquerschnitt

$\Rightarrow$ $k_s = 2{,}36$; $\zeta = z/d = 0{,}98$

$$A_s = k_s \cdot \frac{M_{Eds}\,[\text{kNm}]}{d\,[\text{cm}]} = 2{,}36 \cdot \frac{289{,}4}{54} = 12{,}6\ \text{cm}^2$$

für N_{Ed} = 0; Stahlspannung unter Berücksichtigung des horizontalen Astes der σ-ε-Linie

gew.: 6 ∅ 16 (= 12,1 cm²)

s. nachfolgend

Alternative Bemessungsverfahren:

Alternativ wird die Bemessung mit dimensionslosen Tabellen gezeigt (vgl. auch Pos. D.1).

$$\mu_{Eds} = \frac{M_{Eds}}{b \cdot d^2 \cdot f_{cd}} = \frac{0{,}2894}{2{,}16 \cdot 0{,}54^2 \cdot 17{,}0} = 0{,}0270$$

Bemessungstabelle mit dimensionslosen Beiwerten (μ_{Eds}-Tafel); s. S. A.4

$f_{cd} = \alpha_{cc} f_{ck}/\gamma_C = 17{,}00$ MN/m²

$\Rightarrow$ $\xi = 0{,}053$; $x = 0{,}053 \cdot 0{,}54 = 0{,}03$ m $< h_f = 0{,}18$ m

$\rightarrow$ Dehnungsnulllinie in der Platte mit rechteckiger Druckzone; Bemessung als Rechteckquerschnitt

$\Rightarrow$ $\omega = 0{,}0276$; $\zeta = z/d = 0{,}98$; $\sigma_{sd}^* = 457$ MN/m²

$$A_s = \omega \cdot b \cdot d \cdot \frac{f_{cd}}{\sigma_{sd}^*} = 0{,}0276 \cdot 2{,}16 \cdot 0{,}54 \cdot \frac{17{,}00}{457} \cdot 10^4 = 12{,}0\ \text{cm}^2$$

Stahlspannung unter Berücksichtigung des ansteigenden Astes der σ-ε-Linie

gew.: 6 ∅ 16 (= 12,1 cm²)

Außerdem ist auch eine direkte Bemessung mit Tafeln für Plattenbalken möglich. Diese Tafeln empfehlen sich allerdings nur, wenn die Dehnungsnulllinie im Steg liegt, da i.d.R. mehrfach zu interpolieren ist, die Ablesung ungenauer und auch unvollständiger ist (ξ- und ζ-Werte können nicht abgelesen werden).

Rechengang wie beim μ_{Eds}-Verfahren, jedoch mit b_{eff}/b_w und h_f/d als zusätzliche Parameter (vgl. [Schmitz/Goris – 12])

Feld 2 bis 4:

Es wird für die ungünstigere Beanspruchung des Feldes 3 bemessen.

$M_{Eds} = M_{Ed,3} = 221{,}9$ kNm
$A_s = 9{,}7$ cm²
gew.: 5 ∅ 16 (= 10,1 cm²)

Rechengang analog zu Feld 1, jedoch mit $b = b_{eff} = 1{,}94$ m

3.2.2 Stützmomente

Für die Betondeckung und die vorhandene Nutzhöhe gelten näherungsweise dieselben Werte wie unter Abschn. 3.2.1.

Stütze A:

$|M_{Ed,A}| = 76{,}5$ kNm

Im vorliegenden Falle wird für das „Mitten"moment bemessen; eine Bemessung für das Anschnittmoment, wie dies bei monolithisch angeschlossenen Auflagern zulässig ist (s. hierzu auch die nachfolgende Bemessung an den Stützen B bis E), führt bei Randstützen zu unsicheren Ergebnissen; hierfür könnte allenfalls das Moment im Abstand 0,2*h* vom Auflagerrand (bzw. 0,3*h* von der Auflagermitte) gewählt werden.

Weitere Hinweise und Erläuterungen vgl. DAfStb-H. 373

$M_{Eds} = 76{,}5$ kNm
$b = 0{,}30$ m

$$k_d = \frac{d\,[\text{cm}]}{\sqrt{M_{Eds}[\text{kNm}]/b[\text{m}]}} = \frac{54}{\sqrt{76{,}5/0{,}30}} = 3{,}38$$

$\Rightarrow k_s = 2{,}38;\ \zeta = z/d = 0{,}97$

$$A_s = k_s \cdot \frac{M_{Eds}\,[\text{kNm}]}{d\,[\text{cm}]} = 2{,}38 \cdot \frac{76{,}5}{54} = 3{,}4\ \text{cm}^2$$

gew.: 3 ∅ 14 (= 4,62 cm²)

Bemessung erfolgt mit k_d-Tafel

für Beton C30/37

für $N_{Ed} = 0$

Bewehrung großzügig wählen wegen vereinfachender Annahme der Riegelsteifigkeit (s. vorher)

Stütze B:

$|M_{Ed}| = 337{,}7$ kNm

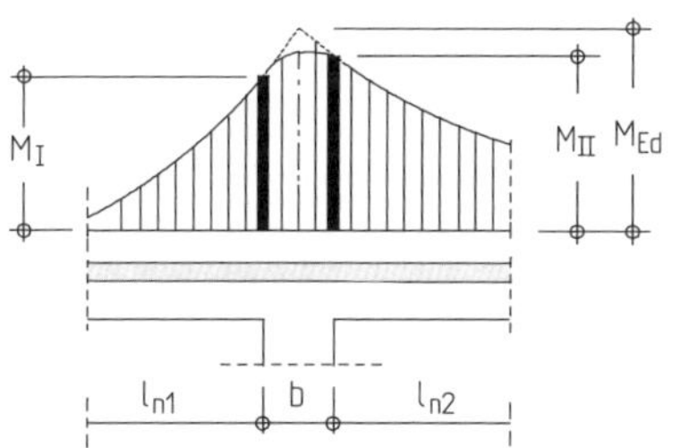

Anschnittsmoment $M_{Ed,II}$

$M_{Ed,II} = M_{Ed,B} - V_{Ed,Br} \cdot b/2$
$V_{Ed,Br} = 290{,}5$ kN (s. S. 66)
$M_{Ed,II} = 337{,}7 - 290{,}5 \cdot 0{,}30/2$
$= 294{,}1$ kNm

Mindestmoment $M_§$

Randfeld: $M_§ = 0{,}65 \cdot (g_d + q_d) \cdot l_{n1}^2/8$
$= 0{,}65 \cdot 79{,}05 \cdot 6{,}65^2/8 = 284{,}0$ kNm/m

Innenfeld: $M_§ = 0{,}65 \cdot (g_d + q_d) \cdot l_{n2}^2/12$
(erkennbar nicht maßgebend; ohne Nachweis)

$M_§$ nach EC 2-1-1, 5.3.2.2(3); die Ermittlung für das „Randfeld" liegt wegen der elastischen Einspannung durch die Randstütze auf der sicheren Seite.

Die Mindestmomente werden nicht maßgebend.

Bemessung:

$M_{Eds} = M_{Ed,II} = 294{,}1$ kNm

$$k_d = \frac{d\,[\text{cm}]}{\sqrt{M_{Eds}[\text{kNm}]/b[\text{m}]}} = \frac{54}{\sqrt{294{,}1/0{,}30}} = 1{,}72$$

$\Rightarrow k_s = 2{,}60;\ \xi = x/d = 0{,}28;\ \zeta = z/d = 0{,}89$

$$A_s = k_s \cdot \frac{M_{Eds}\,[\text{kNm}]}{d\,[\text{cm}]} = 2{,}60 \cdot \frac{294{,}1}{54} = 14{,}2\ \text{cm}^2$$

gew.: 4 ∅ 16 + 4 ∅ 14 (= 14,2 cm²)

k_d-Tafel für C30/37 (s. S. A.5)

Stützen C bis E:

Näherungsweise wie Stütze B; ohne Nachweis

3.2.3 Nachweis der Rotationsfähigkeit/ Neubemessung an Stütze B

Bei Berechnungen nach dem linear-elastischen Verfahren ist nachzuweisen, dass die bezogene Druckzonenhöhe $\xi = x / d$ den Wert 0,45 (für Beton bis C50/60) nicht überschreitet, sofern keine besonderen konstruktiven Maßnahmen getroffen werden. Dieser Grenzwert ist im gesamten Tragwerk eingehalten (s. vorher).

EC 2-1-1, NCI zu 5.4

Wenn die linear-elastisch ermittelten Schnittgrößen umgelagert werden, ist außerdem der gewählte Umlagerungsfaktor δ nachzuweisen:

$\delta \geq 0{,}64 + 0{,}8\,x_d/d$ (Beton bis C50/60)
$\delta \geq 0{,}70$ (hochduktiler Stahl)

EC 2-1-1, 5.5(4) und NDP zu 5.5.(4)

Im vorliegenden Falle gilt

Stütze B: $\delta_{zul} = 0{,}64 + 0{,}8 \cdot 0{,}28 = 0{,}864$
$\delta_{gew} = 0{,}857 \rightarrow$ Nachweis *nicht* (ganz) erfüllt

Stütze E: $\delta_{zul} = 0{,}64 + 0{,}8 \cdot 0{,}28 = 0{,}864$
$\delta_{gew} = 0{,}938 \rightarrow$ Nachweis erfüllt

Nachweis baupraktisch genügend genau erfüllt; weiterer Rechengang zur Demonstration

Da der Nachweis einer ausreichenden Rotations- bzw. Umlagerungsfähigkeit an der Stütze B nicht geführt werden konnte, ist eine Neubemessung erforderlich. Prinzipiell sind dabei zwei Lösungen möglich:

- es wird eine etwas geringere Umlagerung gewählt, die *Zugbewehrung* ist entsprechend zu erhöhen oder
- durch *Druckbewehrung* wird die Druckzonenhöhe soweit reduziert, dass der Nachweis der gewählten Umlagerung erfüllt werden kann.

Nachweis bei $\delta = 0{,}87$ (bzw. $M_{Ed,B} \approx 343$ kNm) erfüllt; erf. Bewehrung ca. 14,5 cm² (8 ⌀ 16)

Nachfolgend wird die zweite Möglichkeit ausführlicher gezeigt.

Neubemessung an Stütze B

Bemessung mit Allgemeinem Bemessungsdiagramm (S. A.3); alternativ: mit Excel-Anwendung BemDiag

Erforderliche Druckzonenhöhe ξ_{erf}

$\delta_{vorh} = 0{,}857 = 0{,}64 + 0{,}8 \cdot \xi_{erf}$
$\Rightarrow \xi_{erf} = 0{,}271$

Bemessung (für $\xi = x/d = 0{,}271$)

$\xi = 0{,}271 \rightarrow \mu_{Eds,lim} = 0{,}195;\ \zeta = 0{,}887$
$\rightarrow \varepsilon_{s2} = 2{,}54$ ‰ (bei $d_2/d = 4/54 = 0{,}07$),
$\sigma_{s2d} = 435$ MN/m²

$M_{Eds} = 294$ kNm (s. vorher)

$$M_{Eds,lim} = \mu_{Eds,lim} \cdot b \cdot d^2 \cdot f_{cd} = 0{,}195 \cdot 0{,}30 \cdot 0{,}54^2 \cdot 17{,}0 = 0{,}290 \text{ MNm}$$

$$\Delta M_{Eds} = M_{Eds} - M_{Eds,lim} = 0{,}294 - 0{,}290 = 0{,}004 \text{ MNm}$$

$$A_{s1} = \frac{1}{\sigma_{s1d}}\left(\frac{M_{Eds,lim}}{z} + \frac{\Delta M_{Eds}}{d - d_2} + N_{Ed}\right) = \frac{1}{435}\left(\frac{0{,}290}{0{,}887 \cdot 0{,}54} + \frac{0{,}004}{0{,}54 - 0{,}04}\right) \cdot 10^4 = 14{,}1\,\text{cm}^2$$

$$A_{s2} = \frac{1}{\sigma_{s2d}}\left(\frac{\Delta M_{Eds}}{d - d_2}\right) = \frac{1}{435}\left(\frac{0{,}004}{0{,}54 - 0{,}04}\right) \cdot 10^4 = 0{,}2\,\text{cm}^2$$

gew.: oben: 4 ⌀ 16 + 4 ⌀ 14 (wie vorher)

unten: Die konstruktiv vorhandene untere Bewehrung ist ausreichend; sie muss kraftschlüssig gestoßen werden.

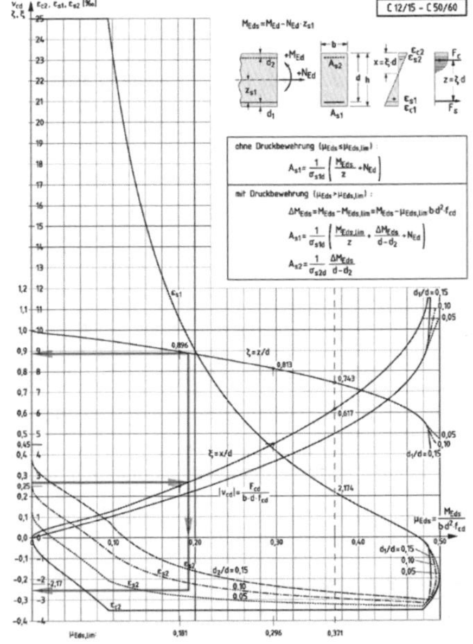

3.3 Bemessung für Querkraft

3.3.1 Bemessungsquerkräfte

Es gelten die Bemessungsquerkräfte nach Abschn. 3.1. Es ist zunächst an jeder Stelle nachzuweisen, dass die größte Tragfähigkeit der Druckstrebe $V_{Rd,max}$ nicht überschritten wird. Für die Ermittlung der Querkraftbewehrung (Nachweis von $V_{Rd,s}$) darf jedoch bei direkt gelagerten Bauteilen die Querkraft im Abstand d vom Auflagerrand gewählt werden; bei einem Auflagerschwerpunkt im Abstand $a/2$ vom Rand darf von den in Abb. U.4 dargestellten Extremwerten der Querkräfte für die Bemessung der Schubbewehrung jeweils

$$\Delta V_{Ed} = (a/2 + d) \cdot (g_d + q_d)$$
$$= (0{,}30/2 + 0{,}54) \cdot 79{,}05 = 54{,}5 \text{ kN}$$

abgezogen werden.

Vereinfachend ohne Berücksichtigung der Umlagerung; s. S. 91

EC 2-1-1, 6.2.1(8) und NCI zu 6.2.1(8)

DIN 1045-1, 10.3.2(1)

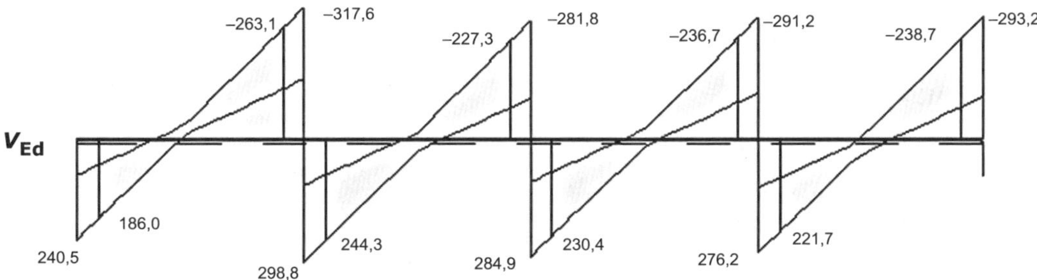

Abb. U.6: Querkraftgrenzlinie nach linear-elastischer Berechnung

3.3.2 Nachweis an Stütze B_{li}

Druckstrebennachweis

Es wird der Größtwert der Querkraft (Stütze B_{links}) nachgewiesen:

$|V_{Ed,Bl}| = 317{,}6$ kN (s. Abb. U.6)

Sichere Seite; zulässig auch Nachweis mit der – tatsächlich nur vorhandenen – geringfügig geringere Querkraft $V_{Ed,\,Rand}$ am Auflagerrand

Neigungswinkel θ der Druckstrebe

Der Neigungswinkel θ der Druckstrebe darf näherungsweise mit $\cot\theta = 1{,}2$ abgeschätzt werden. Genauer kann er aber auch ermittelt werden aus

EC 2-1-1/NA, NDP zu 6.2.3(2)

$$\cot\theta \le \frac{1{,}2 + 1{,}4 \cdot \sigma_{cd}/f_{cd}}{1 - V_{Rd,cc}/V_{Ed}} \quad \begin{matrix}\ge 0{,}58 \\ \le 3{,}00\end{matrix} \quad \text{(Normalbeton)}$$

EC2-1-1, Gl. (NA.6.7a)

wobei $\sigma_{cd} = 0$ (wegen $N_{Ed} = 0$)

$V_{Rd,cc} = c \cdot 0{,}48 \cdot f_{ck}^{1/3} \cdot b_w \cdot z$ (Normalbeton bei $\sigma_{cd} = 0$)

EC2-1-1, Gl. (NA.6.7b)

$c = 0{,}5$

$b_w = 0{,}30$ m (kleinste Breite)

$z \approx 0{,}9 \cdot d = 0{,}9 \cdot 0{,}54 = 0{,}49$ m

$\le d - 2\,c_{nom} = 0{,}54 - 2 \cdot 0{,}03 = 0{,}48$ m

EC2-1-1, NCI zu 6.2.3(1) (c_{nom} der Längsbewehrung in der Druckzone)

$$V_{Rd,c} = 0{,}5 \cdot 0{,}48 \cdot 30^{1/3} \cdot 0{,}30 \cdot 0{,}48 = 0{,}1074 \text{ MN}$$

$$\cot\theta \le \frac{1{,}2}{1 - 0{,}1074 / 0{,}2631} = 2{,}03$$

Strebenwinkel θ mit V_{Ed} aus der Bemessung der Querkraftbewehrung (s. [NABau-Ausl-DIN1045-1 – 11])

Maximale Querkrafttragfähigkeit $V_{Rd,max}$

Die maximale Querkrafttragfähigkeit bei Erreichen der Betondruckfestigkeit wird bei Bauteilen mit Querkraftbewehrung wie folgt nachgewiesen

$$V_{Rd,max} = \frac{b_w \cdot z \cdot \nu_1 \cdot f_{cd}}{\cot\theta + \tan\theta}$$

EC 2-1-1, Gl. (6.9) (für lotrechte Querkraftbewehrung)

mit $b_w = 0{,}30$ m (wie vorher)
$z = 0{,}48$ m (wie vorher)
$\nu_1 = 0{,}75$ (Wirksamkeitsfaktor für Normalbeton)
$f_{cd} = \alpha_{cc} \cdot f_{ck}/\gamma_C = 0{,}85 \cdot 30/1{,}5 = 17{,}0\ \text{MN/m}^2$

Damit erhält man

$$V_{Rd,max} = \frac{0{,}30 \cdot 0{,}48 \cdot 0{,}75 \cdot 17{,}0}{2{,}03 + 0{,}49} = 0{,}728\ \text{MN}$$

$$> V_{Ed} = 0{,}3176\ \text{MN}$$

Die Druckstrebentragfähigkeit ist damit gegeben.

Querkraftbewehrung

Der Bemessungswert $V_{Rd,s}$ der aufnehmbaren Querkraft bei Erreichen der Streckgrenze f_{yd} in der Querkraftbewehrung wird nachfolgend ausführlich für die Einwirkung an der Stütze B_{links} dargestellt. Die weitere Ermittlung erfolgt dann tabellarisch (Tafel U.2).

Die Bemessung erfolgt jeweils nur an der maximal beanspruchten Stelle; eine mögliche Abstufung der Querkraftbewehrung mit den zugehörigen Nachweisen wird in einer Schubkraftdeckung graphisch durchgeführt (s. Abschn. 5.4 und 6).

Stütze B_{links}

Einwirkende Querkraft V_{Ed}

Die Querkraft wird im Abstand *d* vom Auflagerrand bestimmt:

$|V_{Ed}| = 263{,}1$ kN (s. Abb. U.6)

Querkrafttragfähigkeit $V_{Rd,s}$

Die Tragfähigkeit der Querkraftbewehrung a_{sw} erhält man aus

$$V_{Rd,s} = a_{sw} \cdot f_{yd} \cdot z \cdot \cot\theta$$

EC 2-1-1, Gl. (6.8) (für lotrechte Querkraftbewehrung)

und mit $V_{Rd,s} = V_{Ed}$ ergibt sich die erforderliche Querkraftbewehrung

$$a_{sw} \geq V_{Ed}/(f_{yd} \cdot z \cdot \cot\theta)$$

Der Neigungswinkel muss entsprechend der räumlichen Ausdehnung des Fachwerkmodells mindestens über eine Länge von $z \cdot \cot\theta$ – hier also etwa 1,0 m – konstant bleiben (vgl. [EC 2-1-1, Bild 6.5]).

$\cot\theta = 2{,}03$[1] (s. vorher)
$f_{yd} = 500/1{,}15 = 435\ \text{MN/m}^2$

$$a_{sw} \geq 0{,}2631/(435 \cdot 0{,}48 \cdot 2{,}03) = 6{,}21 \cdot 10^{-4}\ \text{m}^2/\text{m} = 6{,}21\ \text{cm}^2/\text{m}$$

gew.: ∅ 8 – 16, 2-schnittig
(mit $a_{sw,vorh} = 6{,}28\ \text{cm}^2/\text{m}$)

[1] Der Neigungswinkel θ der Druckstrebe wird vereinfachend jeweils im Querkraftbereich gleichen Vorzeichens konstant gewählt; sichere Seite.

3.3.3 Weitere Nachweisstellen

Die weiteren Ergebnisse können Tafel U.2 entnommen werden. Bewehrungsanordnung s. Querkraftdeckung im Abschnitt 5.4 und 6.

Tafel U.2: Querkraftbemessung an den Stützen

Ort	Druckstrebe				Querkraftbewehrung			
	V_{Ed} kN	$V_{Rd,max}$ kN	$V_{Rd,c}$ kN	$\cot\theta$ 1) -	V_{Ed} kN	$a_{sw,erf}$ 2) cm²/m	gew	$a_{sw,vorh}$ cm²/m
A	240,5	575,2	107,4	2,84	186,0	3,14	∅8 - 25	4,02
B_{li}	317,6	727,8	|	2,03	263,1	6,21	∅8 - 16	6,28
B_{re}	298,8	704,2	|	2,14	244,3	5,47	∅8 - 18	5,59
C_{li}	281,8	677,4	|	2,27	227,3	4,80	∅8 - 20	5,03
C_{re}	284,9	681,4	|	2,25	230,4	4,90	∅8 - 20	5,03
D_{li}	291,2	691,6	|	2,20	236,7	5,15	∅8 - 18	5,59
D_{re}	276,2	665,4	|	2,33	221,7	4,56	∅8 - 20	5,03
E	293,2	695,8	107,4	2,18	238,7	5,24	∅8 - 18	5,59

1) Ermittlung von θ mit V_{Ed} für Querkraftbewehrung, vgl. Anm. vorher.
2) θ wird vereinfachend im jeweiligen Querkraftbereich konstant gewählt.

3.3.4 Schubkräfte zwischen Balkensteg und Gurt

Der Anschluss von Druck- und Zuggurten ist nachzuweisen. Der Bemessungswert der einwirkenden Querkraft wird bestimmt aus

EC 2-1-1, 6.2.4

$$v_{Ed} = \Delta F_d /(h_f \cdot \Delta x)$$

EC 2-1-1, Gl. (6.20)

Dabei wird ΔF_d aus der Längskraftdifferenz in einem einseitigen Gurtabschnitt mit der Länge Δx bestimmt. Als Abschnittslänge Δx, auf der die Längsschubkraft konstant angenommen werden darf, gilt höchstens der halbe Abstand zwischen Momentennullpunkt und Momentenhöchstwert.

Die Querkrafttragfähigkeit wird analog zu Abschnitt 3.3.2 und 3.3.3 bestimmt, wobei $b_w = h_f$ und $z = \Delta x$ zu setzen ist; der Neigungswinkel der Druckstrebe darf in Druckgurten zu $\cot\theta = 1{,}2$ und in Zuggurten zu $\cot\theta = 1{,}0$ gesetzt werden. Es gilt somit

- für einen Druckgurt:
  $v_{Rd,max} = 0{,}492 \cdot \nu \cdot f_{cd} \geq v_{Ed}$
  $v_{Rd,s} = 1{,}2 \cdot a_{sf} \cdot f_{yd} / h_f \geq v_{Ed}$
  $a_{sf} \geq 0{,}833 \cdot v_{Ed} \cdot h_f / f_{yd}$
- für einen Zuggurt:
  $v_{Rd,max} = 0{,}5 \cdot \nu \cdot f_{cd} \geq v_{Ed}$
  $v_{Rd,s} = 1{,}0 \cdot a_{sf} \cdot f_{yd} / h_f \geq v_{Ed}$
  $a_{sf} \geq 1{,}0 \cdot v_{Ed} \cdot h_f / f_{yd}$

Folgt aus EC 2-1-1, 6.2.4 in Verbindung mit Gl.(6.21) und Gl. (6.22) (Anschlussbewehrung senkrecht zum Steg) für $\cot\theta = 1{,}2$ bzw. $\cot\theta = 1{,}0$.

Nachweis für den Druckgurt

Die anzuschließende Differenzkraft im Querschnitt an der Stelle *i* wird bei Lage der Dehnungsnulllinie in der Platte bestimmt aus

$$\Delta F_{cd,i} = \frac{M_{Ed,i}}{z} \cdot \frac{b_a}{b}$$

mit $M_{Ed,i}$ als Bemessungsmoment an der Stelle *i* und *z* als Hebelarm der inneren Kräfte (weitere Erläuterungen s. nebenstehende Skizze).

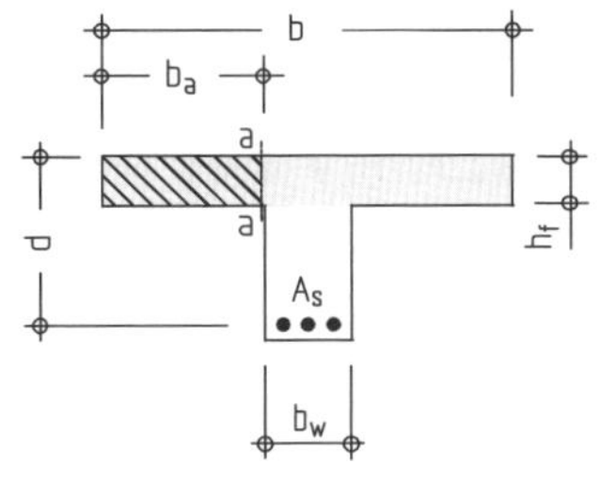

Feld 1

Es gilt der in Abb. U.7 dargestellte Momentenverlauf. Der Nachweis der anzuschließenden Schubkraft darf mit einer auf der Länge a_v gemittelten Schubkraft geführt werden. Maßgebend bzw. ungünstig ist der Nachweis im Bereich zwischen der Stelle 1 und 2.

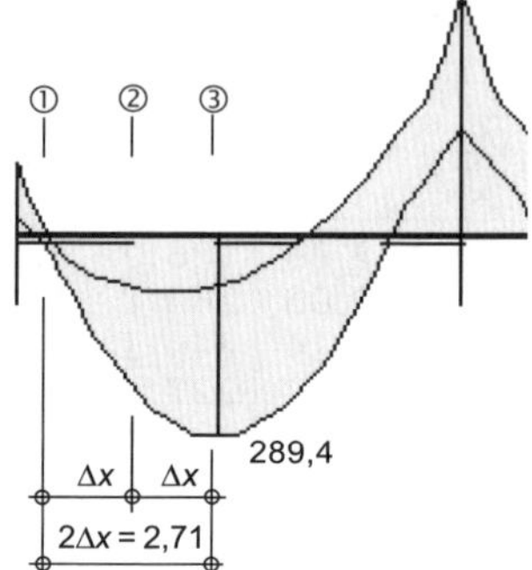

Abb. U.7: Länge a_v und Nachweisstellen

Die rechnerische Ermittlung von a_v erfolgt in einer hier nicht dargestellten Nebenrechnung.

Man erhält

$\Delta F_d = \Delta F_{cd,2} - \Delta F_{cd,1}$

$\Delta F_{cd,1} = 0$ (wegen $M_{Ed,1} = 0$)

$$\Delta F_{cd,2} = \frac{M_{Ed,2}}{z} \cdot \frac{b_a}{b}$$

$M_{Ed,2} = 0{,}75 \cdot M_{Ed,max} = 0{,}75 \cdot 289{,}4 = 217{,}1$ kNm

$z = 0{,}48$ m (s. vorher)

$b_a = 1{,}07$ m (linker Gurtanschnitt)

$b = b_{eff} = 2{,}16$ m

$$\Delta F_{cd,2} = \frac{217{,}1}{0{,}48} \cdot \frac{1{,}07}{2{,}16} = 224 \text{ kN}$$

$\Delta F_d = \Delta F_{cd,2} - \Delta F_{cd,1} = 224 - 0 = 224$ kN

$v_{Ed} = \Delta F_d / (h_f \cdot \Delta x) = 0{,}224/(0{,}18 \cdot 1{,}35) = 0{,}922$ MN/m²

Ermittlung von b_{eff} vgl. Abschn. 2 und Abb. U.3

$\Delta x = 2{,}71/2 = 1{,}35$ m

Druckstrebennachweis

$v_{Rd,max} = 0{,}492 \cdot \nu \cdot f_{cd}$ (Druckgurt)

$= 0{,}492 \cdot 0{,}75 \cdot 17{,}0 = 6{,}273 > v_{Ed} \rightarrow$ Nachweis erfüllt.

Anschlussbewehrung

$a_{sf} \geq 0{,}833 \cdot v_{Ed} \cdot h_f / f_{yd}$

$= 0{,}833 \cdot 0{,}922 \cdot 0{,}18 / 435 \cdot 10^4 = 3{,}18$ cm²/m

Die erforderliche Anschlussbewehrung ist zur Hälfte auf Ober- und Unterseite zu verteilen

$a_{sf,o} = a_{sf,u} = 1{,}59$ cm²/m

Die Anschlussbewehrung ist kleiner als die Bewehrung aus Querbiegung, so dass zur Querbiegebewehrung die Hälfte der Anschlussbewehrung anzuordnen ist.

erf $a_{so} = 5{,}15 + 1{,}59 = 6{,}74$ cm²/m (vgl. S. HB.49)

gew.: ∅ 12 – 17 (= 6,65 cm²/m ≈ erf a_{so})

Bei kombinierter Beanspruchung durch Querbiegung und Schubkräfte zwischen Gurt und Steg ist der größere erforderliche Stahlquerschnitt anzuordnen, der sich entweder als Schubbewehrung oder aus der erforderlichen Biegebewehrung für Querbiegung und der Hälfte der Schubbewehrung ergibt (EC2-1-1, 6.2.4(5)).

Felder 2 bis 4

Bei etwa gleichen Verhältnissen wie im Feld 1 (etwas geringere Biegemomente, gleichzeitig jedoch auch eine geringere Länge a_v; s. hierzu Abb. U.5) wird auf weitere Nachweise verzichtet.

Abb. U.5

Nachweis für den Zuggurt

Die anzuschließende Differenzkraft an der Stelle *i* ergibt sich aus

$$\Delta F_{cd,i} = \frac{M_{Ed,i}}{z} \cdot \frac{A_{sa}}{A_s}$$

(Erläuterungen wie vorher; s. Skizze).

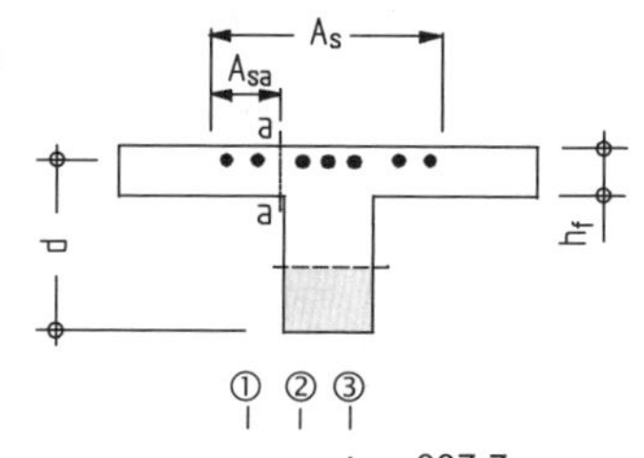

Stütze B

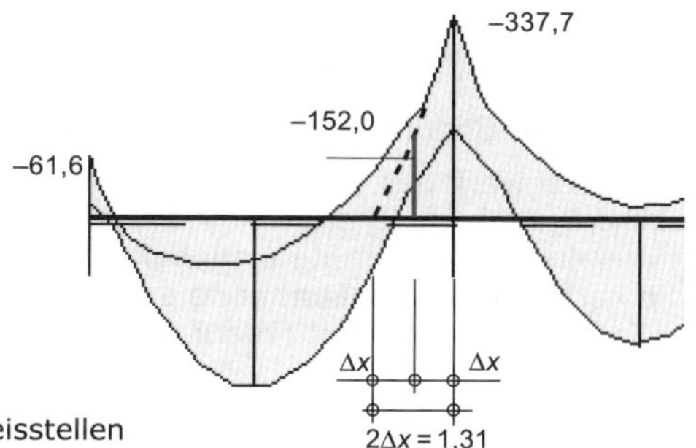

Abb. U.8: Länge a_v und Nachweisstellen

Rechnerische Ermittlung von Δx in einer hier nicht dargestellten Nebenrechnung.

Mit dem in Abb. U.8 dargestellten Momentenverlauf erhält man:

$V_{Ed} = \Delta F_d$

$\Delta F_d = \Delta F_{cd,3} - \Delta F_{cd,2}$

$$\Delta F_{cd,2} = \frac{M_{Ed,2}}{z} \cdot \frac{A_{sa}}{A_s}$$

$M_{Ed,2}$ = 152,0 kNm

z = 0,48 m (s. vorher)

A_{sa} = 3,1 cm² (es werden jeweils 2 ∅ 14 ausgelagert)

A_s = 14,1 (Gesamtbewehrung)

Ermittlung von $M_{Ed,2}$ (Moment an der Stelle 2) in Nebenrechnung; hier nicht gezeigt.

$$\Delta F_{cd,2} = \frac{152,0}{0,48} \cdot \frac{3,1}{14,1} = 69,6 \text{ kN}$$

$$\Delta F_{cd,3} = \frac{337,7}{0,48} \cdot \frac{3,1}{14,1} = 154,7 \text{ kN}$$

$\Delta F_d = 154,7 - 69,6 = 85,1$ kN

$v_{Ed} = \Delta F_d / (h_f \cdot \Delta x) = 0,0851/(0,18 \cdot 0,66) = 0,716$ MN/m²

Nachweis für den Zuggurt mit $\Delta x = 1,31/2 = 0,66$ m

Druckstrebennachweis

$v_{Rd,max} = 0,5 \cdot \nu \cdot f_{cd}$ (Zuggurt)

$= 0,5 \cdot 0,75 \cdot 17,0 = 6,375 > v_{Ed} \rightarrow$ Nachweis erfüllt.

Anschlussbewehrung

$a_{sf} \geq 1,0 \cdot v_{Ed} \cdot h_f / f_{yd} = 1,0 \cdot 0,716 \cdot 0,18 / 435 \cdot 10^4 = 2,96$ cm²/m

$a_{sf,o} = a_{sf,u} = 1,48$ cm²/m

Die Hälfte der Anschlussbewehrung ist zusätzlich zur Querbiegebewehrung anzuordnen ist.

s. Anmerkungen beim Nachweis für den Druckgurt

erf a_{so} = 5,15 + 1,48 = 6,63 cm²/m (vgl. S. HB.49)

gew.: ∅ 12 – 17 (= 6,65 cm²/m)

Stützen C bis E

Im Rahmen des Beispiels wird auf weitere Nachweise verzichtet.

4 Gebrauchstauglichkeit

Zur Berücksichtigung der Nutzlast s. S. HB.50

Für die weiteren Nachweise werden im vorliegenden Falle die folgenden Einwirkungskombinationen benötigt:

seltene Kombination: $g_k + q_k$
quasi-ständige Kombination: $g_k + \psi_2 \cdot q_k$

Der Kombinationsfaktoren ψ_2 wird EC 0 entnommen, wobei hier – Nutzlast eines Bürogebäudes – $\psi_2 = 0{,}6$ ist.

EC 0/NA, Tab. NA. 1.1 (ungünstig wurde die Kategorie C zugrunde gelegt; s. S. HB.4)

4.1 Begrenzung der Spannungen

Ein Nachweis zur Begrenzung der Spannungen darf entfallen, da

- ein nicht vorgespanntes Tragwerk des üblichen Hochbaus vorliegt,
- Bemessung und bauliche Durchbildung nach EC 2-1-1, 9 erfolgt und die Festlegungen für die Mindestbewehrung eingehalten werden,
- die Schnittgrößen, die nach der Elastizitätstheorie ermittelt wurden, im Grenzzustand der Tragfähigkeit um nicht mehr als 15 % umgelagert wurden.

EC 2-1-1/NA (NA.3)

Der Nachweis erfolgt zur Demonstration.

Nachweis

Eine Umlagerung der Schnittgrößen, wie sie im Grenzzustand der Tragfähigkeit durchgeführt wurde, ist für Nachweise im Gebrauchszustand nicht zulässig. Nachfolgend wird der Unterzug an der Stütze B nachgewiesen; durch die Umlagerung von der Stütze zum Feld hin ist dieser Bereich geringer bewehrt als dies bei einer linear elastischen Schnittgrößenermittlung der Fall gewesen wäre. Im Grenzzustand der Gebrauchstauglichkeit ist der Stützquerschnitt daher stärker ausgenutzt als die benachbarten Feldbereiche.

4.1.1 Begrenzung der Betondruckspannungen

Betondruckspannungen unter quasi-ständiger Last

Die Betondruckspannungen sind zur Vermeidung übermäßiger Kriechverformungen unter quasi-ständigen Lasten auf $0{,}45 f_{ck}$ zu begrenzen.

EC 2-1-1, 7.2(3)

Moment $M_{b,perm}$ an Stütze B unter quasi-ständiger Last

$$|M_{b,perm}| = 132{,}3 + 0{,}6 \cdot (76{,}7 + 63{,}6 + 3{,}4) = 218{,}5 \text{ kNm}$$
$$V_{br,perm} = 100{,}7 + 0{,}6 \cdot (14{,}3 + 91{,}9 + 2{,}4) = 165{,}8 \text{ kN/m}$$
$$|M^{I}_{b,perm}| = 218{,}5 - 165{,}8 \cdot 0{,}15 = 193{,}6 \text{ kNm}$$

Werte für M und V s. Tafel U.1

Anschnittsmoment; zusätzlich ist das Mindestmoment zu überprüfen (hier nicht dargestellt)

Für die Ermittlung der Betonspannungen im Gebrauchszustand wird zunächst die Druckzonenhöhe x benötigt:

$$x = -\frac{\alpha_e \cdot (A_{s1} + A_{s2})}{b} + \sqrt{\left(\frac{\alpha_e \cdot (A_{s1} + A_{s2})}{b}\right)^2 + \frac{2\alpha_e}{b} \cdot (A_{s1} \cdot d + A_{s2} \cdot d_2)}$$

mit $\alpha_e = 6{,}1$
$A_{s1} = 14{,}1 \text{ cm}^2$ ($4 \varnothing 16 + 4 \varnothing 14$), $A_{s2} = 10{,}1 \text{ cm}^2$ ($5 \varnothing 16$)
$d = 54$ cm, $d_2 = 4$ cm, $b = 30$ cm

Zeitpunkt $t = 0$ mit $\alpha_e = E_s/E_{cm} = 6{,}1$ (hier ungünstig)

$$x = -\frac{6{,}1 \cdot (14{,}1 + 10{,}1)}{30} + \sqrt{\left(\frac{6{,}1 \cdot (14{,}1 + 10{,}1)}{30}\right)^2 + \frac{2 \cdot 6{,}1}{30} \cdot (14{,}1 \cdot 54 + 10{,}1 \cdot 4)} = 13{,}8 \text{ cm}$$

Damit erhält man als Betondruckspannung σ_c

vgl. [Goris - 11]

$$\sigma_c = \frac{M}{\frac{b \cdot x}{6} \cdot (3d - x) + \alpha_e \cdot A_{s2} \cdot (d - d_2) \cdot \frac{x - d_2}{x}}$$

$$= \frac{0{,}1936}{\frac{0{,}30 \cdot 0{,}138}{6} \cdot (3 \cdot 0{,}54\text{-}0{,}138) + 6{,}1 \cdot 0{,}00101 \cdot (0{,}54\text{-}0{,}04) \cdot \frac{0{,}138\text{-}0{,}04}{0{,}138}} = 15{,}6 \text{ MN/m}^2$$

Der Nachweis ist mit σ_c = 15,6 MN/m² > $\sigma_{c,zul}$ = 13,5 MN/m² nicht erfüllt! Allerdings liegt der hier geführte Nachweis auf der sicheren Seite, da der quasi-ständige Lastanteil der Nutzlasten schon zum Zeitpunkt t_0 voll berücksichtigt wurde. Sofern die Gebrauchstauglichkeit, Tragfähigkeit oder Dauerhaftigkeit wesentlich durch das Kriechen beeinflusst wird, sind daher genauere Untersuchungen notwendig (es lässt sich zeigen, dass für den Fall, dass der zu berücksichtigende Nutzlastanteil einige Wochen später wirksam wird, die Betondruckspannungen eingehalten werden können).

$\sigma_{c,zul}$ = 0,45 · 30
= 13,5 MN/m²

Belastungsbeginn für die Eigenlast t_0 = 28d

Betondruckspannungen unter seltener Last

Für Bedingungen der Umweltklassen XD, XF und XS sind zur Vermeidung von Längsrissen die Betondruckspannungen unter der *seltenen* Lastkombination auf 0,6 f_{ck} zu begrenzen. Bei den hier vorliegenden Umweltklassen XC 1 ist der Nachweis entbehrlich.

EC 2-1-1, 7.2(2)

4.1.2 Begrenzung der Betonstahlspannungen

Die Betonstahlspannungen sind unter der seltenen Einwirkungskombination auf 0,8f_{yk} zu begrenzen. Der Nachweis erfolgt beispielhaft für die Biegebeanspruchung an der Stütze B (wie vorher).

EC 2-1-1, 7.2(5)

Moment $M_{b,rare}$ an Stütze B unter seltener Last

$|M_{b,rare}|$ = 132,3 + (76,7 + 63,6 + 3,4) = 276,0 kNm

$V_{br,rare}$ = 100,7 + (14,3 + 91,9 + 2,4) = 209,3 kN/m

$|M^{I}_{b,rare}|$ = 276,0 − 209,3 · 0,15 = 244,6 kNm

Betonstahlspannungen

$\sigma_{s1} = |\sigma_c| \cdot \alpha_e \cdot (d - x) / x$

$\alpha_e = E_s/E_{c,eff}$ mit $E_{c,eff} = E_{cm}/(1 + \varphi)$

EC 2-1-1, Gl. 7.20

Kriechzahl φ

Die Kriechzahl ergibt sich mit

- $h_0 = 2A_c / u$ = 2 · 0,3216 / 3,04 = 0,212 m = 21,2 cm
- CEM 32,5 R (Zementklasse N)
- t_0 = 28 Tage

φ = 2,4

A_c = 0,3216 m
u = 2 · (1,12 + 0,40)
= 3,04 m
(vgl. Abschn. 2.2)

EC 2-1-1, Bild 3.1 (Ermittlung mit Excel-Anw. „Kriechen" aus [Goris/Schmitz - 13])

α_e = 200000/(32800/(1 + 2,4)) = 20,7
x = 20,5 cm
σ_c = 10,7 MN/m²

σ_{s1} = 10,7 · 20,7 · (54,0 − 20,5) / 20,5 = 362 MN/m²
< 0,80 · f_{yk} = 0,80 · 500 = 400 MN/m²

⇒ Nachweis erfüllt.

Ermittlung wie im Abschn. 4.1.1 ohne Darstellung des Rechengangs.

4.2 Begrenzung der Rissbreite

4.2.1 Mindestbewehrung

4.2.1.1 Stützbereich

Die auf Zug beanspruchten, aber außerhalb der Wirkungszone der Bewehrung liegenden Querschnittsteile werden auf Zwang beansprucht. Die Beanspruchung, die zur Rissbildung führen kann, soll erst nach Erreichen der 28-Tage-Festigkeit des Betons auftreten.

Für gegliederte Querschnitte wie Plattenbalken ist die Mindestbewehrung für jeden Teilquerschnitt (Gurt und Steg) nachzuweisen. Nachfolgend wird die Mindestbewehrung beispielhaft für den Querschnitt an der Stütze (Platte in der Zugzone) nachgewiesen. Der Querschnitt wird in einen Gurt- und Steganteil zerlegt. Unmittelbar vor Rissbildung erhält man für Biegezwang und mit der Randzugspannung $f_{ct,eff}$ = 3,0 MN/m² (s. Abb. U.9) die dargestellte Spannungsverteilung.

Für Beton C30/37 gilt $f_{ct,eff}$ = 2,9 MN/m² < 3,0 MN/m²; vgl. EC 2-1-1, 7.3.2

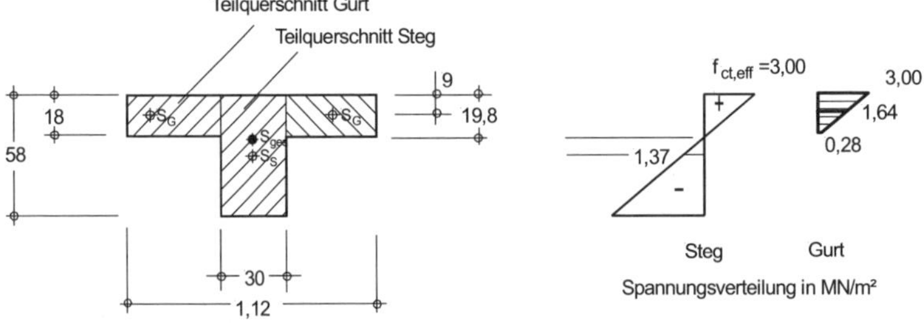

Abb. U.9: Spannungsverteilung vor Rissbildung

Vgl. a. Querschnittswerte im Abschn. 2.2

Mindestbewehrung für den Gurt

EC 2-1-1, Gl. 7.1

$$A_{s,min} = k_c \cdot k \cdot f_{ct,eff} \cdot A_{ct} / \sigma_s$$

EC 2-1-1, Gl. 7.3

$$k_c = \frac{0{,}9\ F_{cr,Gurt}}{A_{ct} \cdot f_{ct,eff}} \geq 0{,}5$$

$$F_{cr,Gurt} = 0{,}5 \cdot (3{,}0 + 0{,}28) \cdot 0{,}18 = 0{,}295 \text{ MN/m}$$
$$A_{ct} = 0{,}18 \cdot 1{,}00 = 0{,}18 \text{ m}^2/\text{m}$$
$$f_{ct,eff} = 3{,}00 \text{ MN/m}^2$$

$$k_c = \frac{0{,}9 \cdot 0{,}295}{0{,}18 \cdot 3{,}00} = 0{,}49 < \mathbf{0{,}5}$$

k = 1,0 (äußerer Zwang; ungünstige Annahme)
A_{ct} = 0,18 · 1,00 = 0,180 m²/m (je Meter Plattenbreite)
σ_s = 400 MN/m² (gewählt)

$$A_{s,min} = 0{,}5 \cdot 1{,}0 \cdot 3{,}0 \cdot 0{,}180 / 400 = 0{,}000675 \text{ m}^2/\text{m} = 6{,}75 \text{ cm}^2/\text{m}$$

Die Bewehrung wird entsprechend dem Spanungsverlauf verteilt:

$$A_{s,min,o} = A_{s,min} \cdot F_{cr,Gurt,o} / F_{cr,Gurt}$$
$$F_{cr,Gurt,o} = 0{,}5 \cdot (3{,}0 + 1{,}64) \cdot 0{,}09 = 0{,}209 \text{ MN/m}$$
$$A_{s,min,o} = 6{,}75 \cdot 0{,}209/0{,}295 = 4{,}78 \text{ cm}^2/\text{m}$$
$$A_{s,min,u} = 6{,}75 - 4{,}78 = 1{,}97 \text{ cm}^2/\text{m}$$

Im Gurt sind als Plattenquerbewehrung (s. Pos. D.1) oben und unten je ∅ 6 – 20 = 1,41 cm²/m vorhanden; es werden zusätzlich oben ∅ 10 – 20 (= 3,93 cm²/m) und unten ∅ 6 – 20 (= 1,41 cm²/m) außerhalb der Wirkungszone der Biegezugbewehrung angeordnet.

s. Bewehrungsskizze S. 82

Nachweis des gewählten Durchmessers

$$\varnothing_s = \varnothing_s{}^* \cdot \frac{k_c \cdot k \cdot h_t}{4 \cdot (h-d)} \cdot \frac{f_{ct,eff}}{f_{ct,0}} \geq \varnothing_s{}^* \cdot \frac{f_{ct,eff}}{f_{ct,0}}$$

EC 2-1-1, Gl. 7.6DE

σ_s = 400 MN/m² und w_k = 0,4 mm:

EC 2-1-1, Tab. 7.2DE

$\rightarrow \varnothing_s{}^*$ = 9 mm.

Nach Nebenrechung $\frac{k_c \cdot k \cdot h_t}{4 \cdot (h-d)} < 1$

Da $f_{ct,eff}$ = 3,0 MN/m² > f_{ct0} = 2,9 MN/m², darf d_s vergrößert werden:

$\rightarrow \varnothing_s = 9 \cdot (3{,}0/2{,}9) \approx 9$ mm

Werden in einem Querschnitt Stäbe mit unterschiedlichen Durchmessern verwendet, darf ein mittlerer Stabdurchmesser $\varnothing_{sm}$ nachgewiesen werden. Es ist $\varnothing_{sm}$ = 8,5 mm < $\varnothing_{s,lim}$ = 9 mm und damit der Nachweis erfüllt.

EC 2-1-1, 7.3.3(NA.7)
Mittlerer Durchmesser
$\varnothing_{sm} = \frac{0{,}6^2+1{,}0^2}{0{,}6+1{,}0}$ = 8,5 mm

Nachweis für den Teilquerschnitt Steg

$A_{s,min} = k_c \cdot k \cdot f_{ct,eff} \cdot A_{ct} / \sigma_s$

$k_c = 0{,}4 \cdot [1 + \sigma_c/(k_1 \cdot f_{ct,eff}] \leq 1$

σ_c Betonspannung in der Schwerlinie des Teilquerschnitts
k_1 = 1,5 für Drucklängskraft bei h < 1 m

$k_c = 0{,}4 \cdot [1 - 1{,}37/(1{,}50 \cdot 3{,}00)] = 0{,}28$
k = 1,0 (äußerer Zwang; ungünstige Annahme)
$f_{ct,eff} = f_{ctm}$ = 3,0 MN/m² (Mindestzugfestigkeit maßgebend)
$A_{ct} = 0{,}198 \cdot 0{,}30 = 0{,}059$ m²
σ_s = 300 MN/m²

$A_{s,min} = 0{,}28 \cdot 1{,}0 \cdot 3{,}0 \cdot 0{,}059 / 300 = 0{,}00017$ m² = 1,7 cm²

Vorhanden sind 4 ∅ 16 (Steg); für $\varnothing_s^*$ = 16 mm und w_k = 0,4 mm gilt σ_s = 300 MN/m² (EC 2-1-1, Tab. 7.2DE)

Die vorhandene Bewehrung 4 ∅ 16 ist ausreichend; weitere Nachweise erübrigen sich.

4.2.1.2 Nachweis für den Feldquerschnitt

Auf den Nachweis, dass die vorhandene Feldbewehrung auch die Anforderungen einer Mindestbewehrung erfüllt, wird im Rahmen des Beispiels verzichtet.

Eine Steglängsbewehrung außerhalb der Wirkungszone der unteren Biegezugbewehrung wird konstruktiv gewählt.

4.2.2 Rissbreitenbegrenzung für die Lastbeanspruchung

Nachweis für Umweltklasse XC 1 (Innenbauteil). Der Nachweis ist für die quasi-ständige Last zu führen. Im Rahmen des Beispiels wird der Nachweis nur für die größte Beanspruchung an Stütze B geführt.

Biegemoment $|M^I_{b,perm}|$ = 193,6 kNm

s. Abschn. 4.1.1

Stahlspannung Die Stahlspannung kann i.Allg. genügend genau mit dem Hebelarm z aus der Biegebemessung im Grenzzustand der Tragfähigkeit ermittelt werden; häufig genügt auch eine Abschätzung mit $z = 0{,}9\, d$. Für eine genauere Ermittlung wird auf Abschn. 4.1.1 verwiesen.

$$\sigma_s = \frac{M}{z \cdot A_s}$$

$z \approx 0{,}89 \cdot 0{,}54 = 0{,}48$ m
A_s = 14,1 cm² (4 ∅ 16 + 4 ∅ 14)

vgl. Abschn. 3.2.3

$$\sigma_s = \frac{193{,}6}{0{,}48 \cdot 14{,}1} = 28{,}6 \text{ kN/cm}^2 = 286 \text{ MN/m}^2$$

Nachweis

$$\varnothing_s = \varnothing_s^* \cdot \frac{\sigma_s \cdot A_s}{4 \cdot (h-d) \cdot b \cdot f_{ct,0}} \geq \varnothing_s^* \cdot \frac{f_{ct,eff}}{f_{ct,0}}$$

EC 2-1-1, Gl. (7.7.1DE)

EC 2-1-1, Tab. 7.2DE

$\varnothing_s^* = 18$ mm

$f_{ct,eff} / f_{ct,0} = 2{,}9/2{,}9 = 1{,}0$ (Beton C30/37)

Für die Zugzonenbreite b wird der Übergang in den Zustand II berücksichtigt; hierfür gilt

[Zilch/Rogge - 04]

$b = 0{,}5\, b_{eff} + 2 \cdot c_l = 0{,}5 \cdot 1{,}12 + 2 \cdot 0{,}03 = 0{,}62$ m

$$\frac{\sigma_s \cdot A_s}{4 \cdot (h-d) \cdot b \cdot f_{ct,0}} = \frac{286 \cdot 0{,}00141}{4 \cdot (0{,}58 - 0{,}54) \cdot 0{,}62 \cdot 3{,}0} = 1{,}36$$

$\varnothing_s = 18 \cdot 1{,}36 = 24$ mm $> \varnothing_s = 15$ mm

→ Nachweis erfüllt.

Bei 4 ∅ 14 und 4 ∅ 16 darf

$$\varnothing_{sm} = \frac{4 \cdot 1{,}4^2 + 4 \cdot 1{,}6^2}{4 \cdot 1{,}4 + 4 \cdot 1{,}6} = 15 \text{ mm}$$

nachgewiesen werden.

4.2.3 Begrenzung der Verformungen

Der Nachweis erfolgt über die Begrenzung der Biegeschlankheit, maß-maßgebend ist das Endfeld:

EC 2-1-1, 7.4.2

$$\frac{l}{d} \leq K \cdot \left[11 + 1{,}5\sqrt{f_{ck}} \cdot \frac{\rho_0}{\rho} + 3{,}2\sqrt{f_{ck}} \cdot \left(\frac{\rho_0}{\rho} - 1 \right)^{3/2} \right] \leq (l/d)_{max}$$

$$(l/d)_{max} \leq \begin{cases} K \cdot 35 & \text{(allgemein)} \\ K^2 \cdot 150/l & \text{(Bauteile mit erhöhten Anforderungen)} \end{cases}$$

$K = 1{,}3$ (Endfeld eines Durchlaufträgers).

$\rho_0 = f_{ck}^{0,5} \cdot 10^{-3} = 30^{0,5} \cdot 10^{-3} = 0{,}0055$

$\rho = A_s / (b_{ers} \cdot d)$

Bei Plattenbalken wird der Bewehrungsgrad auf die Ersatzbreite eines Rechteckquerschnitts mit äquivalenter Biegesteifigkeit bezogen.

Für Feld 1 ergibt sich mit $I_c = 0{,}01036$ m^4:

$b_{ers} = 12 \cdot 0{,}01036 / 0{,}58^3$

Querschnittswerte vgl. S. HB.64

$\rho = 12{,}1/(63 \cdot 54) = 0{,}0033$ ($< \rho_0$; s. o.)

$$\left(\frac{l}{d}\right) \leq 1{,}3 \cdot \left[11 + 1{,}5\sqrt{30} \cdot \frac{0{,}0055}{0{,}0033} + 3{,}2\sqrt{30} \cdot \left(\frac{0{,}0055}{0{,}0033} - 1 \right)^{3/2} \right] = 44{,}5$$

Wegen $b_{eff}/b_w > 3$ ist l/d mit 0,8 zu multiplizieren; mit $A_{s,req} \approx A_{s,prov}$ gilt somit

$$\left(\frac{l}{d}\right)_{zul} \leq 0{,}8 \cdot 44{,}5 = 35{,}6 < \begin{cases} 1{,}3 \cdot 35 = 45{,}5 \\ 1{,}3^2 \cdot 150/7{,}0 = 36 \end{cases}$$

$(l/d)_{zul} = 35{,}6 \geq (l/d)_{vorh} = 6{,}80 / 0{,}54 = 12{,}6$

⇒ Der Nachweis ist damit erfüllt.

5 Bewehrungsführung und bauliche Durchbildung

5.1 Mindestbewehrung

Zur Verhinderung eines Bauteilversagens bei Erstrissbildung muss eine Mindestbewehrung angeordnet werden (Duktilitätskriterium). Diese Mindestbewehrung ist für das Rissmoment mit dem Mittelwert der Betonzugfestigkeit f_{ctm} und der Stahlspannung $\sigma_s = f_{yk}$ zu berechnen.

EC 2-1-1/NA, NCI zu 9.2.1.5(2)

Nachweis für die Feldbewehrung

$\min A_s \geq M_{cr} / (z \cdot f_{yk})$

$M_{cr} = f_{ctm} \cdot I_I / z_{c1}$ (z_{c1} Abstand von der Schwerachse des Querschnitts bis zum Zugrand)

$I_I = 0{,}01036$ m^4

$z_{c1} = z_u = 0{,}4216$ m

$f_{ctm} = 2{,}9$ MN/m^2

$M_{cr} = 2{,}9 \cdot 0{,}01036 / 0{,}4216 = 0{,}0713$ MNm

$z \approx 0{,}9\,d = 0{,}49$ m (Hebelarm der inneren Kräfte nach Rissbildung)

$\min A_s \geq 0{,}0713 / (0{,}49 \cdot 500) = 2{,}91 \cdot 10^{-4}$ m^2 = 2,91 cm^2

Ermittlung von I_I s. S. HB.64 (näherungsweise ohne Berücksichtigung der Bewehrung); Nachweis – ungünstig – für Feld 1

Zugfestigkeit f_{ctm} nach EC 2-1-1, Tab. 3.1

Die Mindestbewehrung muss als untere Bewehrung im Feld von Auflager zu Auflager durchlaufen.

EC 2-1-1/NA, NDP zu 9.2.1.1(1)

Nachweis für die Stützbewehrung

$\min A_s \geq M_{cr} / (z \cdot f_{yk})$

$M_{cr} = f_{ctm} \cdot I_I / z_{c1}$

$I_I = 0{,}00847$ m^4

$z_{c1} = z_o = 0{,}1982$ m (Zugrand oben)

$f_{ctm} = 2{,}9$ MN/m^2

$M_{cr} = 2{,}9 \cdot 0{,}00847 / 0{,}1982 = 0{,}1239$ MNm

$z \approx 0{,}9\,d = 0{,}49$ m (Hebelarm der inneren Kräfte nach Rissbildung)

$\min A_s \geq 0{,}1239 / (0{,}49 \cdot 500) = 5{,}06 \cdot 10^{-4}$ m^2 = 5,06 cm^2

I_I s. S. HB.64 (näherungsweise ohne Berücksichtigung der Bewehrung)

Als obere Bewehrung (über den Innenauflagern) ist die Mindestbewehrung über eine Länge von einem Viertel der Stützweite erforderlich, d. h., sie ist mindestens $^1/_4 \cdot 6{,}80 = 1{,}70$ m in die benachbarten Felder zu führen.

EC 2-1-1/NA, NDP zu 9.2.1.1(1)

5.2 Verankerungslängen

Grundmaß $l_{b,rqd}$ der Verankerungslänge:

EC 2-1-1, 8.4.3

Bei guten Verbundbedingungen ergibt sich für den Beton C30/37

$$l_{b,rqd,y} = \frac{f_{yd}}{4 \cdot f_{bd}} \cdot \varnothing$$

EC 2-1-1, Gl. (8.3); vgl. Anm. S. HB.54

$$f_{bd} = 2{,}25 \cdot f_{ctd} = 2{,}25 \cdot (2{,}0/1{,}5) = 3{,}0 \text{ MN/m}^2$$

EC 2-1-1, Gl. (8.2)

$$l_{b,rqd,y} = \frac{500/1{,}15}{4 \cdot 3{,}0} \cdot \varnothing = 36{,}2 \cdot \varnothing$$

Bei mäßigen Verbundbedingungen ist das Grundmaß der Verankerungslänge mit 1/0,7 = 1,43 zu multiplizieren.

Im Tragwerk liegt wegen der biegesteifen Verbindung mit der Randstütze kein frei drehbares Endauflager vor. Auflager mit nur geringer Endeinspannung sollten jedoch wie Endauflager betrachtet werden. Am Auflager A wird daher die Verankerung eines Endauflagers nachgewiesen. Alle weiteren Auflager können als Zwischenauflager betrachtet werden.

Verankerung am Auflager A (Endauflager):

$$l_{bd,dir} = 0{,}67 \cdot l_{bd} = 0{,}67 \cdot \alpha_a \cdot \frac{A_{s,erf}}{A_{s,vorh}} \cdot l_{b,rqd,y} \geq 0{,}67 \cdot l_{b,min}$$

EC 2-1-1, 9.2.1.4 und 8.4.4

$\alpha_1 = 1{,}0$ (gerades Stabende)

EC 2-1-1, Bild 8.1

$$A_{s,rqd} = \frac{F_{Ed,R}}{f_{yd}}$$

$F_{Ed,R} = V_{Ed} \cdot a_l / z \geq V_{Ed} / 2$ (für $N_{Ed} = 0$)

EC 2-1-1, Gl. (NA.9.3)

$V_{Ed} = 1{,}35 \cdot 80{,}31 + 1{,}50 \cdot (85{,}31 + 2{,}75)$

vgl. Tafel U.1

$= 240{,}5$ kN (Querkraft auf Endauflager)

$z = 0{,}48$

$a_l = 0{,}5 \cdot z \cdot \cot\theta$ (für lotrechte Schubbewehrung)

EC 2-1-1, 9.2.1.3(2)

$\approx 0{,}5 \cdot 0{,}48 \cdot (2{,}84 \cdot 0{,}78) = 0{,}53$ m

Der rechnerische Wert von $\cot\theta = 2{,}84$ (s. Tafel U.2) darf wegen „Überbewehrung" mit $a_{sw,erf}/a_{sw,vorh}$ – hier 3,14/4,02=0,78 – herabgesetzt werden.

$F_{Ed,R} = 240{,}5 \cdot 0{,}53/0{,}54 = 236{,}0$ kN

$f_{yd} = 500/1{,}15 = 435$ MN/m²

$$A_{s,rqd} = \frac{236{,}0}{435 \cdot 10^{-1}} = 5{,}43 \text{ cm}^2$$

$A_{s,prov} = 10{,}1$ cm² (5 ∅ 16; s. Pos. 1)

$l_{b,rqd,y} = 36{,}2 \cdot 1{,}6$ (guter Verbund*); ∅ = 16 mm)

$= 58$ cm

$l_{b,min} = 0{,}3 \cdot l_{b,rqd,y} = 0{,}3 \cdot 58 = 17$ cm

EC 2-1-1, Gl. (8.6)

$$l_{b,dir} = 0{,}67 \cdot 1 \cdot \frac{5{,}43}{10{,}1} \cdot 58 = 21 \text{ cm} > \begin{matrix} 0{,}67 \cdot 17 = 11{,}4 \text{ cm} \\ 6{,}7\, d_s = 6{,}7 \cdot 1{,}6 = 10{,}7 \text{ cm} \end{matrix}$$

gew.: 25 cm

Die Bewehrung ist mindestens über die rechnerische Auflagerlinie zu führen. (EC 2-1-1, 9.2.1.4)

Mindestens ein Viertel der Feldbewehrung – außerdem die Mindestbewehrung nach Abschn. 5.1 – muss zum Auflager geführt und dort verankert werden.

$$A_{s,min} \geq \begin{matrix} 0{,}25 \cdot 12{,}6 = 3{,}2 \text{ cm}^2 \\ 2{,}9 \text{ cm}^2 \text{ (Mindestbewehrung)} \end{matrix}$$

vgl. S. HB.68
vgl. S. HB.81

Die geforderte Bewehrung ist vorhanden.

Verankerung am Zwischenauflager:

Verankerungslänge $\geq 6 \cdot d_s = 6 \cdot 1{,}6 = 10$ cm

EC 2-1-1/NA, NCI zu 9.2.1.5(2)

An der Stütze B wurde bei der Bemessung eine Druckbewehrung berücksichtigt (zur Erfüllung des Nachweises der Rotationsfähigkeit). Hierfür ist ein Stoß mit Übergreifungslänge $l_0 \geq l_{b,rqd}$ auszubilden.

S. HB.60; Übergreifung hier ohne Nachweis

In EC 2-1-1, 9.2.1.5(3) wird außerdem empfohlen, die Bewehrung am Zwischenauflager durchlaufend auszuführen bzw. kraftschlüssig zu stoßen, um außergewöhnliche Beanspruchungen aufnehmen zu können.

EC 2-1-1. 9.2.1.5(3)

*) Hierbei wird unterstellt, dass die Unterzüge erst hergestellt werden, wenn die unterstützenden Bauteile (Stützen) bereits erhärtet sind. Für die untere Bewehrung liegen dann gute Verbundbedingungen vor.

s. hierzu EC 2-1-1, Bild 8.2

Auf einen Nachweis der hierfür erforderlichen Übergreifungslänge wird im Rahmen des Beispiels verzichtet. Die Übergreifungslänge wird konstruktiv gewählt.

Ebenso wie am Endauflager muss mindestens ein Viertel der Feldbewehrung und außerdem die Mindestbewehrung nach Abschn. 5.1 am Auflager verankert werden. Nachweis für Auflager B — EC 2-1-1, 9.2.1.5(1)

$$A_{s,min} \geq \begin{matrix} 0{,}25 \cdot 12{,}6 = 3{,}2 \text{ cm}^2 \\ 2{,}9 \text{ cm}^2 \text{ (Mindestbewehrung)} \end{matrix}$$

Verankerung außerhalb von Auflagern:

Außerhalb von Auflagern wird die Bewehrung mit l_{bd} verankert. Es wird mit geraden Stabenden verankert. Für die obere Bewehrung liegen mäßige Verbundbedingungen vor (Ausnahme: Bewehrung im Bereich des Gurtes), für die untere Bewehrung gute Verbundbedingungen. — EC 2-1-1, Bild 9.2

Als erforderliche Verankerungslänge ergibt sich je nach Ausnutzung der Bewehrung ($A_{s,erf} / A_{s,vorh}$)

$$l_{bd} = (A_{s,erf} / A_{s,vorh}) \cdot l_{b,rqd,y}$$ — EC 2-1-1, Gl. (8.4)

Für den Ausnutzungsgrad der Bewehrung wird nachfolgend unterstellt, dass die endende und weitergeführte Bewehrung am Beginn der Verankerung jeweils gleich beansprucht ist. Man erhält dann

Pos. 2 $l_{bd} = (10{,}0 / 12{,}1) \cdot (36{,}2 \cdot 1{,}6) = 48$ cm*) — guter Verbund
Pos. 4 $l_{bd} = (10{,}2 / 14{,}2) \cdot (1{,}43 \cdot 36{,}2 \cdot 1{,}6) = 59$ cm — mäßiger Verbund
Pos. 5 $l_{bd} = (4{,}02 / 10{,}2) \cdot (36{,}2 \cdot 1{,}4) = 20$ cm — guter Verbund

Als Mindestmaß ist außerdem zu beachten (für d_s = 16 mm bzw. 14 mm)

$l_{b,min} = 0{,}3 \cdot l_{b,rqd,y} = 0{,}3 \cdot 36{,}2 \cdot 1{,}6 = 17$ cm — guter Verbund
$l_{b,min} = 0{,}3 \cdot l_{b,rqd,y} = 0{,}3 \cdot 1{,}43 \cdot 36{,}2 \cdot 1{,}6 = 25$ cm — mäßiger Verbund
$l_{b,min} = 0{,}3 \cdot l_{b,rqd,y} = 0{,}3 \cdot 36{,}2 \cdot 1{,}4 = 15$ cm — guter Verbund

Die Mindestmaße werden nicht maßgebend.

5.3 Zugkraftdeckungslinie

Die Bewehrung wird gestaffelt. Das Versatzmaß a_l ist theoretisch in den jeweiligen Querkraftbereichen in Abhängigkeit vom Druckstrebenneigungswinkel θ zu bestimmen. Vereinfachend und auf der sicheren Seite wird es hier für $\cot \theta = 2{,}84 \cdot 0{,}78 = 2{,}21$ bestimmt bzw. konstant zu — EC 2-1-1, Gl. 9.2

$$a_l = 0{,}53 \text{ m}$$

gewählt (s. vorher).

Für die „ausgelagerte" Bewehrung (Bewehrungsanteile im Zuggurt der Platte) ist das Versatzmaß um das Maß der Auslagerung zu vergrößern. Als größte Verteilungsbreite für die Zugbewehrung ist die halbe mittragende Plattenbreite (= 1,12/2 = 0,56 m) zulässig, d. h. die Bewehrung liegt höchstens (0,56 – 0,30)/2 = 0,13 m vom Stegrand entfernt. Für die ausgelagerte Bewehrung wird einheitlich als Zusatzmaß bzw. Versatzmaß vorgesehen — EC 2-1-1/NA, 9.2.1.3(2)

$$\Delta a_l = 0{,}13 \text{ m} \quad \text{bzw.} \quad a_l = 0{,}66 \text{ m}$$

---

*) Für Pos. 2 gilt (am Verankerungsbeginn): $A_{s,vorh} = 12{,}1$ cm² (6 ∅ 16)
$A_{s,erf} = 10{,}1$ cm² (5 ∅ 16)

(Positionen 4 und 5 analog)

5.4 Querkraftbewehrung

Mindestbewehrung

$a_{sw} \geq \rho_w \cdot b_w \cdot \sin \alpha$

$\rho_w = \rho_{w,min} = 0{,}16 \cdot f_{ctm} / f_{yk} = 0{,}00093$ (für C 30/37)

$\sin \alpha = 1$

EC 2-1-1, Gl. (9.4)
EC 2-1-1/NA, Gl. (9.5aDE)

$a_{sw} \geq 0{,}00093 \cdot 30 \cdot 100 = 2{,}79$ cm²/m

gew.: ∅ 8 – 25 = 4,02 cm²/m

(bzw. die rechnerisch erforderliche Schubbewehrung)

Bügelabstände:

Die zulässigen Bügelabstände sind jeweils von der Querkraftausnutzung (Verhältniswert $V_{Ed}/V_{Rd,max}$) abhängig. Vereinfachend wird an allen Stellen unterstellt (vgl. S. 98):

EC 2-1-1/NA, Tab. NA.9.1

$0{,}30\ V_{Rd,max} < V_{Ed} \leq 0{,}60\ V_{Rd,max}$

Damit gilt für die Bügelabstände

$s_{längs}$ $\leq 0{,}5\ h = 0{,}5 \cdot 58 = 29$ cm (maßgebend)
≤ 30 cm

s_{quer} $\leq 1{,}0\ h = 1{,}0 \cdot 58 = 58$ cm (maßgebend)
≤ 60 cm

Die geforderten Abstände sind eingehalten (s. Darstellung der Bewehrung; S. 110).

Ausbildung der Bügel:

Bei Plattenbalken dürfen die für die Querkrafttragfähigkeit erforderlichen Bügel im Bereich der Platte mittels durchgehender Querstäbe (hier: Biegezugbewehrung der Platte) geschlossen werden. Voraussetzung ist jedoch, dass der Bemessungswert der Querkraft V_{Ed} höchsten 2/3 der maximalen Querkrafttragfähigkeit $V_{Rd,max}$ beträgt. Dieser Grenzwert ist an allen Stellen eingehalten (s.o.).

EC 2-1-1/NA, 8.5(NA.4)

Die Stababstände der Querbewehrung dürfen von den Bügelabständen abweichen, die max. Bügelabstände sind zu beachten ([DAfStb-H.300]).

6 Bewehrungsskizze

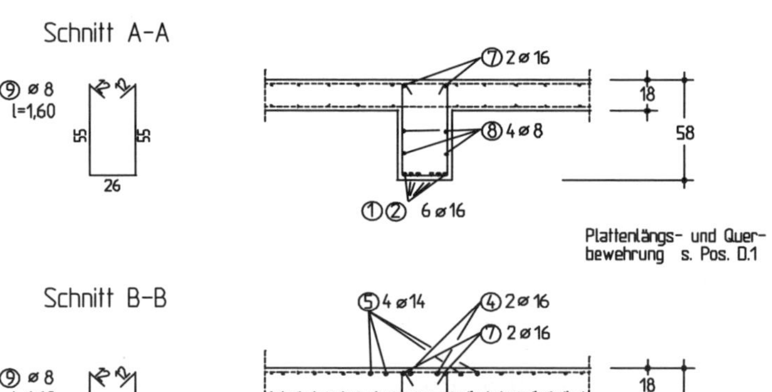

Abb. U.10a: Bewehrung im Querschnitt

Die erforderlichen bautechnischen Unterlagen sind in EC 2-1-1, NA.2.8 angegeben; es wird insbesondere auf die Anforderungen an Zeichnungen hingewiesen.

Zugkraftdeckung

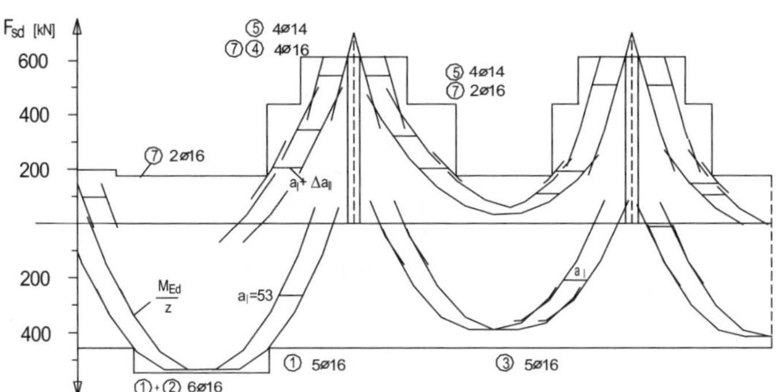

Bewehrung

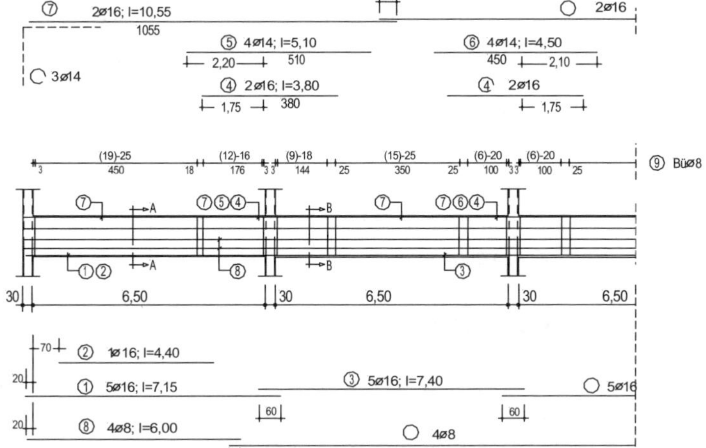

Ergänzende Bewehrungen s. Pos. D.1

Schnitte s. S. HB.84

Die Verlegemaße sind unvollständig.

Schubkraftdeckung

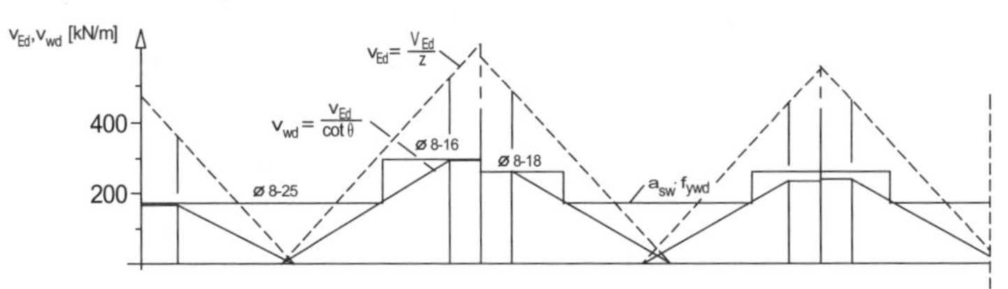

Baustoffe:	C30/37 XC1 WO; B500B
Betondeckung:	c_v = 2,0 cm (Verlegemaß)
	Δc_{dev} = 1,0 cm (Vorhaltemaß)

Abb. U.10b: Bewehrung im Längsschnitt, Zug- und Schbkraftdeckung

7 Ausführung von Position U1 als Teilfertiglösung

Alternativ zu der zuvor dargestellten Ausführung und Berechnung als reine Ortbetonkonstruktion wird nachfolgend eine Ausführung als Teilfertiglösung vorgestellt. Dabei wird angenommen, dass Stützen und Unterzüge als Fertigteile hergestellt werden und mit einer ca. 6 cm dicken Fertigplatte in Kombination mit einer 12 cm dicken Ortbetonergänzung zu einer Gesamtkonstruktion verbunden werden. Die nachfolgende Berechnung ist unvollständig und zeigt nur einige wesentliche Lösungsschritte. Die Gesamtkonstruktion ist in Abb. U.11 dargestellt.

Ortbeton in C20/25 (vgl. S. HB.58)

Auflagerdetails der Balken (Konsolen u.a.) sind nach statischen Erfordernissen festzulegen und nur prinzipiell dargestellt.

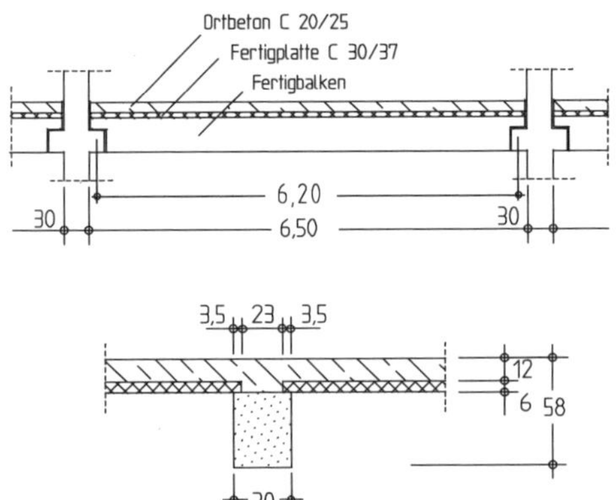

Montageabstützungen nicht dargestellt.

Abb. U.11: Alternative Ausführung als Teilfertiglösung

7.1 Tragfähigkeitsnachweis für Biegung

Vorbemerkung

Eine Durchlaufwirkung in Balkenlängsrichtung ist nur noch durch die (dünne) Deckenplatte gegeben. In der Praxis wird diese Durchlaufwirkung für den Balken häufig nicht berücksichtigt (allerdings ist sie durch eine geeignete obere Bewehrung in der Platte konstruktiv und ggf. auch rechnerisch zu erfassen).

Im Rahmen des Beispiels wird nur die Bemessung als Einfeldträger gezeigt; es wird als Stützweite l = 6,20 m angenommen, als mittragende Plattenbreite ergibt sich b_{eff} = 2,24 m.

Rechnerische Ermittlung von b_{eff} wie vorher (s. S. HB.63)

Beanspruchung

Bemessungslasten $(g_d+q_d) \cdot 6{,}80/6{,}20 = 79{,}05 \cdot 1{,}10 = 86{,}7$ kN/m
Biegemoment $M_{Ed} = 86{,}7 \cdot 6{,}20^2/8 = 416{,}6$ kNm

Bemessungslast s. S. HB.56, vereinfachend im Verhältnis der Stüzweiten erhöht.

Bemessung

$$\mu_{Eds} = \frac{M_{Eds}}{b \cdot d^2 \cdot f_{cd}} = \frac{0{,}4166}{2{,}24 \cdot 0{,}54^2 \cdot 11{,}33} = 0{,}0563$$

$$\Rightarrow \xi = 0{,}082; \quad x = 0{,}082 \cdot 0{,}54 = 0{,}044 \text{ m} < h_f = 0{,}18 \text{ m}$$

$$\Rightarrow \omega = 0{,}058; \quad \zeta = z/d = 0{,}97; \quad \sigma_{sd}{}^* = 457 \text{ MN/m}^2$$

$$A_s = \omega \cdot b \cdot d \cdot \frac{f_{cd}}{\sigma_{sd}{}^*} = 0{,}058 \cdot 2{,}24 \cdot 0{,}54 \cdot \frac{11{,}33}{457} \cdot 10^4 = 17{,}4 \text{ cm}^2$$

f_{cd} = 11,33 MN/m² für Beton C20/25 (bei unterschiedlichen Festigkeiten ist die niedrigere Betonfestigkeitsklasse zu wählen).

Stahlspannung unter Berücksichtigung des ansteigenden Astes der σ-ε-Linie

7.2 Tragfähigkeitsnachweis für Querkraft – Nachweis der Verbundfuge

EC 2-1-1, 6.2.5

Die Übertragung von Schubkräften in den Fugen zwischen Ortbeton und einem vorgefertigten Bauteil ist nachzuweisen. Die in der Kontaktfläche zu übertragende Schubkraft je Längeneinheit wird ermittelt aus

$$v_{Ed,i} = \beta_t \cdot V_{Ed} / (z \cdot b_i)$$

EC 2-1-1, Gl. (6.24)

mit β_t als Quotient aus der Längskraft im Aufbeton $F_{cd,i}$ und der Gurtlängskraft $F_{cd} = M_{Ed}/z$ im betrachteten Querschnitt. Aus der Biegebemessung ist ersichtlich, dass im vorliegenden Falle $\beta_t = 1$ ist, d. h., dass die gesamte Längskraft durch die Verbundfuge übertragen wird.

$\beta_t = F_{cd,i}/F_{cd}$

$$V_{Ed,A} = 86{,}7 \cdot 6{,}20 / 2 = 268{,}8 \text{ kN}$$

Der Nachweis wird mit der Querkraft im Abstand d^* vom Auflagerrand geführt, wobei für d^* die Nutzhöhe des Fertigteils berücksichtigt wird (bis zur nachzuweisenden Verbundfuge); s. Skizze.

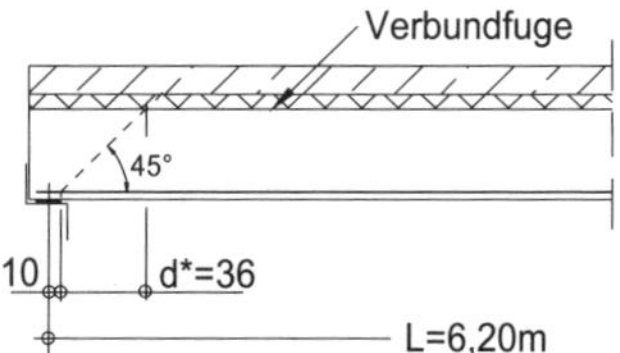

Auflagerbreite 20 cm

$$V_{Ed} = 268{,}8 - 86{,}7 \cdot (0{,}10+0{,}36) = 228{,}9 \text{ kN}$$
$$v_{Ed,i} = 1 \cdot 228{,}9 \cdot 10^{-3} / (0{,}48 \cdot 0{,}23) = 2{,}073 \text{ MN/m}^2$$

z wie vorher

Nachweis der Verbundfuge

Der Bemessungswert der aufnehmbaren Schubkraft in der Verbundfuge beträgt

$$v_{Rdi} = v_{Rdi,c} + v_{Rdi,s}$$
$$v_{Rdi,c} = c \cdot f_{ctd} + \mu \cdot \sigma_n$$

EC 2-1-1, Gl. (6.25)

$c = 0{,}40$ (raue Fuge; Annahme)

EC 2-1-1, 6.2.5(2) (Fuge soll rau ausgeführt werden).

$f_{ctd} = \alpha_{ct} \cdot f_{ctk;0,05}/\gamma_c = 0{,}85 \cdot 1{,}5/1{,}5 = 0{,}85$ MN/m² (Bemessungwert der Betonzugfestigkeit des Ortbetons oder des Fertigteils; der kleinere Wert ist maßgebend)

$\sigma_n = 0$ (Normalspannung senkr. zur Fugenfläche)

$$v_{Rdi,c} = 0{,}40 \cdot 0{,}85 = 0{,}340 \text{ MN/m}^2 \; (< v_{Ed,i} = 2{,}073 \text{ MN/m})$$

$$v_{Rdi,s} = \rho \cdot f_{yd} \cdot (1{,}2\mu \cdot \sin\alpha + \cos\alpha) \quad \rightarrow$$

EC 2-1-1, 6.2.5(2) (Fuge soll rau ausgeführt werden).

$$a_s = \rho \cdot b_i \geq \frac{(v_{Ed,i} - v_{Rd,c}) \cdot b_i}{f_{yd} \cdot (1{,}2\mu \cdot \sin\alpha + \cos\alpha)}$$

$\mu = 0{,}7$ (raue Fuge)

$v_{Rdi,c} = 0{,}340$ MN/m²

$\alpha = 90°$ (Neigung der die Fuge kreuzenden Bewehrung)

$$a_s \geq \frac{(2{,}073 - 0{,}340) \cdot 0{,}23}{435 \cdot (1{,}2 \cdot 0{,}7 \cdot 1{,}0 + 0)} \cdot 10^4 = 10{,}91 \text{ cm}^2/\text{m}$$

Max. Tragfähigkeit der Verbundfuge

Es ist noch nachzuweisen, dass die max. Tragfähigkeit der Verbundfuge nicht überschritten wird.

$v_{Ed} \leq v_{Rd,max}$

$v_{Rd,max} = 0{,}5 \cdot \nu \cdot f_{cd}$ — EC 2-1-1, Gl. (6.25)

$f_{cd} = 11{,}33 \text{ MN/m}^2$

$\nu = 0{,}50$ (raue Fuge) — EC 2-1-1, 6.2.5(2)

$v_{Rd,max} = 0{,}5 \cdot 0{,}5 \cdot 11{,}33 = 2{,}833 \text{ MN/m}^2$

$v_{Ed} = 0{,}2688/(0{,}48 \cdot 0{,}23) = 2{,}435 \text{ MN/m}^2$ (s. vorher)

$v_{Ed} = 2{,}833 \text{ MN/m2} < v_{Rd,max} = 2{,}435 \text{ MN/m}^2$

Die Ausführung ist damit zulässig.

Auf einen *Nachweis der Querkraftbewehrung* kann verzichtet werden, da sie durch die erforderliche Verbundbewehrung abgedeckt ist (im Rahmen des Beispiel ohne Nachweis).

7.3 Weitere Nachweise

Auf weitere Nachweise wird im Rahmen des Beispiels verzichtet. Es wird jedoch darauf hingewiesen, dass insbesondere der Bauzustand (Montagezustand des Fertigbalkens) zu untersuchen ist und hieraus ggf. erhöhte Anforderungen resultieren können.

Pos. S1: Innenstütze

1 Beschreibung

Die Innenstütze S1 (s. Übersicht in Abb. Ü.1) ist zu bemessen; sie ist biegesteif mit dem Unterzug und mit dem Fundament verbunden. Die Stütze hat einen quadratischen Querschnitt mit einer Seitenlänge von 30 cm; sie kann in beide Richtungen ausweichen (weitere Hinweise s. Abb. S1.1).

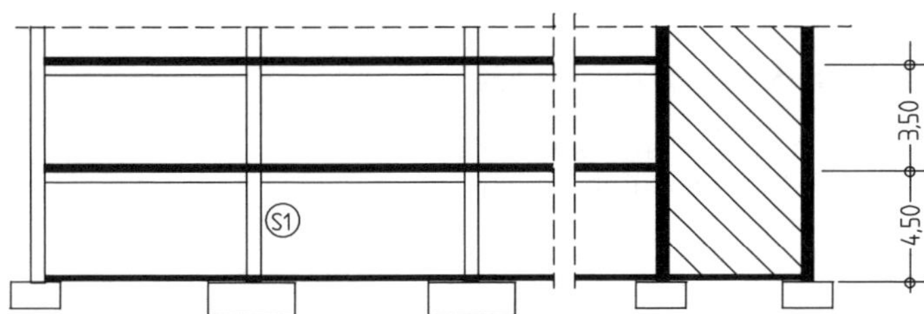

Abb. S1.1: Innenstütze

2 System, Einwirkungen, Schnittgrößen

Als statisches System wird eine Pendelstütze angenommen. Die Rahmenwirkung darf bei Innenstützen von rahmenartigen Tragwerken mit annähernd gleichen Steifigkeitsverhältnissen des Riegels vernachlässigt werden (s. a. Berechnung der Pos. U1).

EC 2-1-1, 5.3.2.2 (vgl. DIN 1045-1, 7.3.2(6))

Belastung

aus Dachgeschoss	G_k = 371,9 kN	S_k = 36,1 kN
aus 3. Geschossdecke	G_k = 213,1 kN	Q_k = 204,4 kN
aus 2. Geschossdecke	G_k = 213,1 kN	Q_k = 204,4 kN
aus 1. Geschossdecke	G_k = 213,1 kN	Q_k = 204,4 kN
aus EG Stütze	G_k = 33,8 kN	
	1045 kN	648 kN

Pos. D1, Lastfall Volllast (vgl. S. 21ff).

Pos. U1, Lastfall Volllast (s. EC 2-1-1, 5.1.3 (NA.3)); in Querrichtung (Pos. D1) ist jedoch eine feldweise ungünstige Anordnung der Verkehrslast berücksichtigt.

EG Stütze bis OK Fundament (näherungsweise an Stütze oben angesetzt)

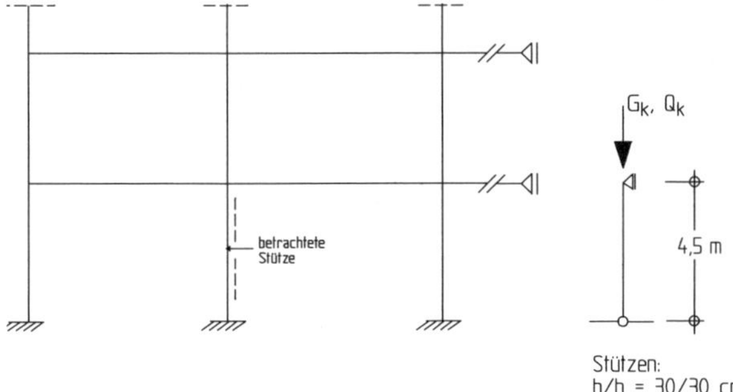

Abb. S1.2: System und Belastung

Schnittgrößen im Grenzzustand der Tragfähigkeit[1)]

N_{Ed} = −1,35 · 1045 − 1,5 · 648 = −2383 kN
M_{Ed} = 0

s. Anmerkung unten

3 Nachweise im Grenzzustand der Tragfähigkeit

Es ist eine Bemessung als stabförmiges Bauteil unter Längsdruck durchzuführen. Die Innenstütze wird als Einzeldruckglied nachgewiesen.

EC 2-1-1, 5.8.3

3.1 Schlankheit und Grenzschlankheit

Nach EC 2-1-1 gilt die Schlankheit als maßgebendes Kriterium, ob eine Untersuchung nach Theorie II. Ordnung durchzuführen ist.

EC 2-1-1, 5.8.3(1)

Schlankheit

$\lambda = l_0 / i$
$l_0 = \beta \cdot l_{col}$ = 1,0 · 4,50 = 4,50 m
i = 0,289 · 0,30 = 0,0867 m
λ = 4,50 / 0,0867 = 52

Grenzschlankheit

Zur Bestimmung des Grenzwertes für eine Berechnung nach Theorie II. Ordnung wird zunächst der Beanspruchungsgrad infolge der Längskraft bestimmt

Es wird zunächst festgelegt, ob EC 2-1-1, Gl.(5.13aDE) oder Gl.(5.13bDE) anzuwenden ist.

$|n| = |N_{Ed}|/(A_c \cdot f_{cd})$ = 2,383/(0,3² · 17,0) = 1,558

Als Grenzwert gilt dann

λ_{lim} = 25 für $|n|$ = 1,558 ≥ 0,41

EC 2-1-1, Gl.(5.13aDE)

Abgrenzung

Die Stütze ist auf Einflüsse nach Theorie II. Ordnung zu untersuchen, da

$\lambda = 52 > \lambda_{lim} = 25 \rightarrow$ Nachweis nach Theorie II. Ordnung erforderlich.

---

1) Die Nutzlast aller Geschosse ist insgesamt als **eine** unabhängige veränderliche Einwirkung aufzufassen. Es dürfte hier daher lediglich die Schneelast als zweite unabhängige veränderliche Einwirkung mit dem Kombinationsbeiwert ψ_0 = 0,5 abgemindert werden (Einfluss hier vernachlässigbar).

Nach EC 1-1-1 dürfen für die Lastweiterleitung auf sekundäre Tragglieder – hier Stützen – die Nutzlasten für die Nutzlastkategorie C entweder mit einem Faktor

EC 2-1-1/NA, 6.3.1.2(10)

$\alpha_n = 0{,}7 + 0{,}6/n$ *oder*
$\alpha_A = 0{,}7 + 10 / A \leq 1$

EC 2-1-1, Gl. (6.2DE)
EC 2-1-1, Gl. (6.1bDE)

abgemindert werden mit n als Anzahl der Geschosse oberhalb des belasteten Bauteils und A als Lasteinflussfläche. Eine gleichzeitige Abminderung mit einem Kombinationswert – s. vorher – ist dann nicht mehr zulässig.

Eine überschlägige Berechnung zeigt, dass bei den hier gegebenen Verhältnissen der Faktor α_n günstiger ist und berücksichtigt werden darf. Bei n = 3 (3 Geschosse mit der Nutzlast q_k) ergibt sich

α_n = 0,7 + 0,6/3 = 0,9

Im Rahmen des Beispiels wurde auf diese Abminderung verzichtet.

3.2 Nachweis nach Theorie II. Ordnung

Das Verfahren mit Nennkrümmungen („Modellstützenverfahren") darf hier angewendet werden, da ein rechteckiger Querschnitt vorliegt; es liegt jedoch wegen $e_0 = 0 < 0{,}1h$ auf der sicheren Seite.

EC 2-1-1, 5.8.8

Es wird zunächst eine Berechnung „Von-Hand" und anschließend die Anwendung von Bemessungshilfen gezeigt.

3.2.1 Berechnung nach dem Modellstützenverfahren

Die Stütze ist im maßgebenden Schnitt zu bemessen für

$$M_{Ed} = M_{0Ed} + M_2$$

EC 2-1-1, Gl. (5.31)

Dabei ist M_{0Ed} das Bemessungsmoment nach Theorie 1. Ordnung einschließlich der Auswirkungen von Imperfektionen und M_2 das Zusatzmoment nach Theorie 2. Ordnung.

Mit $e = M/N$ ist daher als Gesamtausmitte zu berücksichtigen

$$e_{tot} = e_0 + e_i + e_2$$

Es sind e_0 die Ausmitte nach Theorie 1. Ordnung, e_i die ungewollte Ausmitte und e_2 die zusätzliche Ausmitte nach Theorie II. Ordnung.

- Planmäßige Lastausmitte

  $e_0 = 0$

- Ungewollte Ausmitte

  $e_i = \theta_i \cdot l_0 / 2$

  $$\theta_i = \theta_0 \cdot \alpha_h = \frac{1}{200} \cdot \frac{2}{\sqrt{l_{col}}} = \frac{1}{100 \cdot \sqrt{4{,}50}} = 0{,}0047 \quad (< 0{,}005 = \frac{1}{200})$$

  EC 2-1-1, Gl. (5.1) für Einzeldruckglieder, d. h. $\alpha_m = 1$.

  $e_i = 0{,}0047 \cdot 4{,}50 / 2 = 0{,}0106$ m

- Zusatzausmitte nach Theorie II. Ordnung

  $e_2 = K_1 \cdot (1/r) \cdot l_0^2 / c$

  $c = 10$ ($c \approx 10$ gilt bei konstantem Querschnitt und nicht gestaffelter Bewehrung)

  Erläuterungen zu EC 2-1-1, Gl. (5.33)

  $K_1 = 1$ (für $\lambda > 35$)

  $(1/r) = K_r \cdot K_\varphi \cdot \varepsilon_{yd} / (0{,}45d)$

  EC 2-1-1, 5.8.8.2(4)

  $K_r = (n_u - n) / (n_u - n_{bal}) \leq 1$ bzw.

  $K_r = (N_u - N) / (N_u - N_{bal}) \leq 1$

  Es wird zunächst auf der sicheren Seite $K_r = 1$ gesetzt.

  $K_r = 1$

  $K_\varphi = 1 + \beta \cdot \varphi_{ef} \geq 1$

  EC 2-1-1, Gl. (5.36)

  $\beta = 0{,}35 + f_{ck}/200 - \lambda/150 = 0{,}35 + 30/200 - 52/150 = 0{,}15$

  $\varphi_{ef} = \varphi(\infty, t_0) \cdot M_{0Eqp} / M_{0Ed} = 2{,}5 \cdot 0{,}7 = 1{,}75$

  Annahmen: $M_{0Eqp} / M_{0Ed} \leq 0{,}7$; $\varphi(\infty, t_0) \approx 2{,}5$ (Excel „KriSchwi" in [Goris/Schmitz - 13])

  $K_\varphi = 1 + 0{,}15 \cdot 1{,}75 = 1{,}26$

  $\varepsilon_{yd} = f_{yd} / E_s = 435 / 200000 = 0{,}00217$

  $d \approx 0{,}85h = 25{,}5$ cm (Abschätzung)

  $(1/r) = 1 \cdot 1{,}26 \cdot 0{,}00217 / (0{,}45 \cdot 0{,}255) = 0{,}0238$/m

  $e_2 = 1 \cdot 0{,}0238 \cdot 4{,}50^2 / 10 = 0{,}0482$ m

Als Bemessungsschnittgrößen erhält man

$N_{Ed} = -2{,}383$ MN

$M_{Ed} = (0{,}0106 + 0{,}0482) \cdot 2{,}383 = 0{,}140$ MNm

Mindestausmitte für Druckglieder nach EC 2-1-1, 6.1(4): $h/30 = 10\,\text{mm} < 20\,\text{mm}$

$M_{Ed} = N_{Ed} \cdot 0{,}02 = 2{,}165 \cdot 0{,}02 = 0{,}0433$ MNm (nicht maßgebend)

Bemessung

(mit Interaktionsdiagramm für 4-seitig symmetrische Bewehrung)

$d_1/h = 0{,}15$; B500

$$\nu_{Ed} = \frac{N_{Ed}}{b \cdot h \cdot f_{cd}} = \frac{-2{,}383}{0{,}30 \cdot 0{,}30 \cdot 17{,}0} = -1{,}558$$

$$\mu_{Ed} = \frac{M_{Ed}}{b \cdot h^2 \cdot f_{cd}} = \frac{0{,}140}{0{,}30 \cdot 0{,}30^2 \cdot 17{,}0} = 0{,}305$$

$\omega_{tot} = 1{,}6$

Siehe S. A.7

$$A_s = \omega_{tot} \cdot b \cdot h \cdot \frac{f_{cd}}{f_{yd}} = 1{,}60 \cdot 0{,}30 \cdot 0{,}30 \cdot \frac{17{,}00}{435} \cdot 10^4 = 56{,}3 \text{ cm}^2$$

Wegen der sehr großen erforderlichen Bewehrung – sie ist zudem im Bereich eines Stoßes nicht zulässig – wird ein Neubemessung mit genauerer Ermittlung des K_r-Wertes durchgeführt.

Bewehrungsgrad:
$\rho = A_s/A_c = 56{,}3 / 30^2 = 0{,}0626 = 6{,}3\ \% > 4{,}5\ \%$ (im Stoß)

Neubemesung, 1. Itertationschritt

Planmäßige und ungewollte Ausmitte wie vorher. Es ist die Ausmitte nach Theorie 2. Ordnung neu zu ermitteln.

Neue Ermittlung des Krümmungsbeiwertes K_r

$K_r = (N_u - N) / (N_u - N_{bal}) \leq 1$

$N_u = (17{,}0 \cdot 0{,}30^2 + 435 \cdot 25{,}1 \cdot 10^{-4}) = 2{,}622$ MN

$N_{bal} = (0{,}4 f_{cd} \cdot A_c) = (0{,}4 \cdot 17{,}0 \cdot 0{,}3^2) = 0{,}612$ MN

$K_r = (2{,}622 - 2{,}383) / (2{,}622 - 0{,}612) = 0{,}119$

$(1/r) = K_r \cdot K_\varphi \cdot \varepsilon_{yd} / (0{,}45 d)$

$= 0{,}119 \cdot 1{,}26 \cdot 0{,}00217 / (0{,}45 \cdot 0{,}255) = 0{,}00283/\text{m}$

$e_2 = K_1 \cdot (1/r) \cdot l_0^2 / c$

$= 1 \cdot 0{,}00283 \cdot 4{,}50^2 / 10 = 0{,}0057$ m

Die Bewehrung A_s wird geschätzt; Annahme: $A_s = 25{,}1$ cm² (8∅20).

Als Bemessungsschnittgrößen erhält man damit

$N_{Ed} = -2{,}383$ MN

$M_{Ed} = (0{,}0106 + 0{,}0057) \cdot 2{,}383 = 0{,}0388 \text{ MNm} < 0{,}0433$ MNm

Das Mindestmoment wird maßgebend (s. vorher).

Bemessung

$$\nu_{Ed} = \frac{N_{Ed}}{b \cdot h \cdot f_{cd}} = \frac{-2{,}383}{0{,}30 \cdot 0{,}30 \cdot 17{,}0} = -1{,}558$$

$$\mu_{Ed} = \frac{M_{Ed}}{b \cdot h^2 \cdot f_{cd}} = \frac{0{,}0433}{0{,}30 \cdot 0{,}30^2 \cdot 17{,}0} = 0{,}094$$

$\omega_{tot} = 0{,}85$

$$A_s = \omega_{tot} \cdot b \cdot h \cdot \frac{f_{cd}}{f_{yd}} = 0{,}85 \cdot 0{,}30 \cdot 0{,}30 \cdot \frac{17{,}00}{435} \cdot 10^4 = 29{,}9 \text{ cm}^2$$

Die geschätzte Bewehrung stimmt nicht mit der ermittelten überein, es ist daher eine Neubemessung erforderlich (Iteration).

Die ermittelte Bewehrung ist größer als die geschätzte, das Ergebnis liegt damit auf der unsicheren Seite

Neubemesung, 2. Itertationsschritt

$N_u = (17{,}0 \cdot 0{,}30^2 + 435 \cdot 39{,}3 \cdot 10^{-4}) = 3{,}240$ MN

$N_{bal} = (0{,}4 f_{cd} \cdot A_c) = (0{,}4 \cdot 17{,}0 \cdot 0{,}3^2) = 0{,}612$ MN

$K_r = (3{,}240 - 2{,}383) / (3{,}240 - 0{,}612) = 0{,}326$

$(1/r) = 0{,}326 \cdot 1{,}26 \cdot 0{,}00217 / (0{,}45 \cdot 0{,}255) = 0{,}00777/\text{m}$

$e_2 = 1 \cdot 0{,}00777 \cdot 4{,}50^2 / 10 = 0{,}0157$ m

Die Bewehrung A_s wird neu geschätzt; Annahme: $A_s = 39{,}3$ cm² (8∅25).

Als Bemessungsschnittgrößen erhält man

$N_{Ed} = -2{,}383$ MN
$M_{Ed} = (0{,}0106 + 0{,}0157) \cdot 2{,}383 = 0{,}0627 \text{ MNm} > 0{,}0433 \text{ MNm}$

Das Mindestmoment wird nicht maßgebend (s. vorher).

Bemessung

(mit Interaktionsdiagramm für 4-seitig symmetrische Bewehrung)

$d_1/h = 0{,}15$; B500

$$\nu_{Ed} = \frac{N_{Ed}}{b \cdot h \cdot f_{cd}} = \frac{-2{,}383}{0{,}30 \cdot 0{,}30 \cdot 17{,}0} = -1{,}558$$

$$\mu_{Ed} = \frac{M_{Ed}}{b \cdot h^2 \cdot f_{cd}} = \frac{0{,}0627}{0{,}30 \cdot 0{,}30^2 \cdot 17{,}0} = 0{,}137$$

$\omega_{tot} = 1{,}0$

$$A_s = \omega_{tot} \cdot b \cdot h \cdot \frac{f_{cd}}{f_{yd}} = 1{,}0 \cdot 0{,}30 \cdot 0{,}30 \cdot \frac{17{,}00}{435} \cdot 10^4 = 35{,}2 \text{ cm}^2$$

gew.: 8 ∅ 25 (= 39,3 cm^2)

Die ermittelte Bewehrung ist etwas kleiner als die geschätzte, das Ergebnis liegt somit auf der sicheren Seite. Auf eine erneute Iteration wird daher verzichtet.

3.2.2 Berechnung mit Diagrammen

Nachfolgend erfolgt die Bemessung mit Diagrammen, die auf der Basis des Modellstützenverfahrens erstellt wurden. Eingangswerte sind die bezogenen Längskräfte und Biegemomente nach Theorie I. Ordnung (einschl. der ungewollten Ausmitte e_i und der Kriechausmitte e_c):

Abgedruckt z. B. in [Goris/Schmitz – 14]; s. S. A.9

$N_{Ed} = -2{,}383$ MN
$M_{Ed,1} = M_{Ed0} + N_{Ed} \cdot (e_i + e_c) = 0 + 2{,}383 \cdot 0{,}013 = 0{,}033$ MNm
$\lambda = 52$ (wie vorher)

e_i siehe vorher
e_c wird abgeschätzt

Bemessung

$d_1/h = 0{,}15$; B500

$$\nu_{Ed} = \frac{N_{Ed}}{b \cdot h \cdot f_{cd}} = \frac{-2{,}383}{0{,}30 \cdot 0{,}30 \cdot 17{,}0} = -1{,}558$$

$$\mu_{Ed} = \frac{M_{Ed}}{b \cdot h^2 \cdot f_{cd}} = \frac{0{,}033}{0{,}30 \cdot 0{,}30^2 \cdot 17{,}0} = 0{,}072$$

$\omega_{tot} = 1{,}0$ (für $\lambda = 52$; ω_{tot}-Wert interpoliert zwischen den Tafeln für $\lambda = 50$ und $\lambda = 60$)[1)]

$$A_s = \omega_{tot} \cdot b \cdot h \cdot \frac{f_{cd}}{f_{yd}} = 1{,}0 \cdot 0{,}30 \cdot 0{,}30 \cdot \frac{17{,}00}{435} \cdot 10^4 = 35{,}2 \text{ cm}^2$$

Ergebnis wie im Abschnitt 3.2.1

3.2.3 Zweiachsiges Knicken

Die Stütze kann nach zwei Richtungen ausweichen. Bei zentrisch belasteten Stützen und gleicher Schlankheit λ_y und λ_z sind jedoch getrennte Nachweise für beide Richtungen zulässig. Wegen Symmetrie ist eine erneute Bemessung nicht erforderlich.

EC 2-1-1, 5.8.9(3)

1) Die Tafeln zur direkten Bemessung von Stützen sind in erster Linie für Vorbemessungen gedacht. Hierfür kann man auf eine Interpolation verzichten und z.B. für den jeweils größeren λ-Wert ablesen.

3.3 Brandschutzbemessung

3.3.1 Einwirkungskombination

Der Brandfall gehört zu den außergewöhnlichen Einwirkungen. Im vorliegenden Fall gilt als Einwirkungskombination:

$$E_{d,A} = E\,(\Sigma\gamma_{GA,j} \cdot G_{k,j} \oplus \psi_{1,1} \cdot Q_{k,1} \oplus \Sigma\ \psi_{2,i} \cdot Q_{k,i})$$

mit $\gamma_{GA,j}$ = 1 (Teilsicherheitsbeiwert in der außergewöhnlichen Kombinatiton), $\psi_{1,1}$ = 0,7 und $\psi_{2,i}$ = 0 (Schneelast).

$\psi_{1,1}$ ungünstig für Kategorie C nach EC 0/NA, Tab. NA 1.1 (vgl. S. HB.28)

$$N_{fi,d,t} = -1{,}0 \cdot (371{,}9 + 213{,}1 + 213{,}1 + 213{,}1 + 33{,}8) - 0{,}7 \cdot (3 \cdot 204{,}4) + 0 \cdot 36{,}1 = -1\,474 \text{ kN}$$

$$M_{fi,d,t} = (0{,}0106+0{,}0157) \cdot 1474 = 38{,}7 \text{ kNm}$$

Momente nach Theorie II. Ordnung sind auch im Brandfall zu berücksichtigen.

3.3.2 Nachweis

Der Nachweis erfolgt nach EC 2-1-2. Dabei sind – ausgehend von dem Ausnutzungsgrad μ_{fi} und der Stützenlänge l_{col} – konstruktive Anforderungen an die Stützenabmessungen und an den Achsabstand der Bewehrung zu berücksichtigen. Das Verfahren gilt nur für Stahlbetonstützen in *ausgesteiften* Tragwerken mit einer Ersatzlänge im Brandfall $l_{0,fi}$ = 3,00 m; für Stützen mit elastischer Endeinspannung darf $l_{0,fi}$ in innen liegenden Geschossen zu 0,5*l* und im obersten Geschoss zu 0,5*l* bis 0,7*l* abgeschätzt werden. Als Ersatzlänge ist bei der „Kaltbemessung" die Stützenlänge anzunehmen. Diese Voraussetzungen sind hier erfüllt.

Tafel S1.1: Mindeststützendicke und Mindestachsabstand der Bewehrung (Auszug)

EC 2-1-2, 5.3.2

	Konstruktionsmerkmale		Feuerwiderstandsklasse				
	h ≥ b, a, b		R30	R60	R90	R120	R180
1	Unbekleideter Stahlbetonstützen bei **mehrseitiger** Brandbeanspruchung						
1.1	Lastausnutzungsfaktor[1] μ_{fi} = 0,2						
	Mindestdicke	*b* in mm	200	200	200	250	350
	Mindestachsabstand	*a* in mm	25	25	31	40	45[2]
	alternativ:	*b* in mm			300	350	
		a in mm			25	35	
1.2	Ausnutzungsfaktor[1] μ_{fi} = 0,5						
	Mindestdicke	*b* in mm	200	200	300	350	350
	Mindestachsabstand	*a* in mm	25	36	45	45[2]	63[2]
	alternativ:	*b* in mm		300	400	450	
		a in mm		31	38	40[2]	
1.3	Ausnutzungsfaktor[1] α_1 = 0,7						
	Mindestdicke	*b* in mm	200	250	350	350	450
	Mindestachsabstand	*a* in mm	32	46	53	57[2]	70[2]
	alternativ:	*b* in mm	300	350	450	450	
		a in mm	27	40	40[2]	51[2]	

1) Ausnutzungsfaktor $\mu_{fi} = N_{Ed,fi} / N_{Rd}$ (Näherungsweise darf auch $N_{Ed,fi} \approx 0{,}7\ N_{Ed}$ gesetzt werden).
2) Mindestens 8 Stäbe erforderlich.

Bemessung im Brandfall (vereinfachend mit α_{cc} = 0,85; im Brandfall darf auch α_{cc} = 1,0 gesetzt werden)

d_1/h = 0,15; B500

$$\nu_{fi,d,t} = \frac{-1{,}474}{0{,}30 \cdot 0{,}30 \cdot 17{,}0} = -0{,}963$$

$$\mu_{fi,d,t} = \frac{0{,}0387}{0{,}30 \cdot 0{,}30^2 \cdot 17{,}0} = 0{,}084$$

$$\omega_{vorh} = 39{,}3 \cdot (435/17{,}0)/30^2 = 1{,}12$$

Im ν-μ-Diagramm (s. u.) bildet man eine Linie vom Nullpunkt über den Punkt ($\nu_{fi,d,t}$; $\mu_{fi,d,t}$) hinaus bis zum Schnittpunkt mit ω_{vorh} = 1,12 und liest ab (vgl. Abb. S1.3)

$\nu_{fi,d,t,zul}$ = −1,62 → N_{Rd} = −2479 kN

μ_{fi} = 1474/2479 ≈ 0,60

Für μ_{fi} = 0,60 gilt *(interpoliert)*

b_{erf} = 325 mm > b_{vorh} = 300 mm

a_{erf} = 49 mm > a_{vorh} = d_1 = 0,15 · 300 = 45 mm

vgl. a. Bewehrungszeichnung S. HB.98

Die Feuerwiderstandsklasse R90 lässt damit nach dem Tabellenverfahren **nicht** nachweisen.

Es erfolgt daher ein Nachweis mit EC 2-1-2, Gl. (5.7). Das Verfahren darf angewendet werden bei 25 mm ≤ a ≤ 80 mm, 2 m ≤ $l_{0,fi}$ ≤ 6 m und h ≤ 1,5b, die Voraussetzungen sind hier erfüllt.

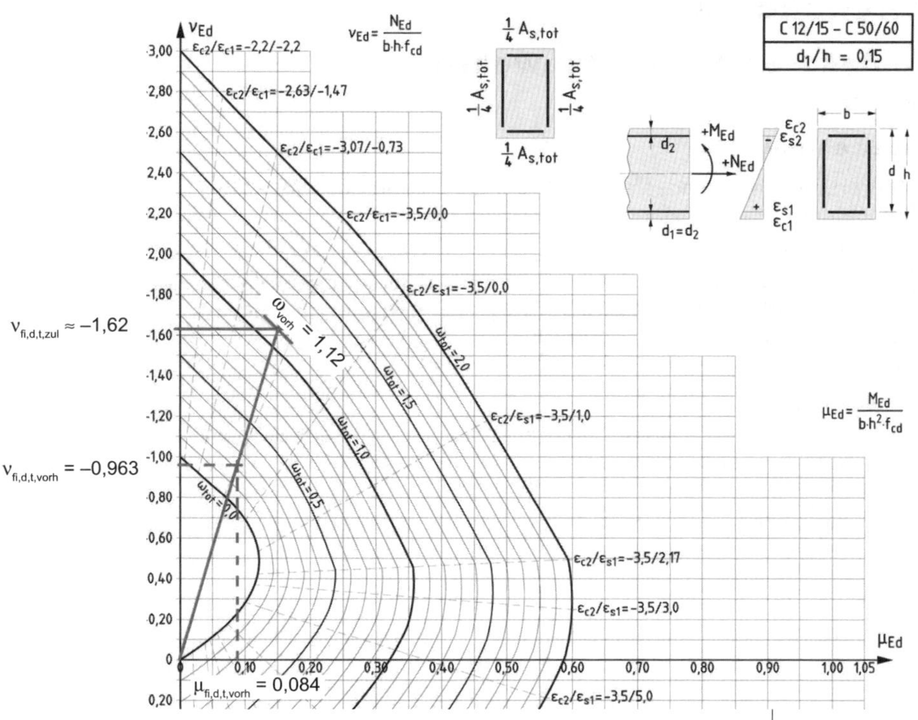

Abb. S1.3: Bemessung im Brandfall (Ablesebeispiel)

vgl. Diagr. S. A.xxx

Die vorhandene Feuerwiderstandsdauer wird bestimmt aus

$R = 120 \cdot ((R_{\eta fi} + R_a + R_l + R_b + R_n)/120)^{1,8}$ in min — EC 2-1-2, Gl. (5.7)

$$R_{\eta fi} = 83 \cdot \left[1{,}00 - \mu_{fi} \frac{(1+\omega)}{(0{,}85/\alpha_{cc})+\omega}\right] = 83 \cdot (1{,}0 - 0{,}60) = 33{,}2$$

$R_a = 1{,}60 \cdot (a - 30) = 1{,}60 \cdot (45-30) = 24$

$R_l = 9{,}60 \cdot (5 - l_{0,fi})$
$= 9{,}60 \cdot (5 - (4{,}50/2)) = 26{,}4$

$l_{0,fi}$ Ersatzlänge der Stütze im Brandfall (hier: 4,5/2 = 2,25 m)

$R_b = 0{,}09\, b'$
$= 0{,}09 \cdot 2 \cdot 300^2/(300+300) = 27$

$b' = 2A_c/(b+h)$ für Rechtecke

$R_n = 12$ für $n > 4$ (8 Stäbe vorhanden)

$a = 45$ mm (Achsabstand der Längsbewehrung in mm)

ω mechanische Bewehrungsgrad bei Normaltemperatur:

$R = 120 \cdot ((33{,}2 + 24 + 26{,}4 + 27 + 12)/120)^{1,8} = 125$ min

Die Stütze kann daher in die Feuerwiderstandsklasse R 90 eingestuft werden.

4 Nachweise im Grenzzustand der Gebrauchstauglichkeit

Nachweise im Grenzzustand der Gebrauchstauglichkeit sind für die hier untersuchte Stütze nicht erforderlich.

5 Bewehrungsführung und bauliche Durchbildung

5.1 Mindest- und Höchstbewehrung

(Längsbewehrung)

Mindestbewehrung

Es ist zu überprüfen, dass mindestens 15 % der Längskraft durch Bewehrung aufgenommen werden können.

$A_{s,min} = 0{,}15 \cdot |N_{Ed}| / f_{yd} = 0{,}15 \cdot 2{,}165 \cdot 10^4 / 435 = 7{,}47\ \text{cm}^2$ — EC 2-1-1, Gl. (NA.9.12)

(Für Wände – nicht jedoch für Stützen – wird außerdem gefordert, dass als Mindestbewehrung 0,3 % von A_c vorhanden sind; diese Bedingung wird hier zusätzlich überprüft:
$A_{s,min} = 0{,}003 \cdot A_c = 0{,}003 \cdot 30 \cdot 30 = 2{,}70\ \text{cm}^2$) — EC 2-1-1, NDP zu 9.6.2(1)

Außerdem ist zu prüfen:

- Die Längsstäbe müssen einen Durchmesser $\varnothing \geq 12$ mm aufweisen.
- Der Abstand der Längsstäbe darf maximal 30 cm betragen.
- Es ist mindestens 1 Stab je Ecke anzuordnen.

EC 2-1-1, 9.5.2 und 9.5.3

Die Mindestbewehrung und die weiteren Forderungen sind eingehalten bzw. werden im vorliegenden Fall nicht maßgebend.

Höchstbewehrung

Der Bewehrungsquerschnitt darf an keiner Stelle – auch nicht im Bereich von Stößen – den maximalen Wert $0{,}09\, A_c$ überschreiten.

$A_{s,max} = 0{,}5 \cdot 0{,}09 A_c = 0{,}5 \cdot 0{,}09 \cdot 30^2 = 40{,}5\ \text{cm}^2$

Die Ausbildung eines Vollstoßes ist damit zulässig. — EC 2-1-1, 9.5.2

5.2 Verankerungs- und Übergreifungslänge

Verankerungslänge

Bei guten Verbundbedingungen ergibt sich für den Beton C30/37 und für $\varnothing$ = 20 mm als Grundwert der Verankerungslänge $l_{b,rqd,y}$

$$l_{b,rqd,y} = \frac{f_{yd}}{4 \cdot f_{bd}} \cdot \varnothing = \frac{500/1,15}{4 \cdot 3,0} \cdot 2,5 = 90 \text{ cm}$$

EC 2-1-1, Gl. (8.3) für $\sigma_{sd} = f_{yd}$

Übergreifungslänge

Die Längsbewehrung wird im Bereich des Stützenfußes durch Übergreifen gestoßen. Als Übergreifungslänge erhält man für den Fall, dass der lichte Abstand der gestoßenen Stäbe $\leq 4\varnothing$ ist

Andernfalls muss nach EC 2-1-1, 8.7.2(3) die Übergreifung vergrößert werden.

$$l_0 = \alpha_6 \cdot l_{bd} \begin{array}{l} \geq 0,3 \cdot \alpha_6 \cdot l_{bd} \\ \geq 15\varnothing \\ \geq 20 \text{ cm} \end{array}$$

EC 2-1-1, Gl. (8.10) u. (8.11)

$$l_{bd} = \alpha_1 \cdot \frac{A_{s,erf}}{A_{s,vorh}} \cdot l_{b,rqd,y} \begin{array}{l} \geq 0,6 \cdot l_{b,rqd,y} \\ \geq 10\,\varnothing \end{array} \quad \text{(Druckstäbe)}$$

EC 2-1-1, Gl. (8.4)

$\alpha_1 = 1,0$ (gerade Stabenden)

EC 2-1-1, Tab. 8.2

$A_{s,erf}/A_{s,vorh}$ 35,2 / 39,3 = 0,9

$$l_{bd} = 0,9 \cdot 90 = 81 \text{ cm} \begin{array}{l} > 0,6 l_b = 44 \text{ cm} \\ > 10\varnothing = 20 \text{ cm} \end{array}$$

$\alpha_6 = 1,0$ (für Druckstöße)

EC 2-1-1, Tab. 8.3DE

$$l_0 = 1,0 \cdot 81 = 81 \text{ cm} \begin{array}{l} > 0,3 \cdot 1,0 \cdot 1,0 \cdot 73 = 22 \text{ cm} \\ > 15 \cdot 2,0 = 30 \text{ cm} \\ > 20 \text{ cm} \end{array}$$

gew.: 80 cm

5.3 Bügelbewehrung

Es ist der Durchmesser und der Abstand der Bügelbewehrung festzulegen.

- Mindestdurchmesser: (EC 2-1-1, 9.5.3(1))

  $$\min \varnothing_{bü} \begin{array}{l} \geq 0,25\, \varnothing_l = 0,25 \cdot 20 = 5 \text{ mm} \\ \geq 6 \text{ mm} \end{array}$$

  gew.: $\varnothing_{bü}$ = 10 mm

- Bügelabstände:

  Normalbereich (EC 2-1-1/NA, 9.5.3(3))

  $$s_{bü} \begin{array}{l} \leq \min b = 30 \text{ cm} \\ \leq 12\, \varnothing_l = 12 \cdot 2,5 = 30 \text{ cm} \\ \leq 30 \text{ cm} \end{array}$$

  gew.: 20 cm

  Stützenenden (EC 2-1-1, 9.5.3(4))

  $s_{bü} \leq 0,6 \cdot 30 = 18$ cm
  (über eine Höhe von max b = 30 cm)
  gew.: 10 cm

  Übergreifungsbereich (EC 2-1-1, 8.7.4.2; EC 2-1-1, 9.5.3(4))

  $$s_{bü} \begin{array}{l} \leq 15 \text{ cm} \\ \leq 0,6 \cdot 30 = 18 \text{ cm} \end{array}$$

  (über eine Höhe von 75 cm)
  gew.: 10 cm

Für die Übergreifung von Druckstößen s. a. EC 2-1-1, 8.7.3.

6 Darstellung der Bewehrung

Die Bewehrung ist auf der folgenden Seite dargestellt. Die Darstellung ist unvollständig und dient in erster Linie zur Erläuterung der zuvor gezeigten Nachweise und der gewählten Bewehrung.

Bewehrungsskizze

Die Verlegemaße sind unvollständig.

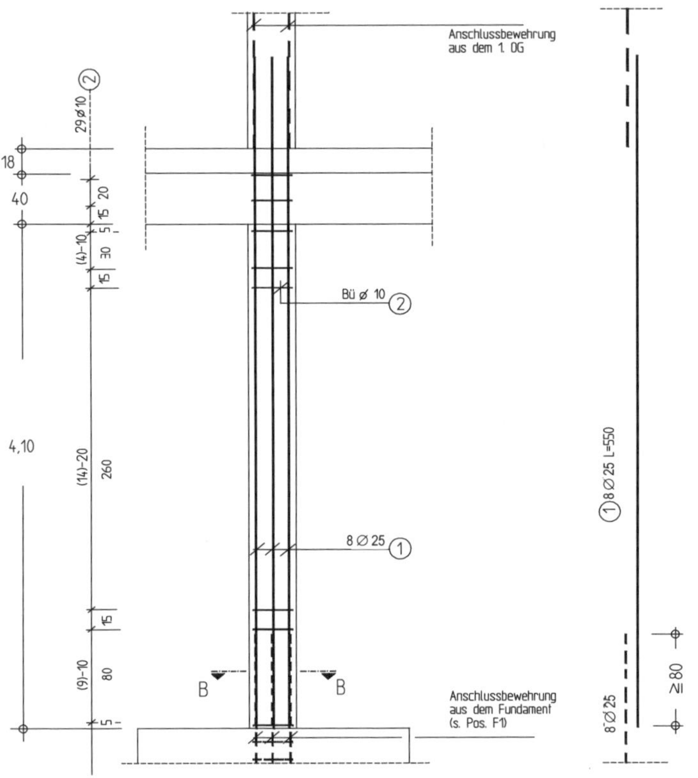

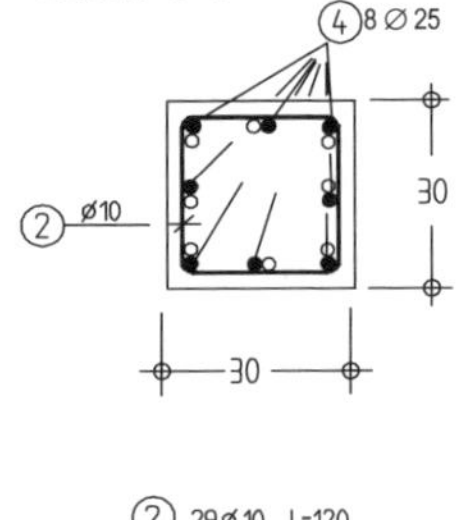

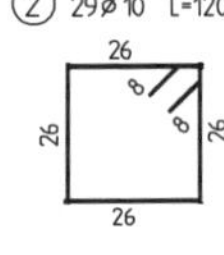

Ergänzende Bewehrungen s. Pos. F1

Baustoffe:	C30/37 XC1 WO
	B500(B)
Betondeckung:	c_v = 2,0 cm (Verlegemaß)
	Δc_{dev} = 1,0 cm (Vorhaltemaß)

Die erforderlichen bautechnischen Unterlagen sind in EC 2-1-1/NA, 2.8 angegeben; es wird insbesondere auf die Anforderungen an Zeichnungen hingewiesen.

Pos. S2: Randstütze

1 Beschreibung

Die Randstütze S2 ist zu bemessen; sie ist biegesteif mit dem Unterzug und mit dem Fundament verbunden. Die Stütze hat einen quadratischen Querschnitt mit einer Seitenlänge von 30 cm; sie kann in beide Richtungen ausweichen (s. a. Abb. S2.1).

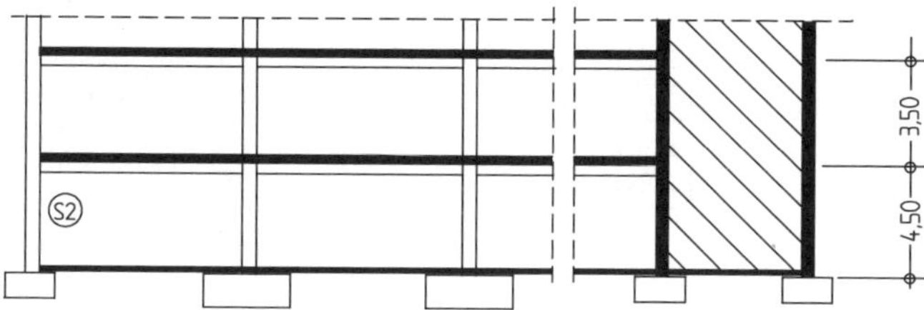

Abb. S2.1: Randstütze

2 System, Schnittgrößen

Bei Randstützen ist die Rahmenwirkung zu berücksichtigen. Es werden 2 Lastfälle betrachtet:

LF. 1: N_{max}, M_{zug}
LF. 2: N_{zug}, M_{max}

Windbelastung liegt nicht vor (wird über die Fassaden/Fenster direkt in die Deckenscheiben eingeleitet).

Belastung

aus Dachgeschoss	G_k =186,0 kN	Q_k = 18,0 kN
aus 3. Geschossdecke	G_k = 80,3 kN	Q_k = 88,1 kN
aus 2. Geschossdecke	G_k = 80,3 kN	Q_k = 88,1 kN
aus 1. Geschossdecke	G_k = 80,3 kN	Q_k = 88,1 kN
Fassaden (Annahme)		Q_k = 75,0 kN
aus EG Stütze	G_k = 33,8 kN	
	460,7 kN	357,3 kN

vgl. Pos. U.1; Nutzlast nur im Feld 1 und 3 (ergibt Größtwert von N)

Fassade als Verkehrslast; sichere Seite

EG Stütze bis OK Fundament

Biegemomente M

Die Biegemomente an OK Stütze S2 werden mit dem sog. c_o-/c_u-Verfahren bestimmt. Ungünstig wird dabei für den Riegel nur der reine Balkenquerschnitt zugrunde gelegt. Es gilt:

[DAfStb-H.240]

$$M_{col,u} = \frac{c_u}{3 \cdot (c_o + c_u) + 2{,}5} \cdot \left(3 + \frac{q}{g+q}\right) \cdot M_b^{(0)}$$

g = 28,34 kN/m; $M_{b,g}^{(0)} = -28{,}34 \cdot 6{,}80^2/12 = -109{,}2$ kNm
q = 27,19 kN/m; $M_{b,q}^{(0)} = -27{,}19 \cdot 6{,}80^2/12 = -104{,}8$ kNm
$c_0 = (0{,}30/0{,}58)^3 \cdot (6{,}80/3{,}50) = 0{,}269$
$c_u = (0{,}30/0{,}58)^3 \cdot (6{,}80/4{,}50) = 0{,}209$

Damit erhält man für die – untere – Stütze S2

OK Stütze S2	M_{Gk} = −17,4 kNm	M_{Qk} = −22,3 kNm
UK Stütze S2	M_{Gk} = 8,7 kNm	M_{Qk} = 11,2 kNm

Die Ermittlung aus Pos. U1 ist – theoretisch – ebenfalls möglich; die dort angenomme Riegelsteifigkeit (I_c des Feldquerschnitts) liegt hierfür jedoch auf der unsicheren Seite. Die Auswirkungen der neu ermittelten Randmomente auf die Stützkräfte (s.o.) sind gering und werden nicht weiter verfolgt.

Der prinzipielle Verlauf der Schnittgrößen ist in Abb. S2.2 dargestellt.

Schnittgrößen im Grenzzustand der Tragfähigkeit[1)]

LF. 1: $N_{Ed} = -1{,}35 \cdot 461 - 1{,}5 \cdot 357 = -1158$ kN
$M_{Ed,o} = -1{,}35 \cdot 17{,}4 - 1{,}5 \cdot 22{,}3 = -56{,}9$ kNm
$M_{Ed,u} = 0{,}5 \cdot 56{,}9 = 28{,}5$ kNm

LF. 2: $N_{Ed} = -1{,}00 \cdot 461 - 1{,}5 \cdot 88{,}1 = -593$ kN
$M_{Ed,o} = 1{,}00 \cdot 17{,}4 + 1{,}5 \cdot 22{,}3 = -50{,}9$ kNm
$M_{Ed,u} = 0{,}5 \cdot 50{,}9 = 25{,}5$ kNm

Eigenlast mit $\gamma_{G,sup} = 1{,}35$; Verkehrslast im gesamten Tragwerk im Feld 1 und 3

Eigenlast mit $\gamma_{G,inf} = 1{,}00$; Verkehrslast nur auf Decke über EG im Feld 1 und 3 (noch geringfügig ungünstiger ist eine zusätzliche Verkehrslastanordnung in den Feldern 2 und 4 der darüberliegenden Stockwerke; auf diese genauere Untersuchung wird hier verzichtet).

Abb. S2.2: System mit Schnittgrößen

3 Nachweise in Rahmenebene

Die Stütze kann in zwei Richtungen ausweichen. Es wird zunächst der Nachweis in Rahmenebene geführt. Der Tragfähigkeitsnachweis senkrecht zur Rahmenebene wird in Abschn. 4 geführt.

3.1 Schlankheit und Grenzschlankheit

Schlankheit

$\lambda = l_0 / i$

$l_0 = \beta \cdot l_{col}$

$\beta^2 = 0{,}5^2 \cdot (1+k_1/(0{,}45+k_1)) \cdot (1+k_2/(0{,}45+k_2))$

β wird mit EC 2-1-1, 5.8.3.2 (3) bestimmt; alternativ mit Nomogramm in [Quast – 04]

Folgt aus EC 2-1-1, Gl. (5.15).

$k_1 = 0{,}10$ — Einspannstelle (theoretisch $k_1 = 0$)

$k_2 = \dfrac{(EI_{col}/l)_{S1}+(EI_{col}/l)_{S2}}{0{,}5 \cdot (2\,EI_b/l_b)}$ — Bezogener Einspanngrad oben; nur halbe Riegelsteifigkeit berücksichtigt.

EC 2-1-1, 5.8.3.2(5)

$= \dfrac{0{,}00068/4{,}5+0{,}00068/3{,}5}{0{,}5 \cdot (2 \cdot 0{,}00488/6{,}80)}$

$= 0{,}48$

$I_{col} = 0{,}30 \cdot 0{,}30^3/12 = 0{,}00068$
$I_b = 0{,}30 \cdot 0{,}58^3/12 = 0{,}00488$
(für I_b vereinfachend nur Balkensteg berücksichtigt; sichere Seite)

$\beta^2 = 0{,}5^2 \cdot (1+0{,}10/0{,}55) \cdot (1+0{,}48/0{,}93) = 0{,}448$

$\beta = 0{,}67$

$l_0 = 0{,}67 \cdot 4{,}50 = 3{,}02$ m
$i = 0{,}289 \cdot 0{,}30 = 0{,}0867$ m
$\lambda = 3{,}02 / 0{,}0867 = 35$

Grenzschlankheit

Beanspruchungsgrad infolge der Längskraft; im günstigsten (!) Fall gilt

$|\nu_{Ed}| = |N_{Ed}|/(A_c \cdot f_{cd}) = 0{,}593/(0{,}3^2 \cdot 17{,}0) = 0{,}39 < 0{,}41$ (LF. 2)

$\lambda_{lim} = 16/0{,}39^{0,5} = 25{,}6$ (> 25)

EC2-1-1, Gl. (6.13aDE) und Gl. (6.13bDE)

Abgrenzung

$\lambda = 35 > \lambda_{lim} \rightarrow$ Einflüsse nach Theorie II. Ordnung sind zu berücksichtigen.

---

1) Vgl. Anmerkung zu Stütze S1 auf S. 116.

3.2 Nachweis nach Theorie II. Ordnung

Lastfall 1

Als Gesamtausmitte ist zu berücksichtigen (vgl. Stütze S1):

$e_{tot} = e_0 + e_i + e_2$

- Planmäßige Lastausmitte

$e_0 = 0{,}6\ e_{02} + 0{,}4\ e_{01} = (0{,}6 \cdot 56{,}9 - 0{,}4 \cdot 28{,}5) / 1158$
$\quad = 22{,}7/1158 = 0{,}0196\ \text{m}\ (\geq 0{,}4 \cdot 56{,}9/1158)$

EC 2-1-1, Gl. (5.32)

- Ungewollte Ausmitte

$e_i = 0{,}011\ \text{m}$

Hier wie Stütze S1

Vgl. Erläuterungen zu Stütze S1

- Zusatzausmitte nach Theorie II. Ordnung

$e_2 = K_1 \cdot (1/r) \cdot l_0^2 / c$

$c = 10$

$K_1 = 1$ (für $\lambda > 35$)

$(1/r) = K_r \cdot K_\varphi \cdot \varepsilon_{yd} / (0{,}45d)$

$K_r = (n_u - n) / (n_u - n_{bal}) \leq 1$ bzw.

$K_r = (N_u - N) / (N_u - N_{bal}) \leq 1$

$N_u = (f_{cd} \cdot A_c + f_{yd} \cdot A_s)$
$\quad = (17{,}0 \cdot 0{,}30^2 + 435 \cdot 4{,}5 \cdot 10^{-4}) = 1{,}726\ \text{MN}$

$N_{bal} = (0{,}4 f_{cd} \cdot A_c) = (0{,}4 \cdot 17{,}0 \cdot 0{,}3^2) = 0{,}612\ \text{MN}$

$K_r = (1{,}726 - 1{,}158) / (1{,}726 - 0{,}612) = 0{,}501$

$K_\varphi = 1{,}26$

$\varepsilon_{yd} = f_{yd} / E_s = 435 / 200000 = 0{,}00217$

$d \approx 0{,}85h = 25{,}5\ \text{cm}$ (Abschätzung)

$(1/r) = 0{,}501 \cdot 1{,}26 \cdot 0{,}00217 / (0{,}45 \cdot 0{,}255) = 0{,}0119/\text{m}$

$e_2 = 1 \cdot 0{,}0119 \cdot 3{,}02^2 / 10 = 0{,}011\ \text{m}$

Die Bewehrung A_s wird zunächst geschätzt; Annahme: $A_s = 4{,}5\ \text{cm}^2$ (4 ∅ 12)

Wie Stütze S1

Bemessungsschnittgrößen und Bemessung

Als Bemessungsschnittgrößen erhält man

$N_{Ed} = -1{,}158\ \text{MN}$

$M_{Ed} = (0{,}026 + 0{,}011 + 0{,}011) \cdot 1{,}158 = 0{,}0556\ \text{MNm}$
$\quad < 0{,}0556\ \text{MNm}$ (Moment am Stützenkopf)

Mindestausmitte wird nicht maßgebend, ohne Nachweis; vgl. S. 118.

Moment am Stützenkopf ist größer und daher maßgebend.

Bemessung (Interaktionsdiagramm für 2-seitig symmetrische Bewehrung)

$d_1/h = 0{,}15$; B500

$$\nu_{Ed} = \frac{N_{Ed}}{b \cdot h \cdot f_{cd}} = \frac{-1{,}158}{0{,}30 \cdot 0{,}30 \cdot 17{,}0} = -0{,}757$$

$$\mu_{Ed} = \frac{M_{Ed}}{b \cdot h^2 \cdot f_{cd}} = \frac{0{,}0556}{0{,}30 \cdot 0{,}30^2 \cdot 17{,}0} = 0{,}121$$

$\omega_{tot} = 0{,}10$

$$A_s = \omega_{tot} \cdot b \cdot h \cdot \frac{f_{cd}}{f_{yd}} = 0{,}10 \cdot 0{,}30 \cdot 0{,}30 \cdot \frac{17{,}00}{435} \cdot 10^4 = 3{,}5\ \text{cm}^2$$

Siehe A.6

Die ermittelte Bewehrung ist etwas kleiner als die geschätzte, das Ergebnis liegt somit auf der sicheren Seite. Auf eine erneute Iteration wird daher verzichtet.

Lastfall 2

Der Lastfall 2 wird nicht maßgebend; auf eine Darstellung des Rechengangs wird verzichtet.

Mindestbewehrung

$A_{s,min} = 0{,}15 \cdot |N_{Ed}| / f_{yd} = 0{,}15 \cdot 1{,}007 \cdot 10^4 / 435 = 3{,}47\ cm^2$

Außerdem ist zu prüfen:

- Längsstabdurchmesser ≥ 12 mm.
- Der Abstand der Längsstäbe darf maximal 30 cm betragen.
- Es ist mindestens 1 Stab je Ecke anzuordnen.

gew.: 4 ∅ 12 (= 4,52 cm^2)

4 Nachweise senkrecht zur Rahmenebene

Da eine Exzentrizität nur in Rahmenebene vorliegt, dürfen die Nachweise getrennt für beide Richtungen geführt werden. Als statisches System senkrecht zur Rahmenebene wird eine Pendelstütze angenommen.

4.1 Schlankheit und Grenzschlankheit

Es gilt $\lambda = l_0/i = 4{,}50/0{,}0867 = 52$. Senkrecht zur Rahmenebene ist die Grenzschlankheit ebenfalls überschritten, sodass ein Nachweis nach Theorie II. Ordnung erforderlich ist.

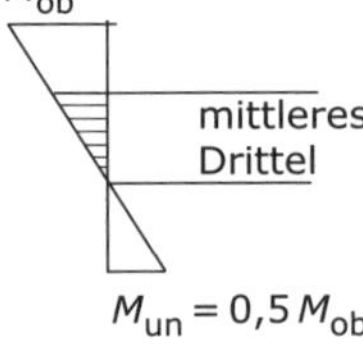

Es ist zu überprüfen, ob für das Knicken senkrecht zur Rahmenebene nur ein reduzierter Querschnitt berücksichtigt werden darf. Der Nachweis erfolgt im „knickgefährdeten" Bereich (im mittleren Drittel der Ersatzlänge; hier wegen Pendelstütze Ersatzlänge = Stablänge). Die größte planmäßige Lastausmitte in Rahmenebene beträgt in diesem Bereich $e_0 = 0{,}5\,M_{ob}/N$ (s. Skizze).

LF. 1: $e_0 = 0{,}5 \cdot 56{,}9 / 1158 = 0{,}0246$
$e_0/h = 0{,}0246 / 0{,}30 = 0{,}082 < 0{,}2$
LF. 2: $e_0 = 0{,}5 \cdot 50{,}9 / 593 = 0{,}0429$
$e_0/h = 0{,}0429 / 0{,}30 = 0{,}143 < 0{,}2$

Eine Reduzierung des Querschnitts ist somit nicht erforderlich.

4.2 Nachweis nach Theorie II. Ordnung

Die Bemessung erfolgt mit Diagrammen; Eingangswerte sind die bezogenen Längskräfte und Biegemomente nach Theorie I. Ordnung (einschl. der ungewollten Ausmitte, ggf. der Kriechausmitte):

[Schmitz/Goris – 12]; vgl. a. S. A.8

Ungewollte Ausmitte: $e_i = 0{,}0047 \cdot 4{,}50 / 2 = 0{,}0106$ m
zzgl. Kriechausmitte: $e_i + e_c = 0{,}013$ m

Kriechausmitte wird geschätzt

$N_{Ed} = -1{,}158$ MN
$M_{Ed,1} = M_{Ed0} + N_{Ed} \cdot (e_i + e_c) = 0 + 1{,}158 \cdot 0{,}013 = 0{,}0151$ MNm
$\lambda = 52$ (s. o.)

Bemessung

$d_1/h = 0{,}15$; B500

$$\nu_{Ed} = \frac{N_{Ed}}{b \cdot h \cdot f_{cd}} = \frac{-1{,}158}{0{,}30 \cdot 0{,}30 \cdot 17{,}0} = -0{,}757$$

$$\mu_{Ed} = \frac{M_{Ed}}{b \cdot h^2 \cdot f_{cd}} = \frac{0{,}0151}{0{,}30 \cdot 0{,}30^2 \cdot 17{,}0} = 0{,}033$$

$\omega_{tot} = 0$

Es ist damit keine (zusätzliche) Bewehrung erforderlich.

5 Weitere Nachweise

Auf weitere Nachweise – Brandbemessung, Bewehrungsführung u. a. – wird im Beispiel nicht eingegangen.

Für den Rahmenknoten ist im DAfStb-H.525 eine alternative Bewehrungsführung vorgeschlagen, weitere Hinweise s. dort.

s. [DAfStb-H525 – 10]

6 Darstellung der Bewehrung

Die Verlegemaße sind unvollständig.

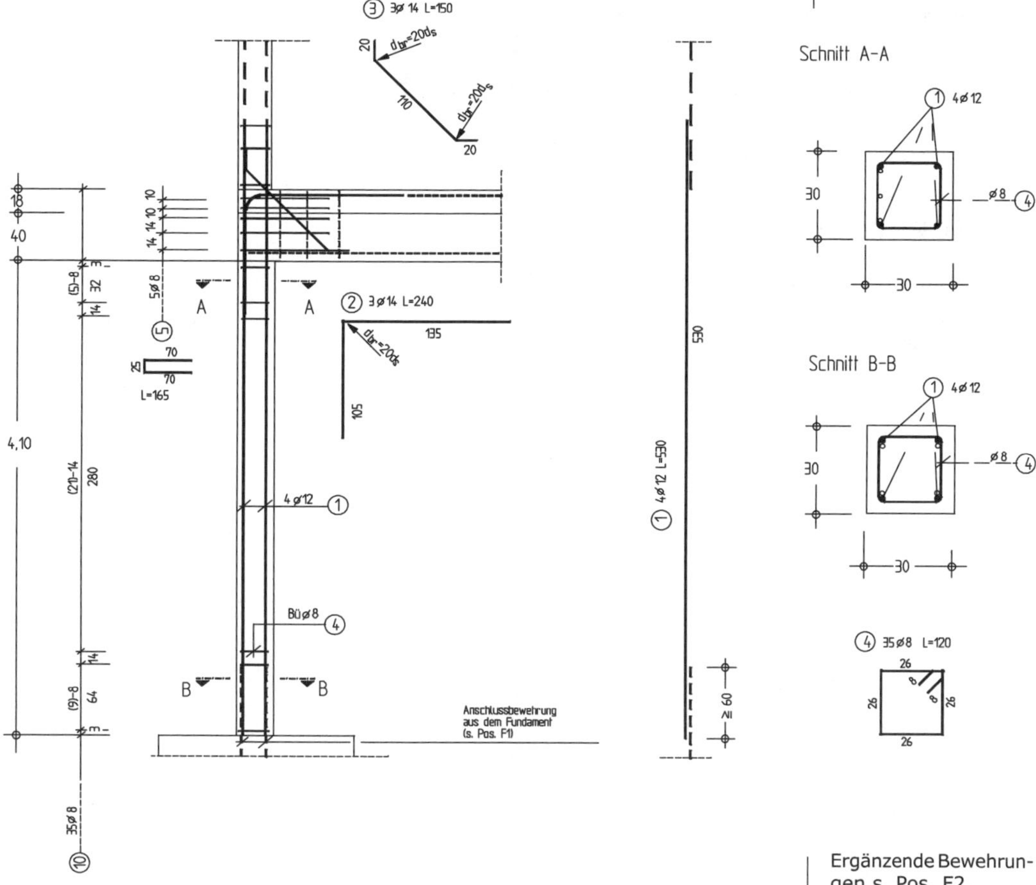

Baustoffe: C30/37 XC1 WO
B500(B)

Betondeckung: c_v = 2,0 cm (Verlegemaß)
Δc_{dev} = 1,0 cm (Vorhaltemaß)

Ergänzende Bewehrungen s. Pos. F2.

Die erforderlichen bautechnischen Unterlagen sind in EC 2-1-1/NA, 2.8 angegeben; es wird insbesondere auf die Anforderungen an Zeichnungen hingewiesen.

Pos. F1: Mittig belastetes Fundament

1 Beschreibung

Das mittig belastete Fundament F1 (s. Abb. F1.1) ist zu bemessen. Als Fundamentabmessungen werden Seitenlängen von 2,30 m, die Fundamentdicke wird zu 60 cm gewählt.

vgl. Übersichtszeichnung, Abb. Ü.1

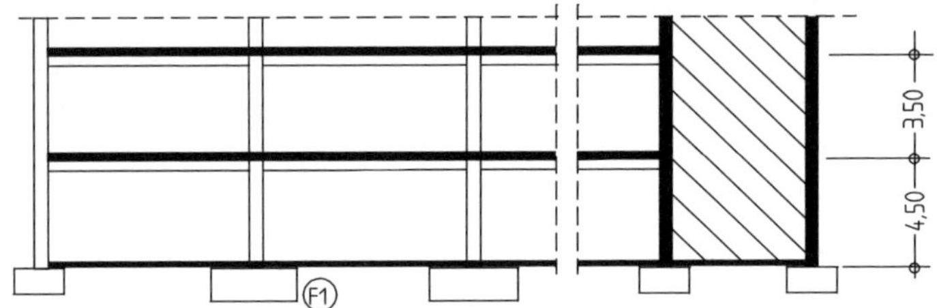

Abb. F1.1: Mittig belastetes Einzelfundament

2 Einwirkungen

Das Einzelfundament ist mittig wie folgt belastet:

Eigenlasten N_{gk} = 1045 kN
veränderliche Lasten N_{qk} = 648 kN

vgl. S. HB.89

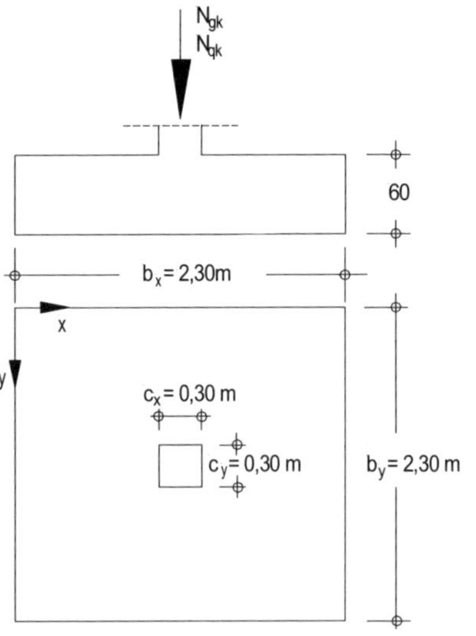

Abb. F1.2: Fundament, Abmessungen Belastung

3 Nachweis der Bodenpressungen

Der Nachweis der Bodenpressungen erfolgt nach EC 7 (hierbei sind zusätzlich die Eigenlast des Fundamentes, Bodenauflasten u.a. zu berücksichtigen). Das der Norm zugrunde liegende Sicherheitskonzept ist zu beachten. Im Rahmen des Beispiels wird dieser Nachweis nicht geführt.

4 Grenzzustand der Tragfähigkeit

4.1 Biegung

Bemessungslängskraft

$$N_{Ed} = 1{,}35 \cdot 1045 + 1{,}50 \cdot 648 = 2383 \text{ kN}$$

Bemessungsmoment

Es wird eine Momentenausrundung vorgenommen. Man erhält:

$$M_{Ed,x} = N_{Ed} \cdot \frac{b_x}{8} \cdot \left(1 - \frac{c_x}{b_x}\right)$$

$$= 2383 \cdot \frac{2{,}30}{8} \cdot \left(1 - \frac{0{,}30}{2{,}30}\right) = 596 \text{ kNm}$$

$$M_{Ed,y} = M_{Ed,x}$$

Bei monolithischem Anschluss der Stütze an das Fundament darf nach [DAfStb-H.387] als Bemessungsmoment auch das Anschnittsmoment (am Rand der Stütze) gewählt werden.

Biegebemessung

Betondeckung und Nutzhöhe

c_{min} = 2,0 cm (Umgebungsklasse XC 2)
Δc_{dev} = 3,5 cm (Vorhaltemaß)[1)]
c_{nom} = 5,5 cm

s. Bauwerksbeschreibung S. HB.4

Mit c_{nom} = 5,5 cm und für ∅ = 16 mm (s. nachfolgend) erhält man

$d_x = 60{,}0 - 5{,}5 - 1{,}6/2 \approx 54$ cm (1. Lage)
$d_y = 60{,}0 - 5{,}5 - 1{,}6 - 1{,}6/2 \approx 52$ cm (2. Lage)

Momentenverteilung

Die Konzentration der Beanspruchung in Stützennähe wird nach DAfStb-Heft 240 berücksichtigt:

$c_y/b_y = 0{,}30 / 2{,}30 = 0{,}13$ und
$c_x/b_x = 0{,}30 / 2{,}30 = 0{,}13$

Man erhält für beide Richtungen mit $c/b \approx 0{,}1$ als Verteilung α_M des Gesamtmoments (s. Abb. F1.3).

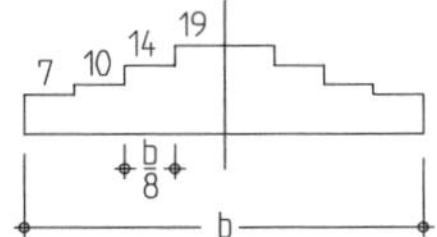

Abb. F1.3: Verteilung α_M in % vom Gesamtmoment

vgl. [DAfStb-H.240]

Bemessung x-Richtung

In Fundamentmitte ergibt sich mit der angegebenen Verteilung auf eine Breite von $b_y/8$

$$M_{Eds} = 0{,}19 \cdot M_{Ed,x} = 0{,}19 \cdot 596 = 113{,}2 \text{ kNm}$$

$$\mu_{Eds} = \frac{M_{Eds}}{b \cdot d^2 \cdot f_{cd}} = \frac{113{,}2 \cdot 10^{-3}}{(2{,}30/8) \cdot 0{,}54^2 \cdot (0{,}85 \cdot 30/1{,}5)} = 0{,}0794$$

$$\Rightarrow \omega = 0{,}0830; \quad \zeta = 0{,}96$$

$$A_s = \omega \cdot b \cdot d \cdot \frac{f_{cd}}{\sigma_{sd}} = 0{,}0830 \cdot (230/8) \cdot 54 \cdot \frac{0{,}85 \cdot 30/1{,}5}{435} = 5{,}04 \text{ cm}^2$$

1) Vorhaltemaß für Umweltklasse XC 2 Δc_{dev} = 1,5 cm; bei Betonschüttung gegen unebene Flächen – hier: Sauberkeitsschicht – Erhöhung um mind. 2,0 cm.

EC 2-1-1, 4.4.1.3(4)

Gesamtbewehrung in x-Richtung

$A_{s,tot} = 5{,}04 / 0{,}19 = 26{,}5\ \text{cm}^2$

Die Bewehrung wird genähert, wie in Abb. F1.3 dargestellt, verteilt und mit Blick auf den Durchstanznachweis großzügig gewählt.

gew.: in Fundamentmitte 11 Ø 16 – 10 cm
außen 2 × 4 Ø 16 – 15 cm

s. Darstellung der Bewehrung, Abb. F1.6

Bemessung y-Richtung

$M_{Eds} = 0{,}19 \cdot M_{Ed,y} = 0{,}19 \cdot 596 = 113{,}2\ \text{kNm}$

$$\mu_{Eds} = \frac{M_{Eds}}{b \cdot d^2 \cdot f_{cd}} = \frac{113{,}2 \cdot 10^{-3}}{(2{,}30/8) \cdot 0{,}52^2 \cdot (0{,}85 \cdot 30/1{,}5)} = 0{,}0857$$

Bemessung mit μ_s-Tafeln, S. A.4 (aus [Goris/Schmitz – 14])

$\Rightarrow \omega = 0{,}0899; \quad \zeta = 0{,}95$

$$A_s = \omega \cdot b \cdot d \cdot \frac{f_{cd}}{\sigma_{sd}} = 0{,}0899 \cdot (230/8) \cdot 52 \cdot \frac{0{,}85 \cdot 30/1{,}5}{435} = 5{,}25\ \text{cm}^2$$

$A_{s,tot} = 5{,}25 / 0{,}19 = 27{,}6\ \text{cm}^2$

gew.: in Fundamentmitte 11 Ø 16 - 10 cm
außen 2 × 4 Ø 16 - 15 cm

4.2 Durchstanzen

Mindestbiegezugbewehrung

Für den Durchstanznachweis müssen zunächst die Momente m_{Edx} und m_{Edy} je Längeneinheit nach EC 2-1-1, Abschnitt 10.5.6 nachgewiesen werden.

$m_{Edx} = m_{Edy} \geq \eta \cdot V_{Ed}$

$\eta = 0{,}125$ (Innenstütze; EC 2-1-1, Tabelle NA.6.1.1)

$V_{Ed} = 2383\ \text{kN}$

Es dürfte auch $V_{Rd,red}$ angesetzt werden (s. [Fingerloos et al – 12]).

$m_{Edx} = m_{Edy} = 0{,}125 \cdot 2383 = 297{,}9\ \text{kNm/m}$

$$\mu_{Eds} = \frac{m_{Ed}}{b \cdot d^2 \cdot f_{cd}} = \frac{297{,}9 \cdot 10^{-3}}{1{,}0 \cdot 0{,}53^2 \cdot (0{,}85 \cdot 30/1{,}5)} = 0{,}0624$$

Bemessung mit μ_s-Tafeln, S. A.4 (aus [Schmitz/Goris – 12])

(Nachweis näherungsweise mit $d = d_m$)

$\Rightarrow \omega = 0{,}0647$

$$a_{sy} = \omega \cdot b \cdot d \cdot \frac{f_{cd}}{\sigma_{sd}} = 0{,}0647 \cdot 100 \cdot 53 \cdot \frac{0{,}85 \cdot 30/1{,}5}{435} = 13{,}4\ \text{cm}^2/\text{m}$$

Die gewählte Bewehrung ist ausreichend, es sind im „inneren" Bereich 20,1 cm²/m (Ø16 - 10) vorhanden; auch im Randbereich ist der Nachweis mit 13,4 cm²/m (Ø 16 – 15) noch erfüllt.

Gemäß [DAfStb-H525] muss die Mindestbewehrung den kritischen Rundschnitt abdecken.

Nachweis gegen Durchstanzen – Iterative Bemessung

Lasteinleitungsfläche

Die Lasteinleitungsfläche A_{load} muss folgende Bedingungen erfüllen:

EC 2-1-1, 6.4.1(2)

$c_x / c_y \leq 2 \quad \rightarrow \quad 0{,}30 / 0{,}30 = 1{,}0 < 2$

$u_{load} \leq 12d \quad \rightarrow \quad 2 \cdot (0{,}30 + 0{,}30) = 1{,}2\ \text{m} < 12 \cdot 0{,}53 = 6{,}36\ \text{m}$

Lage des kritischen Schnitts u_{crit}

Die Bemessungsquerkraft wird auf den kritischen Rundschnitt u_{crit} bezogen. Für den Abstand a_{crit} des maßgebenden Rundschnitts vom Stützenrand gilt in Abhängigkeit von der Fundamentschlankheit $\lambda = a_\lambda / d$ (mit a_λ als kürzester Abstand zwischen Lasteinleitungsfläche und Fundamentrand)

EC 2-1-1/NA, 6.4.2(2)

$\lambda = a_\lambda / d \leq 2{,}0$: maßgebender Rundschnitt ist iterativ zu bestimmen

$\lambda = a_\lambda / d > 2{,}0$: maßgebender Rundschnitt darf zur Vereinfachung im Abstand $1{,}0d$ vom Stützenrand angenommen werden

Im vorliegenden Fall ist

$\lambda = 1{,}00/0{,}53 = 1{,}89 < 2{,}0$,

der maßgebende Rundschnitt ist daher iterativ zu bestimmen.

Aufzunehmende Querkraft (je Flächeneinheit)

Die Querkraft V_{Ed} darf um die günstige Wirkung aus den Bodenpressungen innerhalb der kritischen Fläche A_{crit} abgemindert werden.

$v_{Ed} = \beta \cdot V_{Ed,red} / (u \cdot d)$

EC 2-1-1, 6.4.4 (2)

$V_{Ed,red} = N_{Ed} - \sigma_0 \cdot A_{crit}$

$\sigma_0 = N_{Ed} / A = 2{,}383 / (2{,}30 \cdot 2{,}30) = 0{,}450 \text{ MN/m}^2$

$A_{crit} = 0{,}3 \cdot 0{,}3 + 4 \cdot 0{,}3 \cdot a_{crit} + \pi \cdot a_{crit}^2$

$\beta = 1{,}1$

$\beta = 1{,}1$ für „Innenstützen"

$u = u_{crit} = 2 \cdot (0{,}30 + 0{,}30) + 2 \cdot \pi \cdot a_{crit}$

$v_{Ed} = 1{,}10 \cdot (2{,}383 - 0{,}450 \cdot A_{crit}) / (u_{crit} \cdot 0{,}53)$

Aufnehmbare Querkraft (Widerstand) $v_{Rd,c}$ ohne Durchstanzbewehrung

$v_{Rd,c} = (0{,}15/\gamma_C) \cdot k \cdot (100 \rho_l \cdot f_{ck})^{1/3} \cdot (2d/a_{crit}) \geq v_{min} \cdot (2d/a_{crit})$

EC 2-1-1, Gl. (6.47)

$k = 1 + (200/d)^{1/2} = 1 + (200/530)^{1/2} = 1{,}61$

$f_{ck} = 30 \text{ N/mm}^2$ (C30/37)

$\rho_l = (\rho_{lx} \cdot \rho_{ly})^{1/2}$

Die Werte ρ_{lx} und ρ_{ly} werden mit einer Breite entsprechend der Stützenabmessung zzgl. $3d$ pro Seite ermittelt. Diese Breite ist hier größer als die ganze Fundamentbreite, so dass letztere maßgebend wird

$b_x = 2{,}30 \text{ m} \rightarrow 19 \varnothing 16$: $\rho_{ly} = 38{,}2/(230 \cdot 52) = 0{,}00319$

$b_y = 2{,}30 \text{ m} \rightarrow 19 \varnothing 16$: $\rho_{lx} = 38{,}2/(230 \cdot 54) = 0{,}00308$

$\rho_l = (0{,}00319 \cdot 0{,}00308)^{1/2} = 0{,}0031$

$d = d_m = 0{,}53 \text{ m}$

$v_{min} = (0{,}0525/\gamma_C) \cdot k^{3/2} \cdot f_{ck}^{1/2} = (0{,}0525/1{,}5) \cdot 1{,}61^{3/2} \cdot 30^{1/2} = 0{,}391$

Für $d \leq 600$ mm; vgl. EC 2-1-1, 6.2.2(1)

$v_{Rd,c} = (0{,}15/1{,}5) \cdot 1{,}61 \cdot (0{,}31 \cdot 30)^{1/3} \cdot (2 \cdot 0{,}53/a_{crit}) = 0{,}359/a_{crit}$
$< 0{,}391 \cdot (2 \cdot 0{,}53/a_{crit}) = 0{,}415/a_{crit}$ (maßgebend)

Nachweis

Der kritische Rundschnitt u_{crit} (bzw. a_{crit}) ist iterativ zu bestimmen. Der maßgebende Schnitt ist gefunden, wenn das Verhältnis $v_{Rd,c} / (\beta \cdot v_{Ed,red})$ ein Minimum wird.

Für den maßgebenden Schnitt im Abstand 0,387 m (Iteration vgl. Tafel F1.1) erhält man

$$v_{Ed} = 1{,}10 \cdot (2{,}383 - 0{,}450 \cdot A_{crit}) / (u_{crit} \cdot 0{,}53)$$

$$= \frac{1{,}10 \cdot (2{,}383 - 0{,}450 \cdot (0{,}3 \cdot 0{,}3 + 4 \cdot 0{,}3 \cdot 0{,}387 + \pi \cdot 0{,}387^2))}{0{,}53 \cdot [2 \cdot (0{,}30 + 0{,}30) + 2 \cdot \pi \cdot 0{,}387]}$$

v_{Ed} = 2,114/1,925 = 1,098 MN/m²
$v_{Rd,c}$ = 0,415/a_{crit} = 0,415/0,387 = 1,072 MN/m²
$v_{Ed} \approx v_{Rd,c} \Rightarrow$ Nachweis nahezu erfüllt (die Abweichung ist tolerabel), keine Durchstanzbewehrung erforderlich.

Tafel F1.1 Iterative Bestimmung des kritischen Rundschnitts

Vgl. Excel-Anwendung Fundohn in [Goris/ Schmitz - 13]

a_i/a_λ [-]	a_i [m]	u_i [m]	A_i [m²]	$V_{Ed,red}$ [MN]	v_{Ed} [MN/m²]	v_{Rdc} [MN/m²]	$v_{Rd,c}/v_{Ed}$ [-]
0,30	0,300	3,08	0,73	2,05	1,381	1,389	1,006
0,35	0,350	3,40	0,89	1,98	1,209	1,191	0,985
0,387	0,387	3,63	1,03	1,92	1,097	1,076	0,981
0,40	0,400	3,71	1,07	1,90	1,062	1,042	0,981
0,45	0,450	4,03	1,27	1,81	0,934	0,926	0,992

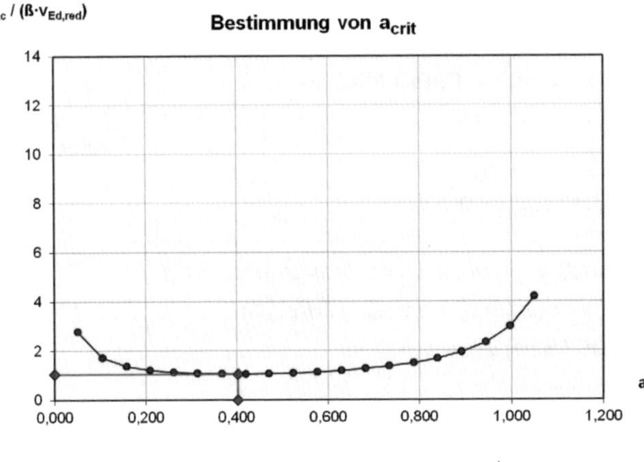

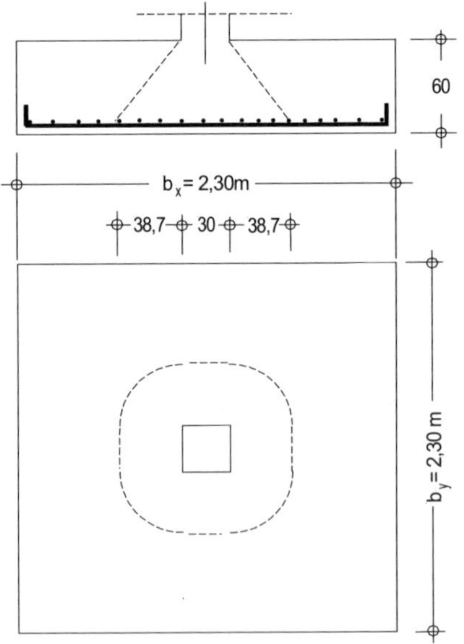

Abb. F1.4: Maßgebender kritischer Umfang u_{crit}

Nachweis gegen Durchstanzen – Bemessung mit Tabellen

Wie zuvor ausgeführt, wird der kritische Rundschnitt u_{crit} iterativ gefunden und zwar in der Weise, dass das Verhältnis $v_{Rd,c} / (\beta \cdot v_{Ed,red})$ ein Minimum wird. Mathemtisch gesehen bedeutet das, dass die erste Ableitung einer Gleichung zu Null gesetzt wird (Lösung des mathematischen Problems und weitere Hintergründe s. [Goris - 14]).

vgl. [Goris - 14]

Für den Fall, dass der Faktor β für die Berücksichtigung von Lastausmitten genügend genau konstant angenommen werden kann, ist die mathematsiche Lösung bereits in Form von Tabellen und Diagrammen aufbereitet und veröffentlicht.

s. [Goris/Schmitz - 14]

Es sind (s. vorher)

$N_{Ed} = 2383$ kN, $\beta = 1{,}10$
$L_x / L_y = 2{,}30$ m / $2{,}30$ m
$c_x / c_y = 0{,}30$ m / $0{,}30$ m
$d = 0{,}54$ m
$\rho = 0{,}31$ %

Mit den Tafeleingangswerten

$L_x / c_x = 2{,}30 / 0{,}30 = 7{,}67$
$L_x / L_y = c_x / c_y = 1{,}0$

liest ab (s. nebenstehend; aus [Schneider - 16])

$a_{crit} / c_x \quad = 1{,}29$
$V_{Rd} / (v_{Rd,c} \cdot d^2) = c_x / c_y = 23{,}3$

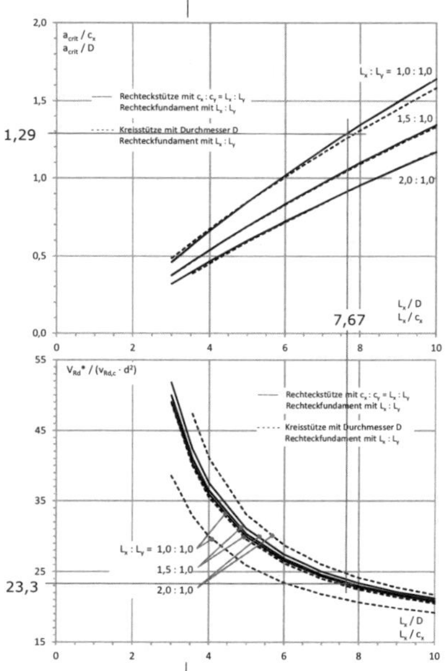

Alternativ ist auch eine Bemessung mit Tabellen möglich (s. unten).

Damit erhält man

$a_{crit} = 1{,}29 \cdot 0{,}30 = 0{,}39$ m ($< 2d$)
$V_{Rd} \;= 23{,}3 \cdot (v_{Rd,c} \cdot d^2)$
$v_{Rd,c} = (0{,}15/\gamma_C) \cdot k \cdot (100 \cdot \rho_l \cdot f_{ck})^{0,5} \geq v_{min}$
$v_{Rd,c} = 0{,}1 \cdot 1{,}61 \cdot (0{,}31 \cdot 30)^{1/3} = 0{,}339$ MN/m^2
$< 0{,}391$ MN/m^2
$V_{Rd} \;= 23{,}3 \cdot (0{,}391 \cdot 0{,}53^2) = 2{,}612$ MN
$\approx \beta \cdot V_{Ed} = 1{,}1 \cdot 2{,}383 = 2{,}621$ MN
$\Rightarrow$ Nachweis nahezu erfüllt (wie vorher)

Hinweis: Es ist $V_{Rd} \geq \beta \cdot V_{Ed}$ einzuhalten (ohne Reduzierung um ΔV_{Ed}; eine mögliche Reduzierung ist bereits bei V_{Rd} berücksichtigt).

Lage des kritischen Rundschnitts a_{crit}/c_x

s. [Schneider - 16]; Ausschnitt aus Tafel A.10 und A.11

L_x/L_y	c_x/c_y	L_x/c_x							
		3	4	5	6	7	8	9	10
	1,0	0,461	0,661	0,846	1,020	1,185	1,343	1,495	1,641
1,0	1,5	0,487	0,676	0,851	1,015	1,171	1,319	1,462	1,600
	2,0	0,498	0,680	0,850	1,008	1,159	1,302	1,440	1,573

Tragfähigkeit $V_{Rd}^* / (v_{Rd,c} \cdot d^2)$ ohne Durchstanzbewehrung

L_x/L_y	c_x/c_y	L_x/c_x							
		3	4	5	6	7	8	9	10
	1,0	49,1	35,9	30,0	26,6	24,3	22,8	21,6	20,8
1,0	1,5	39,6	30,8	26,5	24,0	22,3	21,1	20,2	19,5
	2,0	35,6	28,5	24,9	22,8	21,3	20,3	19,5	18,8

5 Grenzzustand der Gebrauchstauglichkeit

Es wird nur der Nachweis zur Beschränkung der Rissbreite für die Lastbeanspruchung geführt.

Beschränkung der Rissbreite

Für die Expositionsklasse XC 2 gilt die Mindestanforderung ein Rechenwert der Rissbreite $w_k \leq 0{,}3$ mm. Die Berechnung wird nur für die ungünstigere y-Richtung mit der geringeren Nutzhöhe d_y geführt. Der Nachweis erfolgt für die quasi-ständige Last. Für die Nutzlast gilt ein Kombinationsfaktor $\psi_2 = 0{,}6$.

EC 2-1-1, Tab. 7.1DE

EC 0/NA, Tab. NA. 1.1 (ungünstig wurde die Kategorie C zugrunde gelegt; s. S. HB.2)

$$N_{perm} = N_{gk} + \psi_2 \cdot N_{qk} = 1045 + 0{,}6 \cdot 648 = 1434 \text{ kN}$$

Für das ausgerundete Moment M_{perm} in y-Richtung erhält man

$$M_{Ed,x} = 1434 \cdot \frac{2{,}40}{8} \cdot \left(1 - \frac{0{,}30}{2{,}40}\right) = 376 \text{ kNm}$$

Insbesondere im Grenzzustand der Gebrauchstauglichkeit sollte zur Vermeidung übermäßiger Rissbildung die Momentenkonzentration an der Stütze beachtet werden. Hierfür erhält man (s. S. 130):

$$M_{perm} = 376 \cdot 0{,}19 = 71{,}5 \text{ kNm} \quad (\text{auf } b_x = 2{,}30/8 = 0{,}2875 \text{ m})$$

vgl. [DAfStb-H. 240] (s. a. Abb. F1.3)

bzw. je Längeneinheit

$$m_{perm} = 71{,}5 / 0{,}2875 = 248{,}7 \text{ kNm/m}$$

Die Stahlspannung unter der quasi-ständigen Last (infolge M_{perm}) ergibt sich für reine Biegung

$$\sigma_s = \frac{m_{perm}}{z \cdot A_s}$$

$$z \approx 0{,}9 \cdot 0{,}53 = 0{,}48 \text{ m} \qquad (z \approx 0{,}9\, d)$$

$$A_s = 20{,}1 \text{ cm}^2/\text{m} \qquad (\varnothing 16 - 10;\ \text{s. S. } 131)$$

Es wird vereinfachend mit einer mittleren Höhe nachgewiesen.

$$\sigma_s = \frac{0{,}2487}{0{,}48 \cdot 20{,}1 \cdot 10^{-4}} = 258 \text{ MN/m}^2$$

Nachweis des gewählten Durchmessers

$$\varnothing_s = \varnothing_s^* \cdot \frac{\sigma_s \cdot A_s}{4 \cdot (h-d) \cdot b \cdot 2{,}9} \geq \varnothing_s^* \cdot \frac{f_{ct,eff}}{2{,}9}$$

$$\varnothing_s^* = 16 \text{ mm} \qquad (\text{für } \sigma_s = 258 \text{ MN/m}^2,\ w_k = 0{,}3 \text{ mm})$$

EC 2-1-1, Tab. 7.2DE

$$\frac{\sigma_s \cdot A_s}{4 \cdot (h-d) \cdot b \cdot 2{,}9} = \frac{258 \cdot 20{,}1 \cdot 10^{-4}}{4 \cdot (0{,}60 - 0{,}52) \cdot 1{,}0 \cdot 2{,}9} = 0{,}56$$

$$f_{ct,eff} / 2{,}9 = 2{,}9 / 2{,}9 = 1$$

$$\varnothing_s = \varnothing_s^* \cdot 1 = 16 \text{ mm}$$

$$\varnothing_s = 16 \text{ mm} > \varnothing_{s,vorh} = 16 \text{ mm} \Rightarrow \text{Nachweis erfüllt.}$$

6 Bewehrungsführung

6.1 Mindestbewehrung

Zur Sicherstellung gegen ein Versagen ohne Vorankündigung muss eine Mindestbewehrung angeordnet werden (Duktilitätskriterium). Sie ist für das Rissmoment mit dem Mittelwert der Betonzugfestigkeit f_{ctm} und der Stahlspannung $\sigma_s = f_{yk}$ zu berechnen.

Bei Einzelfundamenten ohne äußeren Zwang darf, wenn die Schnittgrößen für Lasten nach EC 2-1-1, 5.4 ermittelt und alle Nachweise der Grenzzustände erfüllt werden, auf eine Mindestbewehrung verzichtet werden; EC 2-1-1/NA, 9.2.1.1. Wegen der vorgenommen Umlagerung (s. Pos. U1), d.h. Schnittgrößenermittlung nach EC 2-1-1, 5.5 ist der Nachweis zu führen.

$A_{s,min} = M_{cr} / (z \cdot f_{yk})$

$M_{cr} = f_{ctm} \cdot W = 2{,}9 \cdot (0{,}60^2 / 6) \cdot 2{,}40 = 0{,}418$ MNm

$z \approx 0{,}9d = 0{,}9 \cdot 0{,}52 = 0{,}47$ m

$A_{s,min} = 0{,}418 / (0{,}48 \cdot 500) \cdot 10^4 = 17{,}4$ cm²

$f_{ctm} = 2{,}9$ MN/m² (Beton C30/37)

Die Mindestbewehrung muss über die gesamte Fundamentlänge („Kragarm") durchlaufen. Die Mindestbewehrung ist mit $A_s = 38{,}2$ cm² (19 ∅16) eingehalten, die Bewehrung wird nicht gestaffelt.

EC 2-1-1/NA, 9.2.1.1

6.2 Verankerung der Biegezugbewehrung

Der Nachweis der Verankerung erfolgt nach EC 2-1-1, 9.8.2.2. Die Randzugkraft F_s ist auf der Länge x zu verankern (s. Abb.).

EC 2-1-1, 9.8.2.2

$F_s = R \cdot z_e / z_i$

$R = \sigma_0 \cdot x$

$\sigma_0 = N_{Ed} / b_F = 2{,}383/2{,}30 = 1{,}036$ MN/m

$x = h/2 = 0{,}60/2 = 0{,}30$

$R = 1{,}036 \cdot 0{,}30 = 0{,}311$ MN

$z_e = (a_F - x/2) + 0{,}15\, b_{col}$

$= 0{,}85 + 0{,}15 \cdot 0{,}30 = 0{,}90$ m

$z_i = 0{,}9 \cdot d_m = 0{,}9 \cdot 0{,}53 = 0{,}48$ m

$F_s = 0{,}311 \cdot 0{,}90 / 0{,}48 = 0{,}583$ MN

$A_s = (0{,}583/435) \cdot 10^4 = 13{,}4$ cm²

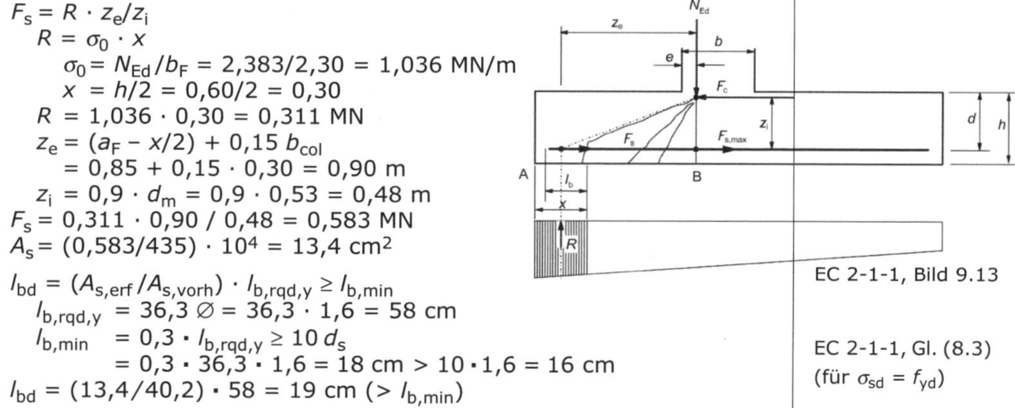

EC 2-1-1, Bild 9.13

$l_{bd} = (A_{s,erf} / A_{s,vorh}) \cdot l_{b,rqd,y} \geq l_{b,min}$

$l_{b,rqd,y} = 36{,}3\, ∅ = 36{,}3 \cdot 1{,}6 = 58$ cm

$l_{b,min} = 0{,}3 \cdot l_{b,rqd,y} \geq 10\, d_s$

$= 0{,}3 \cdot 36{,}3 \cdot 1{,}6 = 18$ cm $> 10 \cdot 1{,}6 = 16$ cm

$l_{bd} = (13{,}4/40{,}2) \cdot 58 = 19$ cm $(> l_{b,min})$

EC 2-1-1, Gl. (8.3) (für $\sigma_{sd} = f_{yd}$)

Die Verankerungslänge l_{bd} steht – unter Berücksichtigung der erforderlichen seitlichen Betondeckung – auf der Länge x zur Verfügung.

Es werden Endhaken (Länge ≈ 15 d_s) gewählt; im Verankerungsbereich wird an den Rändern konstruktiv ein Querstab ∅ 8 angeordnet.

Alternativer Nachweis

Es wird die vertikale Hakenlänge für die am Rand zu verankernde Zugkraft nachgewiesen; sie wird aus der um das Versatzmaß $a_l = d$ verschobenen M_{Ed}/z-Linie bestimmt.

Der Krümmungsbeginn liegt bei (s. Abb. F1.5)

$x_0 = c_{nom} + ∅ + D_{min} / 2 = 5{,}5 + 1{,}6 + 4 \cdot 1{,}6 / 2 \approx 10$ cm

D_{min} nach EC 2-1-1, Tab. 8.1DE

Das Moment ergibt sich zu

$$M_{Ed,x0} + \Delta M_{Ed,x0} = \frac{N_{Ed}}{b_x} \cdot \frac{(x_0 + a_l)^2}{2} = \frac{2383}{2{,}30} \cdot \frac{(0{,}10 + 0{,}54)^2}{2} = 212 \text{ kNm}$$

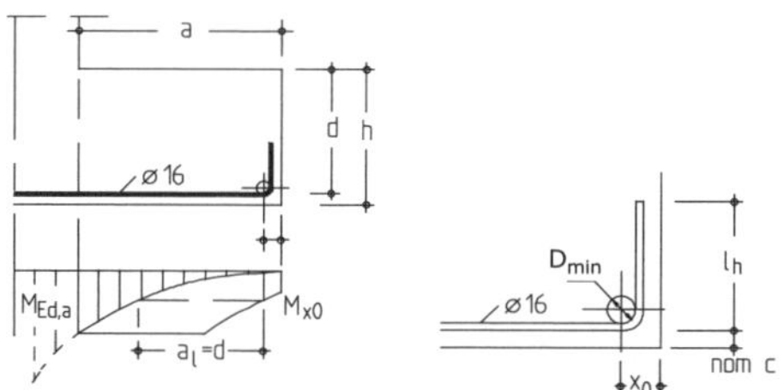

Abb. F1.5: Zugkraftdeckung und Verankerung

Mit $z \approx d_x = 0{,}54$ m erhält man

$F_{sd} = 212 / 0{,}54 = 393$ kN

$A_{s,erf} = F_{sd} / f_{yd} = 393 / 43{,}5 = 9{,}03 \text{ cm}^2 < A_{s,vorh} = 40{,}2 \text{ cm}^2$

Die Verankerungslänge ergibt sich dann für ein *gerades* Stabende zu

$l_{bd} = (A_{s,erf}/A_{s,vorh}) \cdot l_{b,rqd,y} \geq l_{b,min}$

$l_{bd} \quad = (9{,}03/40{,}2) \cdot (36{,}3 \cdot 1{,}6) = 13$ cm

$l_{b,min} = 0{,}3 \cdot l_{b,rqd,y} = 0{,}3 \cdot 36{,}3 \cdot 1{,}6 = 18 \text{ cm} \geq 10\, d_s = 16$ cm

$l_{bd} = 12 \text{ cm} < 18$ cm

Mindestmaß wird maßgebend.

Es wird eine Hakenlänge von ca. 25 cm gewählt; im Verankerungsbereich wird an den Rändern konstruktiv ein Querstab ∅ 8 angeordnet.

$l_{bd,vorh} \approx l_h = 25 + D_{min}/2 + \varnothing = 25{,}0 + 4 \cdot 1{,}6/2 + 1{,}6 = 30 \text{ cm} > 18$ cm

6.3 Sonstige Bewehrungsregeln

EC 2-1-1/NA, 9.3.3.1

Der *Stababstand* in Längs- und Querrichtung darf maximal 25 cm betragen. Die gewählte Bewehrung erfüllt diese Anforderung.

EC 2-1-1/NA, 9.3.1.4(NA.3)

An *freien ungestützten Ränder* ist eine Längs- und Querbewehrung (Steckbügel) anzuordnen. Hierauf darf jedoch bei Fundamenten verzichtet werden.

7 Bewehrungsskizze

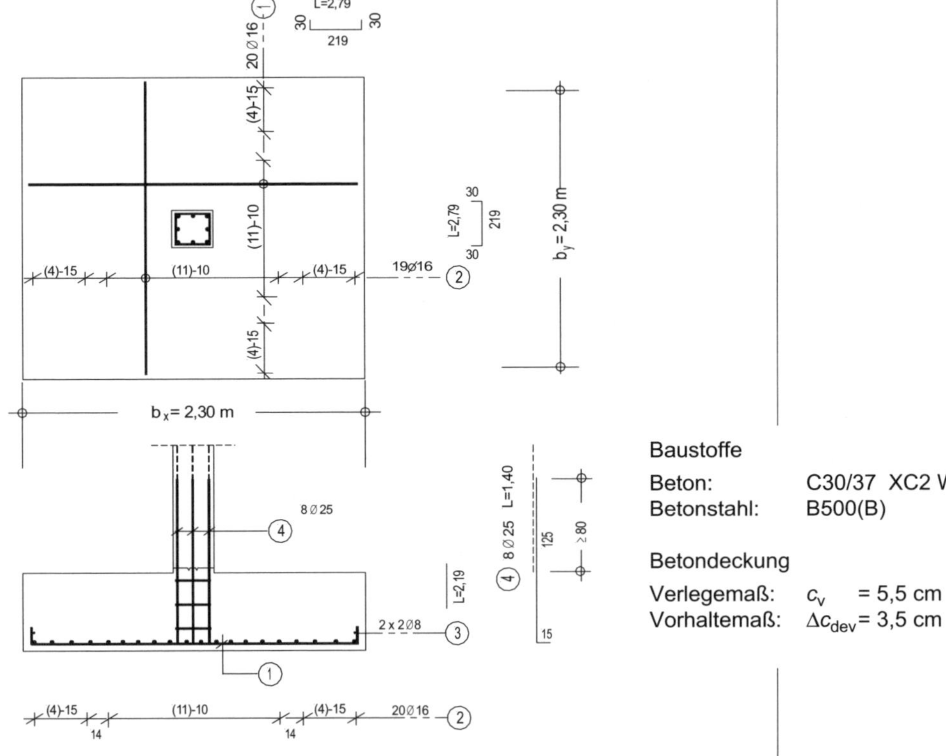

Abb. F1.6: Darstellung der Bewehrung

Pos. F2: Ausmittig belastetes Fundament

1 Beschreibung

Das ausmittig belastete Fundament F2 (vgl. Abb. F2.1) ist zu bemessen. Als Fundamentabmessungen werden Seitenlängen von 2,00 m gewählt, die Fundamentdicke wird – konstruktiv – zu 60 cm gewählt.

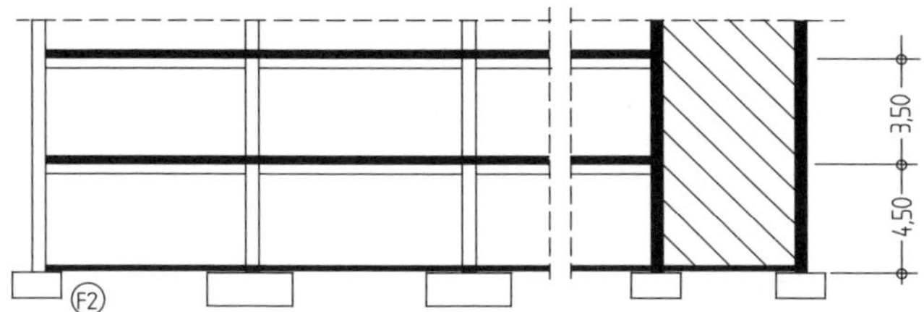

s. a. Abb. Ü.1

Abb. F2.1: Ausmittig belastetes Einzelfundament

2 Einwirkungen

Die Belastung ergibt sich aus Pos. S2. Für das Fundament wird nur der LF.1 untersucht. An OK Fundament erhält man:

	N_k [kN]	M_k [kNm]	V_k [kN]
Eigenlasten	461	8,7	5,8
veränderliche Lasten	357	11,2	7,4

Bestimmung der Querkräfte aus Gleichgewichtsbedingungen

Zusätzlich sich ggf. die Auswirkungen nach Theorie II. Ordnung zu berücksichtigen (s. nachfolgend).

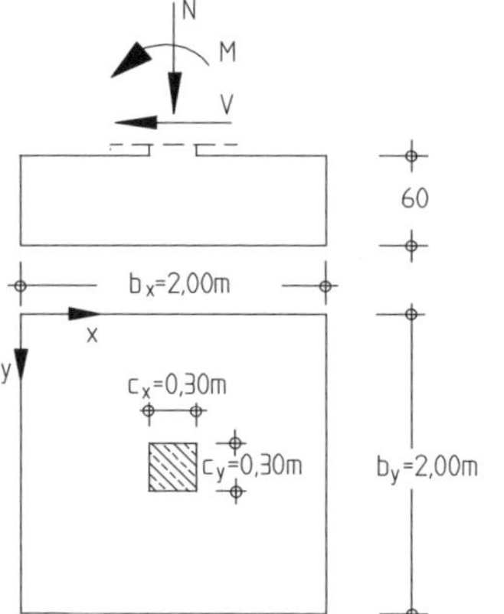

Abb. F2.2: Fundament, Abmessungen Belastung

3 Nachweis der Bodenpressungen

Der Nachweis der Bodenpressungen erfolgt nach EC 7 (hierbei sind zusätzlich die Eigenlast des Fundamentes, Bodenauflasten u.a. zu berücksichtigen). Das der Norm zugrunde liegende Sicherheitskonzept ist zu beachten. Im Rahmen des Beispiels ohne Nachweis.

4 Grenzzustand der Tragfähigkeit

4.1 Biegung

Beanspruchungen in der Fundamentsohle

N_{Ed} = 1,35 · 461 + 1,50 · 347 = 1143 kN
$M_{Ed,I}$ = 1,35 · (8,7 + 5,8 · 0,60) + 1,50 · (11,2 + 7,4 · 0,6) = 39,9 kNm

Momente nach Th. II. Ord. sind berücksichtigen. Die Zusatzausmitten e_i und e_2 werden von Stütze S 2 übernommen.

ΔM_{II} = (e_i+e_2) · N_{Ed} = (0,011+0,011) · 1143 = 25,1 kNm
M_{Ed} = 39,9 + 25,1 = 65,0 kNm

Spannungsverteilung

σ_1 = 1143/(2,0 · 2,0) – 65,0 · 6 / (2,0 · 2,0²) = 237 kN/m²
σ_m = 1143/(2,0 · 2,0) = 286 kN/m²
σ_2 = 1143/(2,0 · 2,0) + 65,0 · 6 / (2,0 · 2,0²) = 335 kN/m²

Sichere Seite; am Stützenfuß sind die Zusatzausmitten kleiner als im nachgewiesen kritischen Schnitt; e_i, e_2 s. S. HB.101

Für die Fundamentbemessung gilt eine trapezförmige Spannungsverteilung.

Bemessungsmoment

Auf der sicheren Seite wird auf eine Momentenausrundung verzichtet.

$$m_{Ed,x} = \sigma_m \cdot \frac{b_x^2}{8} + (\sigma_2 - \sigma_m) \cdot \frac{b_x^2}{12}$$

$$= 286 \cdot \frac{2{,}0^2}{8} + (335 - 286) \cdot \frac{2{,}0^2}{12} = 159 \text{ kNm/m}$$

$m_{Ed,y}$ ohne Nachweis (bei etwas geringerer Beanspruchung wird dieselbe Bewehrung gewählt wie für $m_{Ed,x}$)

Biegebemessung

Betondeckung und Nutzhöhe

c_{min} = 2,0 cm (Umgebungsklasse XC 2)
Δc_{dev} = 3,5 cm (Vorhaltemaß)
c_{nom} = 5,5 cm

EC 2-1-1, 4.4.1

Vorhaltemaß für XC2 1,5 cm; bei Betonschüttung gegen unebene Flächen – hier: Sauberkeitsschicht – Erhöhung um mind. 2,0 cm.

Mit c_{nom} = 5,5 cm und für d_{sl} = 16 mm (s. nachfolgend) erhält man

d_x = 60,0 – 5,5 – 1,6/2 ≈ 54 cm (1. Lage)
d_y = 60,0 – 5,5 – 1,6 – 1,6/2 ≈ 52 cm (2. Lage)

Momentenverteilung

Die Konzentration der Beanspruchung in Stützennähe wird konstrukiv berücksichtigt.

Bemessung x-Richtung

Man erhält (je m Fundamentbreite)

$m_{Eds} = m_{Ed,x}$ = 136 kNm/m

$$\mu_{Eds} = \frac{m_{Eds}}{b \cdot d^2 \cdot f_{cd}} = \frac{159 \cdot 10^{-3}}{1{,}00 \cdot 0{,}54^2 \cdot (0{,}85 \cdot 30/1{,}5)} = 0{,}0320$$

$\Rightarrow \omega = 0{,}0327;\ \zeta = 0{,}98$

$$A_s = \omega \cdot b \cdot d \cdot \frac{f_{cd}}{\sigma_{sd}} = 0{,}0327 \cdot 100 \cdot 54 \cdot \frac{0{,}85 \cdot 30/1{,}5}{435} = 6{,}90 \text{ cm}^2/\text{m}$$

gew.: ∅ 16 - 20 cm (=10,1 cm²/m)

Bemessung mit μ_s-Tafeln (s. [Schmitz/Goris – 12]); vgl. S. A.4

Analog für *y*-Richtung (ohne Nachweis)

y-Richtung bei kleinerer Beanspruchung und etwas geringerer Nutzhöhe etwa gleich.

4.2 Durchstanzen

Die Beanspruchung ist erheblich geringer als für das Fundament F1, der Nachweis auf Durchstanzen wird daher nur auszugsweise gezeigt (vollständiger Nachweis s. Fundament F1).

Die Mindestbewehrung ist eingehalten; ohne Darstellung des Rechengangs.

(Wegen der exzentrischen Beanspruchung ist der Nachweis als Randstütze, d. h. mit η = 0,25, zu führen.)

EC2-1-1,Tab. NA. 6.1.1

Lage des kritischen Schnitts u_{crit}

Der maßgebende Rundschnitt ist wegen $\lambda = 0{,}85/0{,}53 = 1{,}60 < 2{,}0$ iterativ zu bestimmen.

Aufzunehmende Querkraft (je Flächeneinheit)

Die Querkraft V_{Ed} darf um die günstige Wirkung aus den Bodenpressungen innerhalb der kritischen Fläche A_{crit} abgemindert werden.

$v_{Ed} = \beta \cdot V_{Ed,red} / (u \cdot d)$ — EC 2-1-1, 6.4.4 (2)

$V_{Ed,red} = N_{Ed} - \sigma_0 \cdot A_{crit}$

$\sigma_0 = N_{Ed} / A = 1{,}143 / (2{,}00 \cdot 2{,}00) = 0{,}286 \text{ MN/m}^2$

$A_{crit} = 0{,}3 \cdot 0{,}3 + 4 \cdot 0{,}3 \cdot a_{crit} + \pi \cdot a_{crit}^2$

$\beta = 1{,}4$[1]

β = 1,4 für Randstützen (wegen exzentrischer Beanspruchung)

$u = u_{crit} = 2 \cdot (0{,}30 + 0{,}30) + 2 \cdot \pi \cdot a_{crit}$

$v_{Ed} = 1{,}40 \cdot (1{,}143 - 0{,}286 \cdot A_{crit}) / (u_{crit} \cdot 0{,}53)$

Aufnehmbare Querkraft (Widerstand) $v_{Rd,c}$ ohne Durchstanzbewehrung

$v_{Rd,c} = (0{,}15/\gamma_C) \cdot k \cdot (100\,\rho_l \cdot f_{ck})^{1/3} \cdot (2d/a_{crit}) \geq v_{min} \cdot (2d/a_{crit})$ — EC 2-1-1, Gl. (6.47)

k, f_{ck}, d_m, v_{min} wie vorher (s. Fundamnte F1)

$\rho_l = (\rho_{lx} \cdot \rho_{ly})^{1/2}$

$\rho_{ly} = 20{,}1/(200 \cdot 52) = 0{,}00193;$

$\rho_{lx} = 20{,}1/(200 \cdot 54) = 0{,}00186$

$\rho_l = (0{,}00193 \cdot 0{,}00186)^{1/2} = 0{,}0019$

$d = d_m = 0{,}53 \text{ m}$

$v_{Rd,c} = (0{,}15/1{,}5) \cdot 1{,}61 \cdot (0{,}19 \cdot 30)^{1/3} \cdot (2 \cdot 0{,}53/a_{crit}) = 0{,}305/a_{crit}$

$< 0{,}391 \cdot (2 \cdot 0{,}53/a_{crit}) = 0{,}414/a_{crit}$ (maßgebend)

Nachweis

Für den maßg. Schnitt im Abstand 0,34 m (nach Iteration) erhält man

$$v_{Ed} = 1{,}40 \cdot (1{,}143 - 0{,}286 \cdot A_{crit}) / (u_{crit} \cdot 0{,}53)$$

$$= \frac{1{,}40 \cdot (1{,}143 - 0{,}286 \cdot (0{,}3 \cdot 0{,}3 + 4 \cdot 0{,}3 \cdot 0{,}34 + \pi \cdot 0{,}34^2))}{0{,}53 \cdot [2 \cdot (0{,}30 + 0{,}30) + 2 \cdot \pi \cdot 0{,}34]}$$

$$v_{Ed} = 1{,}255/1{,}768 = 0{,}710 \text{ MN/m}^2$$

$$v_{Rd,c} = 0{,}414/a_{crit} = 0{,}414/0{,}34 = 1{,}218 \text{ MN/m}^2$$

$v_{Ed} < v_{Rd,c} \Rightarrow$ Nachweis erfüllt, keine Durchstanzbewehrung erf.

---

1) Genauer wird β bestimmt aus:

$\beta = 1 + k \cdot M_{Ed} \cdot u / (V_{Ed,red} \cdot W) \geq 1{,}1$ — EC 2-1-1, Gl. (NA.6.51.1)

k Beiwert, der sich aus dem Verhältnis von c_1 zu c_2 ergibt

$u = u_{crit} = 2 \cdot (c_1 + c_2) + 2 \cdot \pi \cdot a_{crit}$

$W = c_1^2/2 + c_1 \cdot c_2 + 2 \cdot c_2 \cdot a_{crit} + 4 \cdot a_{crit}^2 + \pi \cdot a_{crit} \cdot c_1$

W analog zu EC 2-1-1, 6.4.3(3), jedoch bezogen auf den Rundschnitt u_{crit}

Mit ***obigen*** Werten ergäbe sich für β:

$k = 0{,}6$ (Beiwert für ein Verhältnis $c_1/c_2 = 1{,}0$) — *k* nach EC 2-1-1, Tab. 6.1

$u_{crit} = 2 \cdot (0{,}30 + 0{,}30) + 2 \cdot \pi \cdot 0{,}34 = 3{,}34 \text{ m}$

$W = 0{,}3^2/2 + 0{,}3 \cdot 0{,}3 + 2 \cdot 0{,}3 \cdot 0{,}34 + 4 \cdot 0{,}34^2 + \pi \cdot 0{,}3 \cdot 0{,}34 = 1{,}12 \text{ m}^3$

$V_{Ed,red} = 1{,}143 - 0{,}286 \cdot (0{,}3 \cdot 0{,}3 + 4 \cdot 0{,}3 \cdot 0{,}34 + \pi \cdot 0{,}34^2) = 0{,}897 \text{ MN}$

$\beta = 1 + 0{,}6 \cdot 0{,}0651 \cdot 3{,}34 / (0{,}897 \cdot 1{,}12) = 1{,}13$

5 Gebrauchstauglichkeit

Im Rahmen des Beispiels ohne Nachweis (vgl. Fundament F1).

6 Bauliche Durchbildung

6.1 Mindestbewehrung

vgl. Anmerkung zu Pos. F1.

EC 2-1-1/NA, 9.2.1.1

Die Mindestbewehrung ist für das Rissmoment mit dem Mittelwert der Betonzugfestigkeit f_{ctm} und der Stahlspannung $\sigma_s = f_{yk}$ zu berechnen. Man erhält (Nachweis für die y-Richtung)

$$A_{s,min} = \frac{M_{cr}}{z \cdot f_{yk}}$$

$$M_{cr} = f_{ctm} \cdot W = 2{,}9 \cdot (0{,}60^2 / 6) \cdot 2{,}00 = 0{,}348 \text{ MNm}$$

$$z \approx 0{,}9d = 0{,}9 \cdot 0{,}52 = 0{,}47 \text{ m}$$

$$A_{s,min} = \frac{0{,}348}{0{,}47 \cdot 500} \cdot 10^4 = 14{,}8 \text{ cm}^2$$

Die Mindestbewehrung ist mit A_s = 20,1 cm² (10 ∅ 16) eingehalten.

6.2 Weitere Nachweise

Im Rahmen des Beispiels ohne Nachweis (vgl. Fundament F1).

7 Bewehrungsskizze

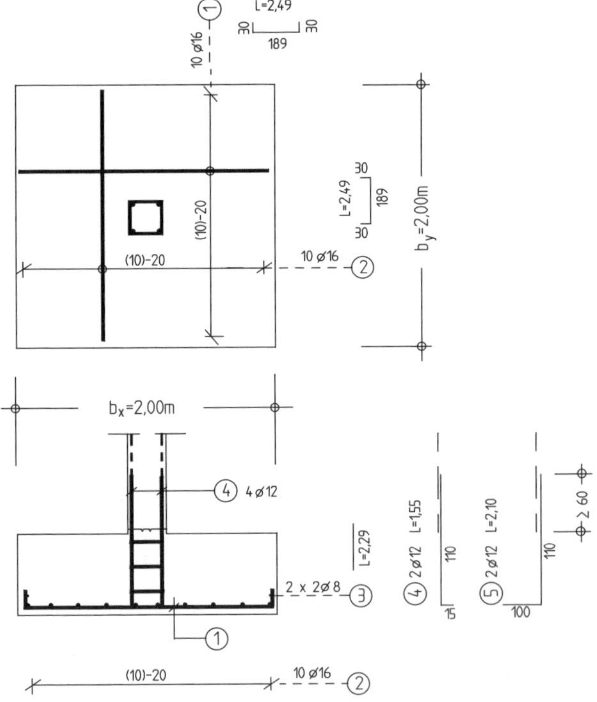

Abb. F2.3: Darstellung der Bewehrung

Baustoffe

Beton:	C30/37 XC2, WF
Betonstahl:	B500(B)

Betondeckung

Verlegemaß:	c_v = 5,5 cm
Vorhaltemaß:	Δc_{dev} = 3,5 cm

Pos. T1: Treppenläufe und Podeste

1 Beschreibung

Das Treppenhaus ist zwischen den Achsen 5 und 6 angeordnet, es soll in reiner Ortbetonbauweise errichtet werden (in der Praxis werden oftmals Kombinationen aus Fertigteilen und Ortbeton gewählt). Für die Berechnung werden Treppenläufe und Podeste getrennt betrachtet und zwar als einfeldrige Treppenläufe (mit elastischer Endeinspannung), die ihre Lasten an die Podestplatte weiterleiten

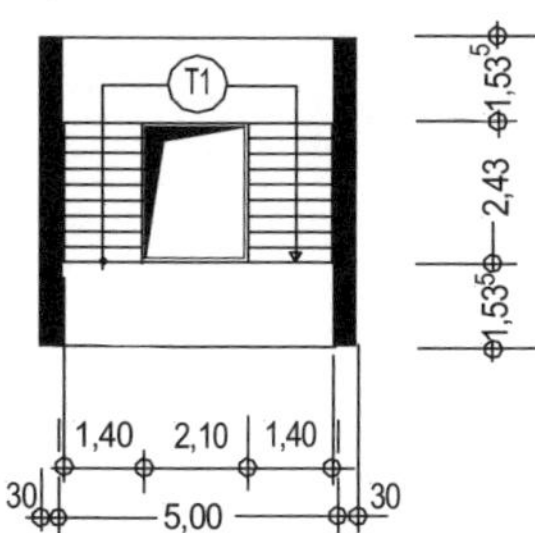

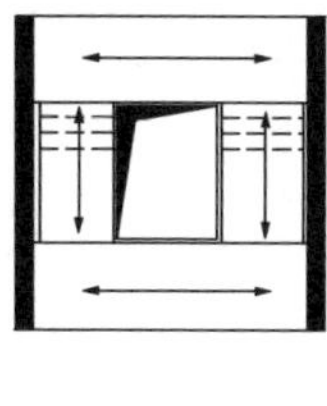

Abb. T.1 Treppenkonstruktion mit Lastabtragung parallel zur Laufrichtung

s. a. Abb. Ü.1

2 Treppenläufe

2.1 System und Belastung

Die Lasten der Treppenläufe werden vorwiegend am Podestrand abgegeben. Die tragende Podestbreite b_{eff} sollte daher nicht zu breit gewählt werden. Es wird eine Breite $0{,}40 \text{ m} \leq b_{eff} \leq 1{,}0 \text{ m}$ empfohlen. Gewählt wird hier $b_{eff} = 1{,}00$ m

Statisches System

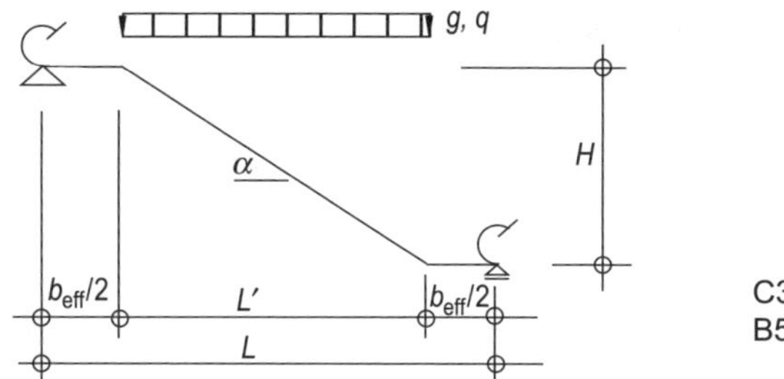

C30/37
B500B

$b_{eff}/2 = 1{,}00/2 = 0{,}50$ m
$L' = 2{,}43$ m
$L = 2 \cdot 0{,}50 + 2{,}43 = 3{,}43$ m
$H = 9 \cdot 0{,}172 = 1{,}55$ m
$\alpha = \arctan(1{,}55/2{,}43) = 32{,}5°$

Statt einer genaueren Berechnung wird empfohlen, die Schnittgrößen der Treppenläufe wie folgt abzuschätzen:

- das Feldmoment M_F unter Annahme einer frei drehbaren Lagerung
- das Stützmoment unter Annahme einer elastischen Einspannung $M_S = -f_d \cdot L'^2 / 16$

Auf der sicheren Seite wird dabei die aus der elastischen Einspannung resultierende Reduzierung des Feldmomentes vernachlässigt.

Einwirkungen

Ständige Einwirkungen g_k

Stufen:	$0{,}5 \cdot 0{,}172 \cdot 25$	$= 2{,}15$ kN/m²
Platte:	$0{,}18 \cdot 25 / \cos 32{,}5°$	$= 5{,}34$ kN/m²
Putz und Belag:		$= 3{,}00$ kN/m²
		$g_k = 10{,}49$ kN/m²

Die Bauhöhe des Treppenlaufs beträgt h = 18 cm.

Nutzlast q_k

Kategorie T2 $\qquad q_k = 5{,}00$ kN/m²

Vgl. EC 1-1-1/NA, Tab. 6.1DE

2.2 Schnittgrößen

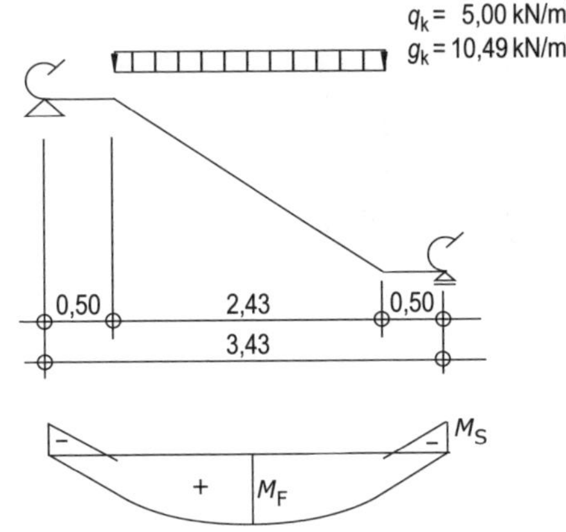

Eigenlasten

$A_k = 10{,}49 \cdot 2{,}43 \cdot 0{,}5 = 12{,}75$ kN/m

$M_{k,F} = 12{,}75 \cdot 3{,}43/2 - 10{,}49 \cdot 2{,}43^2 / 8 = 14{,}12$ kNm/m

$M_{k,S} = -10{,}49 \cdot 2{,}43^2 / 16 = -3{,}87$ kNm/m

Nutzlasten

$A_k = 5{,}00 \cdot 2{,}43 \cdot 0{,}5 = 6{,}08$ kN/m

$M_{k,F} = 6{,}08 \cdot 3{,}43/2 - 5{,}00 \cdot 2{,}43^2 / 8 = 6{,}74$ kNm/m

$M_{k,S} = -5{,}00 \cdot 2{,}43^2 / 16 = -1{,}85$ kNm/m

$A_k = B_k = f_k \cdot L'/2$

$M_{k,F} = A_k \cdot L/2 - f_k \cdot L'^2/8$

$M_{k,S} = -f_k \cdot L'^2 / 16$

2.3 Grenzzustand der Tragfähigkeit

2.3.1 Biegung

2.3.1.1 Feldbewehrung

Betondeckung

Mindestmaß	c_{min}	$= 1{,}0$ cm
Vorhaltemaß	Δc_{dev}	$= 1{,}0$ cm
Nennmaß	c_{nom}	$= 2{,}0$ cm

Mindestwert der Betondeckung c_{min} nach EC 2-1-1, 4.4.1 bzw. Tab. NA.4.4 für die Umweltklasse XC 1

Vorhaltemaß Δc_{dev} nach EC 2-1-1, NDP zu 4.4.1.3(1) für XC 1

Für Längsstabdurchmesser $d_{sl} \leq 10$ mm bei einlagiger Bewehrung

Nutzhöhe

$d = 18{,}0 - 2{,}0 - 1{,}0/2 = 15{,}5$ cm

Bemessungsmoment

$M_{Ed,F} = 1{,}35 \cdot 14{,}12 + 1{,}50 \cdot 6{,}74 = 29{,}2$ kNm

$M_{EdS} = M_{Ed,F}$

$$\mu_{Eds} = \frac{M_{Eds}}{b \cdot d^2 \cdot f_{cd}} = \frac{0{,}0292}{1{,}0 \cdot 0{,}155^2 \cdot 17{,}00} = 0{,}0715$$

$$\Rightarrow \omega = 0{,}0744;\ \zeta = z/d = 0{,}96;\ \sigma_{sd} = 435 \text{ MN/m}^2$$

$$A_s = \omega \cdot b \cdot d \cdot \frac{f_{cd}}{f_{yd}} = 0{,}0744 \cdot 1{,}0 \cdot 0{,}155 \cdot \frac{17{,}00}{435} \cdot 10^4$$

$$= 4{,}51 \text{ cm}^2\text{/m}$$

gew.: ∅ 10 – 15 cm (= 5,24 cm²/m)

Bemessungstafeln mit dimensionslosen Beiwerten (μ_s-Tabellen)

vgl. Tafel D.1

$f_{cd} = \alpha_{cc} f_{ck} / \gamma_C$
$= 0{,}85 \cdot 30 / 1{,}5$
$= 17{,}00$ MN/m²
(vgl. NDP zu 3.1.6(1))

σ_{sd} vereinfachend ohne Ansatz des ansteigenden Astes

2.3.1.2 Stützbewehrung

Betondeckung, Nutzhöhe wie vorher.

$$|M_{Ed,S}| = 1{,}35 \cdot 3{,}87 + 1{,}50 \cdot 1{,}85 = 8{,}00 \text{ kNm/m} = M_{Eds}$$

$$\mu_{Eds} = \frac{M_{Eds}}{b \cdot d^2 \cdot f_{cd}} = \frac{0{,}0080}{1{,}0 \cdot 0{,}155^2 \cdot 17{,}00} = 0{,}020$$

$$\Rightarrow \omega = 0{,}020;\ \sigma_{sd} = 435 \text{ MN/m}^2;\ \zeta = z/d = 0{,}98$$

$$A_s = 0{,}020 \cdot 1{,}0 \cdot 0{,}155 \cdot \frac{17{,}00}{435} \cdot 10^4 = 1{,}21 \text{ cm}^2\text{/m}$$

gew.: ∅ 8 – 15 cm (= 3,35 cm²/m)

Bemessungstafeln mit dimensionslosen Beiwerten (μ_s-Tabellen, s. S. 142)

$f_{cd} = \alpha_{cc} f_{ck} / \gamma_C$
$= 17{,}00$ MN/m²

σ_{sd} ohne Ansatz des ansteigenden Astes

2.3.2 Bemessung für Querkraft

Einwirkung $V_{Ed} = 1{,}35 \cdot 12{,}75 + 1{,}50 \cdot 6{,}08 = 26{,}3$ kN/m

Widerstand Nachweis der Mindestquerkrafttragfähigkeit

$$V_{Rd,c,min} = [(0{,}0525/\gamma_C) \cdot (k^3 \cdot f_{ck})^{0{,}5} + 0{,}12\ \sigma_{pd}] \cdot b_w \cdot d$$
$$= (0{,}0525/1{,}5) \cdot (2{,}0^3 \cdot 30)^{0{,}5} \cdot 1{,}0 \cdot 0{,}155 \cdot 10^3$$
$$= 84{,}0 \text{ kN/m}$$

Nachweis $V_{Ed} = 26{,}3 < V_{Rd,ct} = 84{,}0 \Rightarrow$ Keine Querkraftbewehrung erforderlich!

2.4 Grenzzustand der Gebrauchstauglichkeit

2.4.1 Spannungsbegrenzung

Der Nachweis ist entbehrlich, da die Bedingungen nach EC2-1-1, 7.1(NA.3) eingehalten sind.

2.4.2 Rissbreitenbegrenzung

Für die vorliegende Umweltklasse XC 1 ist die Rissbreite w_k auf 0,4 mm zu begrenzen. Für Stahlbetonplatten mit einer Dicke von höchstens 20 cm ohne wesentliche Zug- bzw. Zwangsbeanspruchung sind jedoch keine Nachweise zur Begrenzung der Rissbreite notwendig.

Der Nachweis wird nachfolgend exemplarisch nur für die statisch erforderliche Bewehrung geführt. Es kann durch den Nachweis des zulässigen Grenzdurchmessers oder des höchstzulässigen Stababstandes geführt werden.

Biegemoment unter quasi-ständiger Last

$$M_{q\text{-}s} = M_{k,g} + \psi_2 \cdot M_{k,q} = 14{,}12 + 0{,}6 \cdot 6{,}74 = 18{,}16 \text{ kNm/m}$$

$\psi_2 = 0{,}6$ für die Nutzungskategorie C des Gebäudes

Stahlspannung

$$\sigma_s = \frac{M}{z \cdot A_s} = \frac{0{,}01816}{0{,}14 \cdot 0{,}000524} = 248 \text{ MN/m}^2$$

$z \approx 0{,}9d = 0{,}14$ m (Abschätzung)

Grenzdurchmesser $\varnothing_s$

$$\varnothing_s = \varnothing_s{}^* \cdot \frac{\sigma_s \cdot A_s}{4 \cdot (h-d) \cdot b \cdot 2{,}9} \geq \varnothing_s{}^* \cdot \frac{f_{ct,eff}}{2{,}9}$$

EC 2-1-1, Gl. (NA.7.7.1)

$\varnothing^* = 23$ mm (für $\sigma_s = 248$ MN/m²)

EC 2-1-1, Tab. NA.7.2

$$\frac{\sigma_s \cdot A_s}{4 \cdot (h-d) \cdot b \cdot 2{,}9} = \frac{248 \cdot 0{,}000524}{4 \cdot 0{,}025 \cdot 1 \cdot 2{,}9} = 0{,}45$$

$$\frac{f_{ct,eff}}{2{,}9} = \frac{2{,}9}{2{,}9} = 1 > 0{,}46$$

$f_{ct,eff}$ für C30/37

$\varnothing_s = \varnothing_s{}^* \cdot 1 = 23$ mm > vorh $d_s = 10$ mm

⇒ Nachweis erfüllt.

2.4.3 Beschränkung der Durchbiegung

Der Nachweis wird durch Begrenzung der Biegeschlankheit geführt; maßgebend sind die Endfelder:

Nachweis erfolgt nach EC 2-1-1, 7.4.2

$$\frac{l}{d} \leq K \cdot \left[11 + 1{,}5\sqrt{f_{ck}} \cdot \frac{\rho_0}{\rho} + 3{,}2\sqrt{f_{ck}} \cdot \left(\frac{\rho_0}{\rho} - 1\right)^{3/2}\right] \leq (l/d)_{max}$$

EC 2-1-1, Gl.(7.16a) für $\rho \leq \rho_0$

$$(l/d)_{max} \leq \begin{cases} K \cdot 35 & \text{(allgemein)} \\ K^2 \cdot 150/l & \text{(Bauteile mit erhöhten Anforderungen)} \end{cases}$$

$K = 1{,}0$ (Einfeldplatte)

EC 2-1-1/NA, NCI zu 7.4.2(2)

$\rho_0 = f_{ck}^{0,5} \cdot 10^{-3} = 30^{0,5} \cdot 10^{-3} = 0{,}0055$

$\rho = 5{,}24/(100 \cdot 15{,}5) = 0{,}0034$ $(< \rho_0)$

EC 2-1-1, Tab. 7.4N

$$\left(\frac{l}{d}\right)_{zul} \leq 1{,}00 \cdot \left[11 + 1{,}5\sqrt{30} \cdot \frac{0{,}0055}{0{,}0034} + 3{,}2\sqrt{30} \cdot \left(\frac{0{,}0055}{0{,}0034} - 1\right)^{3/2}\right]$$

$$= 32{,}8 < \begin{matrix} 35 \\ 150/3{,}43 = 44 \end{matrix}$$

$(l/d)_{zul} = 32{,}8 \geq (l/d)_{vorh} = 3{,}43 / 0{,}155 = 22{,}1$

⇒ Der Nachweis ist damit erfüllt.

2.5 Bauliche Durchbildung

Der Nachweis wird im Abschn. 4 geführt.

3 Podeste

3.1 System und Belastung

Es wird das System einer frei drehbar gelagerten Einfeldplatte zugrunde gelegt.

Einwirkungen

Podestplatte

- Ständige Einwirkungen g_k
  Platte: $0{,}24 \cdot 25 = 6{,}00$ kN/m²
  Putz und Belag: $= 3{,}00$ kN/m²
  $g_k = 9{,}00$ kN/m²
- Nutzlast q_k
  Kategorie T2 $q_k = 5{,}00$ kN/m²

Die Bauhöhe der Podestplatte beträgt h = 24 cm.

aus Treppenlauf

- Ständige Einwirkungen $g_k = A_{gk}/b_{eff} = 12{,}75 / 1{,}0 = 12{,}75$ kN/m²
- Nutzlast q_k $q_k = A_{qk}/b_{eff} = 6{,}08 / 1{,}0 = 6{,}08$ kN/m²

Mitwirkende Breite für die Einwirkungen aus dem Treppenlauf: b_{eff} = 1,00 m

Statisches System

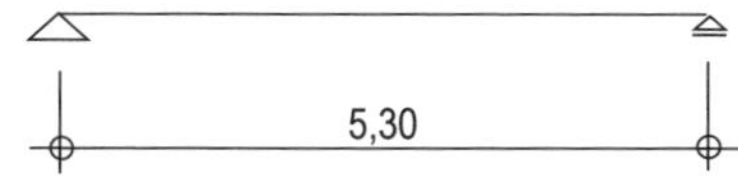

3.2 Schnittgrößen

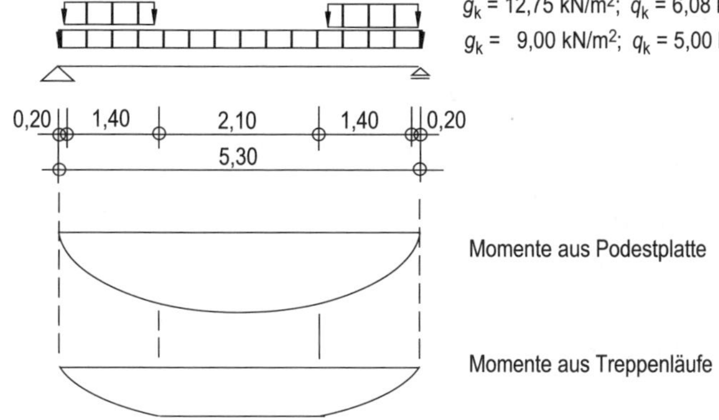

Eigenlasten

$A_{gk} = 9{,}00 \cdot 5{,}30 \cdot 0{,}5 + 12{,}75 \cdot 1{,}40 = 41{,}7$ kN/m
$M_{gk} = 9{,}00 \cdot 5{,}30^2/8 + 12{,}75 \cdot 1{,}40 \cdot (2{,}65 - 1{,}75)$
$= 31{,}60 + 16{,}07 = 47{,}67$ kNm/m

Nutzlasten

$A_{gk} = 5{,}00 \cdot 5{,}30 \cdot 0{,}5 + 6{,}08 \cdot 1{,}40 = 21{,}76$ kN/m
$M_{gk} = 5{,}00 \cdot 5{,}30^2/8 + 6{,}08 \cdot 1{,}40 \cdot (2{,}65 - 1{,}75)$
$= 17{,}56 + 7{,}66 = 25{,}22$ kNm/m

3.3 Grenzzustand der Tragfähigkeit

3.3.1 Biegung

Betondeckung

Mindestmaß c_{min} = 1,0 cm
Vorhaltemaß Δc_{dev} = 1,0 cm
Nennmaß c_{nom} = 2,0 cm

Nutzhöhe

$d = 24{,}0 - 2{,}0 - 1{,}0/2 = 21{,}5$ cm

Bemessungsmoment

$M_{Ed} = 1{,}35 \cdot 47{,}67 + 1{,}50 \cdot 25{,}22 = 102{,}2$ kNm

$M_{Eds} = M_{Ed}$

$$\mu_{Eds} = \frac{M_{Eds}}{b \cdot d^2 \cdot f_{cd}} = \frac{0{,}1022}{1{,}0 \cdot 0{,}215^2 \cdot 17{,}00} = 0{,}130$$

$\Rightarrow \; \omega = 0{,}1401; \; \zeta = z/d = 0{,}93; \; \sigma_{sd} = 435$ MN/m²

$$A_s = \omega \cdot b \cdot d \cdot \frac{f_{cd}}{f_{yd}} = 0{,}1401 \cdot 1{,}0 \cdot 0{,}215 \cdot \frac{17{,}00}{435} \cdot 10^4$$

$= 11{,}77$ cm²/m

gew.: ∅ 12 – 8,3 cm (12 ∅ 12 je m = 13,56 cm²/m)

Bemessungstafeln mit dimensionslosen Beiwerten (μ_s-Tabellen) vgl. Tafel D.1

$f_{cd} = \alpha_{cc} f_{ck} / \gamma_C$
$= 0{,}85 \cdot 30 / 1{,}5$
$= 17{,}00$ MN/m²
(vgl. NDP zu 3.1.6(1))

σ_{sd} vereinfachend ohne Ansatz des ansteigenden Astes

3.3.2 Bemessung für Querkraft

Einwirkung $V_{Ed} = 1{,}35 \cdot 41{,}7 + 1{,}50 \cdot 21{,}76 = 88{,}9$ kN/m

Widerstand Nachweis der Mindestquerkrafttragfähigkeit

$V_{Rd,c,min} = [(0{,}0525/\gamma_C) \cdot (k^3 \cdot f_{ck})^{0{,}5} + 0{,}12\,\sigma_{pd}] \cdot b_w \cdot d$
$= (0{,}0525/1{,}5) \cdot (2{,}0^3 \cdot 30)^{0{,}5} \cdot 1{,}0 \cdot 0{,}215 \cdot 10^3$
$= 117$ kN/m

Nachweis $V_{Ed} = 88{,}9 < V_{Rd,ct} = 117 \Rightarrow$ Keine Querkraftbewehrung erforderlich!

3.4 Grenzzustand der Gebrauchstauglichkeit

3.4.1 Spannungsbegrenzung

Der Nachweis ist entbehrlich, da die Bedingungen nach EC2-1-1, 7.1(NA.3) eingehalten sind.

3.4.2 Rissbreitenbegrenzung

Für die vorliegende Umweltklasse XC 1 ist die Rissbreite w_k auf 0,4 mm zu begrenzen. Es wird angenommen, dass keine wesentlichen Zug- bzw. Zwangsbeanspruchungen vorliegen.

Der Nachweis wird nachfolgend exemplarisch nur für die statisch erforderliche Bewehrung geführt. Es kann durch den Nachweis des zulässigen Grenzdurchmessers oder des höchstzulässigen Stababstandes geführt werden.

Biegemoment unter quasi-ständiger Last

$$M_{q\text{-}s} = M_{k,g} + \psi_2 \cdot M_{k,q} = 47{,}67 + 0{,}6 \cdot 25{,}22 = 62{,}8 \text{ kNm/m}$$

$\psi_2 = 0{,}6$ für die Nutzungskategorie C des Gebäudes

Stahlspannung

$$\sigma_s = \frac{M}{z \cdot A_s} = \frac{0{,}0628}{0{,}194 \cdot 0{,}001356} = 239 \text{ MN/m}^2$$

$z \approx 0{,}9d = 0{,}194$ m (Abschätzung)

Grenzdurchmesser $\varnothing_s$

$$\varnothing_s = \varnothing_s^* \cdot \frac{\sigma_s \cdot A_s}{4 \cdot (h-d) \cdot b \cdot 2{,}9} \geq \varnothing_s^* \cdot \frac{f_{ct,eff}}{2{,}9}$$

EC 2-1-1, Gl. (NA.7.7.1)

$\varnothing^* \;= 24$ mm (für $\sigma_s = 240$ MN/m²)

EC 2-1-1, Tab. NA.7.2

$$\frac{\sigma_s \cdot A_s}{4 \cdot (h-d) \cdot b \cdot 2{,}9} = \frac{240 \cdot 0{,}001356}{4 \cdot 0{,}025 \cdot 1 \cdot 2{,}9} = 1{,}12$$

$$\frac{f_{ct,eff}}{2{,}9} = \frac{2{,}9}{2{,}9} = 1 < 1{,}12$$

$f_{ct,eff}$ für C30/37

$\varnothing_s = \varnothing_s^* \cdot 1{,}12 = 24 \cdot 1{,}12 = 27$ mm > vorh $d_s = 12$ mm

⇒ Nachweis erfüllt.

3.4.3 Beschränkung der Durchbiegung

Der Nachweis wird durch Begrenzung der Biegeschlankheit geführt; maßgebend sind die Endfelder:

$$\frac{L}{d} \leq K \cdot \left[11 + 1{,}5\sqrt{f_{ck}} \cdot \frac{\rho_0}{\rho - \rho'} + \frac{1}{12}\sqrt{f_{ck}} \cdot \sqrt{\frac{\rho'}{\rho_0}} \right] \leq (L/d)_{max}$$

EC 2-1-1, 7.4.2, Gl. (7.16b) bei $\rho > \rho_0$

$$(L/d)_{max} \leq \begin{cases} K \cdot 35 & \text{(allgemein)} \\ K^2 \cdot 150/l & \text{(Bauteile mit erhöhten Anforderungen)} \end{cases}$$

$K \;= 1{,}0$ (Einfeldplatte)

EC 2-1-1/NA, NCI zu 7.4.2(2)

$\rho_0 = f_{ck}^{0,5} \cdot 10^{-3} = 30^{0,5} \cdot 10^{-3} = 0{,}0055$

$\rho \;= 13{,}56/(100 \cdot 21{,}5) = 0{,}0063 \;(> \rho_0)$

$\rho' = 2{,}01\,/(100 \cdot 21{,}5) = 0{,}0010$

obere Bewehrung: ∅ 8 - 25

$$\left(\frac{L}{d}\right) \leq 1{,}0 \cdot \left[11 + 1{,}5 \cdot \sqrt{30} \cdot \frac{0{,}0055}{0{,}0063} + \frac{1}{12}\sqrt{30} \cdot \sqrt{\frac{0{,}0010}{0{,}0063}} \right] = 18{,}4$$

Der Wert gilt unter der Annahme, dass die Stahlspannung unter der maßgebenden Einwirkungskombination $\sigma_s = 310$ N/mm² beträgt. Unter der quasi-ständigen Kombination ist $\sigma_s = 239$ N/mm² (s.o.), so dass der Wert im Verhältnis 310/239 = 1,30 erhöht werden darf, so dass gilt:

$$(L/d)_{zul} = 1{,}30 \cdot 18{,}4 = 24 < \begin{cases} 35 \\ 150/5{,}30 = 28 \end{cases}$$

$$(L/d)_{zul} = 24 \approx (L/d)_{vorh} = 5{,}30\,/\,0{,}215 = 24{,}7$$

⇒ Der Nachweis ist damit näherungsweise erfüllt.

3.5 Bauliche Durchbildung

Der Nachweis wird im Abschn. 4 geführt.

4 Bewehrungsführung und bauliche Durchbildung

4.1 Verankerungen

Grundmaß $l_{b,rqd}$ der Verankerungslänge: EC 2-1-1, 8.4.3

Bei guten Verbundbedingungen ergibt sich für den Beton C30/37

$$l_{b,rqd,y} = \frac{f_{yd}}{4 \cdot f_{bd}} \cdot \varnothing \; ^{1)}$$ EC 2-1-1, Gl. (8.3)

$$f_{bd} = 2{,}25 \cdot f_{ctd} = 2{,}25 \cdot (2{,}0/1{,}5) = 3{,}0 \text{ MN/m}^2$$ EC 2-1-1, Gl. (8.2)

$$l_{b,rqd,y} = \frac{500/1{,}15}{4 \cdot 3{,}0} \cdot \varnothing = 36{,}2 \cdot \varnothing$$

Bei mäßigen Verbundbedingungen sind die Verbundspannungen f_{bd} auf 70 % herabzusetzen ($\eta_1 = 0{,}7$), d. h., das Grundmaß der Verankerungslänge ist dann mit $1/0{,}7 = 1{,}43$ zu multiplizieren.

Verankerung der Längsbewehrung der Treppenpodeste am Endauflager

$$l_{bd,dir} = 0{,}67 \cdot l_{bd} = 0{,}67 \cdot \alpha_1 \cdot (A_{s,rqd} / A_{s,prov}) \cdot l_{b,rqd,y} \geq 0{,}67 l_{b,min}$$ EC 2-1-1, 9.2.1.4 und 8.4.4

$\alpha_1 = 1{,}0$ (gerades Stabende) EC 2-1-1, Bild 8.1

$A_{s,rqd} = F_{Ed,R} / f_{yd}$

$F_{Ed,R} = V_{Ed} \cdot a_l / z \geq V_{Ed} / 2$ (für $N_{Ed} = 0$) EC 2-1-1, Gl. (NA.9.3)

$V_{Ed} = 88{,}9$ (Querkraft am Endauflager)

$a_l = d$ (Versatzmaß bei Platten ohne Schubbewehrung) EC 2-1-1, 9.3.1.1(4)

$z \approx d$ (näherungsweise am Endauflager)

$F_{Ed,R} = 88{,}9 \cdot d / d = 88{,}9$ kN/m

$f_{yd} = 500 / 1{,}15 = 435$ MN/m²

$$A_{s,rqd} = \frac{88{,}9}{435 \cdot 10^{-1}} = 2{,}04 \text{ cm}^2\text{/m}$$

$A_{s,prov} = 13{,}57$ cm²/cm (Bewehrung wird nicht gestaffelt)

$l_{b,rqd,y} = 36{,}2 \cdot 1{,}2$ ($\varnothing = 12$ mm; guter Verbund)

$= 62$ cm

$l_{b,min} = 0{,}3 \cdot l_{b,rqd,y} = 0{,}3 \cdot 62 = 19$ cm

$$l_{bd,dir} = 0{,}67 \cdot 1 \cdot \frac{2{,}04}{13{,}57} \cdot 62 = 6 \text{ cm} < \begin{matrix} 0{,}67 \cdot 19 = 13 \text{ cm (maßg.!)} \\ 6{,}7\, d_s = 6{,}7 \cdot 1{,}2 = 8 \text{ cm} \end{matrix}$$

gew.: 20 cm

Die Bewehrung ist mindestens über die rechnerische Auflagerlinie zu führen (EC 2-1-1, 9.2.1.4).

Verankerung der (Stütz-)Bewehrung der Treppenläufe

$$l_{bd} = \alpha_1 \cdot (A_{s,rqd} / A_{s,prov}) \cdot l_{b,rqd,y} \geq l_{b,min}$$

$(A_{s,rqd} / A_{s,prov}) = 1{,}21 / 3{,}35 = 0{,}36$

$l_{b,min} = 0{,}3 \cdot l_{b,rqd,y} = 0{,}3 \cdot 62 = 19 \text{ cm} > 10$ cm

$$l_{bd} = 1{,}0 \cdot 0{,}36 \cdot l_{b,rqd,y} = 0{,}36 \cdot 62 = 22 \text{ cm}$$

---

1) Abweichend von EC 2-1-1, Gl. (8.3) ist hier das Grundmaß der Verankerungslänge mit der Stahlspannung an der Streckgrenze $\sigma_{sd} = f_{yd}$ formuliert (zur Kennzeichnung wurde der Index y angehängt); die tatsächliche Stahlspannung σ_{sd} wird bei der Ermittlung der erf. Verankerungslänge durch das Verhältnis $A_{s,req}/A_{s,prov}$ erfasst.

s. hierzu EC 2-1-1, 8.4.2 und Bild 8.2

Übergreifungslänge l_0 der Längsbewehrung der Treppenläufe:

$l_0 = \alpha_6 \cdot l_{bd} = \alpha_6 \cdot \alpha_1 \cdot (A_{s,erf} / A_{s,vorh}) \cdot l_{b,rqd,y} \geq l_{0,min}$

$l_{b,rqd,y} = 36$ cm (∅ 10; guter Verbund)

$\alpha_1 = 1{,}0$ (gerades Stabende)

$(A_{s,erf} / A_{s,vorh}) = 4{,}51/5{,}24 = 0{,}86$

$\alpha_6 = 1{,}4$ (∅ < 16 mm; Stoßanteil 100 %)

$l_{0,min} = \alpha_6 \cdot \alpha_1 \cdot 0{,}3 \cdot l_{b,rqd,y} = 1{,}4 \cdot 0{,}3 \cdot 36 = 15$ cm

$\geq 15 \cdot \varnothing = 15 \cdot 1{,}0 = 15$ cm

≥ 20 cm

$l_0 = 1{,}4 \cdot 0{,}86 \cdot 36 = 43 \text{ cm} \geq l_{0,min}$

4.2 Zugkraftdeckungslinie

Die Bewehrung wird nicht gestaffelt. Das Versatzmaß a_l beträgt bei Platten ohne Schubbewehrung $a_l = 1{,}0\,d$ (s. vorher).

EC 2-1-1, 9.3.1.1(4)

4.3 Bauliche Durchbildung

Mindestbewehrung für die Podestplatte

Zur Verhinderung eines Bauteilversagens bei Erstrissbildung muss eine Mindestbewehrung angeordnet werden (Duktilitätskriterium). Diese Mindestbewehrung ist für das Rissmoment mit dem Mittelwert der Betonzugfestigkeit f_{ctm} und der Stahlspannung $\sigma_s = f_{yk}$ zu berechnen.

EC 2-1-1/NA, NDP zu 9.2.1.1(1)

min $A_s \geq M_{cr} / (z \cdot f_{yk})$

$M_{cr} = f_{ctm} \cdot b_t\, h^2/6$ (für Rechteckquerschnitte)

Näherungsweise „reiner" Betonquerschnitt (ohne Berücksichtigung der Bewehrung)

$f_{ctm} = 2{,}9$ MN/m²

$M_{cr} = 2{,}9 \cdot 1{,}0 \cdot 0{,}24^2 / 6 = 0{,}0278$ MNm/m

$z \approx 0{,}9\,d = 0{,}19$ m (Hebelarm der inneren Kräfte nach Rissbildung)

min $A_s \geq 0{,}0278 / (0{,}19 \cdot 500) = 2{,}93 \cdot 10^{-4}$ m²/m $= 2{,}93$ cm²/m

Die Mindestbewehrung muss als untere Bewehrung im Feld von Auflager zu Auflager durchlaufen.

Mindestbewehrung für die Treppenläufe

EC 2-1-1/NA, NDP zu 9.2.1.1(1)

min $A_s \geq M_{cr} / (z \cdot f_{yk})$

$M_{cr} = f_{ctm} \cdot b_t\, h^2/6$ (für Rechteckquerschnitte)

$f_{ctm} = 2{,}9$ MN/m²

$M_{cr} = 2{,}9 \cdot 1{,}0 \cdot 0{,}18^2 / 6 = 0{,}0157$ MNm/m

$z \approx 0{,}9\,d = 0{,}14$ m (Hebelarm der inneren Kräfte nach Rissbildung)

min $A_s \geq 0{,}0157 / (0{,}19 \cdot 500) = 1{,}65 \cdot 10^{-4}$ m²/m $= 1{,}65$ cm²/m

Die Mindestbewehrung muss als untere Bewehrung im Feld von Auflager zu Auflager durchlaufen.

Querbewehrung

Die Querbewehrung muss mindestens 20 % der Biegezugbewehrung betragen.

erf $A_{sq} \geq 0{,}20 \cdot A_{sl}$

- Podestplatte: $A_{s,q} = 0{,}20 \cdot 11{,}8 = 2{,}36$ cm²/m
- Treppenläufe: $A_{s,q} = 0{,}20 \cdot 4{,}51 = 0{,}90$ cm²/m

EC 2-1-1, 9.3.1.1(2)

Weitere Bewehrungsrichtlinien:

- mindestens die Hälfte der Feldbewehrung muss zum Auflager geführt und dort verankert werden — EC 2-1-1, 9.3.1.2(1)
- Abstand der Stäbe für die Hauptbewehrung der Treppenläufe:

  $s_l \leq h = 18\ \text{cm}\ \begin{matrix} \geq 15\ \text{cm} \\ \leq 25\ \text{cm} \end{matrix}$ — EC 2-1-1/NA, NDP zu 9.3.1.1(1),
- Abstand der Stäbe für die Hauptbewehrung der Podeste:

  $s_l \leq h = 24\ \text{cm}\ \begin{matrix} \geq 15\ \text{cm} \\ \leq 25\ \text{cm} \end{matrix}$ — EC 2-1-1, 9.3.1.2(2)
- Größtabstände für die Querbewehrung:

  $s_q \leq 25$ cm
- Bewehrung für eine rechnerisch nicht berücksichtigte Endeinspannung für die Podestplatte:

  erf $A_s = 0{,}25 \cdot 11{,}8 = 2{,}95$ cm²/m

5 Darstellung der Bewehrung

Schnitt A-A Treppenlauf

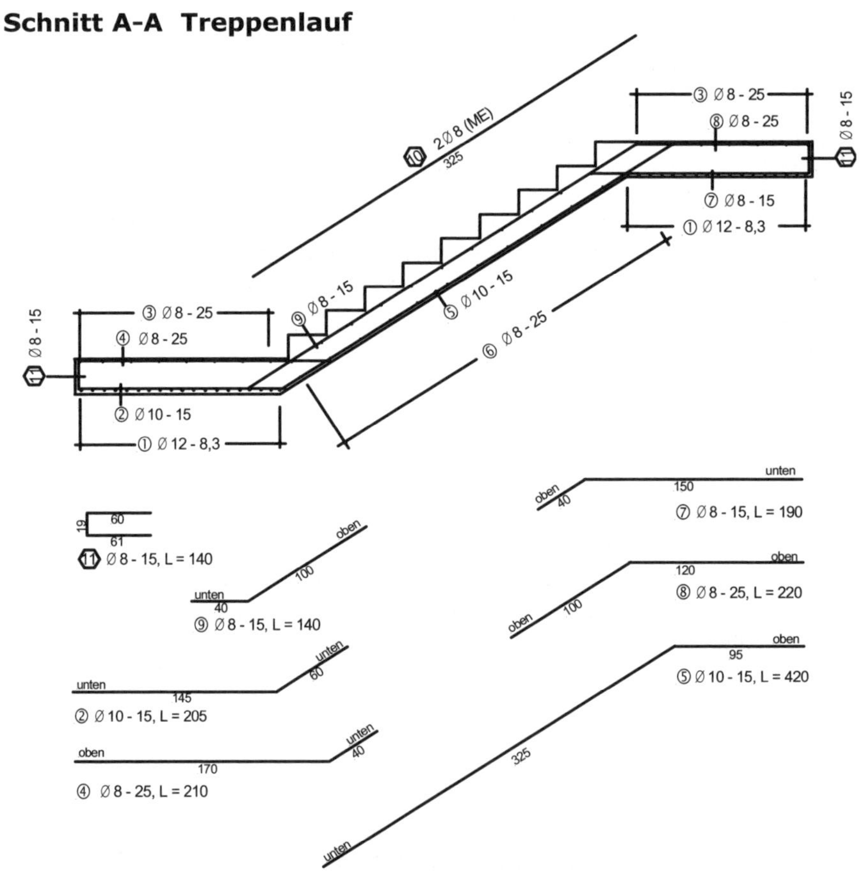

Grundriss

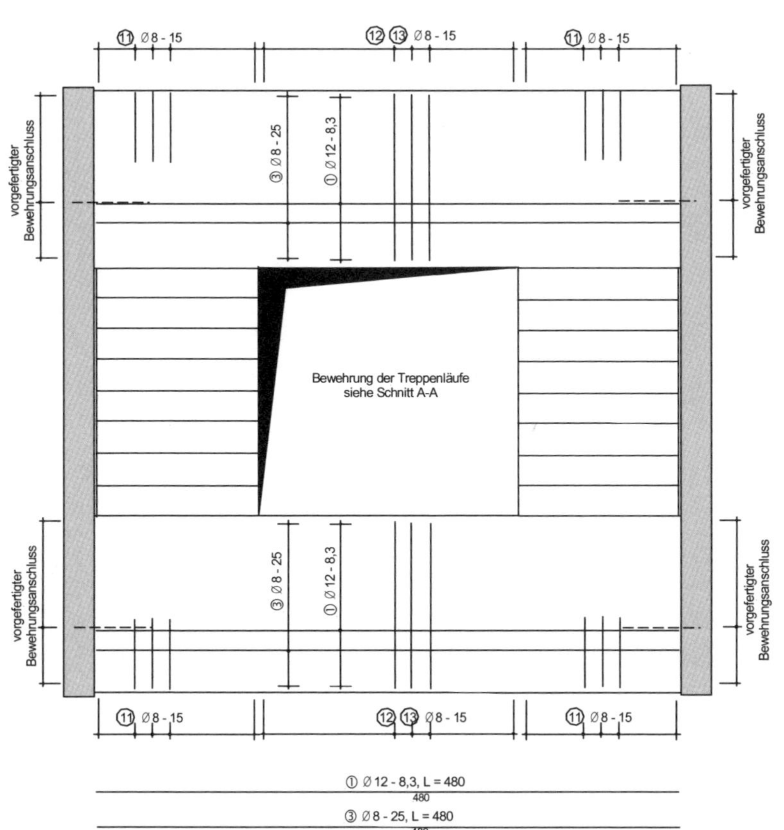

Schnitt B-B

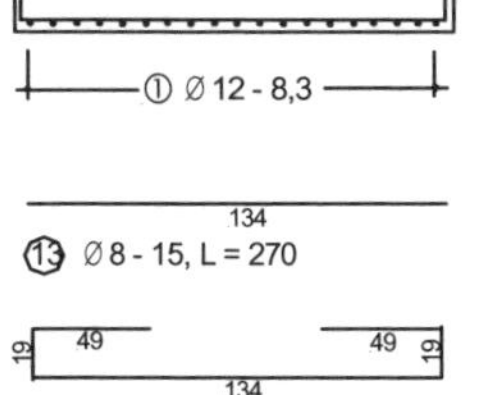

Schnitt C-C

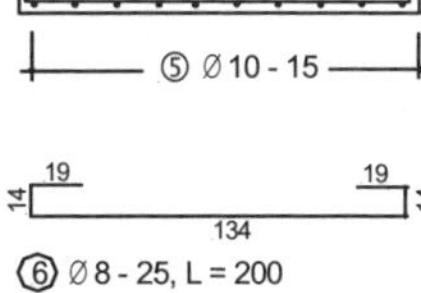

Expositionsklasse: XC 1, WO
Baustoffe: C30/37; B500 (B)
Betondeckung: c_v = 2,0 cm (Verlegemaß)
Δc_{dev} = 1,0 cm (Vorhaltemaß)

Anmerkung:
Die Bewehrungsdarstellung dient in erster Linie zur Erläuterung des dargestellten Rechengangs. Die Angaben und Verlegemaße sind zum Teil unvollständig.

Industriebauprojekt

Bauwerksbeschreibung

Übersicht

Für die in Abb. Ü.1 dargestellte Lagerhalle sollen die wesentlichen Tragelemente nach EC 2-1-1 bemessen und konstruiert werden. Die Gesamtkonstruktion ist in Abb. Ü.1 dargestellt; detailliertere Angaben zu den einzelnen Positionen sind in der jeweiligen Beispielrechnung enthalten.

Für die Lagerhalle ist ein Stützenraster von 19 m in Querrichtung und ein Binderabstand von 6,00 m vorgegeben. Die Lagerhalle besteht in Längsrichtung aus insgesamt 8 Bindern. Die einzelen Hallenrahmen werden als Zwei-Gelenk-Rahmen mit gelenkiger Lagerung an den Riegelenden und Einspannung am Stützenfuß ausgebildet.

Die Binder erhalten oberseitig eine Neigung von ≥ 3 %. Hierzu werden zwei Alternativen dargestellt:

- parallelgurtige Binder bei unterschiedlichen Stützenhöhen
- Satteldachbinder bei gleichen Stützenhöhen.

Die Stützen werden mit rechteckigem Querschnitt ausgeführt, für die Gründung sind Köcherfundamente vorgesehen.

Das Dach wird als Warmdach ausgeführt. Die Dacheindeckung erfolgt mit Trapezblechprofilen. Die Außenwände bestehen aus Porenbetonelementen, die an den Stahlbetonstützen mittels Flachstahllaschen an einbetonierten Ankerschienen befestigt werden. Als unteres Auflager ist ein Betonsockel vorgesehen, der mindestens 30 cm über OK Gelände hinausgeführt wird.

Die Halle wird in Fertigbauweise errichtet. In den nachfolgenden Berechungen wird schwerpunktmäßig der Endzustand behandelt, auf Bauzustände wird nur an wenigen Stellen eingegangen, sie sind zusätzlich nachzuweisen.

Nachfolgend werden im Einzelnen behandelt:

- Pos. B2: Parallelgurtiger Binder
- Pos. B3: Satteldachbinder als Alternative zu B2
- Pos. S2: Stützen
- Pos. F2: Fundamente

Die Positionen werden im Allgemeinen umfassend behandelt, einzelne Nachweise werden jedoch – um Wiederholungen in zu großem Umfang zu vermeiden – nur am Rande angesprochen. Die Berechnungen werden durch Bewehrungsskizzen und/oder -zeichnungen ergänzt; sie dienen u.a. zur Erläuterung der statischen Berechnung und zur prinzipiellen Darstellung der gewählten Bewehrungsführung.

In den folgenden Beispielen wird die Bemessung nach EC 2-1-1 gezeigt; außerdem wird die Brandschutzbemessung (EC 2-1-2) dargestellt. Weitergehende Forderungen wie die des Wärme-, Feuchte- und Schallschutzes werden jedoch nicht behandelt.

Grundrissplan

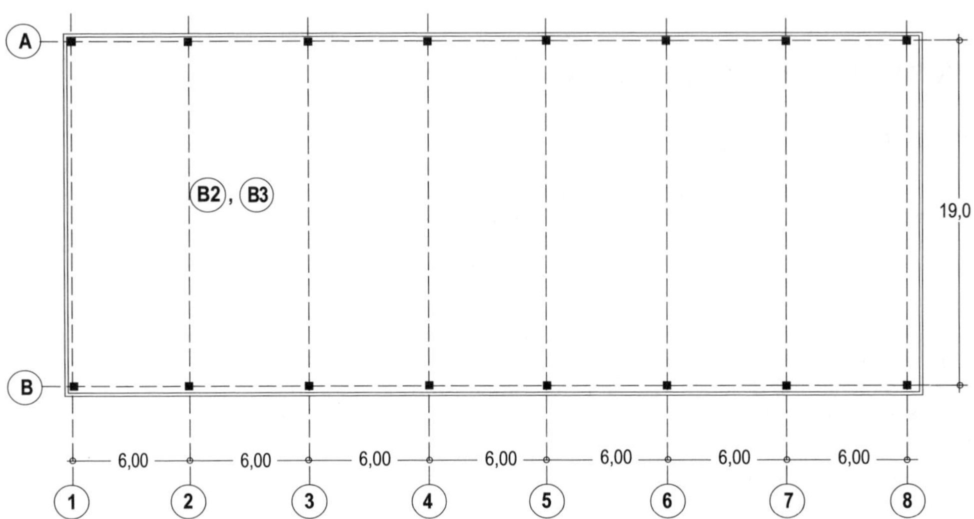

Rahmen in Achse 2, parallelgurtiger Binder

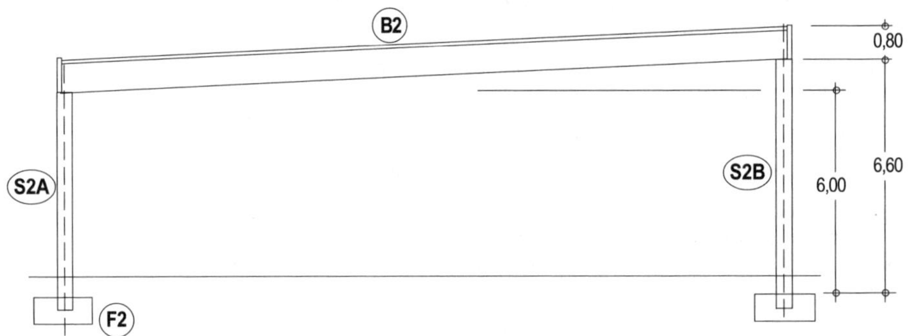

Rahmen in Achse 2, Satteldachbinder (alternativ)

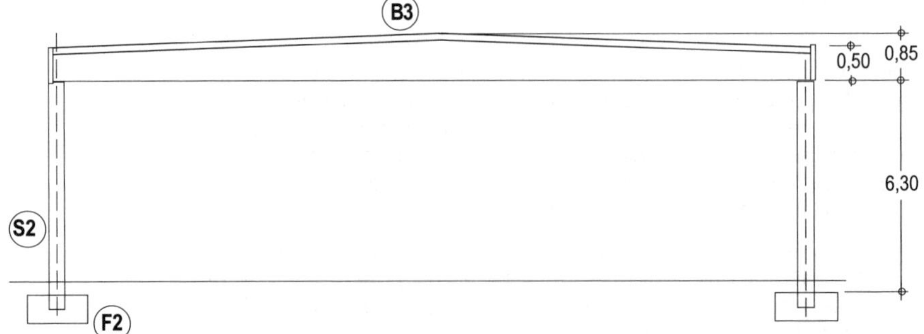

Abb. Ü.1 Übersicht

Für eine Ausführung als Rahmen mit Satteldachbinder sind in Abb. Ü2 zwei mögliche Ausführungen für die Dacheindeckung aufgezeigt:

a) Pfetten-Binder-Konstruktion
Die Dacheindeckung z. B. aus Trapezblechen ist auf Pfetten gelagert, die wiederum von den Bindern getragen werden.

b) Binderkonstruktion
Die Dacheindeckung aus Trapezblechen, Porenbetonplatten oder Hohlplatten wird direkt auf die Binder aufgelagert.

Das Tragwerk setzt sich im Wesentichen aus den Konstruktionselementen Dachplatten, (Pfetten), Binder. Stützen und Fundamente zusammen.

Die Pfetten-Binder-Konstruktion kommt bei großem Binderabstand zur Anwendung. Eine reine Binderkonstruktion wird vorzugsweise bei größeren Dachplattenspannweiten mit geringer Eigenlast gebaut.

Vgl. [FDB - 09]

a)

b)

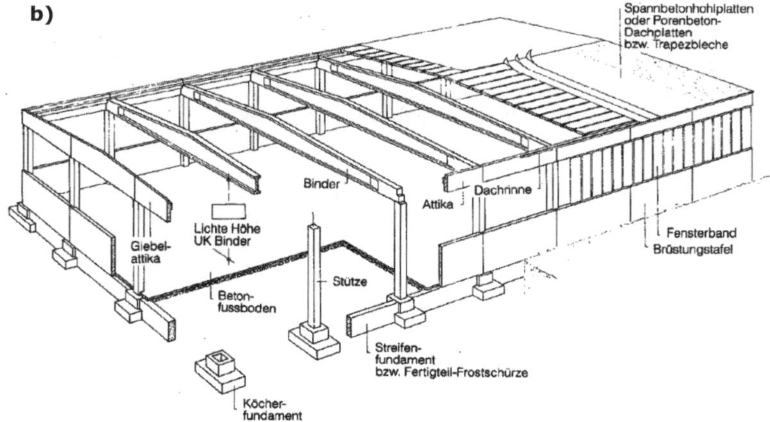

Abb. Ü.2: Isometrische Darstellung der Gesamtkonstruktion
a) Pfetten-Binder-Konstruktion
b) Binderkonstruktion

Lastannahmen

Dachlasten

Eigenlasten

Eigenlast (Trapezprofile): g_{1k} = 0,15 kN/m²
Ausbaulast: g_{2k} = 0,35 kN/m²

Die angesetzte Ausbaulast ergibt sich bei einem Dachaufbau, der aus einer 3-lagigen Dachabdichtung und Dämmstoff incl. Verklebung besteht.

Schneelast

Das Bauwerk befindet sich in Schneelastzone 2 bei einer Geländehöhe von 325 m ü. NN.

EC 1-1-3/NA, Bild NA.1

$s_i = \mu_i \cdot C_e \cdot C_t \cdot s_k$ — EC 1-1-3, Gl. (5.1)

$C_e = C_t = 1{,}0$ — EC1-1-3/NA, 5.2(7),(8)

$\mu_i = \mu_1 = \mu_2 = 0{,}8$ (Formbeiwert für $\alpha = 0°$) — EC 1-1-3, Bild 5.1 und Tab. 5.2

$s_k = 0{,}25 + 1{,}91 \cdot ((A+140)/760)^2 \geq 0{,}85$ kN/m² — EC 1-1-3/NA, Gl. (NA.2) und Bild NA.2

$= 0{,}25 + 1{,}91 \cdot ((325+140)/760)^2 = \mathbf{0{,}97} > 0{,}85$ kN/m²

$s_i = 0{,}8 \cdot 0{,}97 = 0{,}78$ kN/m² $\approx 0{,}80$ kN/m²

Nutzlast

Das Dach wird nicht begehbar ausgeführt (außer für übliche Unterhaltungs- und Reparaturarbeiten). Die anzusetzende Nutzlast beträgt dann

$Q_k = 1{,}00$ kN — EC 1-1-1/NA, Tab. 6.10DE

Diese Nutzlast ist nur für die örtliche Mindesttragfähigkeit zu berücksichtigen und muss nicht mit der Schneelast überlagert werden.

Windlasten

Das Gebäude liegt in der Windlastzone 3 (Binnenland). Der Böengeschwindigkeitsdruck für nicht schwingungsanfällige Bauwerke kann für Bauwerke bis 25 m nach dem vereinfachten Verfahren bestimmt werden.

EC 1-1-4/NA, Bild NA.A.1

Für die Windangriffsfläche werden zusätzlich zur Bauwerkshöhe (vgl. Abb. Ü.1) 40 cm für Aufkantungen, Dachaufbau u.a.m. berücksichtigt, sodass sich $H = L + 0{,}40 \leq 7{,}80$ m ergibt. Als Geschwindigkeitsdruck erhält man dann ($H < 10$ m):

EC 1-1-4/NA, Tab. NA.B.3

$q_p = 0{,}80$ kN/m²

Detaillierte Angaben zur Windeinwirkung und Verteilung des Geschwindigkeitsdrucks sind bei der Berechnung der Bauteile enthalten.

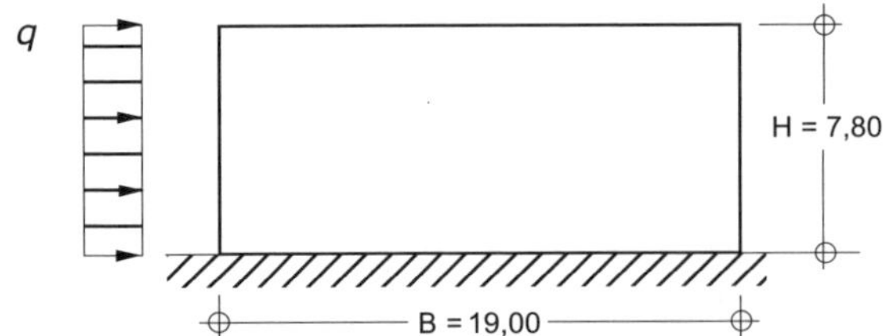

Abb. G.6 Windangriff in *z*-Richtung (auf die Gebäudelängsseite)

Beim vereinfachten Verfahren wird die Windlast konstant über die gesamte Bauwerkshöhe angesetzt (EC 1-1-4/NA B.3.2).

Expositionsklassen und Baustoffe

Jedes Bauteil ist in Abhängigkeit von den Umgebungsbedingungen zu klassifizieren. Ein Bauteil kann mehr als einer Umgebungsbedingung ausgesetzt sein. Die Umgebungsbedingung ist dann als Kombination der zugeordneten Expositionsklassen anzugeben. EC 2-1-1, 4.2

Den Expositionsklassen ist eine Mindestbetonfestigkeitsklasse zugeordnet. Die jeweils höchste sich ergebende Betonfestigkeitsklasse ist dem Entwurf und der Bemessung der Bauteile zugrunde zu legen. EC 2-1-1/NA, Anhang E

Expositionsklassen

Für das zu berechnende Bürogebäude sollen folgende Umgebungsbedingungen bzw. Expositionsklassen vorliegen:

- **Expositionsklassen für Bewehrungskorrosion** EC 2-1-1/NA, Tab. NA.E.1

  Bewehrungskorrosion, ausgelöst durch Karbonatisierung

XC 2	nass, selten trocken	Gründungsbauteile	C16/20
XC 3	mäßige Feuchte	Bauteile, zu denen die Außenluft häufig Zugang hat	C20/25

- **Expositionsklassen für Betonangriff**

  Betonangriff liegt nicht vor

- **Betonkorrosion infolge Alkali-Kieselsäure-Reaktion** EC 2-1-1/NA, Tab. 4.1, NA.7

WO	trocken	Innenbauteile bzw. Bauteil mit Außenlufteinwirkung ohne direkte Beregnung

Für die berechneten Positionen B2 und S2 gelten die Expositionsklassen XC3, WO mit einer Mindestbetonfestigkeit C20/25. Für die Fundamente (F2), die sich vollständig im frostfreien Bereich befinden sollen, ist XC2, WF mit einer Mindestbetonfestigkeit C16/20 maßgebend.

Baustoffe

Aufgrund der zuvor dargestellten Anforderungen an die Baustoffe (Beton) und der Besonderheiten der Fertigteilbauweise werden für das gesamte Bauwerk einheitlich gewählt:

- Beton C35/45 EC 2-1-1, Tab. 3.1
- Betonstahl B500 DIN 488

Weitere Angaben finden sich bei der Berechnung der einzelnen Positionen.

Pos. B2: Binder in Achse 2

1 Beschreibung

Für die in Abb. Ü.1 dargestellte Lagerhalle soll das Haupttragwerk in Achse 2 bemessen werden. Das Tragwerk wird als Zwei-Gelenk-Rahmen ausgeführt mit gelenkig aufgelagertem Binder. Der Binder wird als Parallelbinder ausgeführt, zur Sicherstellung eines ausreichenen Gefälles (nach Vorgabe des Bauherrn mindestens 3 %) werden die Stützen mit einem Höhenunterschied von 60 cm ausgeführt. Alternativ wird ein Satteldachbinder betrachtet mit einer Firsthöhe, die 35 cm höher als dieTraufhöhe ist.

2 Parallelgurtiger Binder

2.1 Vorbemessung

Eine Vorbemessung erfolgt mit Hilfe von Tragfähigkeitstabellen der FDB - Fachvereinigung Deutscher Betonfertigteilbau e.V.

Tafel B.1 Tragfähigkeitstabellen für Binder mit T-Profil [FDB - 09]

b_0 — $h_0 \geq 150$ — 1:2,5 — h — b

Querschnittswerte			Spannweite	
h [mm]	b_0 [mm]	b [mm]	l_{max} [m]	
600	400	190	15,00	Alle Abmessungen ausreichend für Feuerwiderstandsklasse F 90-A nach DIN 4102-4 bzw. R 90
800	400	190	20,00	
1000	400	190	25,00	
1200	500	190	25,00	
1400	600	190	30,00	
1600	700	250	35,00	
1800	800	250	35,00	
2000	800	250	40,00	
h = l/20 bis l/16	b_0 = l/50 bis l/40	b = 190–250		

Ausführungen als Parallel-Binder oder als Satteldach-Binder mit 5 % Neigung, im Normalfall ohne Auflagervouten Abfasungen: gebrochen, Katheten je 10 mm für untere Stegkanten

Spannweite l	Abstand a	Binderhöhe h [mm] bei Einwirkungen $g_{k,i} + q_{k,i}$ [kN/m²]								
[m]	[m]	1,0	1,5	2,0	2,5	3,0	3,5	4,0	4,5	5,0
15,0	5,0									
	6,0		600				800		1000	
	7,5					1000			1200	
	10,0		800	1000		1200			1400	1600
20,0	5,0				1000				1200	
	6,0		800						1400	
	7,5				1200		1400		1600	
	10,0		1000	1200	1400			1600	1800	2000
25,0	5,0				1200		1400		1600	
	6,0		1000					1600		1800
	7,5				1400	1600	1800		2000	
	10,0		1200	1400	1600	1800	2000			
30,0	5,0					1600		1800		2000
	6,0		1400				1800	2000		
	7,5		1600		1800	2000				
	10,0			1800	2000					

Die Binderspannweite beträgt 18,75 m (s. Abb. B.1). Mit Tafel B.1 ergibt sich hierfür in erster Näherung:

h = 80 cm
b_0 = 40 cm
b = 19 cm

In Abhängigkeit vom Binderabstand a = 6,0 m und von der Belastung $g_k + s_k$ = 0,50 + 0,80 = 1,30 kN/m² erhält man ebenfalls:

h = 80 cm
(b_0 = 40 cm und b = 19 cm; wie vorher)

Diese Abmessungen werden der weiteren Berechnung zugrunde gelegt

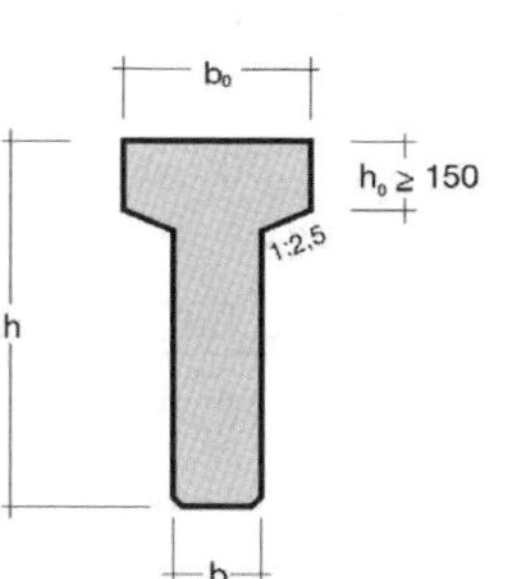

Querschnittsausbildung nach [FDB - 09]

2.2 Bemessung

2.2.1 System und Belastung

Die Auflagersituation ist in Abb. B.1 dargestellt. Wie zu sehen ist, besteht zwischen Stützenachse und Auflagerachse der Binder ein Versatz von 12,5 cm. Die Stützweite des Binder beträgt daher 19,00 – 2 · 0,125 = 18,75 m.

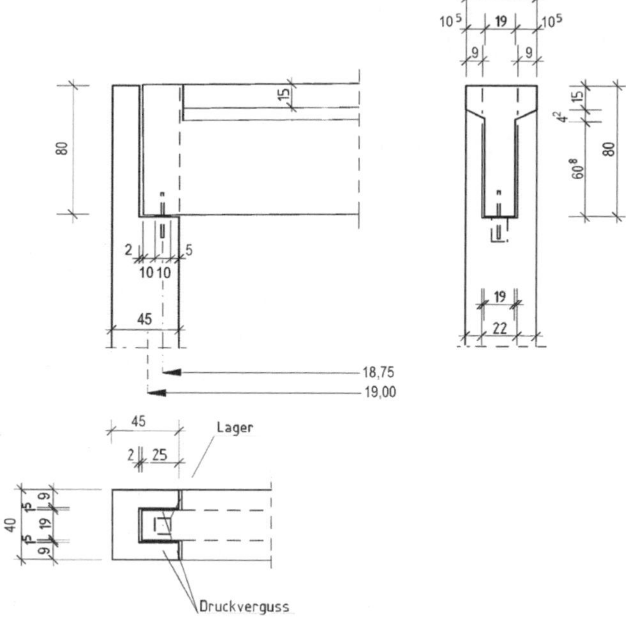

Abb. B.1 Auflagersituation

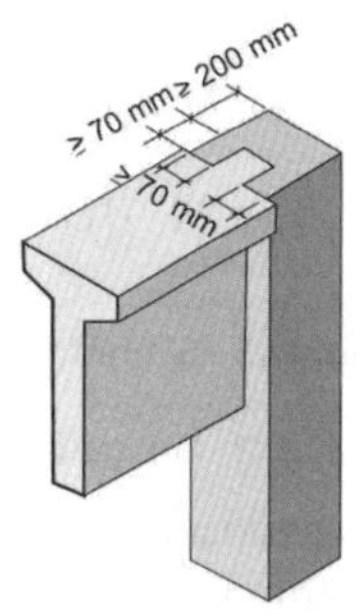

Mindestabmessungen im Auflagerbereich nach [FDB - 09]

Es wird angenommen, dass die Dacheindeckung mit Trapezblechen erfolgt, die als Zweifeldträger in versetzter Anordnung verlegt werden, sodass eine gleichmäßige Belastung der Binder erfolgt. Für den ersten Innenträger ergeben sich jedoch dennoch ein Lasterhöhungsfaktor von näherungweise 10 %, da am Ende zunächst einfeldrige und zweifeldrige Trapezbleche im Wechsel verlegt werden.

Belastung:

Dacheindeckung:	$1{,}10 \cdot 6{,}00 \cdot (0{,}35+0{,}15)$	$= 3{,}30$ kN/m
EG Binder: $(0{,}19 \cdot 0{,}80 + 0{,}21 \cdot 0{,}15 + 0{,}105 \cdot 0{,}042) \cdot 25$		$= \underline{4{,}70 \text{ kN/m}}$
Summe Eigenlasten		$g_k = 8{,}00$ kN/m
Schnee:	$1{,}10 \cdot 6{,}00 \cdot 0{,}80$	$s_k = 5{,}28$ kN/m

Die Trapezbleche werden jeweils über 2 Felder mit versetzten Stößen geführt, sodass für die Belastung der innenliegende Binder ein Durchlauffaktor nicht berücksichtigt werden muss. Eine Ausnahme bilden jedoch die Binder am Hallenanfang/-ende (Pos. B2), da zunächst einfeldrige und zweifeldrige Trapezbleche im Wechsel verlegt werden müssen. Für den Binder Pos. 2 wird daher ein Durchlauffaktor von 1,10 berücksichtigt.

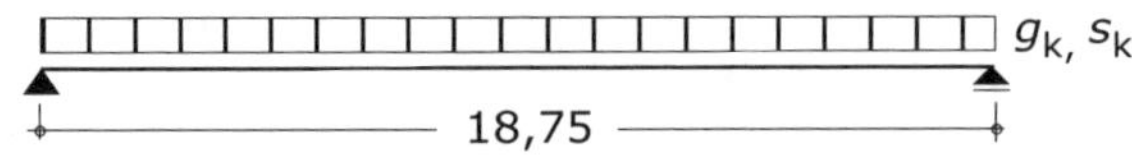

Abb. B.2 System und Belastung

2.2.2 Nachweise im Grenzzustand der Tragfähigkeit

2.2.2.1 Schnittgrößenverlauf

max $M_{Ed} = 0{,}125 \cdot (1{,}35 \cdot 8{,}00 + 1{,}50 \cdot 5{,}28) \cdot 18{,}75^2 = 823$ kNm
max $V_{Ed} = 0{,}5 \cdot (1{,}35 \cdot 8{,}00 + 1{,}50 \cdot 5{,}28) \cdot 18{,}75 = 176$ kN
N_{Ed} wird vernachlässig
(es entstehen Längskräfte aus Wind; s. Stützenbemessung)

Verläufe

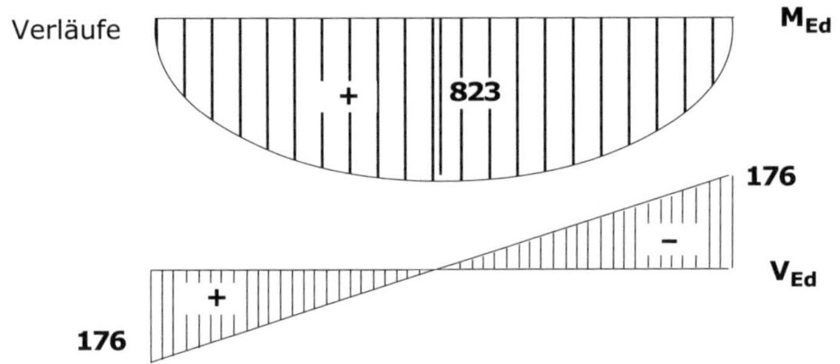

Abb. B.3 Schnittgrößenverläufe

2.2.2.2 Biegebemessung

Betondeckung

Mindestmaß	c_{min}	= 1,5 cm
Vorhaltemaß	Δc_{dev}	= 1,5 cm
Nennmaß	c_{nom}	= 3,0 cm

Mindestwert der Betondeckung c_{min} für XC 3 wird um 0,5 cm verringert, da der gewählte C35/45 um ≥ 2 Klassen höher liegt als der erf. C20/25; vgl. EC 2-1-1, 4.4.1 bzw. Tab. NA.4.4 .

Vorhaltemaß Δc_{dev} nach EC 2-1-1, NDP zu 4.4.1.3(1)

Nutzhöhe

$d = 80{,}0 - 3{,}0 - 0{,}8 - 6{,}25 = 70$ cm

Für Bügeldurchmesser $d_s \leq 8$ mm bei 3-lagiger Längsbewehrung mit $d_s \leq 25$ mm

Biegebemessung

$M_{Eds} = M_{Ed} = 823$ kNm; $N_{Ed} = 0$
$b = b_f = 0{,}40$ m

$$\mu_{Eds} = \frac{M_{Eds}}{b \cdot d^2 \cdot f_{cd}} = \frac{0{,}823}{0{,}40 \cdot 0{,}70^2 \cdot 19{,}83} = 0{,}212$$

$f_{cd} = \alpha_{cc} f_{ck} / \gamma_C = 19{,}83$ MN/m²

⇒ $\xi = 0{,}30$; $x = 0{,}30 \cdot 0{,}70 = 0{,}21$ m $> h_f = 0{,}15$ m
→ Dehnungsnulllinie im Steg; Bemessung als Plattenbalken mit $h_f / d = 17/70 = 0{,}24$; $b_f / b_w = 0{,}40/0{,}19 = 2{,}1$
⇒ $\omega = 0{,}243$; $\sigma_{sd} = 435$ MN/m²

$h_f = 15 + 0{,}5 \cdot 4{,}2 \approx 17$ (mittlere Flanschdicke)

$$A_s = \omega \cdot b \cdot d \cdot \frac{f_{cd}}{\sigma_{sd}} = 0{,}243 \cdot 0{,}40 \cdot 0{,}70 \cdot \frac{19{,}83}{435} \cdot 10^4 = 31{,}0 \text{ cm}^2$$

gew.: 4 ∅ 25 + 2 ∅ 28 (= 32,0 cm^2)

Die zuvor ermittelte Nutzhöhe d ist damit etwas kleiner (vernachlässigbar).

2.2.2.3 Querkraftbemessung

Bemessungsquerkräfte

Es gelten die Bemessungsquerkräfte nach Abschn. 2.2.2.1. Es ist zunächst an jeder Stelle nachzuweisen, dass die größte Tragfähigkeit der Druckstrebe $V_{Rd,max}$ nicht überschritten wird. Für die Ermittlung der Querkraftbewehrung (Nachweis von $V_{Rd,s}$) darf bei direkt gelagerten Bauteilen die Querkraft im Abstand d vom Auflagerrand gewählt werden.

EC 2-1-1, 6.2.1(8) und NCI zu 6.2.1(8)

Druckstrebennachweis

Es wird der Größtwert der Querkraft in Auflagermitte nachgewiesen:

$V_{Ed,0}$ = 176 kN

Sichere Seite; zulässig auch Nachweis mit der – tatsächlich nur vorhandenen – geringfügig geringere Querkraft $V_{Ed,\ Rand}$ am Auflagerrand.

Neigungswinkel θ der Druckstrebe

Der Neigungswinkel θ der Druckstrebe darf näherungsweise mit cot θ = 1,2 abgeschätzt werden. Genauer kann er aber auch ermittelt werden aus

EC 2-1-1/NA, NDP zu 6.2.3(2)

$$\cot\theta \leq \frac{1{,}2 + 1{,}4 \cdot \sigma_{cd}/f_{cd}}{1 - V_{Rd,cc}/V_{Ed}} \quad \begin{matrix} \geq 0{,}58 \\ \leq 3{,}00 \quad \text{(Normalbeton)} \end{matrix}$$

EC 2-1-1, Gl. (NA.6.7a)

wobei $\sigma_{cd} = 0$ (wegen $N_{Ed} = 0$)

$V_{Rd,cc} = c \cdot 0{,}48 \cdot f_{ck}^{1/3} \cdot b_w \cdot z$ (Normalbeton bei $\sigma_{cd} = 0$)

EC 2-1-1, Gl. (NA.6.7b)

$c = 0{,}5$

$b_w = 0{,}19$ m (kleinste Breite)

$z \approx 0{,}9 \cdot d = 0{,}9 \cdot 0{,}70 = 0{,}63$ m

$> d - c_{v,l} - 0{,}03\ [\text{m}] = 0{,}70 - 0{,}038 - 0{,}03 = 0{,}63$ m

EC 2-1-1, NCI zu 6.2.3(1) (c_{nom} der Längsbewehrung in der Druckzone)

$V_{Rd,cc} = 0{,}5 \cdot 0{,}48 \cdot 35^{1/3} \cdot 0{,}19 \cdot 0{,}63 = 0{,}0940$ MN

$$\cot\theta \leq \frac{1{,}2}{1 - 0{,}094/0{,}176} = 2{,}58$$

Winkel θ mit V_{Ed} in der theoretischen Auflagerlinie (nach [NABau-Ausl-DIN 1045-1 – 11] darf für V_{Ed} auch der maßg. Wert für die Ermittlung der Querkraftbewehrung gewählt werden).

Maximale Querkrafttragfähigkeit $V_{Rd,max}$

Die maximale Querkrafttragfähigkeit wird bei Bauteilen mit Querkraftbewehrung wie folgt nachgewiesen:

$$V_{Rd,max} = \frac{b_w \cdot z \cdot \nu_1 \cdot f_{cd}}{\cot\theta + \tan\theta}$$

EC 2-1-1, Gl. (6.9)

(für lotrechte Querkraftbewehrung)

mit $b_w = 0{,}19$ m, $z = 0{,}63$ m (wie vorher)

$\nu_1 = 0{,}75$ (Wirksamkeitsfaktor für Normalbeton)

$f_{cd} = \alpha_{cc} f_{ck}/\gamma_C = 19{,}83$ MN/m²

Damit erhält man

$$V_{Rd,max} = \frac{0{,}19 \cdot 0{,}63 \cdot 0{,}75 \cdot 19{,}83}{2{,}58 + 0{,}388} = 0{,}600 \text{ MN}$$

$> V_{Ed} = 0{,}176$ MN

Die Druckstrebentragfähigkeit ist damit gegeben.

Querkraftbewehrung

Der Bemessungswert $V_{Rd,s}$ der aufnehmbaren Querkraft bei Erreichen der Streckgrenze f_{yd} in der Querkraftbewehrung wird nachfolgend für die Einwirkung an den Endauflagern dargestellt. Auf eine mögliche Abstufung der Querkraftbewehrung wird im Rahmen des Beispiels verzichtet.

Einwirkende Querkraft V_{Ed}

Die Querkraft wird im Abstand d vom Auflagerrand bestimmt:

$$V_{Ed} = V_{Ed,0} - ((a/2) + d) \cdot f_d$$
$$= 176{,}0 - (0{,}05 + 0{,}70) \cdot (1{,}35 \cdot 8{,}00 + 1{,}5 \cdot 5{,}28)$$
$$= 162 \text{ kN}$$

a Auflagerbreite (Breite des Elastomerlagers = 10 cm)
f_d maßg. Bemessungslast

Querkrafttragfähigkeit $V_{Rd,s}$

Die Tragfähigkeit der Querkraftbewehrung a_{sw} erhält man aus

$$V_{Rd,s} = a_{sw} \cdot f_{yd} \cdot z \cdot \cot\theta$$

EC 2-1-1, Gl. (6.8) (für lotrechte Querkraftbewehrung)

und mit $V_{Rd,s} = V_{Ed}$ ergibt sich die erforderliche Querkraftbewehrung

$$a_{sw} \geq V_{Ed}/(f_{yd} \cdot z \cdot \cot\theta)$$
$$\cot\theta = 2{,}58^{1)} \quad \text{(s. vorher)}$$
$$f_{yd} = 500/1{,}15 = 435 \text{ MN/m}^2$$
$$a_{sw} \geq 0{,}162/(435 \cdot 0{,}63 \cdot 2{,}58) = 2{,}29 \cdot 10^{-4} \text{ m}^2\text{/m}$$
$$= 2{,}29 \text{ cm}^2\text{/m}$$

gew.: ∅ 8 – 20, 2-schnittig
(mit $a_{sw,vorh} = 5{,}03$ cm²/m)

Der Neigungswinkel ist entsprechend der räumlichen Ausdehnung des Fachwerkmodells mindestens über eine Länge von $z \cdot \cot\theta$ – hier also etwa 1,40 m – konstant zu halten (vgl. [EC 2-1-1, Bild 6.5]).

Schubkräfte zwischen Balkensteg und Gurt

Der Anschluss des Druckes ist nachzuweisen. Der Bemessungswert der einwirkenden Querkraft wird bestimmt aus

EC 2-1-1, 6.2.4

$$v_{Ed} = \Delta F_d \,/\, (h_f \cdot \Delta x)$$

EC 2-1-1, Gl. (6.20)

Dabei wird ΔF_d aus der Längskraftdifferenz in einem einseitigen Gurtabschnitt mit der Länge Δx bestimmt. Als Abschnittslänge Δx, auf der die Längsschubkraft konstant angenommen werden darf, gilt höchstens der halbe Abstand zwischen Momentennullpunkt und Momentenhöchstwert.

Die Querkrafttragfähigkeit wird analog zu Abschnitt 2.2.2.3 bestimmt, wobei $b_w = h_f$ und $z = \Delta x$ zu setzen ist; der Neigungswinkel der Druckstrebe darf in Druckgurten zu $\cot\theta = 1{,}2$ und in Zuggurten zu $\cot\theta = 1{,}0$ gesetzt werden. Es gilt somit

Folgt aus EC 2-1-1, 6.2.4 in Verbindung mit Gl.(6.21) und Gl. (6.22) (Anschlussbewehrung senkr. zum Steg) für $\cot\theta = 1{,}2$.

– für den Druckgurt:

$$v_{Rd,max} = 0{,}492 \cdot \nu_1 \cdot f_{cd} \geq v_{Ed}$$
$$v_{Rd,s} = 1{,}2 \cdot a_{sf} \cdot f_{yd} / h_f \geq v_{Ed}$$
$$a_{sf} \geq 0{,}833 \cdot v_{Ed} \cdot h_f / f_{yd}$$

Die anzuschließende Differenzkraft im Querschnitt an der Stelle i wird bei Lage der Dehnungsnulllinie in der Platte bestimmt aus

$$\Delta F_{cd,i} = \frac{M_{Ed,i}}{z} \cdot \frac{b_a}{b}$$

Bezeichnungen:

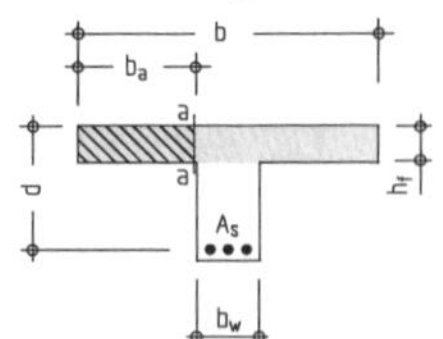

1) Der Neigungswinkel θ der Druckstrebe wird vereinfachend jeweils im Querkraftbereich gleichen Vorzeichens konstant gewählt; sichere Seite.

mit $M_{Ed,i}$ als Bemessungsmoment an der Stelle i und z als Hebelarm der inneren Kräfte. Die größte Differenzkraft ergibt sich zwischen Auflagerachse dem Viertelspunkt.

$$M_{Ed,1(x=0)} = 0$$
$$M_{Ed,2(x=4,69)} = 0{,}75 \cdot 823 = 617 \text{ kNm}$$

$\Delta x = 18{,}75/4 = 4{,}69$ m

Man erhält

$$\Delta F_d = \Delta F_{cd,2} - \Delta F_{cd,1}$$
$$\Delta F_{cd,1} = 0 \text{ (wegen } M_{Ed,1} = 0)$$
$$\Delta F_{cd,2} = \frac{M_{Ed,2}}{z} \cdot \frac{b_a}{b}$$
$$\Delta F_{cd,i} = \frac{617}{0{,}63} \cdot \frac{0{,}105}{0{,}40} = 257 \text{ kN}$$

$$\Delta F_d = \Delta F_{cd,2} - \Delta F_{cd,1} = 257 - 0 = 257 \text{ kN}$$
$$v_{Ed} = \Delta F_d / (h_f \cdot \Delta x) = 0{,}257/(0{,}17 \cdot 4{,}69) = 0{,}322 \text{ MN/m}^2$$

$h_f = 15 + 0{,}5 \cdot 4{,}2 \approx 17$ (mittlere Flanschdicke)

Druckstrebennachweis

$$v_{Rd,max} = 0{,}492 \cdot \nu_1 \cdot f_{cd} \quad \text{(Druckgurt)}$$
$$= 0{,}492 \cdot 0{,}75 \cdot 17{,}0 = 6{,}273 > v_{Ed} \rightarrow \text{Nachweis erfüllt.}$$

Anschlussbewehrung

$$a_{sf} \geq 0{,}833 \cdot v_{Ed} \cdot h_f / f_{yd}$$
$$= 0{,}833 \cdot 0{,}322 \cdot 0{,}17 / 435 \cdot 10^4 = 1{,}05 \text{ cm}^2/\text{m}$$

Die erforderliche Anschlussbewehrung wird zur Hälfte auf Ober- und Unterseite verteilt, so dass sich ergibt

$$a_{sf,o} = a_{sf,u} = 0{,}53 \text{ cm}^2/\text{m}$$

gew.: ∅8 – 20

2.2.2.4 Kippsicherheitsnachweis

Das seitliche Ausweichen schlanker Träger (Kippen) muss in bestimmten Fällen nachgewiesen werden, beispielsweise bei Transport und Montage von Fertigteilträgern, bei Trägern ohne ausreichende seitliche Aussteifung im fertigen Tragwerk.

EC 2-1-1, 5.9

Für die nachfolgende Berechung wird unterstellt, dass die Kippstabilität im Transportzustand gewährleistet ist (z. B. durch stabile Quertraversen und mehrere Anbindepunkte). Es wird daher nur die Kippsicherheit für den Endzustand untersucht, wobei überprüft werden soll, ob die Kippstabilität auch ohne horizontale Aussteifung durch die Dachscheibe gewährleistet ist.

Der Dachbinder ist an den Stützenköpfen gabelgelagert.

Vereinfachter Nachweis

EC 2-1-1, Gl. (5.40a):

$$\frac{L_{0t}}{b} \leq \frac{50}{(h/b)^{1/3}} \text{ und } \frac{h}{b} \leq 2{,}5$$

Gleichung umgestellt

Auf einen genaueren Nachweis (Auswirkungen nach Theorie II. Ordnung) darf verzichtet werden, wenn für die ständige Bemessungssituation die nachfolgenden Bedingungen erfüllt sind.

$$b \geq \sqrt[4]{\left(\frac{L_{0t}}{50}\right)^3 \cdot h} \quad \text{und} \quad \frac{h}{b} \leq 2{,}5$$

$L_{0t} = 18{,}75$ m (Länge des Durckgurtes zwischen den seitlichen Abstützungen → Gabellagerung an den Stützen)

$$b \geq \sqrt[4]{\left(\frac{18{,}75}{50}\right)^3 \cdot 0{,}80} = 0{,}45 \text{ m} > 0{,}40 \text{ m}$$

$$\frac{h}{b} \leq 2{,}5 \quad \rightarrow \quad \frac{0{,}80}{0{,}40} = 2{,}0 < 2{,}5$$

Der Nachweis ist nicht erfüllt, ein genauerer Nachweis wird erforderlich.

Genauerer Nachweis nach *Stiglat*

[Stiglat - 71], [Stiglat - 91]

Der genauere Nachweis wird i.d.R. EDV-gestützt durchgeführt. Für eine Handrechnung eignet sich das Näherungsverfahren nach *Stiglat*, das nachfolgend dargestellt wird. Zu beachten ist dabei, dass das Verfahren auf dem Sicherheitskonzept der alten DIN 1045:1988 beruht, es muss daher mit Gebrauchslasten gerechnet werden.

Ausgangspunkt des Verfahrens ist das ideelle Kippmomet $M_{y,Ki}$:

$$M_{y,Ki} = \frac{k_1 \cdot k_2 \cdot k_3}{L_{0t}} \cdot E_{cm} \cdot \sqrt{EI_z \cdot GI_T \cdot \frac{I_y}{I_y - I_z}}$$

bzw. mit $G = E/(2 \cdot (1+\mu)) = E/2{,}4 = 0{,}417E$ (für $\mu = 0{,}2$)

$$M_{y,Ki} = \frac{k_1 \cdot k_2 \cdot k_3}{L_{0t}} \cdot E_{cm} \cdot \sqrt{0{,}417 \cdot I_z \cdot I_T \cdot \frac{I_y}{I_y - I_z}}$$

Für die Faktoren k_1, k_2 und k_3 gilt nachfolgende Tabelle. Der Faktor k_1 berücksichtigt die Lagerungsbedingungen und die Belastungsart, k_2 den Wölbwiderstand von Trägern mit profiliertem Querschnitt und k_3 den Lastangriff in Bezug zum Schubmittelpunkt.

Für die Flächenwerte I_y, I_z und I_T werden der Betonquerschnittswert (Zustand I ohne Ansatz der Bewehrung) zugrunde gelegt, Zu beachten ist jedoch, dass bei dem Verfahren nach Stiglat das Torsionsträgheitsmoment I_T nur zu 60 % des Wertes nach Zustand I angesetzt werden darf.

Tafel B.2 Beiwerte zur Ermittlung des ideellen Kippmomentes (Gabellagerung)

Zeile	System und Belastung	k_1	k_2	k_3
1	M, M, L	π	$\sqrt{1+\pi^2 \cdot \beta_1}$	–
2	g, q, L	3,54	$\sqrt{1+10{,}0 \cdot \beta_1}$	$\sqrt{1+\frac{2{,}1 \cdot \beta_2}{k_2^2}} \mp 1{,}45 \cdot \frac{\sqrt{\beta_2}}{k_2}$
3	F, L/2	4,23	$\sqrt{1+10{,}2 \cdot \beta_1}$	$\sqrt{1+\frac{3{,}24 \cdot \beta_2}{k_2^2}} \mp 1{,}8 \cdot \frac{\sqrt{\beta_2}}{k_2}$

Erläuterungen

$$\beta_1 = \frac{E}{G} \cdot \frac{4 \cdot I_1 \cdot I_2}{(I_1 + I_2) \cdot I_T} \cdot \left(\frac{d_c}{2 \cdot L}\right)^2$$

$$\beta_2 = \frac{E}{G} \cdot \frac{I_z}{I_T} \cdot \left(\frac{d_c}{2 \cdot L}\right)^2$$

Für die Ermittlung von k_3 gilt das Minuszeichen bei einem Lastangriff oberhalb des Schubmittelpunktes, bei Lastangriff unterhalb gilt das Pluszeichen.

Das ideelle Kippmoment $M_{y,Ki}$ wid im Verhältnis σ_T/σ_{Ki} abgemindert und dem maßgebenden Biegemoment M_y gegenübergestellt. Eine ausreichende Sicherheit gegen Kippen besteht, wenn gilt

$$M_{y,K} = (\sigma_T/\sigma_{Ki}) \cdot M_{y,Ki} \leq \gamma \cdot M_y$$

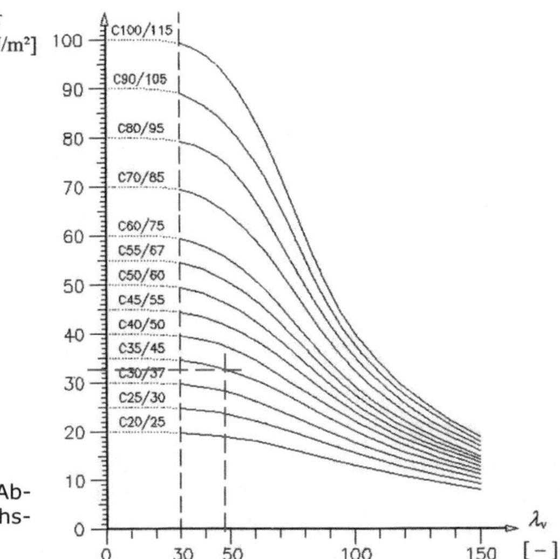

Abb. B.4
Vergleichsspannung σ_T in Abhängigkeit von der Vergleichsschlankheit λ_v

mit σ_{Ki} als max. Randspannung des Trägers unter $M_{y,Ki}$ und σ_T als Vergleichspannung, die mit der Vergleichsschlankheit λ_v ermittelt wird und der nachfolgenden Abbildung entnommen werden kann. Als Sicherheitsfaktor γ gilt gemäß *Stiglat* $\gamma = 2{,}0$, es wird jedoch auf der Grundlage von numerischen Vergleichsrechnungen empfohlen, für Rechteckquerschnitte $\gamma = 2{,}5$ zu wählen.

Biegemoment unter Gebrauchslast

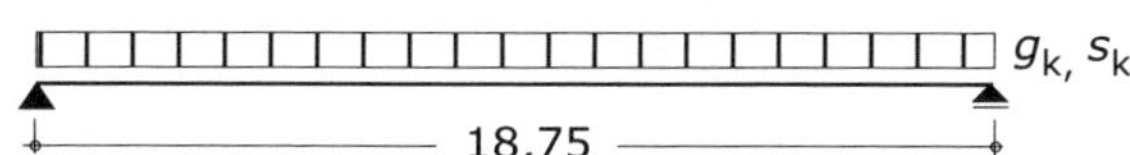

$$\max M_{Ed} = 0{,}125 \cdot (8{,}00 + 5{,}28) \cdot 18{,}75^2 = 584 \text{ kNm}$$

Querschnittswerte (Ersatzquerschnitt gem. Skizze)

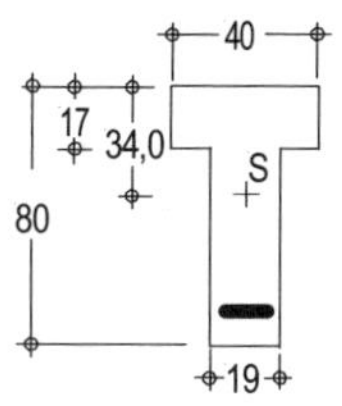

$I_y = 0{,}01106 \text{ m}^4$; $W_o = 0{,}03253 \text{ m}^3$
$I_z = 0{,}00127 \text{ m}^4$
$I_1 = 0{,}00091 \text{ m}^4$
$I_T \approx 0{,}001 \text{ m}^4$ (60 % von $I_{T,I}$)
$d_c = 0{,}80 - 0{,}17/2 = 0{,}715 \text{ m}$

Bezeichnungen s. Tafel B.2

Für $I_{T,I}$ wird näherungsweise ein Rechteck b / h = 19/80 cm

Ermittlung der Beiwerte k_1, k_2 und k_3

$k_1 = 3{,}54$ (s. Tafel B.2)
$k_2 = (1+10{,}0 \cdot \beta_1)^{0,5}$ mit $\beta_1 = 0$ (wegen $I_2 = 0$)
$k_2 = 1$

$$k_3 = \sqrt{1 + \frac{2{,}1 \cdot \beta_2}{k_2^2}} \mp 1{,}45 \cdot \frac{\sqrt{\beta_2}}{k_2}$$

$$\beta_2 = 2{,}4 \cdot \frac{0{,}00127}{0{,}00100} \cdot \left(\frac{0{,}715}{2 \cdot 18{,}75}\right)^2 = 0{,}001108$$

$$k_3 = \sqrt{1 + \frac{2{,}1 \cdot 0{,}001108}{1}} - 1{,}45 \cdot \frac{\sqrt{0{,}001108}}{1} = 0{,}95$$

Auf der sicheren Seite wird angenommen, dass die gesamte Last oberhalb des Schubmittelpunktes angreift, sodass für die Ermittlung von k_3 das Minuszeichen gilt.

$M_{y,K} = (\sigma_T / \sigma_{Ki}) \cdot M_{y,Ki}$

$$M_{y,Ki} = \frac{k_1 \cdot k_2 \cdot k_3}{L_{0t}} \cdot E_{cm} \cdot \sqrt{0,417 \cdot I_z \cdot I_T \cdot \frac{I_y}{I_y - I_z}}$$

$$= \frac{3,54 \cdot 1,0 \cdot 0,95}{18,75} \cdot 34000 \cdot \sqrt{0,417 \cdot 0,00127 \cdot 0,00100 \cdot \frac{0,01106}{0,01106 - 0,00127}}$$

$$= 6098 \cdot 0,0007735 = 4,72 \text{ MNm}$$

$\sigma_{Ki} = M_{y,Ki} / W_o = 4,72 / 0,03253 = 145 \text{ MN/m}^2$
$\lambda_v = \pi \cdot (E_{cm}/\sigma_{ki})^{0,5} = \pi \cdot (34000/145)^{0,5} = 48,1$
$\sigma_T = 33 \text{ MN/m}^2$ (Abb. B.4)
$M_{y,K} = (33/145) \cdot 4,77 = 1,09 \text{ MNm}$
$M_{y,K} = 1,09 \text{ MNm} \approx \gamma \cdot M_y = 2,0 \cdot 0,548 = 1,10 \text{ MNm}$

Nachweis näherungsweise erfüllt

Genauerer Nachweis nach *Mann*

[Mann - 76]

Der Nachweis nach *Stiglat* ist näherungsweise erfüllt. Es wird zusätzlich das Verfahren nach *Mann* gezeigt. Dabei wird der Nachweis auf das Knicken des Obergurts zurückgeführt. Im Gegensatz zum Knicken von Stützen wird das seitliche Ausweichen des Druckgurts durch den Zuggurt behindert. Dem Druckgurt wird daher eine ideelle Schlankheit zugeordnet, die die günstige Wirkung des Zuggurtes berücksichtigt.

Die Bemessung des Trägers erfolgt mit den üblichen Biegebemessungsverfahren, die Druckzonenbreite b wird jedoch durch eine Ersatzbreite $\bar{b}$ ersetzt. Die im Druckgurt vohandene Biegedruckbewehrung wird im Verhältnis $\bar{b} / b < 1$ angesetzt.

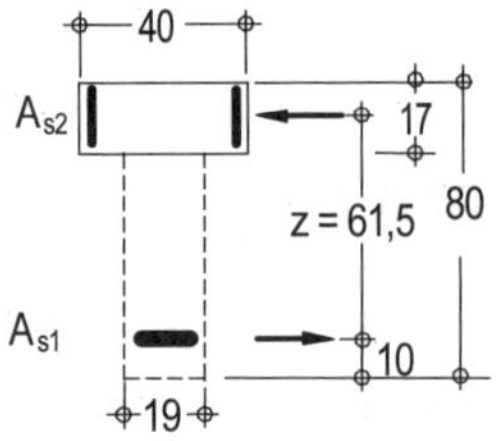

Idealisierter Querschnitt im Zustand II

Abminderungsfaktor ω für die Druckzonenbreite *b*

Der Abminderungsbeiwert ω ist abhängig von der ideellen Schlankheit $\bar{\lambda}$, der bezogenen Ausmitte m_0 und dem Druckbewehrungsgrad ρ_0.

Ideelle Schlankheit des Obergurtes

$$\bar{\lambda} = \frac{L}{0,289 \cdot b \cdot \sqrt{0,5 + \chi} \cdot \sqrt{\xi}}$$

$$\chi = \frac{L}{\pi \cdot z} \cdot \sqrt{\frac{G \cdot I_T}{E \cdot I_0}}$$

$G = E / (2 \cdot (1+\mu)) = E/(2 \cdot (1+0,2)) = 0,417\, E$
$I_T = \alpha \cdot b \cdot t^3 = 0,241 \cdot 0,40 \cdot 0,17^3 = 0,0004736 \text{ m}^4$
$I_0 = t \cdot b^3 / 12 = 0,17 \cdot 0,40^3 / 12 = 0,0009067 \text{ m}^4$

$$\chi = \frac{18,75}{\pi \cdot 0,615} \cdot \sqrt{\frac{0,417 \cdot 0,0004736}{0,0009067}} = 4,53$$

$\xi = 1,12$ (Gleichstreckenlast bzw. parabelförmiger M-Verlauf)

$$\bar{\lambda} = \frac{18,75}{0,289 \cdot 0,40 \cdot \sqrt{0,5 + 4,53} \cdot \sqrt{1,12}} = 68$$

Beiwerte ξ

Momenten-verlauf	Beiwert ξ
(konstant)	1,00
(parabelförmig)	1,12
(dreieckförmig)	1,35
(linear)	1,77

Ideelle Ausmitte der Biegedruckzone

$$\bar{e} = e_o \cdot \left[1 + \frac{0,4}{\xi} \cdot \left(\chi - 1 + \frac{1}{2 \cdot \chi} - \chi \cdot \frac{e_u}{e_o}\right)\right]$$

$e_o = e_{o1} + e_{o2}$

mit $e_{o1} = 0,01 \cdot z = 0,01 \cdot 0,615 = 0,006$ m

$e_{o2} = (0,01$ m bis $0,03$ m$) = 0,010$ m (gewählt)

$e_u \leq 0$

$$\bar{e} = 0,016 \cdot \left[1 + \frac{0,4}{1,12} \cdot \left(4,53 - 1 + \frac{1}{2 \cdot 4,53} - 4,53 \cdot \frac{0}{0,016}\right)\right] = 0,0368 \text{ m}$$

Biegebemessung des Druckgurtes

- Ermittlung der Ersatzbreite $\bar{b}$

  $\bar{b} = 1,0 \cdot \bar{\omega} \cdot b$ (gegliederter Querschnitt)

  Der Abminderungsfaktor $\bar{\omega}$ kann in Abhängigkeit vom Bewehrungsgrad ρ_0 und bezogenen Momente m_0 aus Abb. B.5 abgelesen werden. Hierfür muss der Bewehrungsgrad zunächst geschätzt werden.

  $\rho_0 = 1,5$ % (Annahmen)

  $m_0 = \frac{6 \cdot \bar{e}}{b} = \frac{6 \cdot 0,0368}{0,40} = 0,552$ $\Big) \rightarrow \bar{\omega} = 0,58$ (Abb. B.5)

  $\bar{b} = 1,0 \cdot 0,58 \cdot 0,40 = 0,23$ m

Ersatzbreite $\bar{b}$

Querschnitt gegliedert
$\bar{b} = 1,00 \cdot \bar{\omega} \cdot b$

Rechteckquerschnitt
$\bar{b} = 1,25 \cdot \bar{\omega} \cdot b$

Interpoliert zwischen beiden Diagrammen

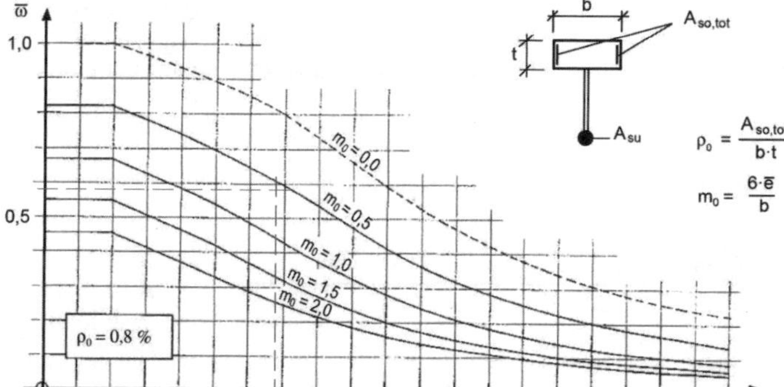

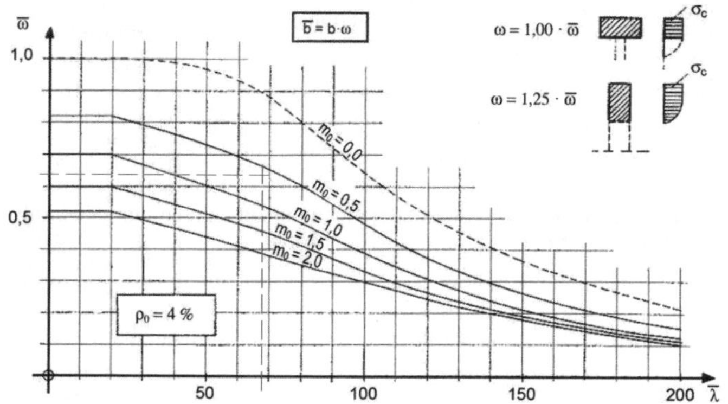

Abb. B.5 Abminderungsfaktor $\bar{\omega}$ in Abhängigkeit von der ideelen Schlankheit $\bar{\lambda}$, der bezogenen Ausmitte m_0 und dem Bewehrungsgrad ρ_0 des Durckgurtes

- Biegebemessung

  M_{Ed} = 823 kNm

  $$\bar{\mu}_{Eds} = \frac{M_{Eds}}{\bar{b} \cdot d^2 \cdot f_{cd}} = \frac{0,823}{0,23 \cdot 0,70^2 \cdot 19,83} = 0,368$$

  Es ist Druckbewehrung erforderlich. Für ξ = 0,45 und mit d_2/d = 0,10 ergibt sich

  ω_2 = 0,079

  $$\bar{A}_{s2} = \omega_2 \cdot \bar{b} \cdot d \cdot \frac{f_{cd}}{f_{yd}} = 0,079 \cdot 0,23 \cdot 0,70 \cdot \frac{19,83}{435} \cdot 10^4 = 5,8 \text{ cm}^2$$

  $$A_{s2,erf} = \bar{A}_{s2}/\bar{\omega} = 5,8/0,58 = 10,0 \text{ cm}^2$$

- Überprüfen der Ersatzbreite bzw. des geschätzten Bewehrungsgrades

  $\rho_0 = 10,0 \cdot 10^{-4}/(0,40 \cdot 0,17) = 0,015 = 1,5$ %

- Gewählte Bewehrung

  Die ermittelte Bewehrung wird je zur Hälfte rechts und links im Obergurt angeordnet.

  gew.: 4 ∅ 20

Die geschätzte Bewehrung entspricht damit der ermittelten, eine weitere Iteration ist daher nicht erforderlich.

2.2.2.5 Nachweis der Brandsicherheit

Es wird angenommen, dass die Feuerwiderstandklasse R 90 eingehalten werden soll. Der Nachweis wird mit Hilfe des Tabellenverfahrens nach EC 2-1-2 geführt.

Die brandschutztechnischen Anforderungen ergeben sich aus den Landesbauordungen bzw. aus der MBO.

Auszug aus EC 2-1-2, Tab. 5.5

1		2	3	4	5	6
Feuerwiderstandsklasse	Mindestmaße (mm) mögliche Kombinationen von a und b_{min}					I-Querschnitt
R 30	b_{min} = a =	80 25	120 20	160 15	200 15	b_w = 80
R 60	b_{min} = a =	120 40	160 35	200 30	300 25	b_w = 100
R 90	b_{min} = a =	150 55	200 45	300 40	400 35	b_w = 100
R 120	b_{min} = a =	200 65	240 60	300 55	500 50	b_w = 120
a_{sd} = a + 10 mm (für größere b_{min}-Werte als nach Sp. 4 gilt a_{sd} = a)						

Erläuterung:

a Achsabstand (bei mehreren Bewehrungslagen mittlerer Abstand a_m)

a_{sd} seitlicher Achsabstand der Eckstäbe (bei einlagiger Bewehrung)

Die Tabelle gilt für 3seitige Brandbeanspruchung. Bei vierseitiger Beanspruchung darf die Höhe des Balkens nicht kleiner sein als die für die betreffende Feuerwiderstandsdauer erforderliche und die Querschnittsfläche des Balkens nicht kleiner sein als $A_c = 2b^2_{min}$

Nachweis

Der Nachweis wird ungünstig für die Situation am Auflager mit nur einer Bewehrungslage geführt. Interpoliert zwischen Spalte 2 und 3 (mit dem Zielwert b_{min} = 190 mm) ergibt sich:

b_{vorh} = 190 mm $> b_{min}$ = 190 mm

a_{vorh} = 35 + 8 + 28/2 = 57 mm $> a_{min}$ = 47 mm

$a_{sd,vorh}$ = 57 mm $\geq a_{min}$ + 10 mm = 57 mm

Die Anforderung ist hier eingehalten.

2.2.3 Nachweise im Grenzzustand der Gebrauchstauglichkeit

2.2.3.1 Spannungsbegrenzung

Der Nachweis ist im vorliegenden Fall nicht erforderlich.

2.2.3.2 Rissbreitenbegrenzung

Mindestbewehrung

Für Querschnitt mit hohen Stegen ist die Mindestbewehrung nachzuweisen. Zur Vermeidung von Sammelrissen ist sie außerhalb der Wirkungszone der Biegezugbewehrung an den Seitenflächen anzuordnen. Diese Oberflächenbewehrung sollte gleichmäßig zwischen der Dehnungsnulllinie und der Wirkunszone der Biegezugbewehrung angeordent werden.

In EC2-1-1, 7.3.3 (3) wird diese Bewehrung zwar erst ab einer Trägerhöhe von $h \geq 1{,}00$ m gefordert, der Nachweis wird dennoch geführt.

$A_{s,min} = k_c \cdot k \cdot f_{ct,eff} \cdot A_{ct} / \sigma_s$

$k_c = 1{,}0$ (zentrischer Zug)
$k = 0{,}5$ (EC2-1-1, 7.3.3(3))
$f_{ct,eff} = f_{ctm} = 3{,}2$ MN/m²
$A_{ct} = 0{,}19 \cdot 1{,}0 = 0{,}19$ m²/m
$\sigma_s = 320$ MN/m²

$A_{s,min} = 1{,}0 \cdot 0{,}5 \cdot 3{,}20 \cdot 0{,}19 / 320 = 0{,}00095 \text{ m}^2 = 9{,}50 \text{ cm}^2/\text{m}$
gew.: ∅ 8/10 (beidseitig) → $A_{s,vorh} = 2 \cdot 5{,}03 = 10{,}06$ cm²/m

Nachweis des gewählten Durchmessers

$$\varnothing_s = \varnothing_s^* \cdot \frac{k_c \cdot k \cdot h_t}{4 \cdot (h-d)} \cdot \frac{f_{ct,eff}}{f_{ct,0}} \geq \varnothing_s^* \cdot \frac{f_{ct,eff}}{f_{ct,0}}$$

$\sigma_s = 320$ MN/m²,
$w_k = 0{,}3$ mm →
$\varnothing_s^* = 10$ mm

$f_{ct,eff} = 3{,}2$ MN/m²

$\varnothing_s = 10 \cdot (3{,}2/2{,}9) \approx 11 \text{ mm} > 10 \text{ mm}$

Rissbreitenbegrenzung für die Lastbeanspruchung

Nachweis für Umweltklasse XC 3. Der Nachweis ist für die quasi-ständige Last zu führen (ohne Schnee).

Biegemoment $M_{perm} = 0{,}125 \cdot 8{,}00 \cdot 18{,}75^2 = 352$ kNm

Stahlspannung Die Stahlspannung kann i.Allg. genügend genau mit dem Hebelarm z aus der Biegebemessung des Grenzzustandes der Tragfähigkeit ermittelt werden (die Vereinfachung liegt geringfügig auf der unsicheren Seite)

$$\sigma_s = \frac{M}{z \cdot A_s}$$

$z \approx 0{,}85 \cdot 0{,}70 = 0{,}60$ m
$A_s = 32{,}0$ cm² (4 ∅ 25 und 2 ∅ 28)

$$\sigma_s = \frac{352}{0{,}60 \cdot 32{,}0} = 18{,}3 \text{ kN/cm}^2 = 183 \text{ MN/m}^2$$

Nachweis

$$\varnothing_s = \varnothing_s^* \cdot \frac{\sigma_s \cdot A_s}{4 \cdot (h-d) \cdot b \cdot f_{ct,0}} \geq \varnothing_s^* \cdot \frac{f_{ct,eff}}{f_{ct,0}}$$

EC 2-1-1, Gl. (7.7.1DE)

$\varnothing_s^* = 33$ mm

$f_{ct,eff} / f_{ct,0} = 3{,}2/2{,}9 = 1{,}1$ (Beton C35/45)

EC 2-1-1, Tab. 7.2DE

$b = 0{,}19$ m

$$\frac{\sigma_s \cdot A_s}{4 \cdot (h-d) \cdot b \cdot f_{ct,0}} = \frac{183 \cdot 0{,}00320}{4 \cdot (0{,}80 - 0{,}70) \cdot 0{,}19 \cdot 3{,}2} = 2{,}41$$

$\varnothing_s = 33 \cdot 2{,}41 = 80 \text{ mm} > \varnothing_s = 28 \text{ mm}$

→ Nachweis erfüllt.

Auf der sicheren Seite liegend wird nur der größere Durchmesser nachgewiesen.

2.2.3.3 Begrenzung der Verformungen

Anwendung von Kontruktionsregeln

Der Nachweis erfolgt über die Begrenzung der Biegeschlankheit. Es gilt:

EC 2-1-1, 7.4.2, Gl. (7.16b) bei $\rho > \rho_0$

$$\frac{L}{d} \le K \cdot \left[11 + 1{,}5\sqrt{f_{ck}} \cdot \frac{\rho_0}{\rho - \rho'} + \frac{1}{12}\sqrt{f_{ck}} \cdot \sqrt{\frac{\rho'}{\rho_0}}\right] \le (L/d)_{max}$$

$(L/d)_{max} \le K \cdot 35$ (allgemein; keine bes. Anforderungen)

$K = 1{,}0$ (Einfeldträger)

$\rho_0 = f_{ck}^{0,5} \cdot 10^{-3} = 35^{0,5} \cdot 10^{-3} = 0{,}0059$

$\rho = A_s / (b_{ers} \cdot d)$

Bei Plattenbalken wird der Bewehrungsgrad auf die Ersatzbreite eines Rechteckquerschnitts mit äquivalenter Biegesteifigkeit bezogen.

Für $I_c = 0{,}007493$ m^4:

$b_{ers} = 12 \cdot 0{,}007493 / 0{,}70^3 = 0{,}262$ m

Ermittlung der Querschnittswerte mit [Goris/Schmitz - 14]

$\rho = 32{,}0/(26{,}2 \cdot 70) = 0{,}0174$ (> ρ_0; s. o.)

$\rho' = 12{,}6/(26{,}2 \cdot 70) = 0{,}0068$ (vorh. Druckbewehrung)

$$\left(\frac{l}{d}\right) \le 1{,}0 \cdot \left[11 + 1{,}5\sqrt{35} \cdot \frac{0{,}0059}{0{,}0174 - 0{,}0068} + \frac{1}{12}\sqrt{35} \cdot \sqrt{\frac{0{,}0068}{0{,}0059}}\right] = 16{,}5$$

Wegen $b_{eff} / b_w = 40/19 = 2{,}1 < 3$ ist eine Reduzierung von L / d nicht erforderlich. Mit $A_{s,req} \approx A_{s,prov}$ gilt somit

$(L/d)_{zul} = 16{,}5 < (L/d)_{max} = 35$

$(L/d)_{zul} = 16{,}5 < (L/d)_{vorh} = 18{,}75 / 0{,}70 = 26{,}8$

⇒ Der Nachweis ist damit - deutlich (!) - nicht erfüllt.

Rechnerische Ermittlung

Die rechnerische Ermittlung erfolgt unter vereinfachenden Annahmen, dass der Krümmungsverlauf affin zum Momentenverlauf ist. Es wird nebenstehender Querschnitt zugrunde gelegt.

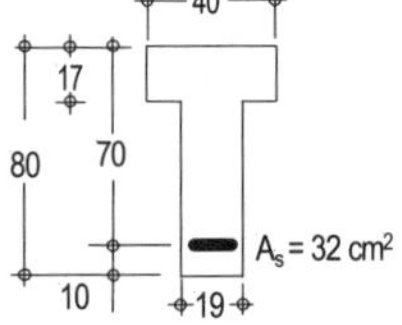

Ausgangswerte

Beton C35/45; $E_{cm} = 34\,000$ MN/m^2

Kriechzahl wirksame Bauteildicke:

$h_0 = 2A_c/u = (19 \cdot 63 + 40 \cdot 17) / (40 + 80) = 15{,}6$ cm

$\varphi_\infty = 1{,}5$ (für RH = 80 %; Z 42,5R; t_0 = 28 Tagen)

Schwindmaß $\varepsilon_{cs} = \varepsilon_{cd} + \varepsilon_{ca} = 0{,}32 + 0{,}06 = 0{,}38$ ‰

Das Kriechen wird durch Ansatz eines eff. E-Moduls $E_{c,eff} = E_{cm} / (1+\varphi) = 34\,000/(1{,}0+1{,}5) \approx 13\,600$ MN/m^2 berücksichtigt:

$$\alpha_e = E_s / E_{eff} = 200\,000/13\,600 = 15.$$

Flächen-/Hilfswerte

Zustand I:

Ermittlung mit Berücksichtigung der Bewehrung A_{s2} in der Druckzone (vgl. [Goris/ Schmitz – 14]).

$\rho_I = A_{s1} / (b_w \cdot h_0) = 32{,}0 /(19 \cdot 80) = 0{,}0211$

$\xi_I = (0{,}5+C_I)/(1+D_I)$

$$C_I = 0{,}5 \cdot \left({}^{b_f}\!/_{b_w} - 1 \right) \cdot \left({}^{h_f}\!/_{h_0} \right)^2 + \alpha_e \cdot \rho_I \cdot {}^{d}\!/_{h_0} \cdot \left(1 + {}^{A_{s2} \cdot d_2}\!/_{A_{s1} \cdot d} \right)$$

$$= 0{,}5 \cdot \left({}^{40}\!/_{19} - 1 \right) \cdot \left({}^{17}\!/_{80} \right)^2 + 15 \cdot 0{,}0211 \cdot {}^{70}\!/_{80} \cdot \left(1 + {}^{12{,}6 \cdot 7{,}5}\!/_{32{,}0 \cdot 70} \right)$$

$$= 0{,}0250 + 0{,}2886 = 0{,}3136$$

$$D_I = \left({}^{b_f}\!/_{b_w} - 1 \right) \cdot \left({}^{h_f}\!/_{h_0} \right) + \alpha_e \cdot \rho_I \cdot \left(1 + {}^{A_{s2}}\!/_{A_{s1}} \right)$$

$$= \left({}^{40}\!/_{19} - 1 \right) \cdot \left({}^{17}\!/_{80} \right) + 15 \cdot 0{,}0211 \cdot \left(1 + {}^{12{,}6}\!/_{32{,}0} \right)$$

$$= 0{,}2349 + 0{,}4411 = 0{,}6760$$

$\xi_I = (0{,}5+0{,}3136)/(1+0{,}6760) = 0{,}485$

$$\kappa_I = 1 + \left(\frac{b_f}{b_w} - 1 \right) \cdot \left(\frac{h_f}{h_0} \right)^3 + 12 \cdot (0{,}5 - \xi_I)^2 + 12 \cdot \alpha_e \cdot \rho_I \cdot \left(\frac{d}{h_0} - \xi_I \right)^2$$

$$+12 \cdot \left(\frac{b_f}{b_w} - 1 \right) \cdot \left(\frac{h_f}{h_0} \right) \cdot \left(\xi_I - 0{,}5 \cdot \frac{h_f}{h_0} \right)^2 + 12 \cdot \alpha_e \cdot \rho_I \cdot \frac{A_{s2}}{A_{s1}} \cdot \left(\xi_I - \frac{d_2}{h_0} \right)^2$$

$$\kappa_I = 1 + \left(\frac{40}{19} - 1 \right) \cdot \left(\frac{17}{80} \right)^3 + 12 \cdot (0{,}5 - 0{,}485)^2 + 12 \cdot 15 \cdot 0{,}0211 \cdot \left(\frac{70}{80} - 0{,}485 \right)^2$$

$$+12 \cdot \left(\frac{40}{19} - 1 \right) \cdot \left(\frac{17}{80} \right) \cdot \left(0{,}485 - 0{,}5 \cdot \frac{17}{80} \right)^2 + 12 \cdot 15 \cdot 0{,}0211 \cdot \frac{12{,}6}{32{,}0} \cdot \left(0{,}485 - \frac{7{,}5}{80} \right)^2$$

$$\kappa_I = 1 + 0{,}01061 + 0{,}00270 + 0{,}57768 + 0{,}40431 + 0{,}22892 = 2{,}2242$$

$x_I \;= \xi_I \cdot h_0 = 0{,}485 \cdot 80 = 38{,}8$ cm

$I_I \;= \kappa_I \cdot b_w \cdot h_0^3 /12 = 2{,}224 \cdot 19 \cdot 80^3 /12 = 1\,803\,000$ cm^4

$S_I \;= A_{s1} \cdot z_{s1} = 32{,}0 \cdot (70{,}0 - 38{,}8) = 998$ cm^3

Zustand II:

Ermittlung mit Berücksichtigung der Bewehrung A_{s2} in der Druckzone (vgl. [Goris/ Schmitz – 14]).

$\rho_{II} = A_{s1} / (b_w \cdot d) = 32{,}0 /(19 \cdot 70) = 0{,}0241$

$\xi_{II} = -C_{II} + (C_{II}^2 + D_{II})^{0,5}$

$$C_{II} = \alpha_e \cdot \rho_{II} \cdot \left(1 + \frac{A_{s2}}{A_{s1}} \right) + \frac{h_f}{d} \cdot \left(\frac{b_f}{b_w} - 1 \right)$$

$$= 15 \cdot 0{,}0241 \cdot \left(1 + \frac{12{,}6}{32{,}0} \right) + \frac{17}{70} \cdot \left(\frac{40}{19} - 1 \right) = 0{,}7723$$

$$D_{II} = 2 \cdot \alpha_e \cdot \rho_{II} \cdot \left(1 + \frac{A_{s2} \cdot d_2}{A_{s1} \cdot d} \right) + \left(\frac{h_f}{d} \right)^2 \cdot \left(\frac{b_f}{b_w} - 1 \right)$$

$$= 2 \cdot 15 \cdot 0{,}0241 \cdot \left(1 + \frac{12{,}6 \cdot 7{,}5}{32{,}0 \cdot 70{,}0} \right) + \left(\frac{17}{70} \right)^2 \cdot \left(\frac{40}{19} - 1 \right) = 0{,}8187$$

$\xi_{II} = -0{,}7723 + (0{,}7723^2 + 0{,}8187)^{0,5} = 0{,}417$

$$\kappa_{II} = 4 \cdot \left[\frac{b_f}{b_w} \cdot \xi_{II}^3 - \left(\frac{b_f}{b_w} - 1 \right) \cdot \left(\xi_{II} - \frac{h_f}{d} \right)^3 \right]$$

$$+12 \cdot \alpha_e \cdot \rho_{II} \cdot (1 - \xi_{II})^2 + 12 \cdot \alpha_e \cdot \rho_{II} \cdot \frac{A_{s2}}{A_{s1}} \cdot \left(\xi_{II} - \frac{d_2}{d} \right)^2$$

$$\kappa_{II} = 4 \cdot \left[\frac{40}{19} \cdot 0,417^3 - \left(\frac{40}{19} - 1\right) \cdot \left(0,417 - \frac{17}{70}\right)^3\right]$$

$$+12 \cdot 15 \cdot 0,0241 \cdot (1 - 0,417)^2 + 12 \cdot 15 \cdot 0,0241 \cdot \frac{12,6}{32,0} \cdot \left(0,417 - \frac{7,5}{70}\right)^2$$

$$= 4 \cdot (0,1527 - 0,0058) + 1,4744 + 0,1640 = 0,588 + 1,638 = 2,226$$

$x_{II} = \xi_{II} \cdot d = 0,417 \cdot 70 = 29,2$ cm
$I_{II} = \kappa_{II} \cdot b_w \cdot d^3/12 = 2,226 \cdot 19 \cdot 70^3/12 = 1\,209\,000$ cm^4
$S_{II} = A_{s1} \cdot z_{s1} = 32,0 \cdot (70,0 - 29,2) = 1\,306$ cm^3

Krümmungen

Biegemoment in Feldmitte unter maßgebender quasi-ständiger Last:

$M_{perm} = 0,125 \cdot 8,00 \cdot 18,75^2 = 352$ kNm

Hierfür ergeben sich die folgenden Krümmungen $(1/r) = M/(EI)$ bzw. $(1/r)_{cs} = \varepsilon_{cs} \cdot \alpha_e \cdot S/I$

Zustand I

Last+Kriechen $(1/r)_I = 0,352/(13\,600 \cdot 0,01803) = 1,44 \cdot 10^{-3}$ (1/m)

Schwinden $(1/r)_{I,cs} = 0,38 \cdot 10^{-3} \cdot 15 \cdot 0,000998/0,01803 = 0,32 \cdot 10^{-3}$ (1/m)

Zustand II

Last+Kriechen $(1/r)_{II} = 0,352/(13\,600 \cdot 0,01209) = 2,14 \cdot 10^{-3}$ (1/m)

Schwinden $(1/r)_{II,cs} = 0,38 \cdot 10^{-3} \cdot 15 \cdot 0,001306/0,01209 = 0,62 \cdot 10^{-3}$ (1/m)

Zustand IIm

Es ist zunächst der Verteilungsbeiwert ζ zu bestimmen. Dieser gibt an, wie groß die Bereiche sind, die als gerissen zu betrachten sind (Zustand II) bzw. die imZustand I verbleiben. Die Ermittlung erfolgt hier vereinfachend über das Verhältnis von Rissmoment zu Maximalmoment

$\zeta = 1 - 0,5 \cdot (M_{cr}/M_{max})^2$

$M_{cr} = f_{ctm} \cdot I_I/z_{c1} = 3,2 \cdot 0,01803/(0,80 - 0,388) \cdot 10^3 = 140$ kNm

$\zeta = 1 - 0,5 \cdot (140/352)^2 = 0,92$

Last+Kriechen $(1/r)_{IIm} = (0,92 \cdot 2,14 + (1 - 0,92) \cdot 1,44) \cdot 10^{-3} = 2,09 \cdot 10^{-3}$ (1/m)

Schwinden $(1/r)_{IIm,cs} = (0,92 \cdot 0,62 + (1 - 0,92) \cdot 0,32) \cdot 10^{-3} = 0,60 \cdot 10^{-3}$ (1/m)

Die Gesamtkrümmung in Feldmitte beträgt damit

$(1/r)_{ges} = (2,09 + 0,60) \cdot 10^{-3} = 2,69 \cdot 10^{-3}$ (1/m)

Durchbiegung in Feldmitte zum Zeitpunkt $t = \infty$

Unter der vereinfachenden Annahme, dass der Krümmungsverlauf affin zum Momentenverlauf ist, ergibt sich als Durchbiegung in Feldmitte (Überlagerung Dreieck mit Parabel)

$f_{vorh} = (5/12) \cdot M' \cdot (M_{max}/EI) \cdot L = (5/12) \cdot M' \cdot (1/r)_{ges} \cdot L$
$= (5/12) \cdot 4,69 \cdot 2,63 \cdot 10^{-3} \cdot 18,75 = 0,098$ m $= 9,8$ cm

$f_{zul} = 1875/250 = 7,5$ cm

Der Nachweis ist damit **nicht** erfüllt.

Es wird daher angestrebt, den Binder im Fertigteilwerk zu überhöhen, so dass im Endzustand die zulässige Grenze eingehalten ist. Die Überhöhung soll sich im vorliegenden Fall an der Durchbiegung zum Zeitpunkt

Der dargestellte Berechnungsgang enthält eine auf der sicheren Seite liegende Annahme, nämlich dass der Krümmungsverlauf affin zum Momentenverlauf ist. Tatsächlich ist im Bereich geringer Momentenbeanspruchung von einem ungerissenen Bereich mit entsprechend geringeren Krümmungen auszugehen.

Für eine genauere Berechnung ist jedoch zu beachten, dass zunächst bei der Festlegung der ungerissenen Bereiche nicht die quasi-ständige Last, sondern die seltene Lastfallkombination zu berücksichtigen ist; unter dieser Lastfallkombination kann es zu Rissen in Bereichen kommen, die unter der quasiständigen Last als ungerissen zu betrachten wären.

$t = 0$ orientieren, d. h. es wirkt die Eigenlast einschl. Dachausbau, Kriechen findet noch nicht statt.

Durchbiegung in Feldmitte zum Zeitpunkt t = 0

Rechengang wie vorher mit $\varphi_0 = 0$ und $\alpha_e = E_s / E_{eff} = 200/34 = 6$; Schwinden wird für die ersten 30 Tage mit $\varepsilon_{cs,t=30d} = 0{,}20$ ‰ berücksichtigt.

Flächen-/Hilfswerte

Zustand I:

$\rho_I = 0{,}0211$ (wie vorher)

$\xi_I = (0{,}5+C_I)/(1+D_I)$

$$C_I = 0{,}5 \cdot (40/19 - 1) \cdot (17/80)^2 + 6 \cdot 0{,}0211 \cdot 70/80 \cdot (1 + 12{,}6 \cdot 7{,}5 / 32{,}0 \cdot 70) = 0{,}1404$$

$$D_I = (40/19 - 1) \cdot (17/80) + 6 \cdot 0{,}0211 \cdot (1 + 12{,}6/32{,}0) = 0{,}4113$$

$\xi_I = (0{,}5+0{,}1404)/(1+0{,}4113) = 0{,}454$

$$\kappa_I = 1 + \left(\frac{40}{19} - 1\right) \cdot \left(\frac{17}{80}\right)^3 + 12 \cdot (0{,}5 - 0{,}454)^2 + 12 \cdot 6 \cdot 0{,}0211 \cdot \left(\frac{70}{80} - 0{,}454\right)^2$$

$$+12 \cdot \left(\frac{40}{19} - 1\right) \cdot \left(\frac{17}{80}\right) \cdot \left(0{,}454 - 0{,}5 \cdot \frac{17}{80}\right)^2 + 12 \cdot 6 \cdot 0{,}0211 \cdot \frac{12{,}6}{32{,}0} \cdot \left(0{,}454 - \frac{7{,}5}{80}\right)$$

$$\kappa_I = 1 + 0{,}01061 + 0{,}02539 + 0{,}26926 + 0{,}34083 + 0{,}21550 = 1{,}86159$$

$x_I = \xi_I \cdot h_0 = 0{,}454 \cdot 80 = 36{,}3$ cm
$I_I = \kappa_I \cdot b_w \cdot h_0^3 / 12 = 1{,}862 \cdot 19 \cdot 80^3 / 12 = 1\,509\,000$ cm^4
$S_I = A_{s1} \cdot z_{s1} = 32{,}0 \cdot (70{,}0 - 36{,}3) = 1078$ cm^3

Zustand II:

$\rho_{II} = 0{,}0241$ (wie vorher)
$\xi_{II} = -C_{II} + (C_{II}^2 + D_{II})^{0{,}5}$

$$C_{II} = 6 \cdot 0{,}0241 \cdot \left(1 + \frac{12{,}6}{32{,}0}\right) + \frac{17}{70} \cdot \left(\frac{40}{19} - 1\right) = 0{,}4700$$

$$D_{II} = 2 \cdot 6 \cdot 0{,}0241 \cdot \left(1 + \frac{12{,}6 \cdot 7{,}5}{32{,}0 \cdot 70{,}0}\right) + \left(\frac{17}{70}\right)^2 \cdot \left(\frac{40}{19} - 1\right) = 0{,}3666$$

$\xi_{II} = -0{,}4700 + (0{,}4700^2 + 0{,}3666)^{0{,}5} = 0{,}2965$

$$\kappa_{II} = 4 \cdot \left[\frac{40}{19} \cdot 0{,}2965^3 - \left(\frac{40}{19} - 1\right) \cdot \left(0{,}2965 - \frac{17}{70}\right)^3\right]$$

$$+12 \cdot 6 \cdot 0{,}0241 \cdot (1 - 0{,}2965)^2 + 12 \cdot 6 \cdot 0{,}0241 \cdot 12{,}6/32{,}0 \cdot (0{,}2965 - 7{,}5/70)^2$$

$$= 4 \cdot (0{,}0549 - 0{,}0002) + 0{,}8588 + 0{,}0245 = 1{,}102$$

$x_{II} = \xi_{II} \cdot d = 0{,}297 \cdot 70 = 20{,}8$ cm
$I_{II} = \kappa_{II} \cdot b_w \cdot d^3 / 12 = 1{,}102 \cdot 19 \cdot 70^3 / 12 = 598\,000$ cm^4
$S_{II} = A_{s1} \cdot z_{s1} = 32{,}0 \cdot (70{,}0 - 20{,}8) = 1\,574$ cm^3

Krümmungen zum Zeitpunkt t = 0

$M_{perm} = 376$ kNm (wie vorher)

Zustand I

Last+Kriechen $(1/r)_I = 0{,}376/(34\,000 \cdot 0{,}01509)$
$= 0{,}733 \cdot 10^{-3}$ (1/m)

Schwinden $(1/r)_{I,cs} = 0{,}20 \cdot 10^{-3} \cdot 6 \cdot 0{,}001078/0{,}01509$
$= 0{,}086 \cdot 10^{-3}$ (1/m)

Zustand II

Last+Kriechen $(1/r)_{II}$ $= 0{,}376/(34\,000 \cdot 0{,}00598)$
$= 1{,}849 \cdot 10^{-3}$ (1/m)

Schwinden $(1/r)_{II,cs}$ $= 0{,}20 \cdot 10^{-3} \cdot 6 \cdot 0{,}001574/0{,}00598$
$= 0{,}316 \cdot 10^{-3}$ (1/m)

Zustand IIm

$\zeta = 1 - 0{,}5 \cdot (M_{cr} / M_{max})^2$

$M_{cr} = f_{ctm} \cdot I_I / z_{c1} = 3{,}2 \cdot 0{,}01509/(0{,}80 - 0{,}363) \cdot 10^3 = 110$ kNm

$\zeta = 1 - 0{,}5 \cdot (110/376)^2 = 0{,}96$

Last+Kriechen $(1/r)_{IIm}$ $= (0{,}96 \cdot 1{,}85 + (1 - 0{,}96) \cdot 0{,}73) \cdot 10^{-3}$
$= 1{,}81 \cdot 10^{-3}$ (1/m)

Schwinden $(1/r)_{IIm,cs}$ $= (0{,}96 \cdot 0{,}316 + (1 - 0{,}96) \cdot 0{,}086) \cdot 10^{-3}$
$= 0{,}31 \cdot 10^{-3}$ (1/m)

Die Gesamtkrümmung in Feldmitte beträgt damit

$$(1/r)_{ges} = (1{,}81 + 0{,}31) \cdot 10^{-3} = 2{,}12 \cdot 10^{-3} \text{ (1/m)}$$

Durchbiegung in Feldmitte zum Zeitpunkt t = 0

$f = (5/12) \cdot 4{,}69 \cdot 2{,}12 \cdot 10^{-3} \cdot 18{,}75 = 0{,}078 \text{ m} = 7{,}8 \text{ cm}$

Der Träger wird um 7,0 cm überhöht hergestellt.

Der Nachweis zur Verformungsbegrenzung ist damit erfüllt (s. Skizze):

Überhöhung $\ddot{u} = 7{,}0 \text{ cm} \leq L/250 = 1875/250 = 7{,}5$ cm (erfüllt)
Durchhang $f = (9{,}6 - 7{,}0) = 2{,}6 \text{ cm} \leq L/250 = 7{,}5$ cm (erfüllt)

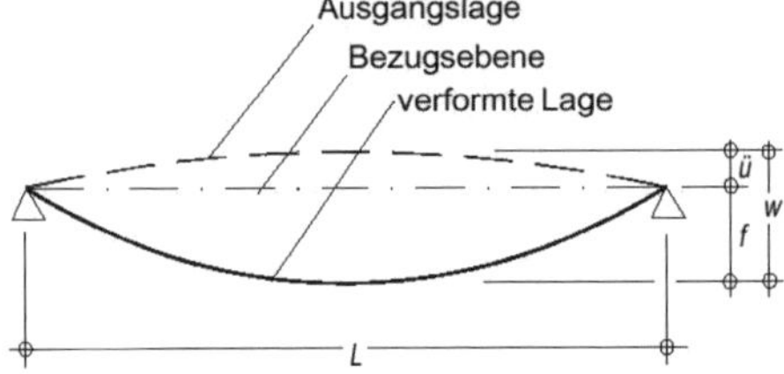

Abb. B.4 Definition der Verformungen

2.3 Bewehrungsführung und bauliche Durchbildung

2.3.1 Mindestbewehrung

Zur Verhinderung eines Bauteilversagens bei Erstrissbildung muss eine Mindestbewehrung angeordnet werden (Duktilitätskriterium). Diese Mindestbewehrung ist für das Rissmoment mit dem Mittelwert der Betonzugfestigkeit f_{ctm} und der Stahlspannung $\sigma_s = f_{yk}$ zu berechnen.

EC 2-1-1/NA, NCI zu 9.2.1.5(2)

Nachweis

$\min A_s \geq M_{cr} / (z \cdot f_{yk})$

$M_{cr} = f_{ctm} \cdot I_I / z_{c1}$ (z_{c1} Abstand von der Schwerachse des Querschnitts bis zum Zugrand)

I_I s. S. IB.19; unter Berücksichtigung der Bewehrung mit $\alpha_e = 15$

$I_I = 0{,}01803\ \text{m}^4$

$z_{c1} = z_u = (0{,}80 - 0{,}388) = 0{,}412\ \text{m}$

$f_{ctm} = 3{,}2\ \text{MN/m}^2$

Zugfestigkeit f_{ctm} nach EC 2-1-1, Tab. 3.1

$M_{cr} = 3{,}2 \cdot 0{,}01803/0{,}412 \cdot 10^3 = 140\ \text{kNm}$

$z \approx 0{,}9\,d = 0{,}9 \cdot 0{,}70 = 0{,}63\ \text{m}$ (Hebelarm nach Rissbildung)

$\min A_s \geq 0{,}140 / (0{,}63 \cdot 500) = 4{,}44 \cdot 10^{-4}\ \text{m}^2 = 4{,}44\ \text{cm}^2$

Die Mindestbewehrung muss als untere Bewehrung im Feld von Auflager zu Auflager durchlaufen.

EC 2-1-1/NA, NDP zu 9.2.1.1(1)

2.3.2 Verankerungslängen

Grundmaß $l_{b,rqd}$ der Verankerungslänge:

EC 2-1-1, 8.4.3

Bei guten Verbundbedingungen ergibt sich für den Beton C35/45

$$l_{b,rqd,y} = \frac{f_{yd}}{4 \cdot f_{bd}} \cdot \varnothing$$

EC 2-1-1, Gl. (8.3)

$$f_{bd} = 2{,}25 \cdot f_{ctd} = 2{,}25 \cdot (2{,}2/1{,}5) = 3{,}3\ \text{MN/m}^2$$

EC 2-1-1, Gl. (8.2)

$$l_{b,rqd,y} = \frac{500/1{,}15}{4 \cdot 3{,}3} \cdot \varnothing = 32{,}9 \cdot \varnothing$$

Bei mäßigen Verbundbedingungen ist das Grundmaß der Verankerungslänge mit 1/0,7 = 1,43 zu multiplizieren.

Verankerung am Auflager A (Endauflager):

$$l_{bd,dir} = 0{,}67 \cdot l_{bd} = 0{,}67 \cdot \alpha_a \cdot \frac{A_{s,erf}}{A_{s,vorh}} \cdot l_{b,rqd,y} \geq 0{,}67 \cdot l_{b,min}$$

EC 2-1-1, 9.2.1.4 und 8.4.4

$\alpha_1 = 1{,}0$ (gerades Stabende)

EC 2-1-1, Bild 8.1

$A_{s,rqd} = F_{Ed,R} / f_{yd}$

$F_{Ed,R} = V_{Ed} \cdot a_l / z \geq V_{Ed} / 2$ (für $N_{Ed} = 0$)

EC 2-1-1, Gl. (NA.9.3)

$V_{Ed} = 176\ \text{kN}$ (Querkraft auf Endauflager)

$z = 0{,}63\ \text{m}$

$a_l = 0{,}5 \cdot z \cdot \cot\theta$ (für lotrechte Schubbewehrung)

Der rechnerische Wert von $\cot\theta = 2{,}58$ (s. S. IB.9) darf wegen „Überbewehrung" mit $a_{sw,erf}/a_{sw,vorh}$ – hier also 2,29/5,03 = 0,46 – herabgesetzt werden.

EC 2-1-1, 9.2.1.3(2)

$a_l \approx 0{,}5 \cdot 0{,}63 \cdot (2{,}58 \cdot 0{,}46) = 0{,}38\ \text{m}$

$F_{Ed,R} = 176 \cdot 0{,}38/0{,}63 = 106 \text{ kN} > V_{Ed}/2 = 88 \text{ kN}$

$f_{yd} = 435 \text{ MN/m}^2$

$$A_{s,rqd} = \frac{106}{435 \cdot 10^{-1}} = 2{,}44 \text{ cm}^2 > A_{s,min} = 4{,}51 \text{ cm}^2$$

Die Mindestbewehrung ist maßgebend .

$A_{s,prov} = 14{,}34 \text{ cm}^2$ (2 ∅ 25 + 4 ∅ 12)

Pos. 1 zzgl. 2 Steckbügel ∅ 12

$l_{b,rqd,y} = 32{,}9 \cdot 2{,}5$ (guter Verbund; ∅ = 25 mm)
$= 82 \text{ cm}$

EC 2-1-1, Gl. (8.6)

$l_{b,min} = 0{,}3 \cdot l_{b,rqd,y} = 0{,}3 \cdot 82 = 25 \text{ cm}$

$$l_{b,dir} = 0{,}67 \cdot 1 \cdot \frac{4{,}51}{14{,}34} \cdot 82 = 17 \text{ cm} = \begin{array}{l} 0{,}67 \cdot 25 = 17 \text{ cm} \\ 6{,}7 d_s = 6{,}7 \cdot 2{,}5 = 17 \text{ cm} \end{array}$$

gew.: 17 cm (ab Vorderkante Elastomerlager)

Die Bewehrung ist mindestens über die rechnerische Auflagerlinie zu führen (EC 2-1-1, 9.2.1.4).

Außerdem muss mindestens ein Viertel der Feldbewehrung über das Auflager geführt werden.

$A_{s,min} \geq 0{,}25 \cdot 32{,}0 = 8{,}0 \text{ cm}^2$

Die geforderte Bewehrung ist vorhanden.

Verankerung außerhalb von Auflagern:

Außerhalb von Auflagern wird die Bewehrung mit l_{bd} verankert. Es wird mit geraden Stabenden verankert. Für die untere Bewehrung liegen gute Verbundbedingungen vor.

EC 2-1-1, Bild 9.2

Als erforderliche Verankerungslänge ergibt sich je nach Ausnutzung der Bewehrung ($A_{s,erf} / A_{s,vorh}$)

$l_{bd} = (A_{s,erf} / A_{s,vorh}) \cdot l_{b,rqd,y}$

EC 2-1-1, Gl. (8.4)

Für den Ausnutzungsgrad der Bewehrung wird nachfolgend unterstellt, dass die endende und weitergeführte Bewehrung am Beginn der Verankerung jeweils gleich beansprucht ist. Man erhält dann für

Pos. 2 $l_{bd} = (19{,}6 / 32{,}0) \cdot (32{,}9 \cdot 2{,}8) = 57 \text{ cm}$*)
Pos. 3 $l_{bd} = (9{,}82 / 19{,}6) \cdot (32{,}9 \cdot 2{,}5) = 42 \text{ cm}$*)

guter Verbund ∅ 25 bzw. ∅ 28

Als Mindestmaß ist außerdem zu beachten (ungünstig für $d_s = 28$ mm)

$l_{b,min} = 0{,}3 \cdot l_{b,rqd,y} = 0{,}3 \cdot 32{,}9 \cdot 2{,}8 = 28 \text{ cm}$

Die Mindestmaße werden nicht maßgebend.

2.3.3 Zugkraftdeckungslinie

Die Bewehrung wird gestaffelt. Das Versatzmaß a_l ist theoretisch in den jeweiligen Querkraftbereichen in Abhängigkeit vom Druckstrebenneigungswinkel θ zu bestimmen. Vereinfachend und auf der sicheren Seite wird es hier für $\cot \theta = 2{,}58 \cdot 0{,}46 = 1{,}2$ bestimmt bzw. konstant zu

Der rechnerische Wert von $\cot \theta = 2{,}58$ darf mit $a_{sw,erf}/a_{sw,vorh}$ – hier also mit 0,46 – herabgesetzt werden.

$a_l = 0{,}38 \text{ m}$

gewählt (s. vorher).

*) Für Pos. 2 gilt (am Verankerungsbeginn): $A_{s,vorh} = 32{,}0 \text{ cm}^2$ (4 ∅ 25 und 2 ∅ 28)
$A_{s,erf} = 19{,}6 \text{ cm}^2$ (4 ∅ 25)
Für Pos. 3 gilt (am Verankerungsbeginn): $A_{s,vorh} = 22{,}2 \text{ cm}^2$ (4 ∅ 25)
$A_{s,erf} = 9{,}82 \text{ cm}^2$ (2 ∅ 25)

2.3.4 Querkraftbewehrung

Mindestbewehrung

$a_{sw} \geq \rho_w \cdot b_w \cdot \sin\alpha$ — EC 2-1-1, Gl. (9.4)

$\rho_w = \rho_{w,min} = 0{,}16 \cdot f_{ctm} / f_{yk} = 0{,}001024$ (für C 35/45) — EC 2-1-1/NA, Gl. (9.5aDE)

$\sin\alpha = 1$

$a_{sw} \geq 0{,}001024 \cdot 19 \cdot 100 = 1{,}94\ \text{cm}^2/\text{m}$

gew.: ∅ 8 – 20 = 5,03 cm²/m

Bügelabstände:

Die zulässigen Bügelabstände sind jeweils von der Querkraftausnutzung (Verhältniswert $V_{Ed}/V_{Rd,max}$) abhängig. Es gilt im gesamten Bereich (vgl. S. IB.9): — EC 2-1-1/NA, Tab. NA.9.1

$V_{Ed} \leq 0{,}30\ V_{Rd,max}$

Damit gilt für die Bügelabstände

$s_{längs}$ $\leq 0{,}7\,h = 0{,}7 \cdot 80 = 86$ cm (maßgebend)
≤ 30 cm

s_{quer} $\leq 1{,}0\,h = 1{,}0 \cdot 80 = 80$ cm
≤ 80 cm

Die geforderten Abstände sind eingehalten (s. Darstellung der Bewehrung).

Ausbildung der Bügel:

Bei Plattenbalken dürfen die für die Querkrafttragfähigkeit erforderlichen Bügel im Bereich des Obergurts mittels durchgehender Querstäbe (hier: Bügelbewehrung des Obergurts) geschlossen werden. Voraussetzung ist jedoch, dass der Bemessungswert der Querkraft V_{Ed} höchsten 2/3 der maximalen Querkrafttragfähigkeit $V_{Rd,max}$ beträgt. Dieser Grenzwert ist an allen Stellen eingehalten (s.o.). — EC 2-1-1/NA, 8.5(NA.4)

2.3.5 Bewehrungsskizze

Allgemeine Hinweise

Handelsübliche Längen des Betonstabstahls betragen 12 m bzw. 14 m. In einigen Werken ist er jedoch ab einem Stabdurchmesser von 20 mm bis zu 18 m Länge als Lagerware vorhanden, größere Längen ggf. auf Anfrage.

Im vorliegenden Fall soll gelten, dass für Stäbe mit ∅ ≥ 20 mm ein Länge von 18 m einzuhalten ist.

Bewehrungsdarstellung

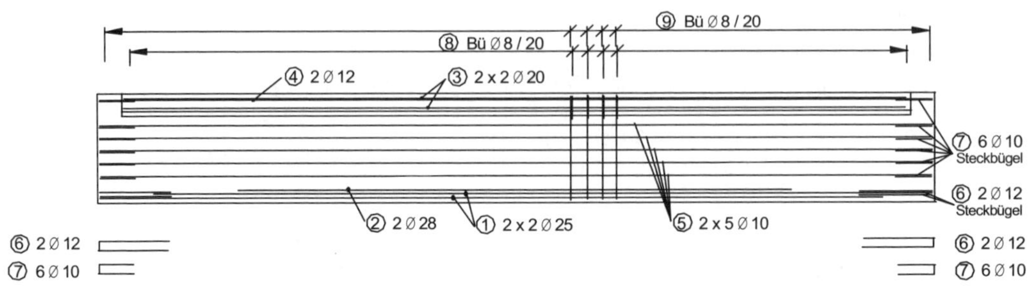

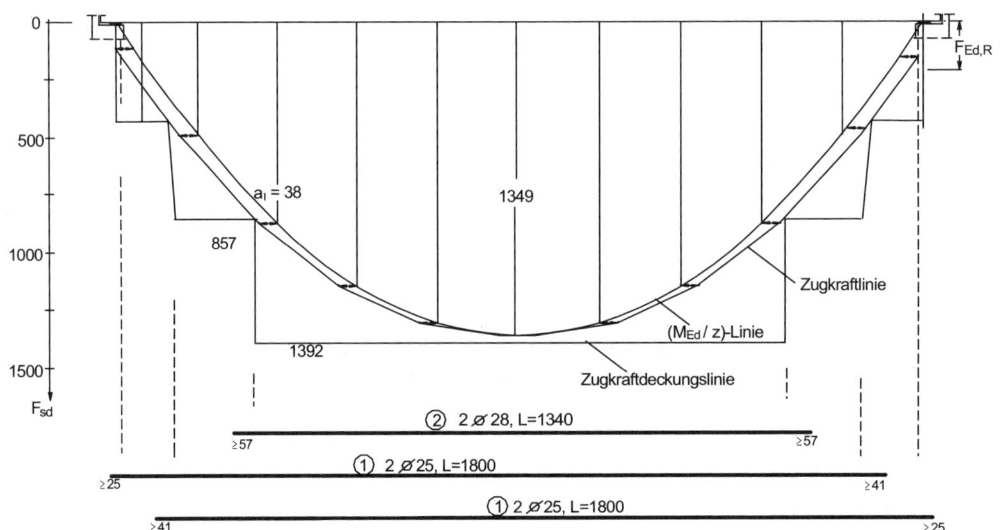

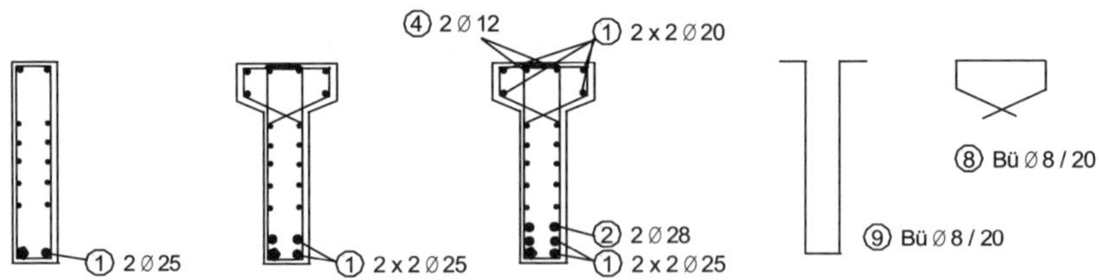

Baustoffe: C35/45 XC3 WO; B500B
Betondeckung: c_v = 3,5 cm (Verlegemaß)
Δc_{dev} = 1,5 cm (Vorhaltemaß)

Abb. B.7 Bewehrungszeichung

Die Verlegemaße und Bewehrungsauszüge sind unvollständig. Bzgl. der erforderlichen Angabe wird auf EC 2-1-1, NA.2.8 hingewiesen.

3 Pos. B3: Satteldachbinder

Alternativ zur Pos. B2 wird nachfolgend die Ausführung als Satteldachbinder dargestellt. Es werden nur die Berechnungsschritte gezeigt, die sich nennenswert von der Darstellung der Pos. 2 unterscheiden.

3.1 System und Belastung

Der Satteldachbinder wird mit den in Abb. B.6 dargestellen Abmessungen ausgeführt. Im Gegensatz zum parallelgurtigen Binder liegt der Ort der maximalen Biegebeanspruchung nicht bei $L/2$ in Feldmitte, sondern etwa bei $0{,}4L$ (die maßgebende Stelle ist von der Obergurtneigung abhängig, s. nebenstehende Erläuterung).

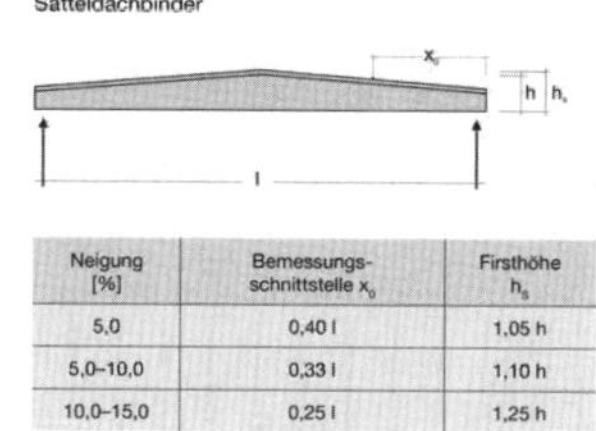

Neigung [%]	Bemessungs-schnittstelle x_0	Firsthöhe h_s
5,0	0,40 l	1,05 h
5,0–10,0	0,33 l	1,10 h
10,0–15,0	0,25 l	1,25 h

Für die Auflagersituation gilt Abb. B.1. Die Stützweite des Binder beträgt 18,75 m

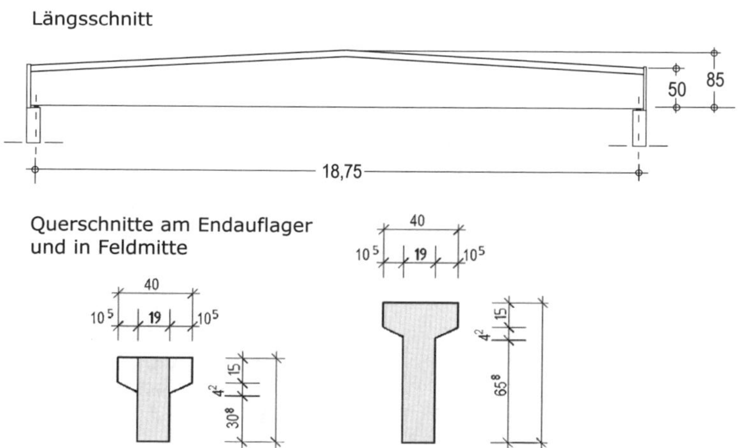

Abb. B.8 Bindergeometrie

Belastung:

Dacheindeckung: $g_{k1} = 1{,}10 \cdot 6{,}00 \cdot 0{,}50 = 3{,}30$ kN/m

EG Binder:

- konst. $g_{k2} = (0{,}19 \cdot 0{,}50 + 0{,}21 \cdot 0{,}15 + 0{,}105 \cdot 0{,}042) \cdot 25 = 3{,}27$ kN/m
- dreieckförmig $g_{k3} = 0{,}19 \cdot 0{,}35 \cdot 25 = 1{,}66$ kN/m

Schnee: $s_k = 1{,}10 \cdot 6{,}00 \cdot 0{,}80 = 5{,}28$ kN/m

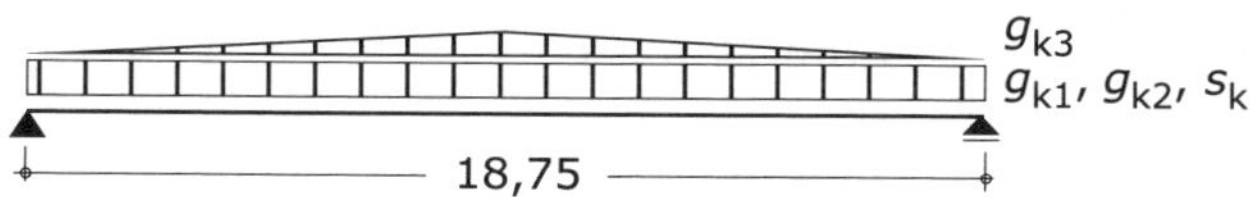

3.2 Nachweise im Grenzzustand der Tragfähigkeit

3.2.1 Schnittgrößenverlauf

max M_{Ed} = 1,35 · (3,30+3,27) · 18,75² / 8
+ 1,35 · 1,66 · 18,75² / 12
+ 1,50 · 5,28 · 18,75² / 8 = 804 kNm

max V_{Ed} = 1,35 · (3,30+3,27) · 18,75 /2
+ 1,35 · 1,66 · 18,75 / 4
+ 1,50 · 5,28 · 18,75 / 2 = 168 kN

N_{Ed} wird vernachlässig
(es entstehen Längskräfte aus Wind; s. Stützenbemessung)

Verläufe

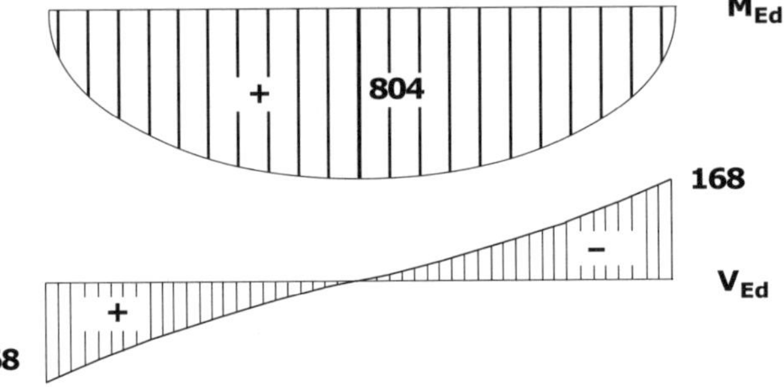

Wegen der Dreieckslast verläuft die Querkraft leicht parabelförmig.

Abb. B.9 Schnittgrößenverläufe

3.2.2 Biegebemessung

Betondeckung

Mindestmaß	c_{min}	= 1,5 cm
Vorhaltemaß	Δc_{dev}	= 1,5 cm
Nennmaß	c_{nom}	= 3,0 cm

Mindestwert der Betondeckung c_{min} für XC 3 wird um 0,5 cm verringert, da der gewählte C35/45 um ≥ 2 Klassen höher liegt als der erf. C20/25; vgl. EC 2-1-1, 4.4.1 bzw. Tab. NA.4.4 .

Vorhaltemaß Δc_{dev} nach EC 2-1-1, NDP zu 4.4.1.3(1)

Biegebemessung

Bei Satteldachbindern ist eine Bemessung in Feldmitte nicht maßgebend. Die maßgebende Bemessungsstelle befindet sich etwa bei 0,4*L* (s. vorher). Im vorliegende Fall wird die maßgebend Stelle durch Bemessung an drei Stellen und nachfolgender graphische Interpolation gefunden.

Bemessung bei x = 0,30 L

Bauhöhe	h	= 71,0 cm
Nutzhöhe	d	= 71,0 – 10,0 = 61,0 cm
Biegemoment	M_{Ed}	= 671,8 kNm

Für Bügeldurchmesser $d_s \leq 8$ mm bei 3-lagiger Längsbewehrung mit $d_s \leq 25$ mm

$M_{Eds} = M_{Ed} = 671{,}8$ kNm; $N_{Ed} = 0$
$b = b_f = 0{,}40$ m

$$\mu_{Eds} = \frac{M_{Eds}}{b \cdot d^2 \cdot f_{cd}} = \frac{0{,}6718}{0{,}40 \cdot 0{,}61^2 \cdot 19{,}83} = 0{,}228$$

$f_{cd} = \alpha_{cc} f_{ck} / \gamma_C = 19{,}83$ MN/m²

Bemessung als Plattenbalken mit
$h_f / d = 17/61 = 0{,}28$; $b_f / b_w = 0{,}40/0{,}19 = 2{,}1$
⇒ $\omega = 0{,}265$; $\sigma_{sd} = 435$ MN/m²

$h_f = 15 + 0{,}5 \cdot 4{,}2 \approx 17$ (mittlere Flanschdicke)

$$A_s = \omega \cdot b \cdot d \cdot \frac{f_{cd}}{\sigma_{sd}} = 0{,}265 \cdot 0{,}40 \cdot 0{,}61 \cdot \frac{19{,}83}{435} \cdot 10^4 = 29{,}5 \text{ cm}^2$$

Bemessung bei x = 0,35 L

Bauhöhe $h = 74{,}5$ cm
Nutzhöhe $d = 74{,}5 - 10{,}0 = 64{,}5$ cm
Biegemoment $M_{Ed} = 729{,}1$ kNm

$M_{Eds} = M_{Ed} = 729$ kNm; $N_{Ed} = 0$
$b = b_f = 0{,}40$ m

$$\mu_{Eds} = \frac{M_{Eds}}{b \cdot d^2 \cdot f_{cd}} = \frac{0{,}7291}{0{,}40 \cdot 0{,}645^2 \cdot 19{,}83} = 0{,}221$$

Bemessung als Plattenbalken mit
$h_f/d = 17/64{,}5 = 0{,}26$; $b_f/b_w = 0{,}40/0{,}19 = 2{,}1$
$\Rightarrow$ $\omega = 0{,}253$; $\sigma_{sd} = 435$ MN/m²

$$A_s = \omega \cdot b \cdot d \cdot \frac{f_{cd}}{\sigma_{sd}} = 0{,}253 \cdot 0{,}40 \cdot 0{,}645 \cdot \frac{19{,}83}{435} \cdot 10^4 = 29{,}8 \text{ cm}^2$$

Bemessung bei x = 0,40 L

Bauhöhe $h = 78{,}0$ cm
Nutzhöhe $d = 78{,}0 - 10{,}0 = 68{,}0$ cm
Biegemoment $M_{Ed} = 770{,}3$ kNm

$M_{Eds} = M_{Ed} = 770{,}3$ kNm; $N_{Ed} = 0$
$b = b_f = 0{,}40$ m

$$\mu_{Eds} = \frac{M_{Eds}}{b \cdot d^2 \cdot f_{cd}} = \frac{0{,}7703}{0{,}40 \cdot 0{,}68^2 \cdot 19{,}83} = 0{,}210$$

Bemessung als Plattenbalken mit
$h_f/d = 17/68 = 0{,}25$; $b_f/b_w = 0{,}40/0{,}19 = 2{,}1$
$\Rightarrow$ $\omega = 0{,}241$; $\sigma_{sd} = 435$ MN/m²

$$A_s = \omega \cdot b \cdot d \cdot \frac{f_{cd}}{\sigma_{sd}} = 0{,}241 \cdot 0{,}40 \cdot 0{,}68 \cdot \frac{19{,}83}{435} \cdot 10^4 = 29{,}8 \text{ cm}^2$$

Bemessung bei x = 0,45 L

Bauhöhe $h = 81{,}5$ cm
Nutzhöhe $d = 81{,}5 - 10{,}0 = 71{,}5$ cm
Biegemoment $M_{Ed} = 795{,}1$ kNm

$M_{Eds} = M_{Ed} = 795{,}1$ kNm; $N_{Ed} = 0$
$b = b_f = 0{,}40$ m

$$\mu_{Eds} = \frac{M_{Eds}}{b \cdot d^2 \cdot f_{cd}} = \frac{0{,}7951}{0{,}40 \cdot 0{,}715^2 \cdot 19{,}83} = 0{,}196$$

Bemessung als Plattenbalken mit
$h_f/d = 17/68 = 0{,}25$; $b_f/b_w = 0{,}40/0{,}19 = 2{,}1$
$\Rightarrow$ $\omega = 0{,}222$; $\sigma_{sd} = 435$ MN/m²

$$A_s = \omega \cdot b \cdot d \cdot \frac{f_{cd}}{\sigma_{sd}} = 0{,}222 \cdot 0{,}40 \cdot 0{,}715 \cdot \frac{19{,}83}{435} \cdot 10^4 = 28{,}8 \text{ cm}^2$$

Eine grafische Interpolation zeigt, dass die größte Biegebeanspruchung etwa bei $0{,}37L$ liegt.

$A_{s,erf} \approx 30{,}0$ cm²
gew.: 4 ∅ 25 + 2 ∅ 28 (= 32,0 cm²)

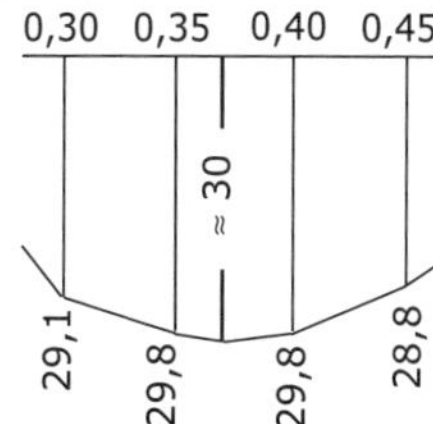

3.2.3 Querkraftbemessung

Bemessungsquerkräfte

Es gelten die Bemessungsquerkräfte nach Abschn. 3.2.1. An jeder Stelle ist nachzuweisen, dass die größte Tragfähigkeit der Druckstrebe $V_{Rd,max}$ nicht überschritten wird. Für die Ermittlung der Querkraftbewehrung (Nachweis von $V_{Rd,s}$) darf bei direkt gelagerten Bauteilen die Querkraft im Abstand d vom Auflagerrand gewählt werden. Außerdem darf die Obergurtneigung berücksichtigt werden (günstige Wirkung), s. nachfolgende Darstellung.

EC 2-1-1, 6.2.1(8) und NCI zu 6.2.1(8)

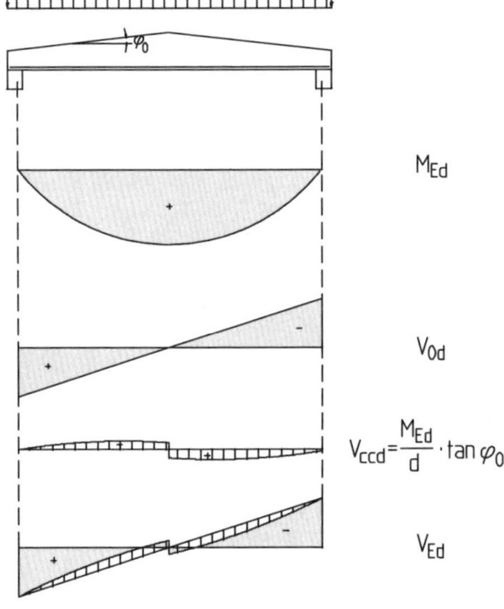

Abb. B.10 Bemessungsquerkräfte

Druckstrebennachweis

Es wird der Größtwert der Querkraft in Auflagermitte nachgewiesen:

EC 2-1-1/NA, NDP zu 6.2.3(2)

$V_{Ed,0} = 168$ kN

Neigungswinkel θ der Druckstrebe

EC 2-1-1, Gl. (NA.6.7a)

EC 2-1-1, Gl. (NA.6.7b)

Der Neigungswinkel θ der Druckstrebe wird ermittelt werden aus

$$\cot\theta \leq \frac{1{,}2 + 1{,}4 \cdot \sigma_{cd}/f_{cd}}{1 - V_{Rd,cc}/V_{Ed}} \quad \begin{matrix} \geq 0{,}58 \\ \leq 3{,}00 \end{matrix} \quad \text{(Normalbeton)}$$

wobei $\sigma_{cd} = 0$ (wegen $N_{Ed} = 0$)

$V_{Rd,cc} = c \cdot 0{,}48 \cdot f_{ck}^{1/3} \cdot b_w \cdot z$ (Normalbeton bei $\sigma_{cd} = 0$)

$c = 0{,}5$

$b_w = 0{,}19$ m (kleinste Breite)

$z \approx 0{,}9 \cdot d = 0{,}9 \cdot 0{,}45 = 0{,}40$ m

$> d - c_{v,l} - 0{,}03\,[\text{m}] = 0{,}45 - 0{,}038 - 0{,}03 = 0{,}38$ m

$V_{Rd,c} = 0{,}5 \cdot 0{,}48 \cdot 35^{1/3} \cdot 0{,}19 \cdot 0{,}38 = 0{,}057$ MN

$$\cot\theta \leq \frac{1{,}2}{1 - 0{,}057/0{,}168} = 1{,}82$$

EC 2-1-1, NCI zu 6.2.3(1) (c_{nom} der Längsbewehrung in der Druckzone)

Winkel θ mit V_{Ed} in der theoretischen Auflagerlinie (nach [NABau-Ausl-DIN 1045-1 – 11] darf für V_{Ed} auch der maßg. Wert für die Ermittlung der Querkraftbewehrung gewählt werden).

Maximale Querkrafttragfähigkeit $V_{Rd,max}$

Die maximale Querkrafttragfähigkeit wird bei Bauteilen mit Querkraftbewehrung wie folgt nachgewiesen

$$V_{Rd,max} = \frac{b_w \cdot z \cdot v_1 \cdot f_{cd}}{\cot\theta + \tan\theta}$$

EC 2-1-1, Gl. (6.9) (für lotrechte Querkraftbewehrung)

mit $b_w = 0{,}19$ m, $z = 0{,}38$ m (wie vorher)
$v_1 = 0{,}75$ (Wirksamkeitsfaktor für Normalbeton)

$f_{cd} = \alpha_{cc} f_{ck}/\gamma_C = 19{,}83$ MN/m²

Damit erhält man

$$V_{Rd,max} = \frac{0{,}19 \cdot 0{,}38 \cdot 0{,}75 \cdot 19{,}83}{1{,}82 + 0{,}549} = 0{,}453 \text{ MN}$$
$$> V_{Ed} = 0{,}168 \text{ MN}$$

Die Druckstrebentragfähigkeit ist damit gegeben.

Querkraftbewehrung

Der Bemessungswert $V_{Rd,s}$ wird nachfolgend für die Einwirkung am Endauflager dargestellt. Die günstige Wirkung der Obergurtneigung wird berücksichtigt.

Einwirkende Querkraft V_{Ed} am Auflager A_l

Die Querkraft wird im Abstand d vom Auflagerrand bestimmt:

$$V_{Ed} = V_{Ed,0} - ((a/2) + d) \cdot f_d - V_{ccd}$$
$$V_{ccd} = M_{Eds}/d \cdot \tan\varphi_o$$
$$M_{Eds} = M_{Ed} = 82 \text{ kNm}$$
$$\tan\varphi_o = 0{,}35/(18{,}75/2) = 0{,}0373$$
$$V_{ccd} = 82/0{,}45 \cdot \tan\varphi_o = 6{,}8 \text{ kN}$$
$$V_{Ed} = 168 - (0{,}05 + 0{,}45) \cdot (1{,}35 \cdot (3{,}30+3{,}27) + 1{,}5 \cdot 5{,}28) - 6{,}8 = 153 \text{ kN}$$

a Auflagerbreite (Breite des Elastomerlagers = 10 cm)
f_d Bemessungslast

M_{Ed} im Abstand $x = 0{,}5a + d = 0{,}50$ m von der theoretsichen Auflagerlinie

Querkrafttragfähigkeit $V_{Rd,s}$

Die Tragfähigkeit der Querkraftbewehrung a_{sw} erhält man aus

$$V_{Rd,s} = a_{sw} \cdot f_{yd} \cdot z \cdot \cot\theta$$

EC 2-1-1, Gl. (6.8) (für lotrechte Querkraftbewehrung)

und mit $V_{Rd,s} = V_{Ed}$ ergibt sich die erforderliche Querkraftbewehrung

$$a_{sw} \geq V_{Ed}/(f_{yd} \cdot z \cdot \cot\theta)$$
$$\cot\theta = 1{,}82 \text{ (s. vorher)}$$
$$f_{yd} = 500/1{,}15 = 435 \text{ MN/m}^2$$
$$a_{sw} \geq 0{,}153/(435 \cdot 0{,}40 \cdot 1{,}82) = 5{,}08 \cdot 10^{-4} \text{ m}^2\text{/m} = 5{,}08 \text{ cm}^2\text{/m}$$

gew.: ∅ 8 – 20, 2-schnittig
(mit $a_{sw,vorh} = 5{,}03$ cm²/m ≈ 5,08 cm²/m)

Der Neigungswinkel ist entsprechend der räumlichen Ausdehnung des Fachwerkmodells mindestens über eine Länge von $z \cdot \cot\theta$ – hier also etwa 1,40 m – konstant bleiben (vgl. [EC 2-1-1, Bild 6.5]).

Schubkräfte zwischen Balkensteg und Gurt

EC 2-1-1, 6.2.4

Die Querkrafttragfähigkeit wird mit $b_w = h_f$ und $z = \Delta x$ bestimmt; der Neigungswinkel der Druckstrebe darf in Druckgurten zu $\cot\theta = 1{,}2$ gesetzt werden. Es gilt somit

– für den Druckgurt:

$$v_{Rd,max} = 0{,}492 \cdot v \cdot f_{cd} \geq v_{Ed}$$
$$v_{Rd,s} = 1{,}2 \cdot a_{sf} \cdot f_{yd} / h_f \geq v_{Ed}$$
$$a_{sf} \geq 0{,}833 \cdot v_{Ed} \cdot h_f / f_{yd}$$

Folgt aus EC 2-1-1, 6.2.4 in Verbindung mit Gl.(6.21) und Gl. (6.22) (Anschlussbewehrung senkr. zum Steg) für $\cot\theta = 1{,}2$.

Die anzuschließende Differenzkraft im Querschnitt an der Stelle *i* wird bei Lage der Dehnungsnulllinie in der Platte bestimmt aus

$$\Delta F_{cd,i} = \frac{M_{Ed,i}}{z} \cdot \frac{b_a}{b}$$

mit $M_{Ed,i}$ als Bemessungsmoment an der Stelle *i* und *z* als Hebelarm der inneren Kräfte. Die größte Differenzkraft ergibt sich zwischen Auflagerachse und dem Viertelspunkt.

$$M_{Ed,1(x=0)} = 0$$
$$M_{Ed,2(x=4,69)} = 599 \text{ kNm}$$

$x = 19,75/4$

Man erhält

$$\Delta F_d = \Delta F_{cd,2} - \Delta F_{cd,1}$$
$$\Delta F_{cd,1} = 0 \text{ (wegen } M_{Ed,1} = 0)$$
$$\Delta F_{cd,2} = \frac{M_{Ed,2}}{z} \cdot \frac{b_a}{b} = \frac{599}{0,40} \cdot \frac{0,105}{0,40} = 393 \text{ kN}$$
$$\Delta F_d = \Delta F_{cd,2} - \Delta F_{cd,1} = 393 - 0 = 393 \text{ kN}$$
$$v_{Ed} = \Delta F_d / (h_f \cdot \Delta x) = 0,393/(0,17 \cdot 4,69) = 0,493 \text{ MN/m}^2$$

Ermittlung mit dem Hebelarm *z* am Auflager (sichere Seite)

$h_f = 15 + 0,5 \cdot 4,2 \approx 17$ (mittlere Flanschdicke)

Druckstrebennachweis

$$v_{Rd,max} = 0,492 \cdot \nu \cdot f_{cd} \quad \text{(Druckgurt)}$$
$$= 0,492 \cdot 0,75 \cdot 19,83 = 7,317 > v_{Ed} \rightarrow \text{Nachweis erfüllt.}$$

Anschlussbewehrung

$$a_{sf} \geq 0,833 \cdot v_{Ed} \cdot h_f / f_{yd}$$
$$= 0,833 \cdot 0,493 \cdot 0,17 / 435 \cdot 10^4 = 1,60 \text{ cm}^2\text{/m}$$

Die erforderliche Anschlussbewehrung wird zur Hälfte auf Ober- und Unterseite verteilt, so dass sich ergibt

$a_{sf,o} = a_{sf,u} = 0,80$ cm²/m

gew.: ∅8 – 20

3.2.4 Kippsicherheitsnachweis

Auf einen Nachweis der Kippsicherheit wird an dieser Stelle verzichtet. Es wird auf die Berechnung im Abschn. 2.2.2.4 verwiesen. Die Neigung des Obergurtes ist zusätzlich zu berücksichtigen, es wird auf entsprechende Literatur verwiesen.

3.3 Weitere Nachweise

Es wird auf die Berechnungen und Darstellungen in den Abschnitten 2.2.3 bis 2.2.5 verwiesen.

Pos. S2: Stützen in Achse 2

1 Übersicht

Es wird die in Abb. S.1 dargestellte Situtation mit parallelgurtigem Binder und einseitigem Gefälle betrahtet (vgl. auch Abb. Ü.1).

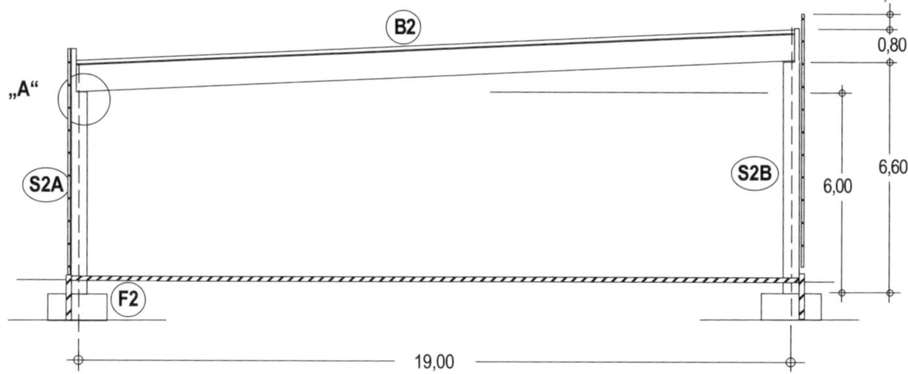

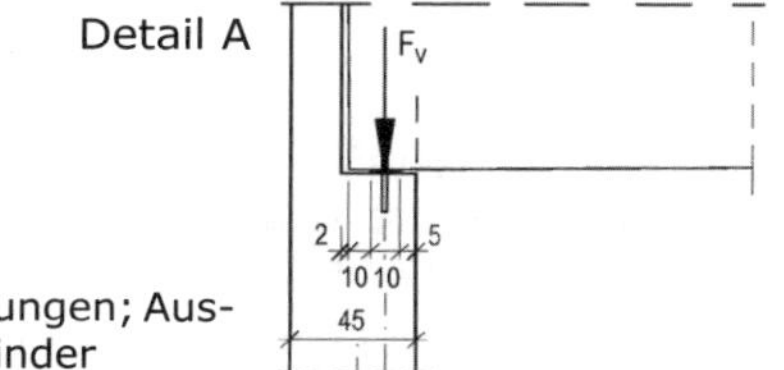

Abb. S.1 Hallenquerschnitt mit Abmessungen; Ausführung als parallelgurtiger Binder

2 System und Einwirkungen

2.1 System

Mit den Abmessungen nach Abb. S.1 erhält man das in Abb. S.2 dargestellte Sytem, das neben den Vertikallasten Fv durch Winddruck und Windsog beansprucht wird.

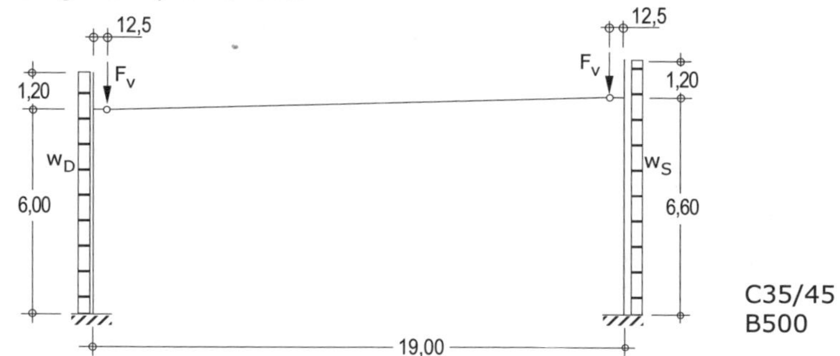

Abb. S.2 System und Belastung

Es wird angenommen, dass Wind nur in Hallenquerrichtung zu untersuchen ist und Windkräfte in Längsrichtung von anderen Bauteilen aufgenommen werden. Zudem wird unterstellt, dass Zwangskräfte in Längs- und Querrichtung vernachlässigbar sind.

Die Stützen sind durch die exzentrisch eingetragenen Lasten des Binders, durch die Eigenlasten der Stützen und durch Windlasten beansprucht. Die Fassade bzw. die Außenwandelemente tragen ihre Eigenlast direkt auf Streifenfundamente ab und sind an den Stützen nur horizontal gehalten.

2.2 Einwirkungen

Charakteristische Werte

Ständige Lasten

Auflagerkraft des Binder:	$0{,}5 \cdot 8{,}00 \cdot 18{,}75$	$= 75$ kN
Eigenlast der Stütze:	$0{,}40 \cdot 0{,}45 \cdot 6{,}60 \cdot 25 +$	
	$(0{,}4 \cdot 0{,}45 - 0{,}27 \cdot 0{,}22) \cdot 1{,}2 \cdot 25$	$= 33$ kN
Summe	G_k	$= 108$ kN

vgl. S. IB.8

Zahlenangaben für Stütze rechts

Veränderliche Lasten

Schneelast:	$Q_{k,s} = 0{,}5 \cdot 5{,}28 \cdot 18{,}75$	$= 50$ kN
Wind, Druck	$Q_{k,wD} = 0{,}7 \cdot 0{,}80 \cdot 6{,}00$	$= +3{,}36$ kN/m
Wind, Sog	$Q_{k,wS} = 0{,}3 \cdot 0{,}80 \cdot 6{,}00$	$= -1{,}44$ kN/m

vgl. S. IB.8

Geschwindigkeitsdruck $q_p = 0{,}80$ kN/m² (vgl. S. IB.4)

Für die Längsseiten der Halle gelten die Bereiche D und E nach EC 1-1-4. Mit $h / d = 7{,}80/42{,}0 = 0{,}19 \leq 0{,}25$ ergibt sich
Druck: $c_{pe,10} = +0{,}7$
Sog: $c_{pe,10} = -0{,}3$

Bemessungswerte und repräsentative Werte

Die Bemessungswerte in den Grenzzuständen der Tragfähigkeit und die repräsentativen Werte in den Grenzzuständen der Gebrauchstauglichkeit ergeben sich unter Berücksichtigung von Teilsicherheitsbeiwerten und Kombinationsbeiwerten.

Es erfolgt zunächst eine Schnittgrößenermittlung mit charakteristischen Werten. Teilsicherheitsbeiwerte und Kombinationsbeiwerte werden bei der Bemessung berücksichtigt.

3 Schnittgrößenermittlung

Zur Berechungsmethode

Die Stützen sind über den Fertigteilbinder miteinander gekoppelt. Über die Kopplung werden die jeweils „lastabgewandten" Stützen mit zur Lastabtragung herangezogen. Die Verteilung auf beide Stützen hängt maßgeblich von der Biegesteifigkeit der Stützen ab.

Das System wird zunächst in Riegelhöhe als horizontal unverschieblich betrachtet (Haltekraft H_0). Die Haltekraft wird dann als Belastung auf das tatsächliche System aufgebracht, die Verteilung von H_0 auf die beiden Stützen S1 und S2 erfolgt im Verhältnis der Stützensteifigkeiten k_{S1} und k_{S2}, die sich als reziproke Werte der Verschiebung am Stützenkopf infolge einer Kraft $F' = 1$ ergeben.

$k_{S1} = 3EI_{S1} / h_1^3$ und
$k_{S2} = 3EI_{S2} / h_2^3$.

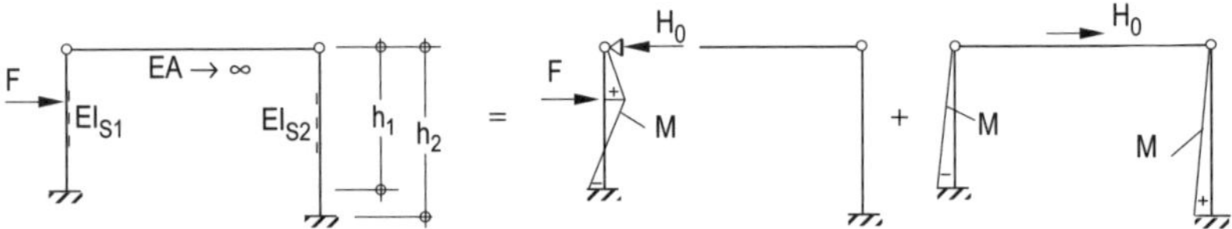

Abb. S.3 Prinzipielle Darstellung der Berechungsmethode und zugehörige Momentenverläufe

Mit $EI_{S1} = EI_{S2}$ sowie $h_1 = 6{,}00$ m und $h_2 = 6{,}60$ m erhält man für die Verteilung der Haltekraft H_0 auf die beiden Stützen

$$H_{S1} = k_{S1}/(k_{S1} + k_{S2}) \cdot H_0 = h_2^3 / (h_1^3 + h_2^3) \cdot H_0 = 0{,}571\ H_0$$
$$H_{S2} = k_{S2}/(k_{S1} + k_{S2}) \cdot H_0 = h_1^3 / (h_1^3 + h_2^3) \cdot H_0 = 0{,}429\ H_0$$

Einheitslastfälle

a1 Lastfall Randmoment M_{li}

$H_0 = 1{,}5 \cdot 1{,}0 / 6{,}00 = 0{,}250$ kN $\rightarrow$ $H_{S1} = 0{,}571 \cdot 0{,}25 = 0{,}143$ kN
$H_{S2} = 0{,}429 \cdot 0{,}25 = 0{,}107$ kN

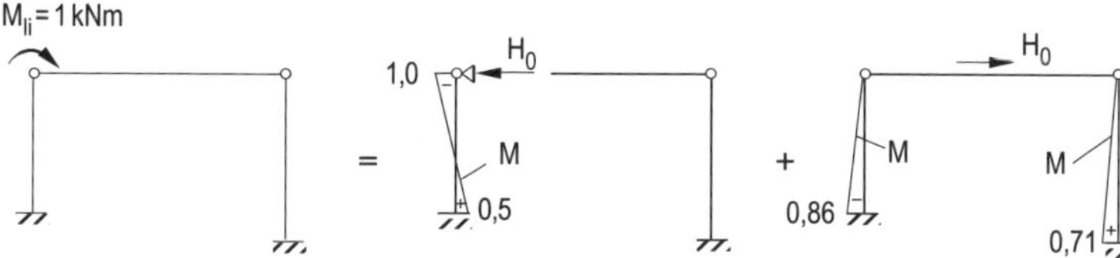

Einspannmomente
$M_{E,S1} = 0{,}143 \cdot 6{,}0 = 0{,}86$ kNm
$M_{E,S2} = 0{,}107 \cdot 6{,}6 = 0{,}71$ kNm

a2 Lastfall Randmoment M_{re} = 1 kNm

$H_0 = 1{,}5 \cdot 1{,}0 / 6{,}60 = 0{,}227$ kN $\rightarrow$ $H_{S1} = 0{,}571 \cdot 0{,}227 = 0{,}130$ kN
$H_{S2} = 0{,}429 \cdot 0{,}227 = 0{,}097$ kN

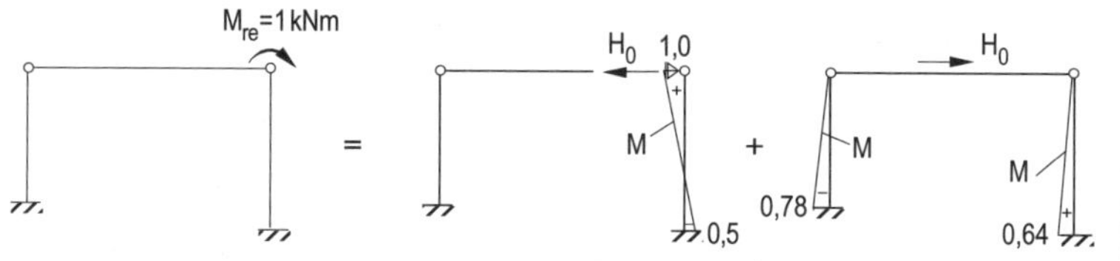

Einspannmomente
$M_{E,S1} = 0{,}130 \cdot 6{,}0 = 0{,}78$ kNm
$M_{E,S2} = 0{,}097 \cdot 6{,}6 = 0{,}64$ kNm

b) Randlast F = 1 kN

$H_0 = 1{,}0$ kN $\rightarrow$ $H_{S1} = 0{,}571 \cdot 1{,}0 = 0{,}571$ kN
$H_{S2} = 0{,}429 \cdot 1{,}0 = 0{,}429$ kN

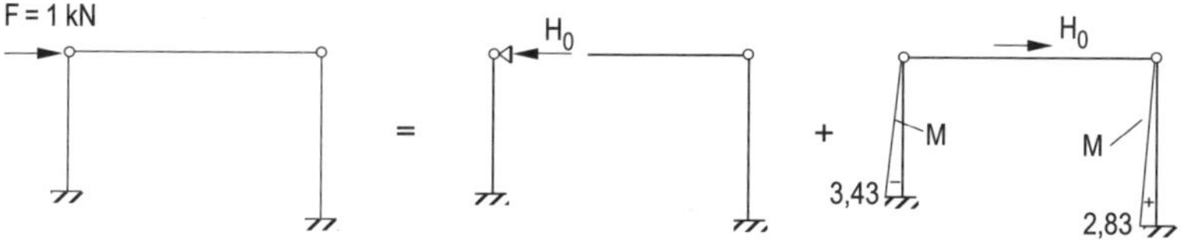

Einspannmomente
$M_{E,S1} = 0{,}571 \cdot 6{,}0 = 3{,}43$ kNm
$M_{E,S2} = 0{,}429 \cdot 6{,}6 = 2{,}83$ kNm

c1 Windlast w_{li} = 1 kN/m

$H_0 = (3/8) \cdot 1{,}0 \cdot 6{,}0 = 2{,}250$ kN $\rightarrow$ $H_{S1} = 0{,}571 \cdot 2{,}25 = 1{,}285$ kN
$H_{S2} = 0{,}429 \cdot 2{,}25 = 0{,}965$ kN

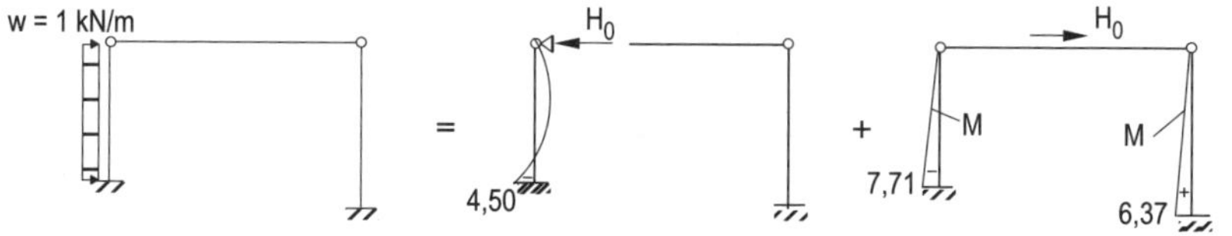

Einspannmomente
$M_{E,S1} = 1{,}285 \cdot 6{,}0 = 7{,}71$ kNm
$M_{E,S2} = 0{,}965 \cdot 6{,}6 = 6{,}37$ kNm

c2 Windlast w_{re} = 1 kN/m

$H_0 = (3/8) \cdot 1{,}0 \cdot 6{,}6 = 2{,}475$ kN $\rightarrow$ $H_{S1} = 0{,}571 \cdot 2{,}475 = 1{,}413$ kN
$H_{S2} = 0{,}429 \cdot 2{,}475 = 1{,}062$ kN

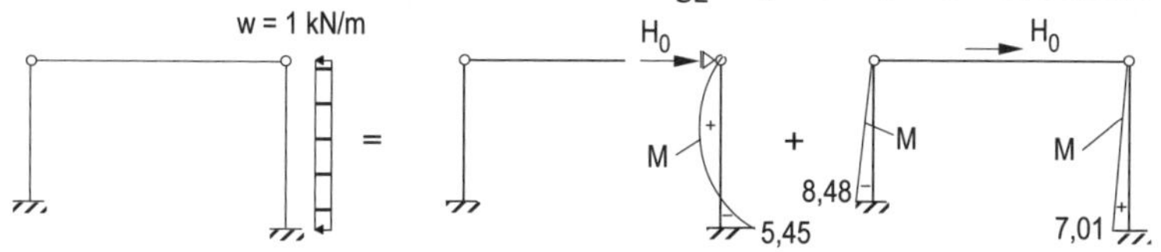

Einspannmomente
$M_{E,S1} = 1{,}413 \cdot 6{,}0 = 8{,}48$ kNm
$M_{E,S2} = 1{,}062 \cdot 6{,}6 = 7{,}01$ kNm

3.1 Schnittgrößen infolge vertikaler Lasten

Eigenlasten

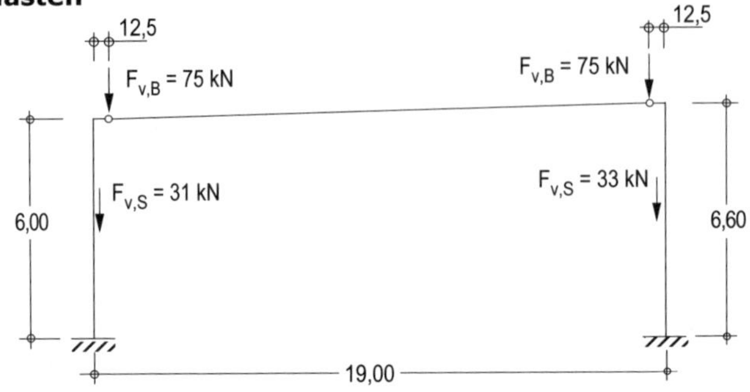

Längskräfte

$N_{li,o}$ = −75 kN $N_{li,u}$ = −106 kN
$N_{re,o}$ = −75 kN $N_{re,u}$ = −108 kN

Biegemomente

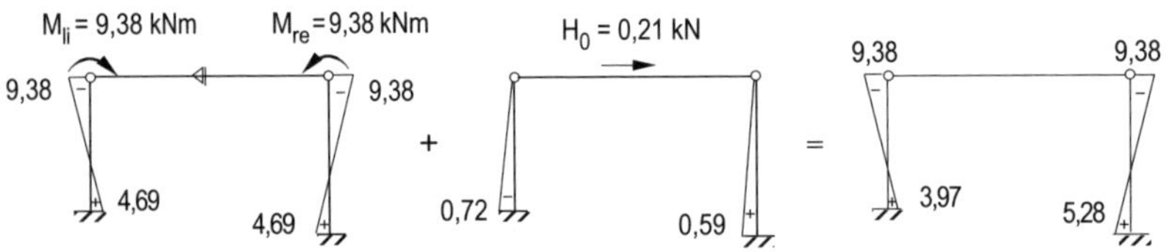

M_{li} = 75 · 0,125
= 9,38 kNm
M_{re} = −M_{li}
H_0 = 1,5 · 9,38 / 6,00
− 1,5 · 9,38 / 6,60
= 0,21 kN

Schneelasten

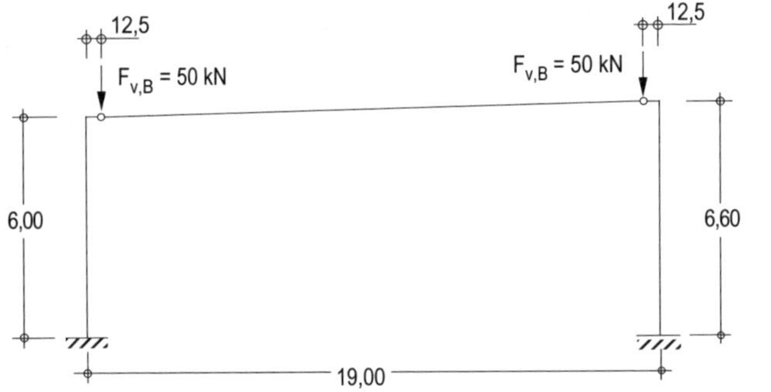

Längskräfte

$N_{li,o}$ = $N_{li,u}$ = −50 kN
$N_{re,o}$ = $N_{re,u}$ = −50 kN

Biegemomente

M_{li} = 6,25 kNm M_{re} = 6,25 kNm
6,25 6,25
3,13 3,13
H_0 = 0,14 kN
+
0,48 0,39
=
6,25 6,25
2,65 3,52

M_{li} = 50 · 0,125
= 6,25 kNm
M_{re} = −M_{li}
H_0 = 1,5 · 6,25 / 6,00
− 1,5 · 6,25 / 6,60
= 0,14 kN

3.2 Schnittgrößen inf. horizontaler Lasten (Wind)

Wind von links

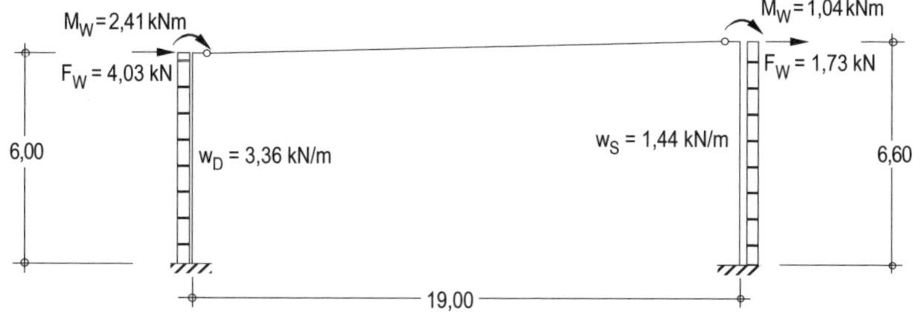

Biegemomente

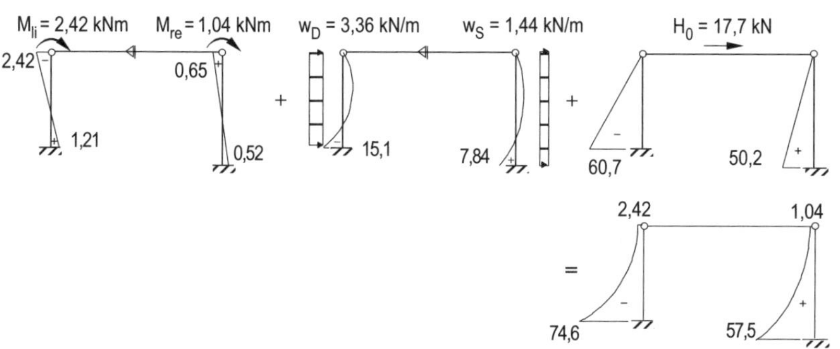

M_{li} = 3,36 · 1,20²/2 = 2,42 kNm
M_{re} = 1,44 · 1,20²/2 = 1,04 kNm
F_{li} = 3,36 · 1,20 = 4,03 kN
F_{re} = 1,44 · 1,20 = 1,73 kN
H_0 = 1,5 · 2,41/6,00 + 1,5 · 1,04/6,60 + 4,03 + 1,73 + 3/8 · 3,36 · 6,00 + 3/8 · 1,44 · 6,60 = 17,7 kN

Wind von rechts

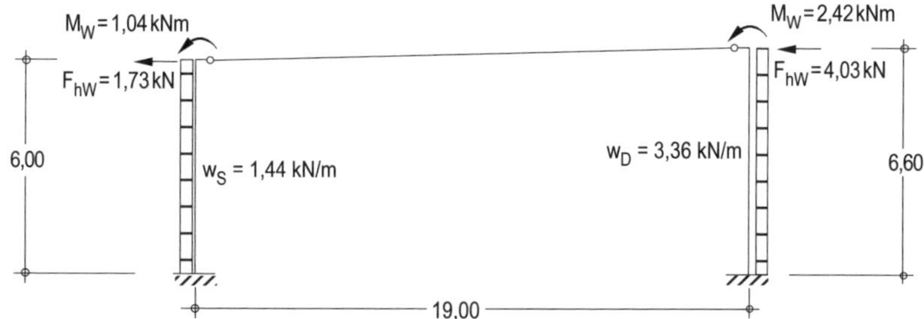

Biegemomente

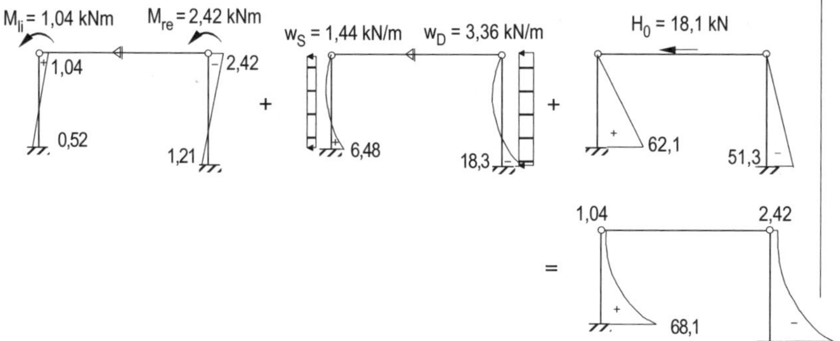

M_{li} = 1,44 · 1,20²/2 = 1,04 kNm
M_{re} = 3,36 · 1,20²/2 = 2,42 kNm
F_{li} = 1,44 · 1,20 = 1,73 kN
F_{re} = 3,36 · 1,20 = 4,03 kN
H_0 = 1,5 · 2,42/6,60 + 1,5 · 1,04/6,00 + 1,73 + 4,03 + 3/8 · 1,44 · 6,00 + 3/8 · 3,36 · 6,60 = 18,1 kN

4 Bemessung in den Grenzzuständen der Tragfähigkeit

4.1 Bemessungswerte

Teilsicherheitsbeiwerte und Kombinationen

Es gelten die in den nachfolgenden Tabellen angegebenen Teilsicherheits- und Kombinationsbeiwerte.

Teilsicherheitsbeiwerte

Einwirkungen	günstig	ungünstig
ständige veränderliche	$\gamma_{G,inf} = 1{,}0$ $\gamma_Q = 0$	$\gamma_{G,sup} = 1{,}35$ $\gamma_Q = 1{,}50$

Kombinationsbeiwerte

Bemessungssituation	Schnee	Wind
ständig und vorübergehend	$\psi_0 = 0{,}5$	$\psi_0 = 0{,}6$

In der Grundkombination ist ungünstigst zu überlagern (s. Tafel S.1)

$$E_d = \gamma_G \cdot G_k + \gamma_{Q,1} \cdot Q_{k,1} + \Sigma\,(\gamma_{Q,i} \cdot \psi_{0,i} \cdot Q_{k,i})$$

Tafel S.1 Schnittgrößen am Stützenfuß

Ermittlung der Querkräfte mit Gleichgewichtsbedingungen am Stabelement, rechnerische Ermittlung nicht dargestellt

		Stütze links			Stütze rechts	
	N_{Ed} [kN]	V_{Ed} [kN]	M_{Ed} [kNm]	N_{Ed} [kN]	V_{Ed} [kN]	M_{Ed} [kNm]
1a $\gamma_{G,inf} \cdot G_k$	−106	-2,2	+4,0	−108	2,2	+5,3
1b $\gamma_{G,sup} \cdot G_k$	−143	-3,0	+5,4	−146	3,0	+7,2
2a $\gamma_Q \cdot W_{k,li}$	–	33,2	−111,9	–	20,0	+86,3
2b $\psi_{0,i} \cdot \gamma_Q \cdot W_{k,li}$	–	19,9	−67,1	–	12,0	+51,8
2c $\gamma_Q \cdot W_{k,re}$	–	-23,3	+102,2	–	-31,6	-102,6
2d $\psi_{0,i} \cdot \gamma_Q \cdot W_{k,re}$	–	-13,9	+61,3	–	-19,0	-61,6
3a $\gamma_Q \cdot S_k$	−75	-2,2	+4,0	−75	2,2	+5,3
3b $\psi_{0,i} \cdot \gamma_Q \cdot S_k$	−38	-1,1	+2,0	−38	1,1	+2,7
1a+2a	**−106**	**31,0**	**−107,9**	−108	22,2	+91,6
1a+2c	−106	-25,5	+106,2	**−108**	**-29,4**	**−97,3**
1b+2a+3b	−181	**29,1**	−104,5	**−184**	24,1	**+96,2**
1b+2c+3b	**−181**	-27,4	**+109,6**	−184	**-27,5**	-92,7
1b+2b+3a	−218	14,7	−57,7	**−221**	**17,2**	**+64,3**
1b+2d+3a	**−218**	**-19,1**	**+70,7**	−221	-13,8	-49,1

Kombination 2a mit 3b: Wind als Leiteinwirkung

Kombination 2b mit 3a: Schnee als Leiteinwirkung

4.2 Bemessung als Druckglieder

4.2.1 Lastfallkombinationen

Es werden die Lastfallkombinationen mit der kleinsten Längskraft, dem größen Biegemoment und der größten Längskraft untersucht:

- LF. Kombination A (1a + 2c): $N_{Ed} = -106$ kN $M_{Ed} = 107{,}9$ kNm — min $|N_{Ed}|$
- LF. Kombination B (1b + 2a + 3b): $N_{Ed} = -181$ kN $M_{Ed} = 109{,}6$ kNm — max $|M_{Ed}|$
- LF. Kombination C (1b + 2b + 3a): $N_{Ed} = -221$ kN $M_{Ed} = 70{,}7$ kNm — max $|N_{Ed}|$

Vereinfachend und auf der sicheren Seite wird für alle drei Kombinationen die größere Stützenlänge $l_{col} = 6{,}60$ m berücksichtigt, die kürzere Stütze wird gleich bewehrt.

4.2.2 Ersatzlänge und Schlankheit der Stütze

Das System ist in Querrichtung (Systemebene) verschieblich, die Koppelwirkung der Stützen wird auf der sicheren Seite vernachlässigt. Für die Hallenlängsrichtung wird angenommen, dass das Sytem ausgesteift ist und die Stützen unverschieblich gehalten; Wind oder sonstige Kräfte in Hallenlängsrichtung werden von anderen Bauteilen aufgenommen.

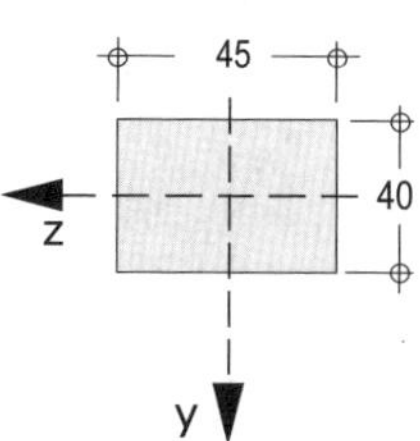

Eine starre Einspannung ist wegen der elastischen Nachgiebigkeit des Baugrundes i.d.R. nicht realisierbar. Im Rahmen des Beispiels wird daher statt $\beta = 2{,}0$ (starre Einspannung) ohne rechnerischen Nachweis $\beta = 2{,}2$ gewählt. Bezüglich der rechnerischen Ermittlug der Ersatzlängenbeiwerte bei elastischer Fundamenteinspannung wird auf die Fachliteratur verwiesen.

Biegung um die y-Achse

$L_{0,y} = \beta_y \cdot L_{col}$

$L_{col} = 6{,}60$ m (Abstand OK Fundament bis UK Binder)

$\beta_y = 2{,}2$ (elastisch eingespannte Stütze; Annahme)

$L_{0,y} = 2{,}2 \cdot 6{,}60 = 14{,}50$ m

$\lambda_y = L_{0,y} / i_y = 14{,}50 / (0{,}289 \cdot 0{,}45) = 112$

$$\lambda_{lim} = \begin{cases} 25 \\ 16 / |\nu_{Ed}|^{0,5} = 16 / 0{,}062^{0,5} = 64 \quad \text{(ungünstigster Fall)} \end{cases}$$

$|\nu_{Ed}| = N_{Ed} / (A_c \cdot f_{cd}) = 0{,}221 / (0{,}40 \cdot 0{,}45 \cdot 19{,}8) = 0{,}062$

$\lambda_y = 112 > \lambda_{lim} = 64$

→ Die Stütze ist für Biegung um die y-Achse auf Einflüsse nach Theorie II.Ordnung zu untersuchen

Biegung um die z-Achse

$L_{0,z} = \beta_z \cdot L_{col}$

$L_{col} = 6{,}60$ m (Abstand OK Fundament bis UK Binder)

$\beta_z = 1{,}0$ (oben und unten gelenkige Lagerung; vereinfachende auf der sicheren Seite liegende Annahme)

$L_{0,z} = 1{,}0 \cdot 6{,}60 = 6{,}60$ m

$\lambda_z = L_{0,z} / i_z = 6{,}60 / (0{,}289 \cdot 0{,}40) = 57$

$$\lambda_{lim} = \begin{cases} 25 \\ 16 / |\nu_{Ed}|^{0,5} = 16 / 0{,}062^{0,5} = 64 \quad \text{(ungünstigster Fall, s. o.)} \end{cases}$$

$\lambda_z = 57 < \lambda_{lim} = 64$

→ Die Stütze braucht für Biegung um die z-Achse nicht nach Theorie II.Ordnung zu untersuchen.

4.2.3 Imperfektionen

Für Einzeldruckglieder ist als ungewollte Lastausmitte zu berücksichtigen

$e_i = \theta_i \cdot L_0 / 2$

$\theta_i = \theta_0 \cdot \alpha_h$

mit $\theta_0 = 0{,}005$

$\alpha_h = 2 / L^{0,5} = 2/6{,}60^{0,5} = 0{,}78 \ (< 1{,}0)$

$\theta_i = 0{,}005 \cdot 0{,}78 \cdot 0{,}87 = 0{,}0039$

$e_i = 0{,}0039 \cdot 14{,}50 / 2 = 0{,}028$ m

4.2.4 Bemessung der Stütze für Biegung mit Längskraft um die y-Achse

Die Bemessung erfolgt nach dem Modellstützenverfahren. Es wird zunächst die Bemessung „von Hand" gezeigt (d. h. rechnerische Ermittlung der Gesamtausmitte einschl. Ausmitte nach Theorie II. Ordnung) und anschließend mit Bemessungshilfen, in denen der Einfluss nach Theorie II. Ordnung bereits berücksichtigt ist.

Gesamtausmitte

Die Gesamtausmitte nach dem Modellstützenverfahren beträgt

$$e_{tot} = e_0 + e_i + e_2$$

$e_0 = M_{Ed}/N_{Ed}$
$e_i = 0{,}028$ m
$e_2 = K_1 \cdot 0{,}1 L_0^2 \cdot (1/r)$
$K_1 = 1$ für $\lambda > 35$
$(1/r) = K_r \cdot K_\varphi \cdot (2 \cdot \varepsilon_{yd} / (0{,}9 \cdot d)$
$K_r = (N_{ud} - N_{Ed})/(N_{ud} - N_{bal}) \leq 1$
$|N_{Ed}| \leq 0{,}221$ MN (s. Abschn 4.1.1)
$N_{bal} = 0{,}40 \cdot f_{cd} \cdot A_c = 0{,}40 \cdot 19{,}8 \cdot (0{,}40 \cdot 0{,}45) = 1{,}43$ MN
$K_r = 1$ (wegen N_{Ed} kleiner als N_{bal} ist; s. Skizze)
$\varepsilon_{yd} = f_{yd}/E_s = 435 / 200000 = 0{,}0022$
$K_\varphi = 1 + \beta \cdot \varphi_{ef} \geq 1$
$\beta = 0{,}35 + f_{ck}/200 - \lambda/150 = 0{,}35 + 35/200 - 112/150 = -0{,}2$
≥ 0 (maßg.); Kriechen wird daher nicht berücksichtigt.
$d = 0{,}405$ m (bei $d_1 = 4{,}5$ cm)
$(1/r) = 2 \cdot 0{,}0022 / (0{,}9 \cdot 0{,}405) = 0{,}0121$
$e_2 = 0{,}1 \cdot 14{,}50^2 \cdot 0{,}0121 = 0{,}254$ m

e_0 planmäßige Lastausmitte der maßg. LF-Kombination
e_i Vorverformung
e_2 Ausmitte nach Th. 2. Ordnung (einschließlich Kriechausmitte)

K_r Beiwert (erfasst die Krümmungsabnahme bei Anstieg der Längsdruckkraft)

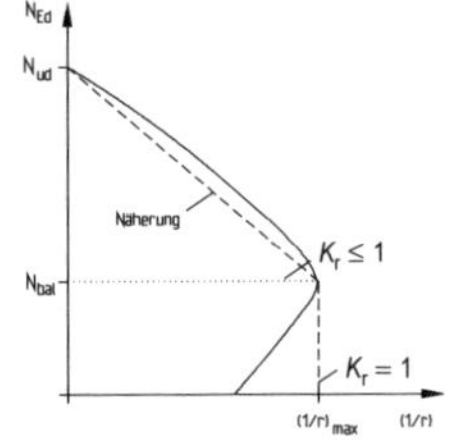

Bemessung mit Interaktionsdiagramm

Der weitere Rechengang und die Bemessung erfolgt tabellarisch.

Kombination		A: min $\|N_{Ed}\|$ N_{Ed} [kN] -106	M_{Ed} [kNm] 107,9	B: max M_{Ed} N_{Ed} [kN] -181	M_{Ed} [kNm] 109,6	C: max $\|N_{Ed}\|$ N_{Ed} [kN] -218	M_{Ed} [kNm] 70,7
$e_0 = M_{Ed}/\|N_{Ed}\|$	m	1,018		0,606		0,324	
e_i	m	0,028		0,028		0,028	
$e_1 = e_0 + e_i$	m	1,046		0,634		0,352	
e_2	m	0,254		0,254		0,254	
$e_{tot} = e_1 + e_2$	m	1,300		0,888		0,606	
$M_{Ed}^{II} = N_{Ed} \cdot e_{tot}$	kNm	137,8		160,7		132,1	
$\nu_{Ed} = N_{Ed}/(b \cdot h \cdot f_{cd})$	-	-0,030		-0,051		-0,061	
$\mu_{Ed} = M_{Ed}/(b\,h^2 \cdot f_{cd})$	-	0,086		0,100		0,082	
ω_{tot}	-	0,19		0,20		0,16	
$A_{s,tot} = \omega_{tot} \cdot b \cdot h \cdot f_{cd}/f_{yd}$	cm²	15,6		16,4		13,1	

Maßgebend wird die Kombiation B (Komb. mit dem größten Biegemoment).

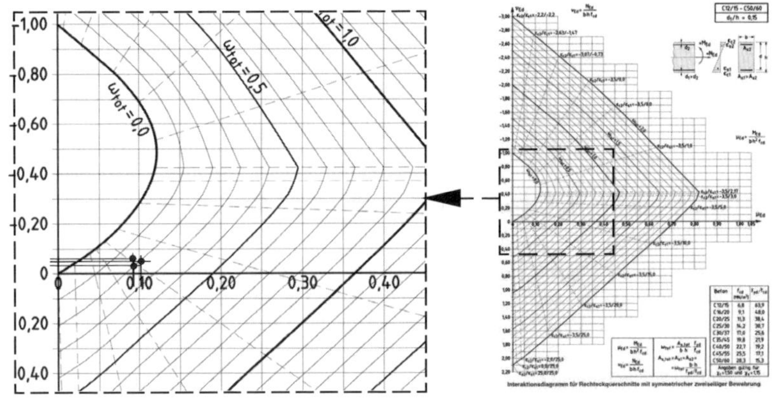

Gewählt: 4 ∅ 20 je Seite
vorh $A_{s,tot} = 2 \times 4 \cdot 3{,}14 = 25{,}1\ cm^2 > \text{erf}\ A_{s,tot} = 16{,}4\ cm^2$

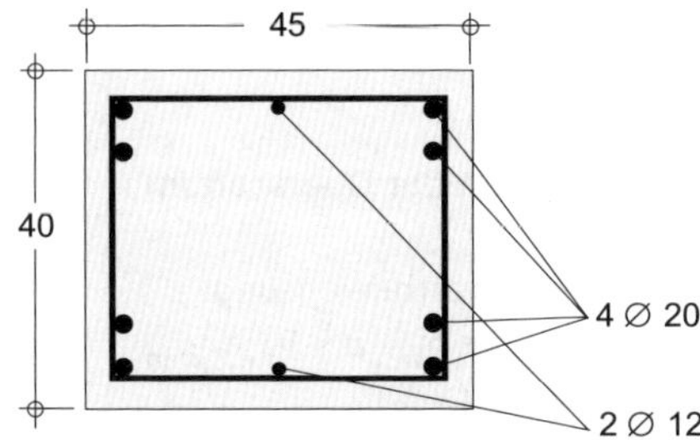

Kriechen kann durch eine Modifikation der Schlankheit λ erfasst werden; im vorliegende Fall erhält man $\lambda_\varphi = \lambda$, d. h. Kriechen darf vernachlässigt werden (s. Abb.).

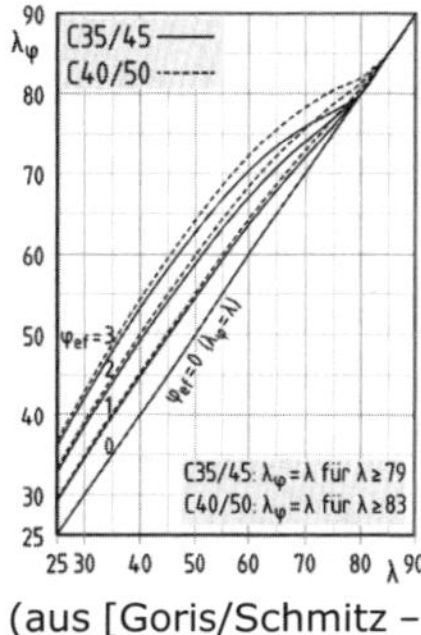

(aus [Goris/Schmitz – 14])

Alternative Bemessung mit „Knickdiagramme"

Wenn mehrere Kombiantionen zu untersuchen sind, empfiehlt sich eine direkte Bemessung mit sog. „Knickdiagrammen", das nachfolgend dargestellt wird. Es wird nur die Kombination B (max. Biegemoment) untersucht:

$N_{Ed} = -181$ kN
$M_{Ed1} = (e_0 + e_i) \cdot N_{Ed} = 0{,}631 \cdot 181 = 114{,}2$ kNm

Maßgebende Tafel
$d_1/h = 0{,}045 / 0{,}45 = 0{,}10$
$\lambda = 112 \approx 110$
$\lambda_\varphi = \lambda$ (Kriechen braucht nicht berücksichtigt zu werden; s. Skizze)

Eingangswerte
$\nu_{Ed} = N_{Ed}/(b \cdot h \cdot f_{cd}) = -0{,}181 / (0{,}40 \cdot 0{,}45 \cdot 19{,}8) = -0{,}051$
$\mu_{Ed} = M_{Ed}/(b\,h^2 \cdot f_{cd}) = 0{,}1142 / (0{,}40 \cdot 0{,}45^2 \cdot 19{,}8) = 0{,}071$

Ablesung
$\omega_{tot} = 0{,}19$

Man erhält in etwa das Ergebnis der vorher dargestellten Bemessung (Ungenauigkeiten in den Ablesung sind in der Nähe des Nullpunktes unvermeidbar).

Knickdiagramm für $d_1/h = 0{,}1$, $\lambda = \lambda_\varphi = 110$ und Bewehrungsanordnung gemäß Skizze

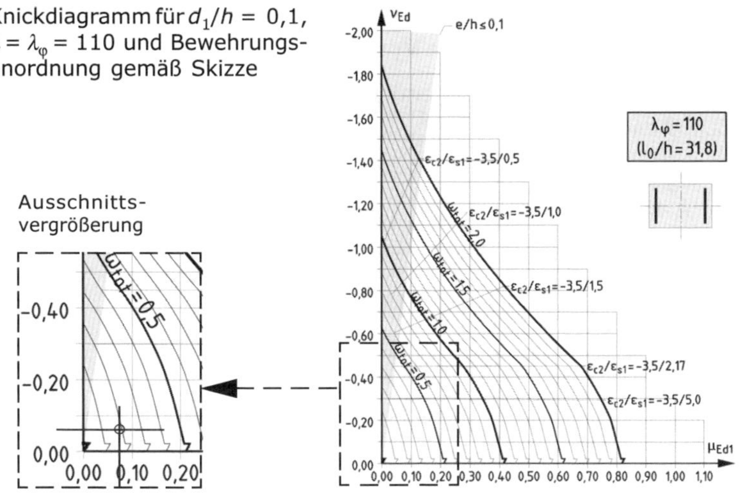

Bemessungsdiagramm für $\lambda_\varphi = \lambda = 110 \approx 112$ (aus [Goris/Schmitz – 14])

4.3 Bemessung für Querkraft

Es wird die Stütze links mit den größeren Querkräften betrachtet. Maßgebend wird Lastfallkombination A (LF. 1a + 2a) mit der maximalen Querkraft und minimalen Auflast

$N_{Ed} = -106$ kN $V_{Ed} = 31{,}0$ kN

Auf eine Abminderung der Querkraft (Bemessungswert der Querkraft im Abstand d vom Auflagerrand) wird verzichtet.

Querkraft $V_{Rd,c}$ ohne rechnerisch erforderliche Querkraftbewehrung

$V_{Rd,c} = [(0{,}15/\gamma_C) \cdot k \cdot (100\rho_l \cdot f_{ck})^{1/3} + 0{,}12 \cdot \sigma_{cp}] \cdot b_w \cdot d \leq V_{Rd,c,min}$

$k = 1 + (200/d)^{0,5} = 1 + (200/405)^{0,5} = 1{,}70\ (< 2)$

$\rho_l = A_{sl} / (b_w \cdot d) = 12{,}6 \cdot 10^{-4} / (0{,}40 \cdot 0{,}405\ ) = 0{,}0078$

$f_{ck} = 35$ MN/m²

$\sigma_{cp} = N_{Ed}/A_c = 0{,}106/(0{,}40 \cdot 0{,}45) = 0{,}59$ MN/m²

$V_{Rd,c} = [(0{,}15/1{,}5) \cdot 1{,}70 \cdot (0{,}78 \cdot 35)^{1/3} + 0{,}12 \cdot 0{,}59] \cdot 0{,}40 \cdot 0{,}405$
$= 0{,}0944$ MN

$V_{Ed} = 31{,}0$ kN $< V_{Rd,c} = 94{,}4$ kN → Rechnerisch ist keine Querkraftbewehrung erfoderlich

σ_{cp} als Druckspannung positiv

Es sind die konstruktiven Regelungen für die Bügelbewehrung von stabförmigen Druckgliedern zu beachten

4.4 Brandschutztechnische Nachweise

Nachweis nach EC2-1-2/NA, Anhang AA für die außergew. Kombination:

$E_{d,fi} = G_k + \psi_{1,w} \cdot Q_{k,w} + \psi_{2,s} \cdot Q_{k,s}$

Einwirkungen im Brandfall (am Stützenfuß)

Maßgebend ist die Stütze links bei Windeinwirkung von rechts

$N_{Ed,fi} = 106 + 0 \cdot 50 = 106$ kN

$M_{Ed,fi} = 4{,}0 + 0{,}2 \cdot 68{,}1 = 17{,}6$ kNm

Ausmitte nach Theorie 1. Ordnung einschl. Imperfektion

$e_1 = e_0 + e_i = 17{,}6/106 + 0{,}028 = 0{,}166 + 0{,}028 = 0{,}194$ m

Im Brandfall gilt i.d.R. die quasi-ständige Kombination. Bei Bauteilen mit Wind als Leiteinwirkung gilt für die Einwirkung aus Wind jedoch die häufige Größe $\psi_{1,w}$

EC0, Tab. NA.A.1.1:
$\psi_{1,w} = 0{,}2$
$\psi_{2,s} = 0$

Aufnehmbare Längskraft im Brandfall

Die im Brandfall aufnehmbaren Längskraft wird nach dem vereinfachten Verfahren nach EC2-1-2/NA, Anhang AA für die Widerstandklasse R 90 nachgewiesen. Es gelten die in Tafel S.2 angegebenen Randbedinungen.

Tafel S.2 Randbedingungen für das vereinfachte Verfahren

erfoderlich	vorhanden
Normalbeton C20/25 bis C50/60 mit überwiegend quarzithaltiger Gesteinskörnung	C35/45
einlagige Bewehrung aus warmgewalzten Betonstabstahl B500 nach DIN 488-1 und EC2-1-2, Tab. 3.2a (Klasse N)	B500B nach DIN 488
bezogene Knicklänge $10 \leq L_0/h \leq 50$	$L_0/h = 14{,}50/0{,}45 = 32$
bezogene Lastausmitt $0 \leq e_1/h \leq 1{,}5$	$e_1/h = 19{,}4/45 = 0{,}43$
Mindestquerschnittsabmessungen $30\ \text{cm} \leq h_{min} \leq 80\ \text{cm}$	$h_{min} = 40$ cm
geometrischer Bewehrungsgrad $1\ \% \leq \rho \leq 8\ \%$	$\rho = 25{,}1 / (40 \cdot 45) = 1{,}39\ \%$
bezogener Achsabstand der Längsbewehrung $0{,}05 \leq a/h \leq 0{,}15$	$a/h = 4{,}5 / 45 = 0{,}10$

Die Bedinungen für die Anwendung des Verfahrens sind hier eingehalten

In EC 2-1-2 sind vier Diagramme enthalten, die für Stützen mit Querschnitten $h = 30$ cm / 45 cm / 60 cm / 80 cm und $b \geq h$ gelten. Der Nachweis erfolgt nachfolgend näherungsweise für eine Stütze mit $h = 45$ cm und – auf der unsicheren Seite – $b = 45$ cm.

Da $b = 40$ cm < 45 cm liefert die Vereinfachung etwas zu große Tragfähigkeiten, da sich der tatsächlich vorhandene etwas kleiner Querschnitt schneller erwärmt.

Eingangswerte

$e_1 / h = 19{,}4 / 45 = 0{,}43$
$L_0 / h = 14{,}5 / 0{,}45 = 32$

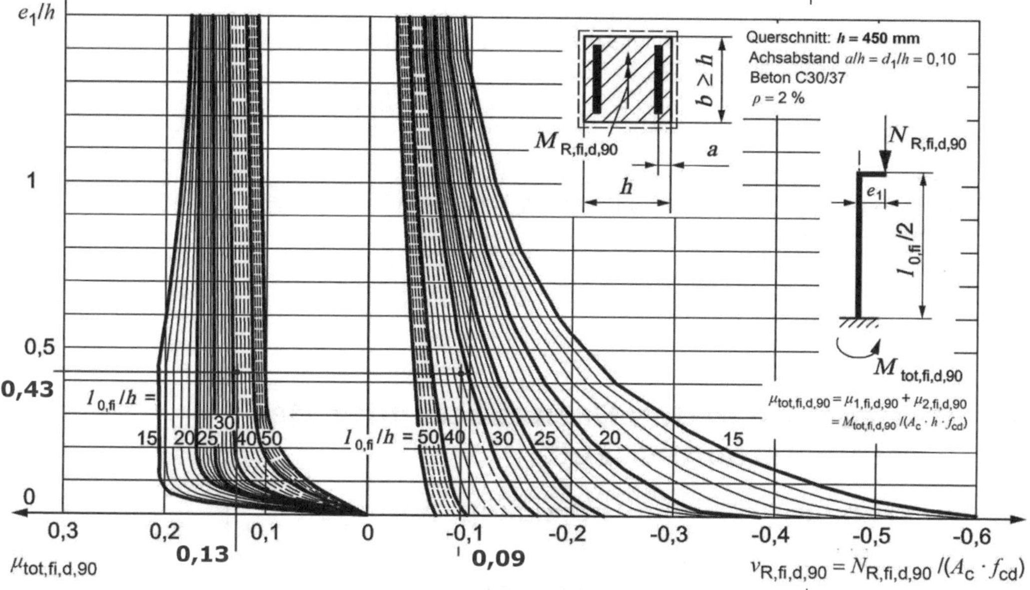

Abb. S.4 Bemessungsdiagramm für Brandeinwirkung; Querschnitt $b = h = 45$ cm

Für ein- und dreiseitige Brandbeanspruchung sowie für abweichende Werte des bezogenen Achsabstandes der Bewehrung, der Betonfestigkeit und des geometrischen Bewehrungsgrades wird der Bemessungswert der bezogenen Stützentraglast angepasst:

$$\nu_{Rd,fi,d90} = k_{fi} \cdot k_a \cdot k_C \cdot k_p \cdot X_{R90}$$

k_{fi} Beiwert zur Berücksichtigung der Brandbeanspruchung
k_a Beiwert zur Berücksichtigung des Achsabstandes
k_C Beiwert zur Berücksichtigung der Betonfestigkeitsklasse
k_ρ Beiwert zur Berücksichtigung des Bewehrungsverhältnisses
$X_{R,90} = \nu_{Rd,fi,d90}$ aus Diagramm

3-seitiger Brand
$a/h = 0{,}10$
$f_{ck} = 35$ N/mm²

$k_{fi} = \min\{0{,}6+0{,}2 \cdot e_1/h;\ 0{,}8\} = \min\{0{,}6+0{,}2 \cdot 0{,}43;\ 0{,}8\} = 0{,}69$
$k_a = 1{,}0$
$k_C = (k_1 - 1)/20 \cdot f_{ck} - 1{,}5 \cdot k_1 + 2{,}5$
$k_1 = \max\{1{,}1 - 0{,}1 \cdot (e_1/h);\ 1\} = \max\{1{,}1 - 0{,}1 \cdot 0{,}43;\ 1\} = 1{,}06$
$k_C = (1{,}06 - 1)/20 \cdot 35 - 1{,}5 \cdot 1{,}06 + 2{,}5 = 1{,}02$
$k_\rho = \max\{0{,}6 - 0{,}1 \cdot (\rho + 1) \cdot (e_1/h);\ \rho/2\}$
$= \max\{0{,}6 - 0{,}1 \cdot (1{,}39 + 1) \cdot 0{,}43;\ 1{,}39/2\} = 0{,}70$

$\rho = 1{,}39$ %

Es ergibt sich damit

$$\nu_{Rd,fi,d90} = 0{,}69 \cdot 1{,}0 \cdot 1{,}02 \cdot 0{,}70 \cdot 0{,}09 = 0{,}044$$

Dieser Wert darf hier ($h \leq 45$ cm; gleichmäßig verteilte Bewehrung, d.h. Eckbewehrung $\leq 0{,}5 \cdot A_{s,tot}$) mit den Faktor 1,2 vergrößert werden.

Damit erhält man

$$v_{Rd,fi,d90} = 1{,}2 \cdot 0{,}044 = 0{,}053$$

$$N_{Rd,fi,d90} = v_{Rd,fi,d90} \cdot A_c \cdot f_{cd} = 0{,}053 \cdot 0{,}40 \cdot 0{,}45 \cdot 19{,}8 = 0{,}189 \text{ MN}$$

$$N_{Rd,fi,d90} = 189 \text{ kN} > 106 \text{ kN}$$

Der Nachweis ist damit erfüllt, allerdings liegt die Nachweisführung wegen $b_{Tab} \geq 450$ mm > $b_{vorh} = 400$ mm auf der unsicheren Seite. In einem zweiten Schritt ist der Nachweis für eine Stütze mit h = 300 mm zu führen und dann zwischen diesen Ergebnissen zu interpolieren. Wie ein grober Überschlag zeigt ist der Nachweis insgesamt erfüllt (ohne Darstellung des Rechengangs bzw. der Interpolation).

Für den Nachweis der Einspannung im Stützenfundament ist das Gesamtmoment am Stützenfuß zu bestimmen:

$$\mu_{Rd,fi,d90} = k_{fi} \cdot k_a \cdot k_C \cdot k_p \cdot X_{tot,90}$$

$X_{tot,90} = \mu_{Rd,fi,d90}$

Mit $X_{tot,90} = \mu_{Rd,tot,fi,d90} = 0{,}13$ (s. Ablesung im Diagramm) erhält man (k_i-Werte wie vorher)

$$\mu_{Rd,fi,d90} = 1{,}2 \cdot (0{,}69 \cdot 1{,}0 \cdot 1{,}02 \cdot 0{,}70 \cdot 0{,}13) = 0{,}076$$

$$M_{Rd,fi,d90} = \mu_{Rd,fi,d90} \cdot b \cdot h^2 \cdot f_{cd} = 0{,}076 \cdot 0{,}40 \cdot 0{,}45^2 \cdot 19{,}8 = 0{,}122 \text{ MNm} = 122 \text{ kNm}$$

5 Bemessung in den Grenzzuständen der Gebrauchstauglichkeit

5.1 Begrenzung der Betondruckspannungen

Der Nachweis ist erforderlich, falls

- die Expositionsklassen XD, XF und XS vorliegen
- die Auswirkungen des Kriechens bedeutsam sind.

Diese Voraussetzungen liegen hier nicht vor, sodass auf den Nachweis verzichtet werden kann.

5.2 Rissbreitenbegrenzung

Auf den Nachweis zur Rissbreitenbegrenzung wird im Rahmen des Beispiels verzichtet.

5.3 Begrenzung der Verformungen

Die Verformungen des Hallenrahmens (Stützenkopfverschiebungen) sind je nach Ausführung der Ausbauteile nachzuweisen und zu begrenzen. Im Beispiel wird unterstellt, dass eine Begrenzung auf 1/250 der Stützenhöhe erforderlich ist (Vorgabe des Bauherrn). Der Nachweis soll für die häufige Lastfallkombination geführt werden mit dem LF Wind als Leiteinwirkung:

$$E_{frequ} = G_k + \psi_{1,w} \cdot Q_{k,w} + \psi_{2,s} \cdot Q_{k,s}$$

$\psi_{1,w} = 0{,}2$
$\psi_{2,s} = 0$

Im Rahmen des Beispiels wird für den Lastfall Wind nur der Windangriff von rechts betrachtet.

Die beiden Hallenstützen sind durch den Riegel miteinader verbunden. Die Ermittliung der Koppelkraft erfolgt mit dem im Abschn. 3 dargestellten Ansatz.

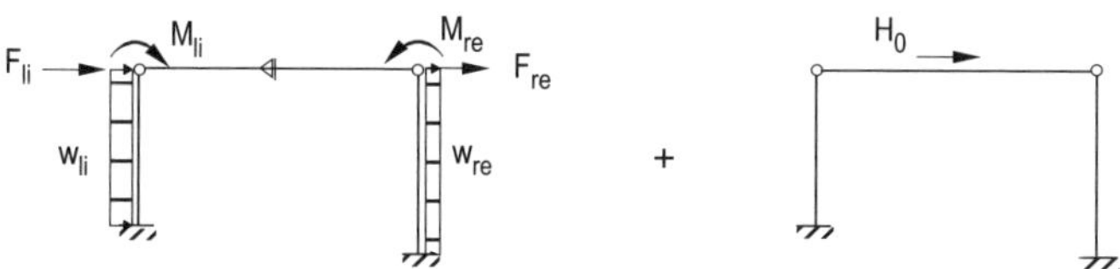

Eigenlasten (vgl. Abschn. 3.1)
H_0 = 0,21 kN

Wind von links (vgl. Abschn. 3.2)
H_0 = 0,2 · 17,7 = 3,54 kN

Verformungen

Es wird zunächst eine Berechnung nach Theorie I. Ordnung durchgeführt. Die gesuchten Kopfauslenkungen werden ermittelt mit den zuvor dargestellten Festhaltekräfte H_0 am verschieblichen System

$$EI \cdot f_{li} = 0{,}571 \cdot (0{,}21 + 3{,}54) \cdot 6{,}00^3 / 3 = 154 \text{ kNm}^3$$

Alternativ für die rechte Stütze (zur Kontrolle):

$$EI \cdot f_{re} = 0{,}429 \cdot (0{,}21 + 3{,}54) \cdot 6{,}60^3 / 3 = 154 \text{ kNm}^3 = EI \cdot f_{li}$$

Die Biegesteifigkeit EI wird im gerissene Querschnitt (Zustand II) unter Vernachlässigung der Längsdruckkräfte bestimmt. Es sind

$$E = E_{cm} = 34\,000 \text{ MN/m}^2$$
$$I = I_{II} = \kappa \cdot b \cdot d^3 / 12$$
$$\kappa = 4\xi^3 + 12 \cdot \alpha_e \cdot \rho \cdot (1-\xi)^2 + 12 \cdot \alpha_e \cdot \rho \cdot (A_{s2}/A_{s1}) \cdot (\xi - d_2/d)^2$$
$$\xi = -B + (B^2 + 2A)^{0,5}$$
$$A = \alpha_e \cdot \rho \cdot [1 + A_{s2} \cdot d_2/(A_{s1} \cdot d)]$$
$$= 6{,}2 \cdot 0{,}0078 \cdot [1 + 12{,}6 \cdot 4{,}5/(12{,}6 \cdot 40{,}5)] = 0{,}0537$$
$$B = \alpha_e \rho \cdot (1 + A_{s2}/A_{s1}) = 6{,}2 \cdot 0{,}0078 \cdot (1 + 12{,}6/12{,}6) = 0{,}0967$$
$$\xi = -0{,}0967 + (0{,}0967^2 + 2 \cdot 0{,}0537)^{0,5} = 0{,}245$$
$$\kappa = 4 \cdot 0{,}245^3 + 12 \cdot 6{,}2 \cdot 0{,}0078 \cdot (1-0{,}245)^2$$
$$+ 12 \cdot 6{,}2 \cdot 0{,}0078 \cdot 12{,}6/12{,}6 \cdot (0{,}245 - 4{,}5/40{,}5)^2$$
$$= 0{,}0588 + 0{,}3308 + 0{,}0104 = 0{,}400$$
$$I_{II} = 0{,}400 \cdot 0{,}40 \cdot 0{,}405^3/12 = 0{,}000886 \text{ m}^4$$
$$EI_{II} = 34000 \cdot 0{,}000886 = 30{,}12 \text{ MNm}^2 = 30\,120 \text{ kNm}^2$$

Gleichungen s. z. B. [Goris/Schmitz – 14])

$\alpha_e = E_s / E_{cm}$ = 210000/34000 = 6,2
$A_{s1} = A_{s2}$ = 12,6 cm²
d_2 = 4,5 cm
ρ = 12,6 /(40 · 40,5) = 0,0078

Nach Theorie I. Ordung erhält man somit als Kopfauslenkung

$$f = 154 / 30\,120 = 0{,}0051 \text{ m} = 5{,}1 \text{ mm}$$

Für die Berechung nach Th. II. O. wird der Verschiebungszuwachs infolge Auslenkung der Längskräfte N durch eine Ersatzhorizontalkraft ΔH erfasst

$$\Delta H = \Sigma N \cdot f / L_{col}$$

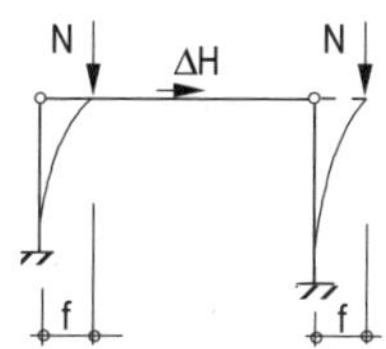

Für die Längskräfte ΣN erhält man (auf der sicheren Seite wird die Stützeneigenlast in voller Größe am Stützenkopf wirkend angesetzt)

$$N_{li} = N_{Gk} + \psi_{2,s} \cdot N_{Qk,s} = (75+31) + 0 \cdot 50 = 106 \text{ kN}$$
$$N_{re} = N_{Gk} + \psi_{2,s} \cdot N_{Qk,s} = (75+33) + 0 \cdot 50 = 108 \text{ kN}$$
$$\Sigma N = 106 + 108 = 214 \text{ kN}$$

Die Zusatzverformung nach Theorie II. Ordnung Δf ergibt sich zu

$$\Delta f_{li} = 0{,}571 \cdot \Delta H \cdot L^3 / EI_{II} = 0{,}571 \cdot \Delta H \cdot 6{,}00^3 / 30120 = 0{,}00409 \cdot \Delta H$$

Es wird die linke Stütze betrachtet

Die weitere Berechnung erfolgt interativ

f [mm]	ΔH [kN]	Δf [mm]
7,90	0,281	1,15
9,05	0,323	1,32
9,22	0,328	1,34
9,24	0,329	1,35
9,25	0,330	1,35

Die Iteration beginnt mit der Verfomung nach Theorie I. Ord. (5,1 mm) zzgl. Imperfektionen (2,8 mm; s. vorher), d. h. mit f = 7,90 mm.

Die Gesamtverschiebung am Stützenkopf beträgt somit ca. 9,3 mm bzw. – ohne Imperfektionen – etwa 6,5 mm und ist damit deutlich geringer als die zulässige $L/250$ = 6000/250 = 24 mm.

6 Nachweise im Binderauflagerbereich

6.1 Erforderliche Nachweise

Im Auflagerbereich des Binders auf die Stütze sind folgende Nachweise zu führen:

- Nachweis der Teilflächenbelastung
- Nachweis der Querzugkräfte infolge Dehnungsbehinderung des unbewehrten Elastomerlagers
- Nachweis der Spalt- und Randzugkräfte
- Nachweis des Scherbolzens zur Weiterleitung der Koppelkräfte.

Im Grenzzustand der Tragfähigkeit beträgt die Auflagerkraft des Binders

$$F_{Ed,V} = \gamma_G \cdot G_{k,V} + \gamma_q \cdot Q_{kS,V}$$
$$= 1{,}35 \cdot 75{,}0 + 1{,}50 \cdot 50{,}0 \qquad = 176 \text{ kN}$$

$$F_{Ed,H} = \gamma_G \cdot G_{k,H} + \gamma_q \cdot Q_{kW,H} + \psi_0 \cdot \gamma_q \cdot Q_{kS,H}$$
$$= -1{,}35 \cdot 2{,}20 - 1{,}50 \cdot 6{,}85 - 0{,}5 \cdot 1{,}5 \cdot 1{,}48 = -14{,}4 \text{ kN}$$

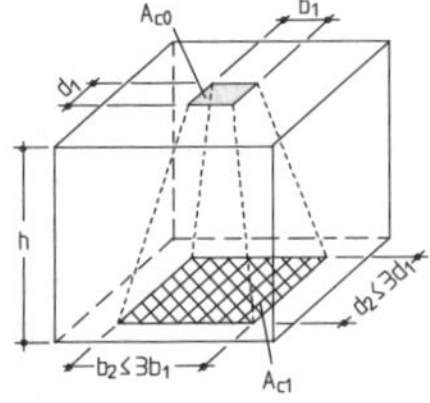

6.2 Nachweis der Teilflächenbelastung

Bei örtlicher Krafteinleitung darf die aufnehmbare Teilflächenbelastung ermittelt werden aus (Voraussetzungen s. Skizze)

$$F_{Rdu} = A_{c0} \cdot f_{cd} \cdot (A_{c1} / A_{c0})^{0,5} \leq 3{,}0 \cdot f_{cd} \cdot A_{c0}$$

$$A_{c0} = 0{,}10 \cdot 0{,}10 = 0{,}01 \text{ m}^2 \text{ (Belastungsfläche)}$$
$$A_{c1} = 0{,}20 \cdot 0{,}20 = 0{,}04 \text{ m}^2 \text{ (Verteilungsfläche)}$$

$$F_{Rdu} = 0{,}01 \cdot 19{,}83 \cdot (0{,}04 / 0{,}01)^{0,5} = 0{,}397 \text{ MN} = 397 \text{ kN}$$
$$F_{Ed,V} = 176 \text{ kN} < F_{Rdu} = 397 \text{ kN} \rightarrow \text{Nachweis erfüllt.}$$

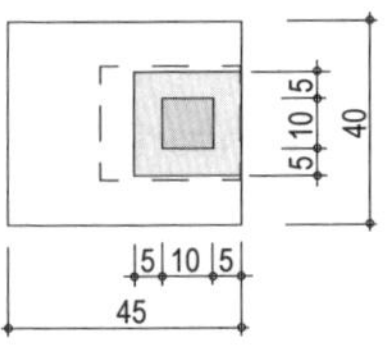

Der Nachweis setzt voraus, dass das Elastomerlager gleichmäßig belastet ist. Das kann im vorliegenden Fall angenommen werden, da der Binder mit Überhöhung hergestellt wird und sich daher unter Last am Lager eine nahezu horizontale Tangente einstellt.

Für den Fall einer dreieckförmigen Spannungsverteilung ist die Belastungsfläche in Binderlängsrichtung um $a/3 = 10/3 = 3{,}33$ cm zu reduzieren. Es ergäbe sich dann

$$A_{c0} = 0{,}10 \cdot 0{,}067 = 0{,}0067 \text{ m}^2 \text{ (Belastungsfläche)}$$
$$A_{c1} = 0{,}20 \cdot 0{,}167 = 0{,}0334 \text{ m}^2 \text{ (Verteilungsfläche)}$$

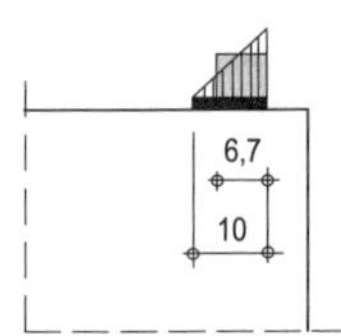

$$F_{Rdu} = 0{,}0067 \cdot 19{,}83 \cdot (0{,}0334 / 0{,}00667)^{0,5} = 0{,}297 \text{ MN} = 297 \text{ kN}$$
$$> F_{Ed,V} = 176 \text{ kN}$$

Der Nachweis ist damit ebenfalls erfüllt.

6.3 Querzugkraft am Elastomerlager, Spalt- und Randzugkraft

Infolge Dehnungsbehinderung des unbewehrten Elastomerlagers entstehen **Querzugkräfte**. Wenn genauere Modelle fehlen, können sie nach EC2-1-1, 10.9.4.3(5) ermittelt werden zu

$$A_s \cdot f_{yd} = 0{,}25 \cdot (t/h) \cdot F_{Ed}$$

mit t / h als Verhältnis von Fugendicke zu Fugenbreite. Die Lagerdicke wird zu $t = 5$ mm angenommen, so dass sich $t / h = 5 / 100$ ergibt.

Querzug: $F_{sd,q} = A_s \cdot f_{yd} = 0{,}25 \cdot 0{,}05 \cdot 176 = 2{,}2$ kN

Die **Spalt- und Randzugkräfte** bei Teilflächenbelastung können z. B. nach [DAfStb-H240 - 91] ermittelt werden. Für eine exzentrisch wirkende Längsdruckkraft N_{Ed} erhält man das nachfolgend dargestellte Bemessungsmodell

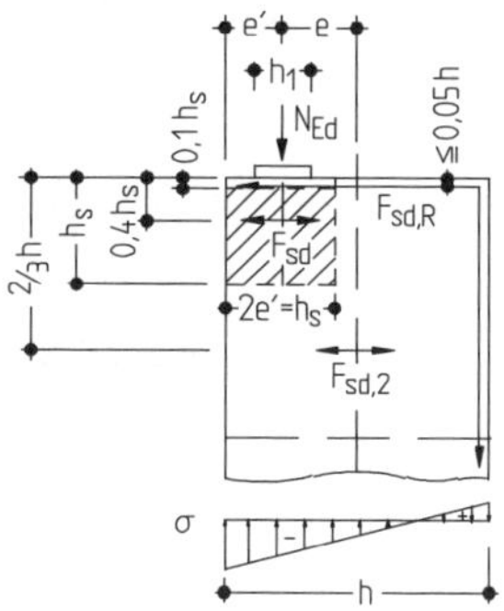

Spaltzugkraft $F_{sd} = \frac{N_{Ed}}{4} \cdot \left(1 - \frac{h_1}{h_s}\right)$

Randzugkraft $F_{sd,R} = N_{Ed} \cdot \left(\frac{e}{h} - \frac{1}{6}\right)$

Sek. Spaltzug $F_{sd,2} \approx 0{,}3\ F_{sd,R}$

Daraus ergeben sich folgende Zugkräfte:

Spaltzugkraft: $F_{sd} = 0{,}25 \cdot 176 \cdot (1 - 10/20) = 22$ kN
Randzugkraft: $F_{sd,R} = 176 \cdot (12{,}5/45 - 1/6) = 20$ kN
Sek. Spaltzugkraft $F_{sd2} = 0{,}3 \cdot 20 = 6$ kN

Zur Randzugkraft ist die Kraft aus Querzug zu addieren. Als Rand- und Spaltzugbewehrung ergibt sich damit

$A_{s1} = F_{sd} / f_{yd} = 22/43{,}5 = 0{,}5\ cm^2$
$A_{sR} = (F_{sd,q} + F_{sd,r}) / f_{yd} = (2{,}2 + 20)/43{,}5 = 0{,}5\ cm^2$
A_{s2} Bewehrung konstruktiv, ohne Nachweis

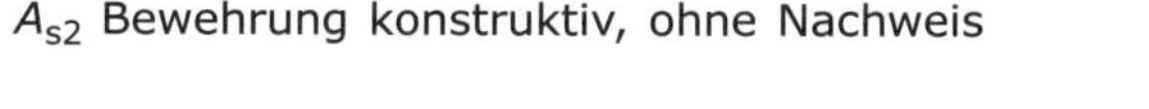

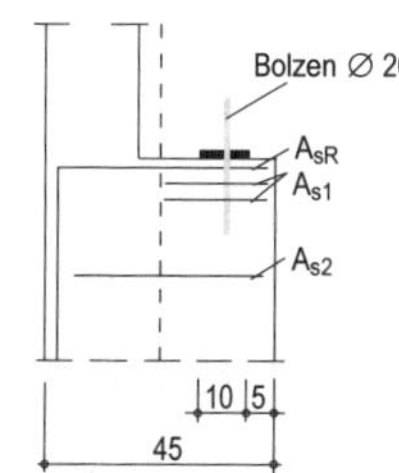

6.4 Weiterleitung der Koppelkräfte

Die beiden Stützen sind über den Fertigteilbinder miteinander gekoppelt. Die Übertragung der horizontalen Koppelkräfte erfolgt über einbetonierte Scherbolzen.

Aufnehmbare Scherkraft $F_{R,B}$ eines Scherbolzens ∅ 26, St 835/1030:

$F_{R,B} = 1{,}25 \cdot f_{yd} \cdot W_B / (a + x_e)$
$f_{yd} = 835/1{,}15 = 726\ N/mm^2$
$W_B = \pi \cdot 26^3 / 32 = 1726\ mm^3$
$a = 5$ mm (Hebelarm = Dicke des Elastomerlagers)
$x_e = 26$ mm (rechnerische Einspanntiefe; $x_e \approx d$)
$F_{R,B} = 1{,}25 \cdot 726 \cdot 1726 / (5+26) \cdot 10^{-3} = 50{,}5$ kN

Aufnehmbare Scherkraft F_{Rc} des Betons:

$F_{Rc} = 0{,}9 \cdot (f_{ck} / \gamma_C) \cdot d_B^{2,1} / (333 + 12{,}2 \cdot a)$
$\gamma_C \approx 2{,}1$
$d_B = 26$ mm
$a = 5$ mm (Hebelarm = Dicke des Elastomerlagers)
$F_{Rc} = 0{,}9 \cdot (35/2{,}1) \cdot 26^{2,1} / (333 + 12{,}2 \cdot 5) \cdot 10^{-3} = 35{,}6$ kN

Nachweis

$F_{Ed,H} = 14{,}4\ kN < F_{R,B} = 50{,}5$ kN
$< F_{Rc} = 35{,}6$ kN

Die Gesamtsicherheit sollte etwa $\gamma_{glob} = 3{,}0$ betragen. Mit $\gamma_F \approx 1{,}4$ auf der Einwirkungsseite ergibt sich etwa $\gamma_C = 3{,}0/1{,}4 = 2{,}1$.

7 Bauliche Durchbildung

7.1 Längsbewehrung

Mindestbewehrung

Es ist mindestens 15 % der Längskraft durch Bewehrung aufzunehmen. EC 2-1-1, Gl. (NA.9.12)

$$A_{s,min} = 0{,}15 \cdot |N_{Ed}| / f_{yd} = 0{,}15 \cdot 0{,}221 \cdot 10^4 / 435 = 0{,}8 \text{ cm}^2$$

Außerdem ist zu prüfen:

- Die Längsstäbe müssen einen Durchmesser $\varnothing \geq 12$ mm aufweisen. EC 2-1-1, NDP zu 9.6.2(1)
- Der Abstand der Längsstäbe darf maximal 30 cm betragen.
- Es sind mindestens 4 Stäbe (Rechteckquerschnitt) anzuordnen. EC 2-1-1, 9.5.2 und 9.5.3

Die Mindestbewehrung und die weiteren Forderungen sind eingehalten bzw. werden im vorliegenden Fall nicht maßgebend.

Höchstbewehrung

Der Bewehrungsquerschnitt darf an keiner Stelle – auch nicht im Bereich von Stößen – den maximalen Wert $0{,}09\,A_c$ überschreiten.

$$A_{s,max} = 0{,}5 \cdot 0{,}09 A_c = 0{,}5 \cdot 0{,}09 \cdot 40 \cdot 45 = 81 \text{ cm}^2$$

Die Ausbildung eines Vollstoßes am Stützenfuß bzw. an der Fundamentoberkante ist damit zulässig.

7.2 Bügelbewehrung

Nach EC2-1-1 gilt:

- Mindestdurchmesser: EC 2-1-1, 9.5.3(1)

  $$\min \varnothing_{bü} \begin{array}{l} \geq 0{,}25\ \varnothing_l = 0{,}25 \cdot 20 = 5 \text{ mm} \\ \geq 6 \text{ mm} \end{array}$$

  gew.: $\varnothing_{bü} = 8$ mm

- Bügelabstände:

  Normalbereich

  $$s_{bü} \begin{array}{l} \leq \min h \\ \leq 12\ \varnothing_l = 12 \cdot 2{,}0 = 24 \text{ cm} \\ \leq 40 \text{ cm} \end{array}$$

  EC 2-1-1/NA, 9.5.3(3)

  gew.: 20 cm

  Stützenenden $s_{bü} \leq 0{,}6 \cdot 24 = 15$ cm EC 2-1-1, 9.5.3(4)

  (über eine Höhe von max h = 45 cm) EC 2-1-1, 8.7.4.2

  gew.: 15 cm EC 2-1-1, 9.5.3(4)

7.3 Darstellung der Bewehrung

Es wird auf die ausführliche Bewehrungsskizze in Pos. F2 (Fundament) verwiesen.

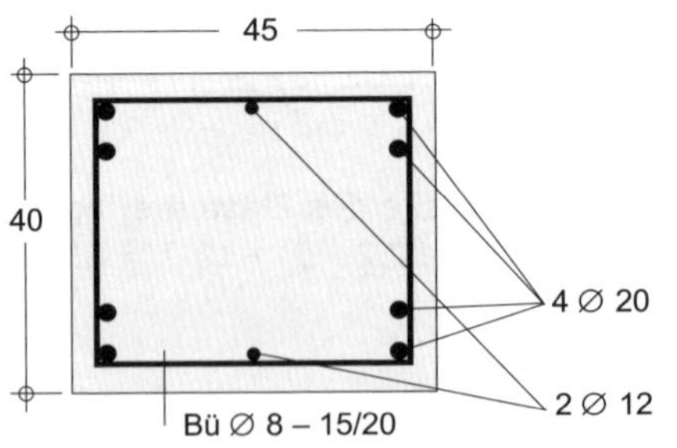

Bewehrung im Querschnitt

Pos. F2 Fundament F2 in Achse 2

1 Übersicht

Es wird die in Abb. F.1 dargestellte Situation mit parallelgurtigem Binder und einseitigem Gefälle betrachtet (vgl. auch Abb. Ü.1).

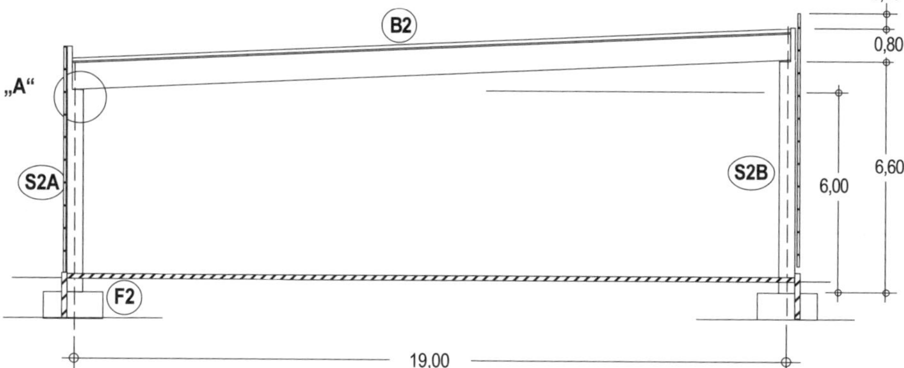

Abb. F.1 Übersicht

Für die Verbindung von Stütze mit Fundament existieren im Fertigteilbau verschiedene Lösungen (vgl. Abb. F.2):

- Fertigteilstütze mit Blockfundament
- Fertigteilstütze mit Köcherfundament
- Fertigteilstüze mit angeformtem Fundament

Nachfolgend wird davon ausgegangen, dass die Fertigteilstütze mit Fundament vollständig im Fertigteilwerk hergestellt wird (Stütze mit angeformtem Fundament). Wegen der maximal zulässigen Transportabmessungen ist dabei zu beachten, dass die Fundamentabmessungen auf 3,00 m x 3,50 m begrenzt werden, aus produktionstechnischen Gründen kommen auch kleinere Abmessungen in Frage. Die maximale Stützenhöhe (incl. Fundament) beträgt i.d.R. 22,50 m.

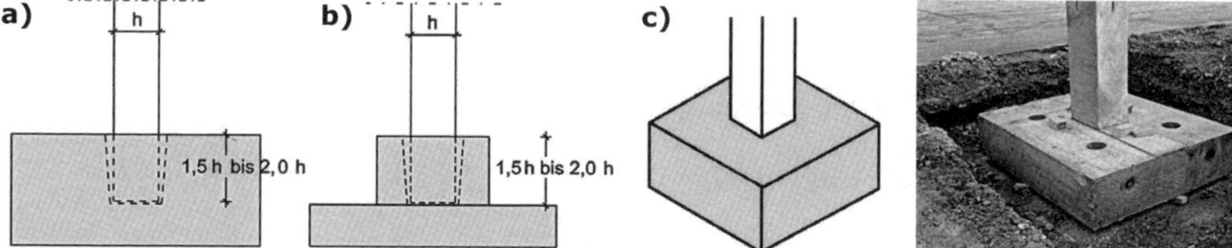

Abb. F.2 Ausbildung der Verbindung von Stütze mit Fundament
a) Fertigteilstütze mit Blockfundament
b) Fertigteilstütze mit Köcherfundament
c) Fertigteilstütze mit angeformtem Fundament

2 System und Einwirkungen

Die Einwirkungen ergeben sich aus Pos. S2, Tafel S.1. An OK Fundament erhält man als Bemessungslasten im Grenzzustand der Tragfähigkeit:

Komb. A: N_{Ed} = 106 kN
V_{Ed} = 31 kN
M_{Ed} = 107,9 + (0,028 + 0,254) · 106 = 138 kNm

Komb. B: N_{Ed} = 181 kN
V_{Ed} = 29 kN
M_{Ed} = 109,6 + (0,028 + 0,254) · 181 = 161 kNm

Komb. C: N_{Ed} = 221 kN
V_{Ed} = 19 kN
M_{Ed} = 70,7 + (0,028 + 0,254) · 221 = 132 kNm

Moment jeweils incl. Anteil aus Imperfektion und aus Theorie II. Ordnung (vgl. S. IB.40)

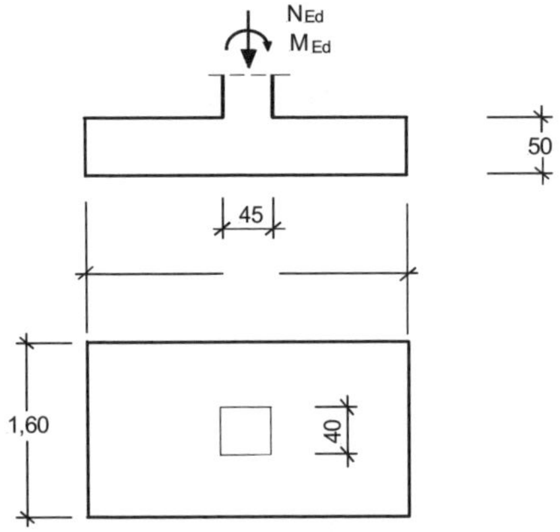

Baustoffe
Beton: C35/45
Betonstahl: B500B

Abb. F.3 System und Belastung

Die Festlegung der Fundamentabmessungen b_x und b_y erfolgt nach bodenmechanischen Kriterien (Einhaltung von Bodenpressung u.a.), die Konstruktionsdicke *h* wird so gewählt, dass auf Durchstanzbewehrung verzichtet werden kann.

3 Bodenmechanische Nachweise

Der Nachweis der Bodenpressungen erfolgt nach EC 7 (hierbei sind zusätzlich die Eigenlast des Fundamentes, Bodenauflasten u.a. zu berücksichtigen). Das der Norm zugrunde liegende Sicherheitskonzept ist zu beachten. Im Rahmen des Beispiels ohne Nachweis.

Geotechnische Nachweise werden im Rahmen des Beispiels nicht geführt.

4 Grenzzustand der Tragfähigkeit

4.1 Biegung

Beanspruchungen in der Fundamentsohle

Komb. A: N_{Ed} = 106 kN
M_{Ed} = 138 + 31 · 0,50 = 154 kNm

Komb. B: N_{Ed} = 181 kN
M_{Ed} = 161 + 29 · 0,50 = 176 kNm

Komb. C: N_{Ed} = 221 kN
V_{Ed} = 19 kN
M_{Ed} = 132 + 19 · 0,50 = 142 kNm

Für die Bemessung des Fundamentes werden die Biegemomente aus den dreiecks- bzw. trapezförmig verteilten Bodenpressungen ermittelt, die aus den Einwirkungen N_{Ed} und M_{Ed} entstehen. Fundamenteigenlasten beanspruchen das Fundament nicht.

Für die Fundamentbemessung gilt eine trapezförmige Spannungsverteilung.

Bemessungsmoment

Spannungsverteilung

Komb. A: $e = M_{Ed}/N_{Ed} = 154 / 106 = 1{,}45$ m
$e/a = 1{,}45/3{,}00 = 0{,}48 > 1/6$
$\sigma_1 = 2 \cdot 106 / (3 \cdot (1{,}50-1{,}45) \cdot 1{,}60 = 883$ kN/m²

Komb. B: $e = M_{Ed}/N_{Ed} = 176 / 181 = 0{,}97$ m
$e/a = 0{,}97/3{,}00 = 0{,}32 > 1/6$
$\sigma_1 = 2 \cdot 176 / (3 \cdot (1{,}50-0{,}97) \cdot 1{,}60 = 138$ kN/m²

Komb. C: $e = M_{Ed}/N_{Ed} = 142 / 221 = 0{,}64$ m
$e/a = 0{,}64/3{,}00 = 0{,}21 > 1/6$
$\sigma_1 = 2 \cdot 221 / (3 \cdot (1{,}50-0{,}64) \cdot 1{,}60 = 107$ kN/m²

Auf der sicheren Seite wird auf eine Momentenausrundung verzichtet.

Komb. A: $m_{Ed} = 883/2 \cdot 0{,}15 \cdot 1{,}45 = 96{,}0$ kNm/m
Komb. B: $m_{Ed} = (3 \cdot 2 + 2 \cdot (138 - 2)) \cdot 1{,}50^2/6 = 104{,}3$ kNm/m
Komb. C: $m_{Ed} = (3 \cdot 45 + 2 \cdot (107 - 45)) \cdot 1{,}5^2/6 = 97{,}1$ kNm/m

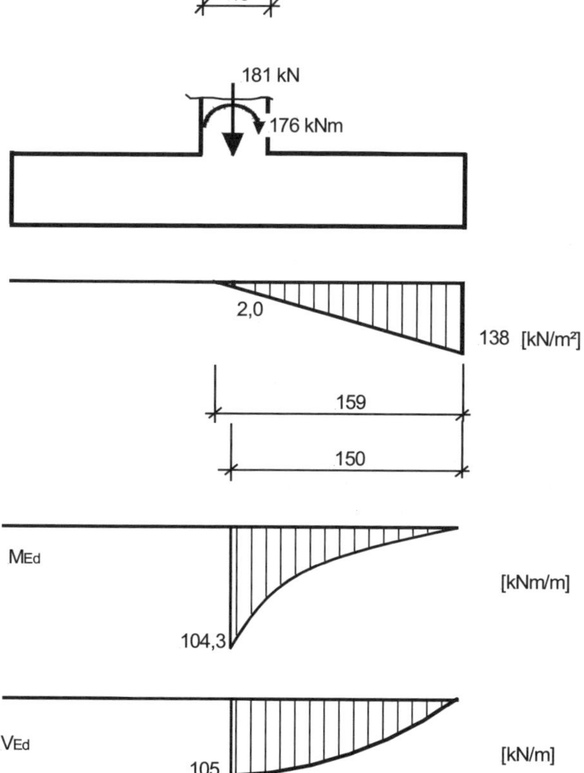

Abb. F.4 Sohlpressungen und Schnittgrößen in der Komb. B

Biegebemessung

Betondeckung und Nutzhöhe

Vorhaltemaß von 1,5 cm (XC 2)

c_{min} = 2,0 cm (Umgebungsklasse XC 2)
Δc_{dev} = 1,5 cm (Vorhaltemaß)
c_{nom} = 3,5 cm

Mit c_{nom} = 3,5 cm und für $d_{sl} \leq 16$ mm (s. nachfolgend) erhält man

$$d_x = 50{,}0 - 3{,}5 - 1{,}6/2 \approx 46 \text{ cm (1. Lage)}$$
$$d_y = 50{,}0 - 3{,}5 - 1{,}6 - 1{,}6/2 \approx 44 \text{ cm (2. Lage)}$$

Momentenverteilung

Die Momentenkonzentration an der Stütze wird konstruktiv berücksichtigt.

Bemessung

$$\mu_{Eds} = \frac{m_{Eds}}{b \cdot d^2 \cdot f_{cd}} = \frac{104{,}3 \cdot 10^{-3}}{1{,}00 \cdot 0{,}44^2 \cdot (0{,}85 \cdot 35/1{,}5)} = 0{,}027$$

$$\rightarrow \omega = 0{,}028;\ \zeta = 0{,}98$$

$$A_s = \omega \cdot b \cdot d \cdot \frac{f_{cd}}{\sigma_{sd}} = 0{,}028 \cdot 100 \cdot 44 \cdot \frac{0{,}85 \cdot 35/1{,}5}{435} = 5{,}62 \text{ cm}^2/\text{m}$$

bzw.

$$A_s = 5{,}62 \cdot 1{,}60 = 9{,}0 \text{ cm}^2$$

gew.: 9 ∅ 16 (= 18,1 cm²)

Bewehrungsskizze

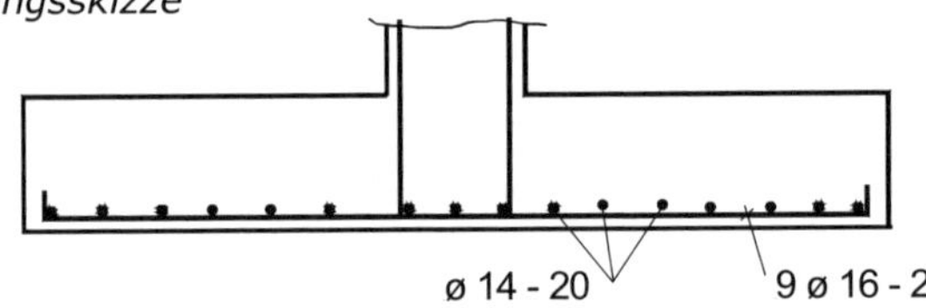

Abb. F.5 Bewehrungsanordnung im Fundament

4.2 Durchstanzen

Nachweismethode

Bei klaffenden Fugen kann ein mehrachsiger Spannungszustand am Stützenrand nicht vorausgesetzt werden. Anstelle des Durchstanzwiderstandes darf daher nur die geringere Querkrafttragfähigkeit nachgewiesen werden. Die vorhandenen Beanspruchungen sind dann gemäß [Hegger/Sieburg – 2010] entlang zweier Nachweisschnitte zu überprüfen (s. Abb. F.6):

- Schnitt I-I im Abstand *d* vom Stützenrand, der über die ganze Fundamentbreite geführt wird
- Schnitt II-II im Abstand *d* vom Stützenrand, der affin zum kritischen Rundschnitt geführt wird

Es sind folgende Nachweise zu führen

$$v_{Ed,I\text{-}I} = V_{Ed,I\text{-}I}/(b \cdot d) \leq v_{Rd}$$
$$v_{Ed,II\text{-}II} = V_{Ed,i}\ /(\Delta u_i \cdot d) \leq v_{Rd}$$

mit $V_{Ed,II}$ als Querkraft resultierend aus dem Sohldruck außerhalb des Schnittes I-I und $V_{Ed,i}$ als Querkraft des Teilsektors i.

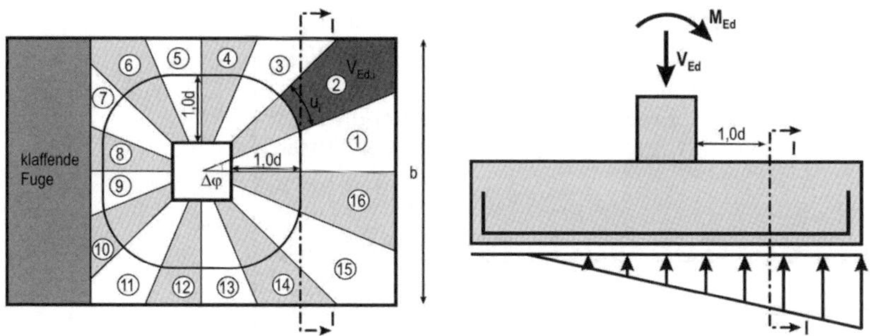

Abb. F.6 Nachweisschnitte bei einem Fundament mit klaffender Fuge

Aufnehmbare Querkraft (Widerstand) $v_{Rd,c}$ ohne Durchstanzbewehrung

$v_{Rd,c} = (0{,}15/\gamma_C) \cdot k \cdot (100\,\rho_l \cdot f_{ck})^{1/3} \geq v_{Rd,c,\,min}$

$v_{Rd,c,\,min} = (\kappa_1/\gamma_C) \cdot k^{3/2} \cdot f_{ck}^{1/2}$

$k = 1 + (200/d)^{1/2} = 1 + (200/460)^{1/2} = 1{,}66$

$\kappa_1 = 0{,}0525$ (für $d \leq 60$ cm)

$v_{Rd,c,\,min} = (0{,}0525/1{,}5) \cdot 1{,}66^{3/2} \cdot 35^{1/2} = 0{,}443$ MN/m²

Aufzunehmende Querkraft im Schnitt I-I

Die Querkraft V_{Ed} wird näherungsweise statt im Schnitt I-I in Fundamentmitte bestimmt (sichere Seite).

Komb. A: $V_{Ed} = 0{,}5 \cdot 883 \cdot 0{,}15 = 66{,}2$ kN/m
Komb. B: $V_{Ed} = 0{,}5 \cdot (138 + 2) \cdot 1{,}50 = 105$ kN/m
Komb. C: $V_{Ed} = 0{,}5 \cdot (107 + 45) \cdot 1{,}50 = 114$ kN/m

$v_{Ed,I\text{-}I} = 0{,}114 / (0{,}45 \cdot 1{,}0) = 0{,}253$ MN/m² > $v_{Rd,c} = 0{,}443$ MN/m²

Aufzunehmende Querkraft im Schnitt II-II

Der Nachweis erfolgt zunächst für den Sektor ①. Man erhält dafür in der Komb. B:

$A_1 = (0{,}5 \cdot 0{,}621 \cdot 1{,}50 - 0{,}5 \cdot 0{,}675 \cdot 0{,}28) = 0{,}3713$ m²

$V_{Ed,1} = 0{,}5 \cdot (107 + 73) \cdot 0{,}3713 = 33{,}4$ kN

$\Delta u_1 = 0{,}28$ m

$v_{Ed,II\text{-}II} = 0{,}0334 / 0{,}28 = 119$ MN/m² > $v_{Rd,c} = 0{,}443$ MN/m²

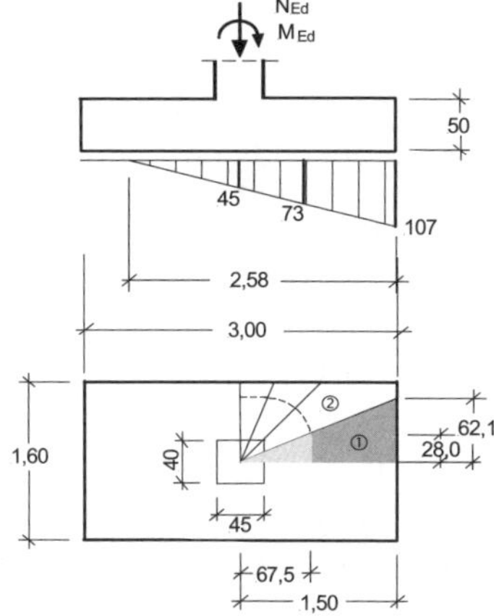

Abb. F.7 Nachweisschnitte bei einem Fundament mit klaffender Fuge

Als nächstes müsste der Sektor ② nachgewiesen werden. Es ist jedoch zu erkennen, dass er allenfalls geringfügig ungünstiger ist, auf einen rechnerischen Nachweis wird daher verzichtet.

Es gilt daher, dass der Widerstand $v_{Rd,c}$ größer als die Beanspruchung v_{Ed} ist. Auf eine Durchstanz- bzw. Querkraftbewehrung kann daher verzichtet werden.

5 Grenzzustand der Gebrauchstauglichkeit

Es wird nur der Nachweis zur Beschränkung der Rissbreite für die Lastbeanspruchung geführt.

Beschränkung der Rissbreite

EC 2-1-1, Tab. 7.1DE

Für die Expositionsklasse XC 2 gilt die Mindestanforderung ein Rechenwert der Rissbreite $w_k \leq 0{,}3$ mm. Die Berechnung wird für die ungünstigere längere Fundamentseite geführt. Der Nachweis erfolgt für die quasi-ständige Last. Für die Wind- und Schneelast gilt ein Kombinationsfaktor $\psi_2 = 0$.

EC 0/NA, Tab. NA. 1.1 (ungünstig wurde die Kategorie C zugrunde gelegt; s. S. BB.2)

$$N_{perm} = N_{gk} = 108 \text{ kN}$$

Für das Moment M_{perm} erhält man

Vgl. Tafel S.1

$$M_{perm} = 108 \cdot \frac{3{,}00}{8} = 40{,}5 \text{ kNm}$$

Die Stahlspannung unter der quasi-ständigen Last (infolge M_{perm}) ergibt sich für reine Biegung

$$\sigma_s = \frac{M_{perm}}{z \cdot A_s}$$

$$z \approx 0{,}9 \cdot 0{,}45 = 0{,}41 \text{ m} \qquad (z \approx 0{,}9\,d)$$

$$A_s = 18{,}1 \text{ cm}^2 \qquad (9 \varnothing 16)$$

Es wird vereinfachend mit einer mittleren Höhe nachgewiesen.

$$\sigma_s = \frac{0{,}0405}{0{,}41 \cdot 18{,}1 \cdot 10^{-4}} = 55 \text{ MN/m}^2$$

Die Stahlspannung unter der quasi-ständigen Einwirkung ist somit sehr gering, weitere Nachweise erübrigen sich.

6 Bewehrungsführung

6.1 Mindestbewehrung

Zur Sicherstellung gegen ein Versagen ohne Vorankündigung ist i. d.R. eine Mindestbewehrung anzuordnen (Duktilitätskriterium). Sie ist für das Rissmoment mit dem Mittelwert der Betonzugfestigkeit f_{ctm} und der Stahlspannung $\sigma_s = f_{yk}$ zu berechnen.

Bei Einzelfundamenten ohne äußeren Zwang darf, wenn die Schnittgrößen für Lasten nach EC 2-1-1, 5.4 ermittelt und alle Nachweise der Grenzzustände erfüllt werden, auf eine Mindestbewehrung verzichtet werden; EC 2-1-1/NA, 9.2.1.1. Der Nachweis wird hier dennoch geführt.

$$A_{s,min} = M_{cr} / (z \cdot f_{yk})$$

$$M_{cr} = f_{ctm} \cdot W = 2{,}9 \cdot (0{,}50^2 / 6) \cdot 1{,}60 = 0{,}193 \text{ MNm}$$

$$z \approx 0{,}9d = 0{,}9 \cdot 0{,}45 = 0{,}41 \text{ m}$$

$$A_{s,min} = 0{,}193 / (0{,}41 \cdot 500) \cdot 10^4 = 9{,}41 \text{ cm}^2$$

Die Mindestbewehrung muss über die gesamte Fundamentlänge („Kragarm") durchlaufen. Die Mindestbewehrung ist mit $A_s = 18{,}1$ cm² (9 ∅ 16) eingehalten, die Bewehrung wird nicht gestaffelt.

EC 2-1-1/NA, 9.2.1.1

6.2 Verankerung der Biegezugbewehrung

Der Nachweis der Verankerung erfolgt nach EC 2-1-1, 9.8.2.2. Die Randzugkraft F_s ist auf der Länge x zu verankern (s. Abb. F.8).

EC 2-1-1, 9.8.2.2

$F_s = R \cdot z_e/z_i$

$R = \sigma_m \cdot x$

$x = h/2 = 0{,}50/2 = 0{,}25$

$\sigma_m = 0{,}203$ MN/m

$R = 0{,}203 \cdot 0{,}25 = 0{,}051$ MN

$z_e = (a_F - x/2) + 0{,}15\ b_{col}$

$= (1{,}275 - 0{,}25/2) + 0{,}15 \cdot 0{,}45 = 1{,}22$ m

$z_i = 0{,}9 \cdot d_m = 0{,}9 \cdot 0{,}45 = 0{,}41$ m

$F_s = 0{,}051 \cdot 0{,}45 / 0{,}41 = 0{,}056$ MN

$A_s = (0{,}056/435) \cdot 10^4 = 1{,}29$ cm²

Mittlere Sohlpressung am Angriffspunkt von R (näherungsweise bei $x/2$) in der für die Biegebemessung maßgebenden Komb. B.

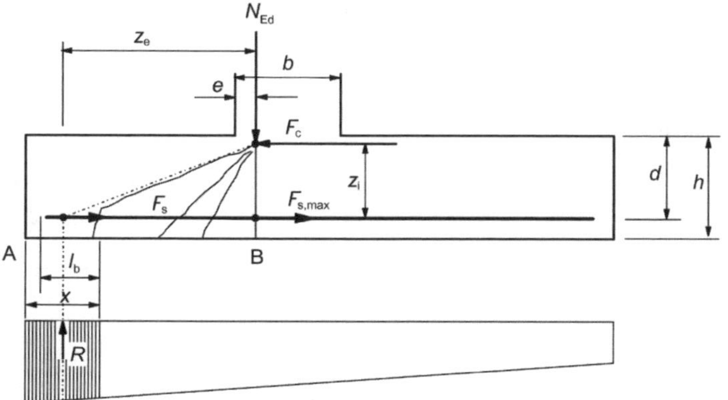

Abb. F.8 Modell zur Ermittlung der Verankerungslänge

EC 2-1-1, Bild 9.13

$l_{bd} = (A_{s,erf} / A_{s,vorh}) \cdot l_{b,rqd,y} \geq l_{b,min}$

$l_{b,rqd,y} = 0{,}25 \cdot (435/3{,}37) \cdot \varnothing = 32{,}3 \cdot 1{,}6 = 52$ cm

$l_{b,min} = 0{,}3 \cdot l_{b,rqd,y} \geq 10\ d_s$

$= 0{,}3 \cdot 52 = 16$ cm $= 10 \cdot 1{,}6 = 16$ cm

$l_{bd} = (1{,}29/18{,}1) \cdot 52 = 4$ cm $(< l_{b,min})$

EC 2-1-1, Gl. (8.3) (für $\sigma_{sd} = f_{yd}$)

Die Verankerungslänge l_{bd} steht – unter Berücksichtigung der erforderlichen seitlichen Betondeckung – auf der Länge x zur Verfügung. Es werden zusätzlich Endhaken (Länge ≈ 15 d_s) ausgebildet; im Verankerungsbereich wird an den Rändern konstruktiv ein Querstab ∅ 8 angeordnet.

seitl. Betondeckung: $c_{nom} = 2{,}0 + 1{,}5 = 3{,}5$cm

6.3 Sonstige Bewehrungsregeln

Der *Stababstand* in Längs- und Querrichtung darf maximal 25 cm betragen. Die gewählte Bewehrung erfüllt diese Anforderung.

EC 2-1-1/NA, 9.3.3.1

An *freien ungestützten Rändern* ist eine Längs- und Querbewehrung (Steckbügel) anzuordnen. Hierauf darf jedoch bei Fundamenten verzichtet werden.

EC 2-1-1/NA, 9.3.1.4(NA.3)

7 Bewehrungsdarstellung

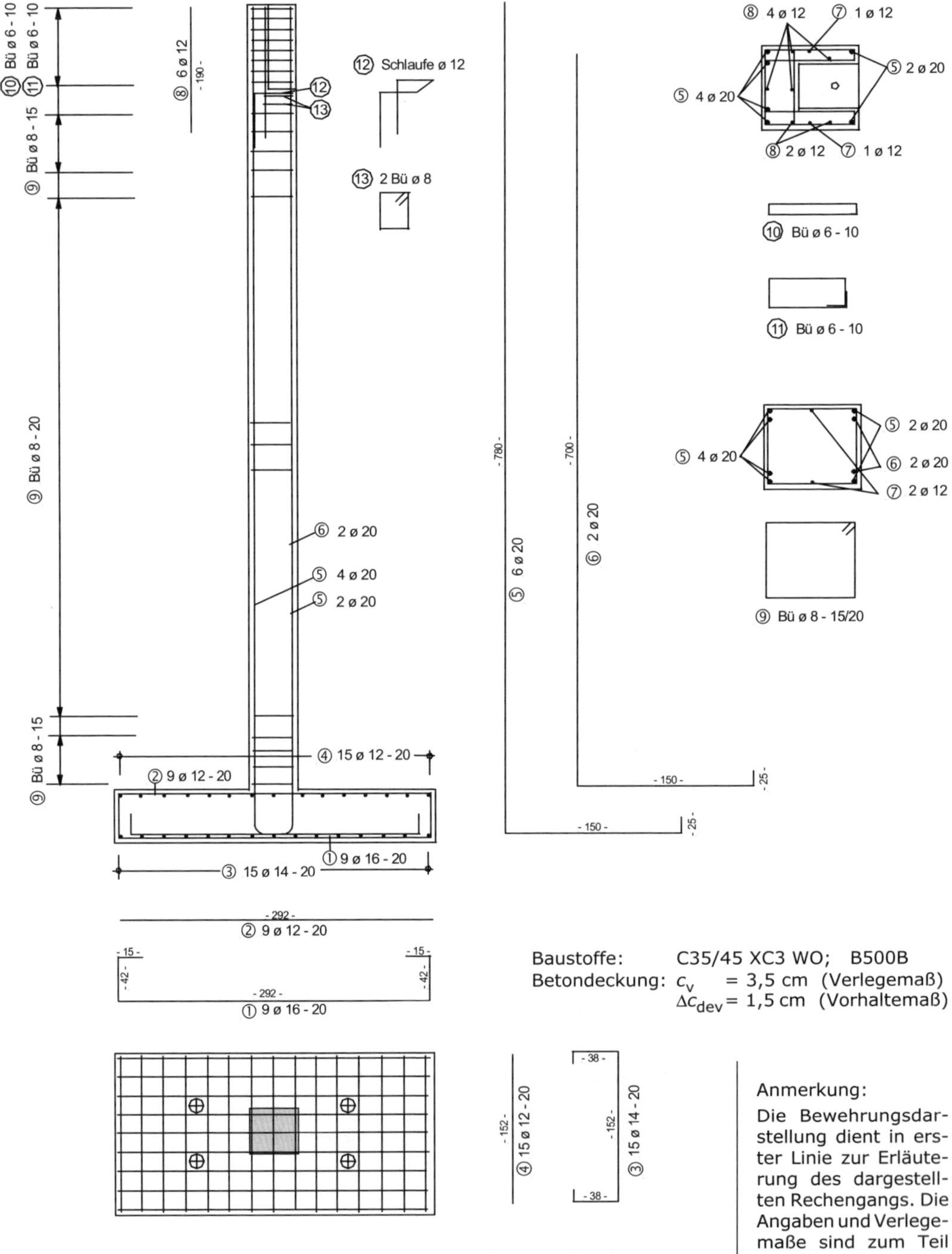

Baustoffe: C35/45 XC3 WO; B500B

Betondeckung: c_v = 3,5 cm (Verlegemaß)
Δc_{dev} = 1,5 cm (Vorhaltemaß)

Anmerkung:
Die Bewehrungsdarstellung dient in erster Linie zur Erläuterung des dargestellten Rechengangs. Die Angaben und Verlegemaße sind zum Teil unvollständig.

Abb. F.9 Bewehrungsdarstellung Stütze und angeformtes Fundament

Fußwegbrücke

Bauwerksbeschreibung

Zwei Gebäudeteile sollen mit einer Brücke, sog. Skyway, verbunden werden. Die Brücke ist Bestandteil des Gebäudes und befindet sich im Gebäudeinneren, sie ist nach den Regeln für den Hochbau gemäß EC 2-1-1 zu bemessen, Forderungen des Brückenbaus nach EC 2-2 sind nicht relevant.

Die Brücke weist am rechten Brückenende (Punkt B) eine torsionsfeste Zweipunktlagerung auf. An der Stütze A liegt eine frei drehbare punktförmige Einzellagerung vor, die Stütze A wird als Einzelstütze ausgeführt. Das linke Brückenende ist frei und nicht gelagert. Weitere Einzelheiten können Abb. Ü.1 entnommen werden.

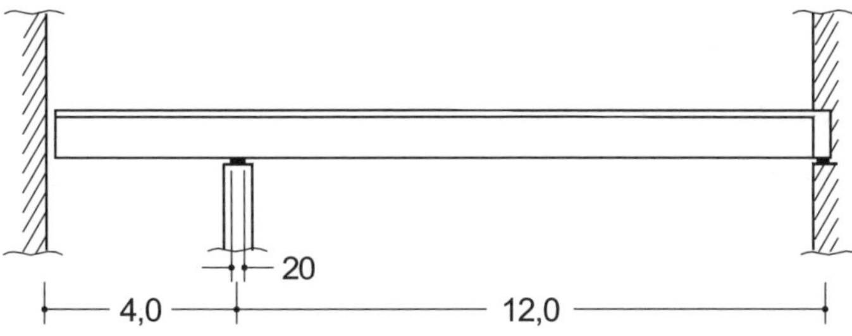

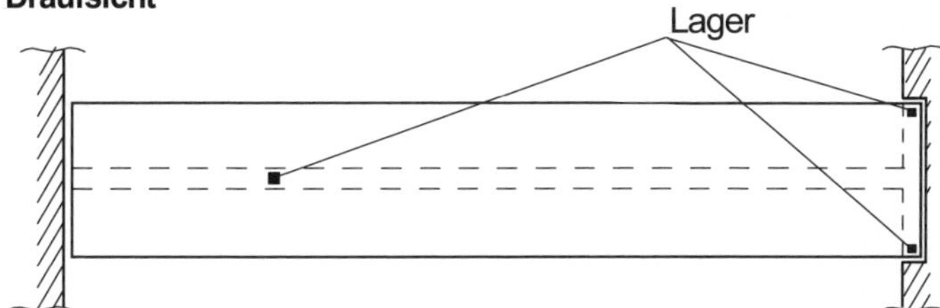

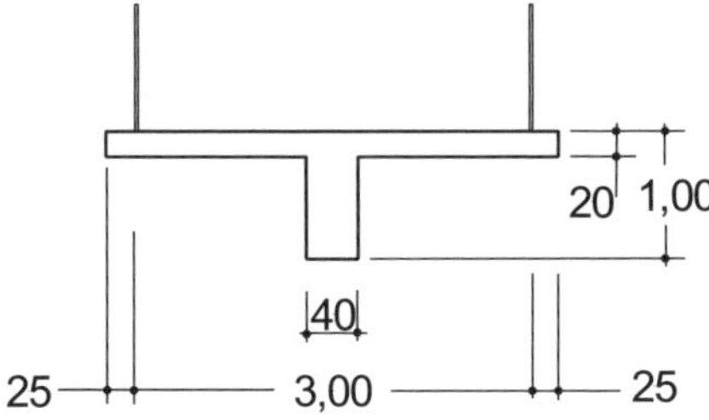

Beton C30/37
Betonstahl B500B

Abb. Ü.1 Übersicht

1 Überbau

1.1 Einwirkungen, Betondeckung

Charakteristische Werte der Einwirkungen

Eigenlasten g_k

Ausbaulast

- Bodenbelag $\Delta g_{k1} = 0{,}5$ kN/m²
- Geländer $\Delta g_{k2} = 0{,}8$ kN/m

Verkehrslast (Kategorie C3/T2) $q_{k1} = 5{,}0$ kN/m²

Horizontale Holmlast $q_{k2} = 1{,}0$ kN/m

Eine Windbeanspruchung liegt nicht vor, da die Brücke sich im Gebäudeinneren befindet.

Expositionsklasse

XC 1 Innenbauteil

Betondeckung

$c_{nom} = c_{min} + \Delta c = 10 + 10 = 20$ mm

1.2 Platte in Querrichtung

1.2.1 Tragfähigkeitsnachweise

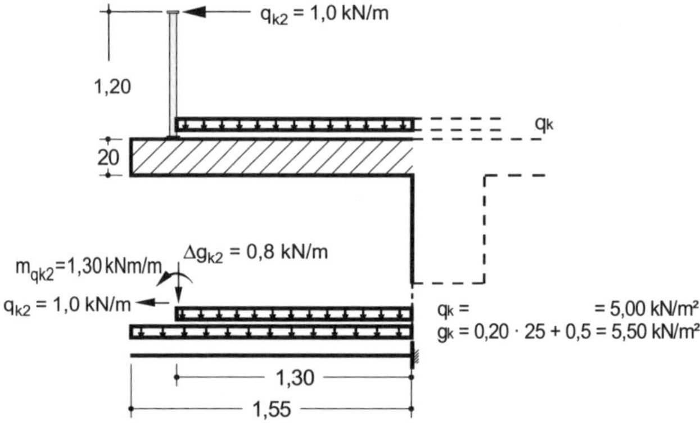

Abb. ÜB.1 System und charakteristische Einwirkungen

Die Verkehrslast wirkt zwischen den Geländern auf eine Breite $b = 3{,}00$ m; sie kann auch halbseitig wirken.

Bemessungslasten

Eigenlasten $g_{d1} = 1{,}35 \cdot (5{,}00+0{,}5) = 7{,}43$ kN/m²

$g_{d2} = 1{,}35 \cdot 0{,}8 = 1{,}08$ kN/m

Verkehrslasten $q_{d1} = 1{,}50 \cdot 5{,}00 = 7{,}50$ kN/m²

$m_{qd2} = 1{,}50 \cdot 1{,}30 = 1{,}95$ kNm/m

$n_{qd2} = 1{,}50 \cdot 1{,}00 = 1{,}50$ kN/m

Schnittgrößen

$M_{Ed} = -7{,}43 \cdot 1{,}55^2 \cdot 0{,}5 - 1{,}08 \cdot 1{,}3 - 7{,}50 \cdot 1{,}3^2 \cdot 0{,}5 - 1{,}95 = -18{,}6$ kNm/m

$V_{Ed} = -7{,}43 \cdot 1{,}55 - 1{,}08 - 7{,}50 \cdot 1{,}30 = -22{,}3$ kN/m

$N_{Ed} = +1{,}50$ kN/m (Zug)

Die Holmlast wird als „abhängige" Verkehrslast betrachtet, sodass eine Abminderung mit einem Kombinationsfaktor ψ entfällt..

Biegebemessung

$d \approx 20{,}0 - 2{,}0 - 0{,}5 = 17{,}5$ cm

$M_{Eds} = M_{Ed} - N_{Ed} \cdot z_s = 18{,}6 - 1{,}50 \cdot 0{,}075 = 18{,}5$ kNm/m

$$\mu_{Eds} = \frac{M_{Eds}}{b \cdot d^2 \cdot f_{cd}} = \frac{0{,}0185}{1{,}0 \cdot 0{,}175^2 \cdot 17{,}0} = 0{,}036$$

$\rightarrow \omega = 0{,}037;\ \zeta = 0{,}98$

$$A_{s,erf} = \frac{1}{\sigma_{sd}} \cdot (\omega \cdot b \cdot d \cdot f_{cd} + N_{Ed})$$

$$= \frac{1}{435} \cdot (0{,}037 \cdot 1{,}0 \cdot 0{,}175 \cdot 17{,}0 + 0{,}0015) \cdot 10^4 = 2{,}56 \text{ cm}^2/\text{m}$$

gew.: ∅ 8–12 (= 4,19 cm^2/m)

vgl. a. Abschn. 1.3.1.3

Querkraftbemessung

$V_{Rd,c} = 0{,}10 \cdot k \cdot (100 \cdot \rho_l \cdot f_{ck})^{1/3} \cdot b_w \cdot d$

$= 0{,}10 \cdot 2{,}0 \cdot ((2{,}56/17{,}5) \cdot 30)^{1/3} \cdot 1{,}0 \cdot 0{,}175$

$= 0{,}0573$ MN/m = 57,3 kN/m

$V_{Rd,c} > V_{Ed} = 22{,}3$ kN/m (V_{Ed} am Auflagerrand; sichere Seite!)

→ keine Querkraftbewehrung erforderlich.

Längskraft wird vernachlässigt (Einfluss hier gering)

Bewehrungsgrad ρ_l mit $A_{s,erf}$ ermittelt (sichere Seite)

1.2.2 Mindest-/Duktilitätsbewehrung

$A_{s,min} = M_{cr} / (z_{II} \cdot f_{yk})$

$M_{cr} = f_{ctm} \cdot I_I / z_{co} = 2{,}9 \cdot (0{,}20^3/12) / 0{,}10 = 0{,}0193$ MNm/m

$A_{s,min} = 0{,}0193 / (0{,}9 \cdot 0{,}175 \cdot 500) \cdot 10^4 = 2{,}46$ cm^2/m

Die Mindestbewehrung ist vorhanden (s. vorher).

1.2.3 Gebrauchstauglichkeitsnachweise

Auf die Nachweise in den Grenzzuständen der Gebrauchstauglichkeit kann im vorliegenden Fall verzichtet werden.

1.2.4 Konstrutive Durchbbildung

Es wird auf die Erläuterungen im Abschn. 1.4 verwiesen.

1.3 Plattenbalken in Längsrichtung

1.3.1 Tragfähigkeitsnachweise

1.3.1.1 Schnittgrößen

a) Eigenlast $g_{d,sup}$, Nutzlast q_d auf ganze Plattenbreite

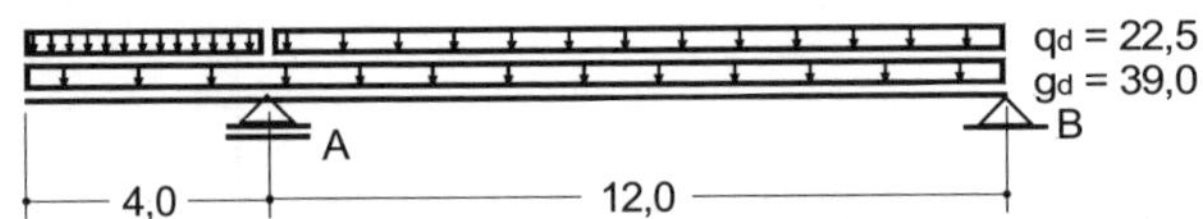

Abb. ÜB.2a System und Bemessungslasten, Verkehr beidseitig

$g_{d,sup}$ = 1,35 · (3,5 · 0,2 + 0,80 · 0,40) · 25,0 (Eigenlast)
+ 1,35 · 0,5 · 3,5 (Ausbaulast)
+ 1,35 · 2 · 0,8 (Geländer)
= 34,43 + 2,36 +2,16 = 39,0 kN/m
q_k = 1,5 · 3,0 · 5,0 = 22,5 kN/m
61,5 kN/m

- Schnittgrößen

$g+q_{Krag}$ M_A = −61,5 · 4,00² · 0,5 = −492 kNm
V_{al} = −61,5 · 4,00 = −246 kN
V_{ar} = +39,0 · 12,0 · 0,5 + 492/12,0 = +275 kN
V_b = −39,0 · 12,0 · 0,5 + 492/12,0 = −193 kN
x_0 = 2 · 193 /39,0 = 9,90 m

$g+q_{Feld}$ M_A = −39,0 · 4,00² · 0,5 = −312 kNm
V_b = −61,5 · 12,0 · 0,5 + 312/12,0 = −343 kN
$M_{F,max}$ = 343² /(2 · 61,5) = +957 kNm
x_1 = 343 / 61,5 = 5,58 m
x_0 = 2 · 5,58 = 11,16 m

$g+q_{ges}$ V_{ar} = +61,5 · 12,0 · 0,5 + 492/12,0 = +410 kN
V_b = −61,5 · 12,0 · 0,5 + 492/12,0 = −328 kN
x_1 = 328/61,5 = 5,33 m

b) Eigenlast $g_{d,inf}$, Nutzlast q_d auf ganze Plattenbreite

Eine Belastung mit $g_{d,sup}$ ergibt die maßgebende Lage des Nullpunktes der negativen Momente; in allen anderen Fällen ist diese Lastfallkombination nicht maßgebend.

Die LF-Kombination darf bei Durchlaufträgern des üblichen Hochbaus entfallen, wenn die Mindestbewehrung vorhanden ist.

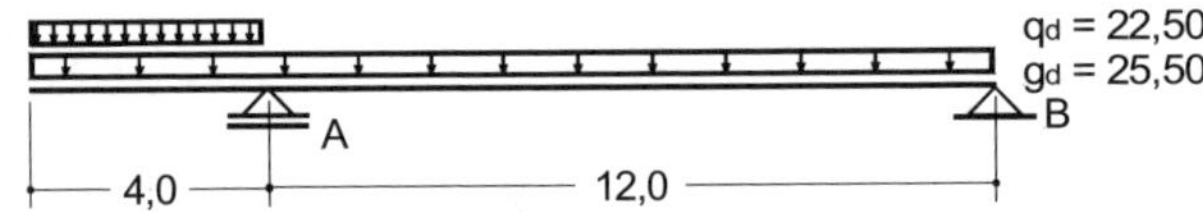

Abb. ÜB.2b System und Bemessungslasten, Verkehr beiseitig

$g_{d,inf}$ = 1,0 · [(3,5 · 0,2 + 0,80 · 0,40) · 25,0 + 0,5 · 3,5 + 2 · 0,8]
= = 28,9 kN/m
q_d = 1,50 · 3,0 · 5,0 = 22,5 kN/m
51,4 kN/m

- Schnittgrößen

$g+q_{Krag}$ M_A = −51,4 · 4,00² · 0,5 = −411 kNm
V_b = −28,9 · 12,0 · 0,5 + 411/12,0 = −139 kN
x_0 = 2 · 139 /28,9 = 9,62 m

- Schnittgrößenverläufe [aus a) und b)]

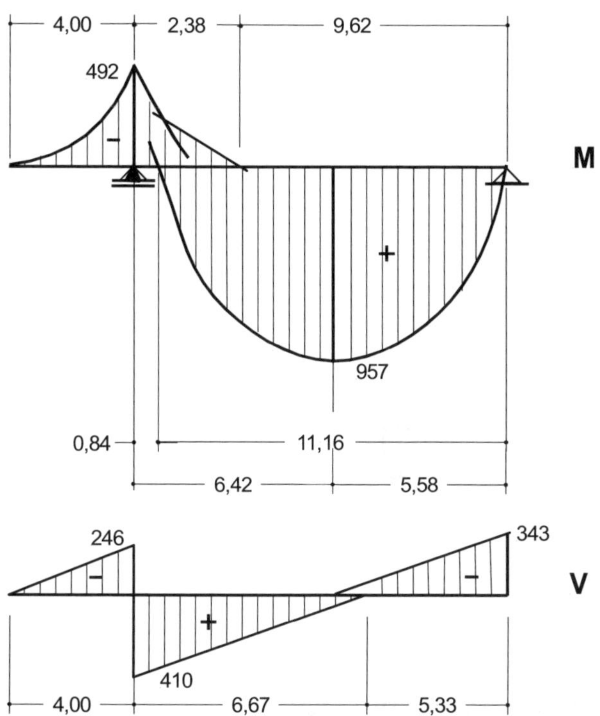

Abb. ÜB.3 Grenzlinien der Schnittgrößen M_{Ed} und V_{Ed}

c) Eigenlast $g_{d,sup}$, Nutzlast q_d auf halbe Plattenbreite

- Vertikallasten

$g_{d,sup}$ = = 39,00 kN/m (wie vorher)
q_d = 1,50 · 1,5 · 5,0 = 11,25 kN/m
50,25 kN/m

- Lasttorsion (s. Skizze)

t_d = 1,5 · 5,0 · 1,5²/2 = 8,44 kNm/m

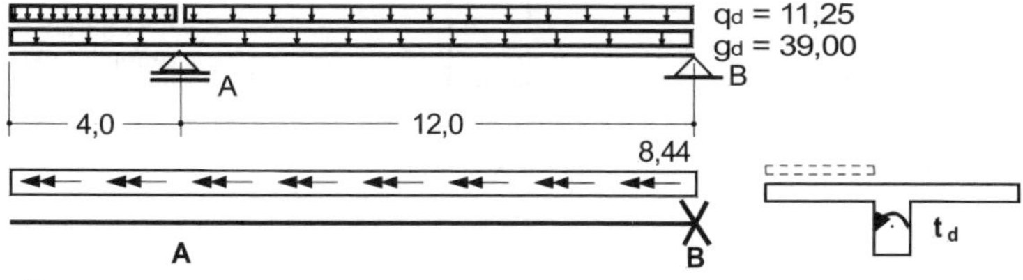

Abb. ÜB.4 System und Bemessungslasten, Verkehr halbseitig

- Schnittgrößen

Die Berechnung erfolgt analog; es wird nur der Lastfall (g+q_{ges}) benötigt.

Eine Torsion aus horizontaler Holmlast wird nicht betrachtet.

Das Torsionsmoment kann nur am Auflager B aufgenommen werden. Es liegt daher für Torsion ein anderes statisches System als für Biegung und Querkraft vor.

– Schnittgrößenverläufe [aus c)]

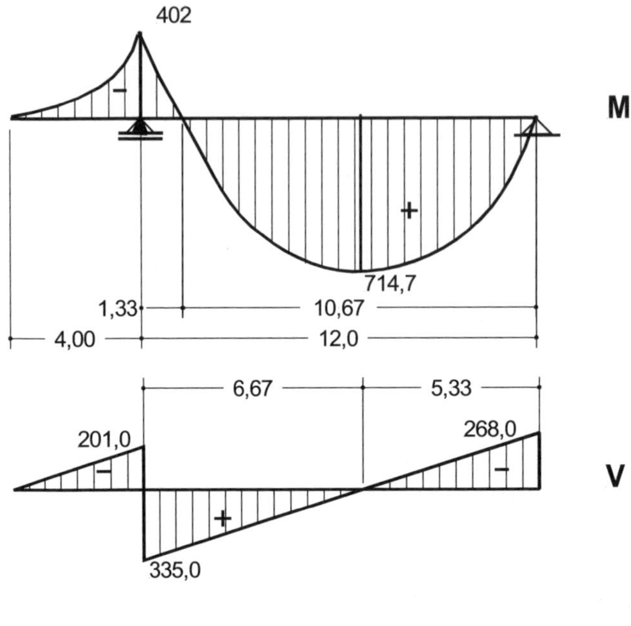

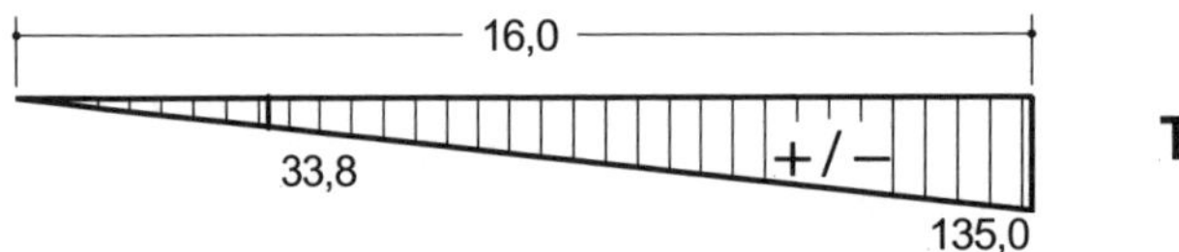

Abb. ÜB.5 Schnittgrößen M_{Ed}, V_{Ed} und T_{Ed} halbseitiger Verkehr

$T_{Ed,max} = 8{,}44 \cdot 16{,}0 = 135{,}0$ kNm

1.3.1.2 Biegebemessung

Bemessung im Feld

Mitwirkende Plattenbreite

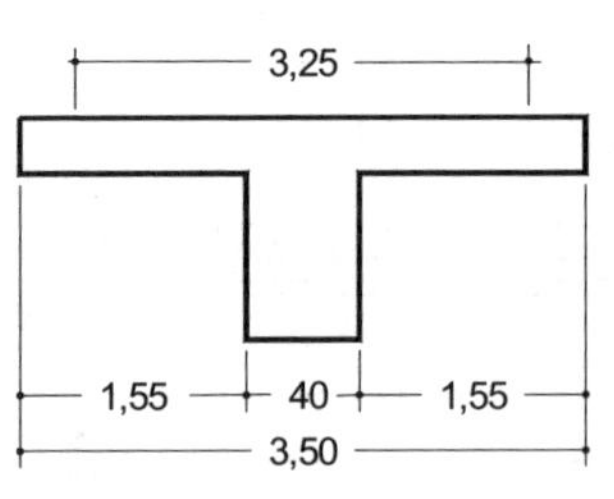

$b_{eff} = \Sigma\, b_{eff,i} + b_w$

$b_{eff,i} = 0{,}2\, b_i + 0{,}1\, L_0 \quad \begin{matrix} \le 0{,}2\, L_0 \\ \le b_i \end{matrix}$

$L_0 = 11{,}16$ m

$b_{eff,i} = 0{,}2 \cdot 1{,}55 + 0{,}1 \cdot 11{,}16 = 1{,}43$ m

$b_{eff} = 2 \cdot 1{,}43 + 0{,}40 = 3{,}25$ m

L_0 Abstand der Momentennullpunkte

Bemessung im Grenzzustand der Tragfähigkeit

$d = 100 - (2{,}0+1{,}0+2{,}5/2) \approx 96$ cm

Annahmen:

c_{nom} = 2,0 cm (Betondeckung der Bügel)
$d_{sBü}$ ≤ 1,0 cm
d_{sl} ≤ 2,5 cm

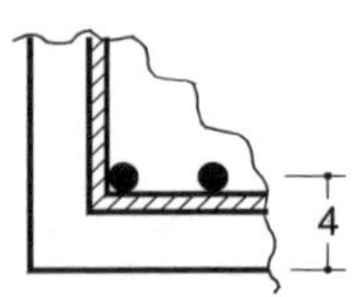

$M_{Eds} = M_{Ed} = 957$ kNm

$$\mu_{Eds} = \frac{M_{Eds}}{b \cdot d^2 \cdot f_{cd}} = \frac{0,957}{3,25 \cdot 0,96^2 \cdot 17,0} = 0,019$$

$\xi = 0,043 \rightarrow x = 0,043 \cdot 96 = 4,1$ cm $< h_{Pl} = 20$ cm
Dehnungsnulllinie in der Platte, Bemessung als „Rechteckquerschnitt"

$\omega = 0,0193$; $\zeta = 0,99$

$$A_{s,erf} = \frac{\omega}{f_{yd} / f_{cd}} \cdot b \cdot d = \frac{0,0193}{435/17,0} \cdot 3,25 \cdot 0,96 \cdot 10^4 = 23,5 \text{ cm}^2$$

gew.: 6 ∅ 25 (= 29,5 cm²)

Mindestbewehrung (Duktilitätsbewehrung)

$A_{s,min} = M_{cr} / (z_{II} \cdot f_{yk})$

$M_{cr} = f_{ctm} \cdot I_I / z_{cu} = 2,9 \cdot 0,07284 / 0,735 = 0,287$ MNm

$A_{s,min} = 0,287 / (0,9 \cdot 0,96 \cdot 500) \cdot 10^4 = 6,65$ cm² (nicht maßg.)

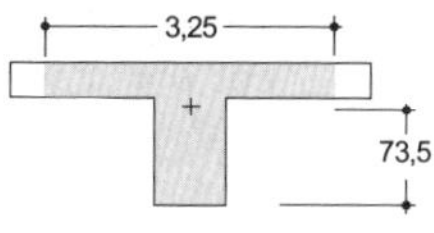

$I_y = 0,07284$ m⁴
$z_{cu} = 0,735$ m

Bemessung an der Stütze

Mitwirkende Plattenbreite

$b_{eff} = \Sigma\, b_{eff,i} + b_w$

$L_0 = 1,5 \cdot 4,0 = 6,00$ m

$b_{eff,i} = 0,2 \cdot 1,55 + 0,1 \cdot 6,00 = 0,91$ m

$b_{eff} = 2 \cdot 0,91 + 0,40 = 2,22$ m

Bemessung im Grenzzustand der Tragfähigkeit

$d \approx 96$ cm (wie vorher)

$M'_{Ed} = M_{Ed} - A \cdot a / 8$

$= 492 - (246 + 275) \cdot 0,20 / 8 = 479$ kNm

(Momentenausrundung; Lagerbreite $a = 20$ cm)

Maßgebend ist die minimale zugehörige Auf-Auflagerkraft A

$M_{Eds} = 479$ kNm/m

$$\mu_{Eds} = \frac{M_{Eds}}{b \cdot d^2 \cdot f_{cd}} = \frac{0,479}{0,40 \cdot 0,96^2 \cdot 17,0} = 0,0764$$

$\xi = 0,10 < \xi_{lim} = 0,45$

$\omega = 0,080$; $\zeta = 0,96$

$$A_{s,erf} = \frac{\omega}{f_{yd} / f_{cd}} \cdot b \cdot d = \frac{0,080}{435/17,0} \cdot 0,40 \cdot 0,96 \cdot 10^4 = 12,0 \text{ cm}^2$$

gew.: 8 ∅ 16 (= 16,1 cm²)
(4 ∅ 16 im Stegbereich, 4 ∅ 16 in der Platte)

Die Bewehrungswahl erfolgt mit Blick auf den nachfolgenden Nachweis der Mindestbewehrung.

Mindestbewehrung (Duktilitätsbewehrung)

$A_{s,min} = M_{cr} / (z_{II} \cdot f_{yk})$

$M_{cr} = f_{ctm} \cdot I_I / z_{co} = 2,9 \cdot 0,06504 / 0,309 = 0,610$ MNm

$A_{s,min} = 0,610 / (0,9 \cdot 0,96 \cdot 500) \cdot 10^4 = 14,1$ cm² (maßgebend)

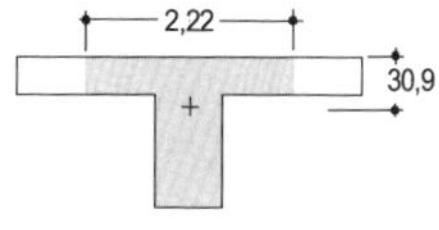

$I_y = 0,06504$ m⁴
$z_{co} = 0,309$ m

1.3.1.3 Bemessung für Querkraft, $V_{Ed,max}$

(Nutzlast beidseitig; T = 0)

Bemessung des Steges

Stütze A

Es wird zunächst für die größere Querkraft V_{ar} bemessen. Der Nachweis der kleineren Querkraft im Bereich des Kragarms erfolgt im Rahmen einer Schubkraftdeckung (s. dort).

Nachweis der Querkraftbewehrung

$V_{Ed} = V_{ar} - f_d \cdot (b/2 + d) = 410 - 61{,}5 \cdot (0{,}20/2 + 0{,}96) = 345$ kN

$V_{Rd,s} = a_{sw} \cdot f_{yd} \cdot z \cdot \cot\theta > V_{Ed}$

$z = 0{,}9d = 0{,}9 \cdot 0{,}96 = 0{,}86$ m $(< d - 2 \cdot c_{v,l})$

$\cot\theta = 1{,}2\,/(1 - V_{Rd,cc}\,/\,V_{Ed})$

$V_{Rd,cc} = 0{,}24 \cdot f_{ck}^{1/3} \cdot b_w \cdot z = 0{,}24 \cdot 30^{1/3} \cdot 0{,}40 \cdot 0{,}86 = 0{,}257$ MN

$\cot\theta = 1{,}2\,/(1 - 0{,}257\,/\,0{,}345) = 4{,}7 > \mathbf{3{,}0}$

$a_{sw} = V_{Ed}\,/(f_{yd} \cdot z \cdot \cot\theta) = 0{,}345/(435 \cdot 0{,}86 \cdot 3{,}0) = 3{,}07 \cdot 10^{-4}$ m²/m = 3,07 cm²/m

Maßgebende Querkraft im Abstand d vom Auflagerrand; Lagerbeite b = 20 cm (s. Abb. Ü.1)

Mindestbewehrung

$a_{sw,min} = \rho_w \cdot b_w = 0{,}93 \cdot 10^{-3} \cdot 40 \cdot 100 = 3{,}72$ cm²/m

→ Die Mindestbewehrung wird maßgebend.

Nachweis der Druckstrebe

$V_{Rd,max} = b_w \cdot z \cdot \alpha_{cw} \cdot f_{cd}\,/\,(\cot\theta + \tan\theta)$
$= 0{,}40 \cdot 0{,}86 \cdot 0{,}75 \cdot 17{,}0\,/(3{,}0 + 0{,}33) = 1{,}315$ MN
$> 0{,}410$ MN

Nachweis von $V_{Rd,max}$ für die größte Querkraft

Stütze B

Bei geringere Querkraft ohne Nachweis; Mindestbewehrung wird maßgebend.

Bemessung des Gurtes

Anschnitt Zuggurt

Nachweis rechts von Stütze A. Im Bereich der negativen Momente wird näherungsweise ein linearer Momentenverlauf angenommen.

$\Delta F_d = F_{d,2} - F_{d,1}$

$F_{d,2} = M_{Ed,A}\,/z \cdot A_{sa}\,/\,A_s = 0{,}492/0{,}86 \cdot (1/4) = 0{,}143$ kN

$F_{d,1} = 0$

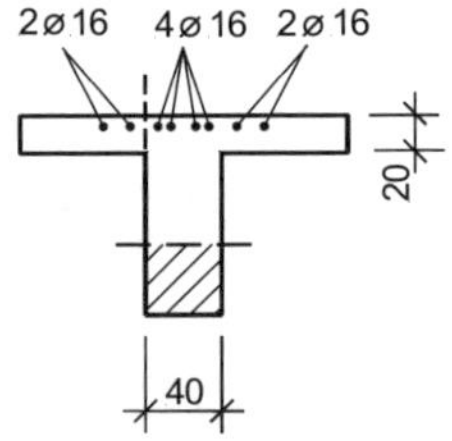

$V_{Ed} = \Delta F_d = 143$ kN

$V_{Rd,max} = 0{,}5 \cdot h_f \cdot v_1 \cdot f_{cd} \cdot \Delta x$

$\Delta x = 1{,}33$ m

$v_1 \cdot f_{cd} = 0{,}75 \cdot 17{,}0 = 12{,}8$ MN/m²

$V_{Rd,max} = 0{,}5 \cdot 0{,}20 \cdot 12{,}8 \cdot 1{,}33 = 1{,}702$ MN >> ΔFd

$a_{sf} \geq V_{Ed}\,/(f_{yd} \cdot \Delta x) = 143\,/\,(43{,}5 \cdot 1{,}33) = 2{,}47$ cm²/m

2ø16 4ø16 2ø16
20
40

Maßgebend für Δx ist der kürzeste Abstand zwischen Stütze A und dem Momentennullpunkt im Lastfall Volllast.

Bewehrungswahl s. Nachweis „Anschnitt Druckgurt"

Anschnitt Druckgurt

Nachweis an Stütze B; es wird die Längskraftdifferenz im Bereich Δx = 2,80 m (halber Abstand bis zum max. Feldmoment) benötigt.

$\Delta F_d = F_{d,2} - F_{d,1}$

$F_{d,2} = M_{Ed} / z \cdot A_{ca} / A_c$

$M_{Ed} = 718$ kNm

(bei $x = 2{,}79$ m; in Nebenrechnung)

$F_{d,2} = 718/0{,}86 \cdot (1{,}43/3{,}25) = 367$ kN

$F_{d,1} = 0$

$V_{Ed} = \Delta F_d = 367$ kN

$V_{Rd,max} = 0{,}492 \cdot 0{,}20 \cdot 12{,}8 \cdot 2{,}79 = 3{,}51$ MN

$>> \Delta F_d$

$a_{sf} \geq V_{Ed} / (1{,}2 \cdot f_{yd} \cdot \Delta x) = 367 \,/\, (1{,}2 \cdot 43{,}5 \cdot 2{,}79)$

$= 2{,}52$ cm²/m

Die erforderliche Anschlussbewehrung wird zur Hälfte auf Ober- und Unterseite verteilt, so dass sich im ungünstigsten Fall (Druckgurt) ergibt

$a_{sf,o} = a_{sf,u} = 1{,}26$ cm²/m

Als oberen Bewehrung sind daher erfoderlich

$a_{s,o} = 2{,}56 + 1{,}26 = 3{,}82$ cm²/m

Die im Abschn. 1.2.1 gewählte Bewehrung (∅ 8–12 bzw. 4,19 cm²/m) ist damit ausreichend.

EC2-1-1, 6.2.4(5): Bei kombinierter Beanspruchung durch Querbiegung und durch Schubkräfte zwischen Gurt und Steg ist in der Regel der größere erforderliche Stahlquerschnitt anzuordnen, der sich entweder als Schubbewehrung ... oder aus der erforderlichen Biegebewehrung für Querbiegung und der Hälfte der Schubbewehrung ... ergibt.

1.3.1.4 Bemessung für Querkraft und Torsion

(Nutzlast einseitig)

Aufteilung des Torsionsmomentes

Steg und Platte sind biegesteif mit dem Endquerträger (= Torsionseinspannung) verbunden. Die Torsion wird daher sowohl vom Steg als auch von der Platte aufgenommen. Das Gesamttorsionsmoment kann entsprechend der Torsionssteifigkeit der einzelnen Querschnittsteile aufgeteilt werden. Es ist jedoch erkennbar, dass der überwiegende Teil über den Steg abgetragen wird (wegen seiner deutlichen größeren Torsionssteifigkeit). Nachfolgend wird daher der Steg für das gesamte Torsionsmoment nachgewiesen, die Platte wird konstruktiv bewehrt.

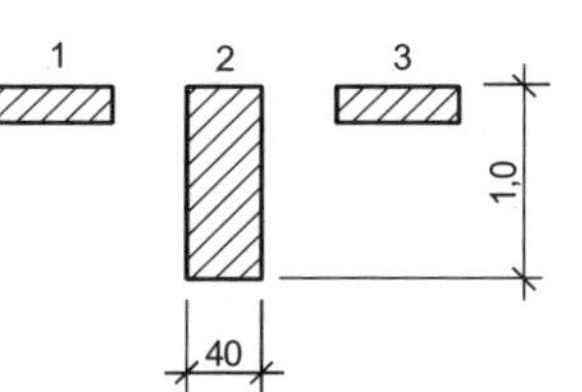

Stütze B

(Nachweis für max T_{Ed} und zug. V_b)

Vgl. Abb. ÜB.5

Nachweis der Druckstrebe

V $V_{Ed} = V_b = 268$ kN (indirekte Lagerung am Endquerträger)

$V_{Rd,max} = b_w \cdot z \cdot v_1 \cdot f_{cd} / (\cot\theta + \tan\theta)$

$= 0{,}40 \cdot 0{,}86 \cdot 0{,}75 \cdot 17{,}0 / (3{,}0 + 0{,}33) = 1{,}315$ MN

$> 0{,}268$ MN

Kernquerschnitt A_k

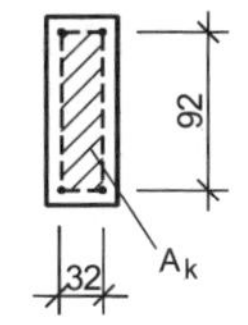

T $T_{Rd,max} = 2 \cdot v \cdot f_{cd} \cdot A_k \cdot t_{eff} / (\cot\theta + \tan\theta)$

$v \cdot f_{cd} = 0{,}525 \cdot 17{,}0 = 8{,}93$ MN/m²

$t_{eff} = 2 \cdot 0{,}04 = 0{,}08$ m (zweifacher Schwerpunktabstand der Längsbewehrung)

$A_k = (1{,}00 - 0{,}08) \cdot (0{,}40 - 0{,}08) = 0{,}294$ m²

$\cot\theta = 1{,}0$ (Vereinfachung; ohne genauere Berechnung)

$T_{Rd,max} = 2 \cdot 8{,}93 \cdot 0{,}294 \cdot 0{,}08 / (1{,}0 + 1{,}0) = 0{,}210$ MNm

$> T_{Ed} = 0{,}135$ MNm

V+T $(V_{Ed}/V_{Rd,max})^2 + (T_{Ed}/T_{Rd,max})^2 = (268/1315)^2 + (135/210)^2 = 0{,}45 < 1$

Nachweis bei Vollquerschnitten

Nachweis der Bewehrung

V $a_{sw} = V_{Ed} / (f_{yd} \cdot z \cdot \cot \theta)$
$= 0{,}268 / (435 \cdot 0{,}86 \cdot 3{,}0) = 2{,}39 \cdot 10^{-4}\ m^2/m = 2{,}39\ cm^2/m$

T $a_{sw} \geq [T_{Ed} / (2 \cdot A_k)] / (\cot \theta \cdot f_{yd})$
$= [0{,}135/(2 \cdot 0{,}294)] \cdot 10^4 / (1{,}0 \cdot 435) = 5{,}28\ cm^2/m$

$A_{sl} \geq [T_{Ed} \cdot u_k / (2 \cdot A_k)] / (\tan \theta \cdot f_{yd})$
$u_k = 2 \cdot (0{,}92 + 0{,}32) = 2{,}48\ m$

$A_{sl} \geq 0{,}135 \cdot 2{,}48 / (2 \cdot 0{,}294 \cdot 1{,}0 \cdot 435)$
$= 13{,}1 \cdot 10^{-4}\ m^2 = 13{,}1\ cm^2$

V+T $a_{sw} = 2{,}39 + 2 \cdot 5{,}28 = 12{,}95\ cm^2/m$ (2-schn. Bügel) bzw.
$12{,}95/2 = 6{,}48\ cm^2/m$ (je Seite)
gew.: ∅ 10 – 12 (= 6,54 cm²/m je Seite)

$A_{sl} = 13{,}1\ cm^2$ (umlaufend; die Biegezugbewehrung ist anteilmäßig zu verstärken)

Stütze A
(Nachweis für max T_{Ed} mit zug. V_{ar})

Nachweis der Druckstrebe

V $V_{Ed} = V_{ar} = 335\ kN$
$V_{Rd,max} = b_w \cdot z \cdot \nu_1 \cdot f_{cd} / (\cot \theta + \tan \theta)$
$= 0{,}40 \cdot 0{,}86 \cdot 0{,}75 \cdot 17{,}0 / (3{,}0 + 0{,}33)$
$= 1{,}315\ MN > 0{,}305\ MN$

Kernquerschnitt A_k

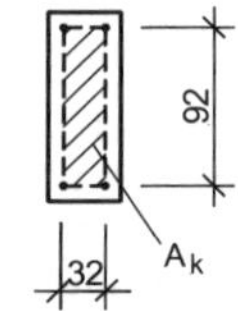

T $T_{Rd,max} = 2 \cdot \nu \cdot f_{cd} \cdot A_k \cdot t_{eff} / (\cot \theta + \tan \theta)$
$\nu f_{cd} = 0{,}525 \cdot 17{,}0 = 8{,}93\ MN/m^2$
$t_{eff} = 2 \cdot 0{,}04 = 0{,}08\ m$ (wie vorher)
$A_k = (1{,}00 - 0{,}08) \cdot (0{,}40 - 0{,}08) = 0{,}294\ m^2$
$\cot \theta = 1{,}0$ (Vereinfachtes Verfahren)

$T_{Rd,max} = 2 \cdot 8{,}93 \cdot 0{,}294 \cdot 0{,}08 / (1{,}0 + 1{,}0) = 0{,}210$
$> T_{Ed} = 0{,}034\ MNm$

V+T $(V_{Ed}/V_{Rd,max})^2 + (T_{Ed}/T_{Rd,max})^2 = (335/1315)^2 + (34/210)^2 = 0{,}09 < 1$

Nachweis bei Vollquerschnitten

Nachweis der Bewehrung

Querkraftnachweis näherungsweise in theoretischer Auflagerlinie

V $a_{sw} = V_{Ed} / (f_{yd} \cdot z \cdot \cot \theta) = 0{,}335 / (435 \cdot 0{,}86 \cdot 3{,}0)$
$= 2{,}98 \cdot 10^{-4}\ m^2/m = 2{,}98\ cm^2/m$

T $a_{sw} \geq [T_{Ed} / (2 \cdot A_k)] / (\cot \theta \cdot f_{yd})$
$= [0{,}034/(2 \cdot 0{,}294)] \cdot 10^4 / (1{,}0 \cdot 435) = 1{,}33\ cm^2/m$
$A_{sl} \geq 0{,}034 \cdot 2{,}48 / (2 \cdot 0{,}294 \cdot 1{,}0 \cdot 435)$
$= 3{,}30 \cdot 10^{-4}\ m^2 = 3{,}30\ cm^2$

V+T $a_{sw} = 2{,}98 + 2 \cdot 1{,}33 = 5{,}64\ cm^2/m$ (2-schn. Bügel) bzw.
$5{,}64/2 = 2{,}82\ cm^2/m$ (je Seite)
gew.: ∅ 10 – 18 (= 4,37 cm²/m je Seite)

$A_{sl} = 3{,}30\ cm^2$ (umlaufend; die Biegezugbewehrung ist anteilmäßig zu verstärken)

Der Lastfall $\boldsymbol{T}_{Ed}$ mit $\boldsymbol{V}_{Ed,zug}$ ist grundsätzlich maßgebend!

1.3.2 Grenzzustände der Gebrauchstauglichkeit

1.3.2.1 Spannungsbegrenzung

Der Nachweis wird im Rahmen des Beispiels nicht geführt.

1.3.2.2 Rissbreitenbegrenzung

Mindestbewehrung des Steges

Zur Vermeidung von Sammelrissen in hohen Stegen außerhalb der Wirkungszone der Biegezugbewehrung ist an den Seitenflächen eine Mindestbewehrung vorzusehen. Diese Oberflächenbewehrung sollte gleichmäßig zwischen der Dehnungsnulllinie und der Wirkungszone der Biegezugbewehrung angeordnet werden.

In EC2-1-1, 7.3.3 (3) wird diese Bewehrung ab einer Trägerhöhe von $h \geq 1{,}00$ m gefordert.

$A_{s,min} = k_c \cdot k \cdot f_{ct,eff} \cdot A_{ct} / \sigma_s$

$k_c = 1{,}0$ (zentrischer Zug)

$k = 0{,}5$ (EC2-1-1, 7.3.3(3))

$f_{ct,eff} = f_{ctm} = 2{,}9$ MN/m²

$A_{ct} = 0{,}40 \cdot 1{,}0 = 0{,}40$ m²/m

$\sigma_s = 380$ MN/m²

$w_k = 0{,}4$ mm, $\varnothing^* = 10$ mm→ $\sigma_s = 380$ MN/m² (EC2-1-1, Tb. 7.2DE)

$A_{s,min} = 1{,}0 \cdot 0{,}5 \cdot 2{,}90 \cdot 0{,}40 / 380 = 0{,}00153$ m² $= 15{,}3$ cm²/m

gew.: $\varnothing$ 10/10 (beidseitig) $\rightarrow A_{s,vorh} = 2 \cdot 7{,}85 = 15{,}7$ cm²/m

Nachweis des gewählten Durchmessers

$$\varnothing_s = \varnothing_s^* \cdot \frac{k_c \cdot k \cdot h_t}{4 \cdot (h - d)} \cdot \frac{f_{ct,eff}}{f_{ct,0}} \geq \varnothing_s^* \cdot \frac{f_{ct,eff}}{f_{ct,0}}$$

$\varnothing_s^* = 10$ mm (s. vorher).

$f_{ct,eff} = 2{,}9$ MN/m²

$\varnothing_s = 10 \cdot (2{,}9/2{,}9) = 10$ mm

Mindestbewehrung des Gurtes

Für gegliederte Querschnitte ist die Mindestbewehrung für die abliegenden Gurte und den Teilquerschnitt Steg nachzuweisen. Nachfolgend wird die Mindestbewehrung nur für die Gurte nachgewiesen.

Der Querschnitt wird in einen Gurt- und Steganteil zerlegt. Unmittelbar vor Rissbildung erhält man für Biegezwang und mit der Randzugspannung $f_{ct,eff} = 3{,}0$ MN/m² die dargestellte Spannungsverteilung (Abb. ÜB.6).

Für Beton C30/37 ist $f_{ct,eff} = 2{,}9$ MN/m² < 3,0 MN/m²; vgl. EC 2-1-1, 7.3.2

Vgl. Querschnittswerte im Abschn. 1.3.1.2

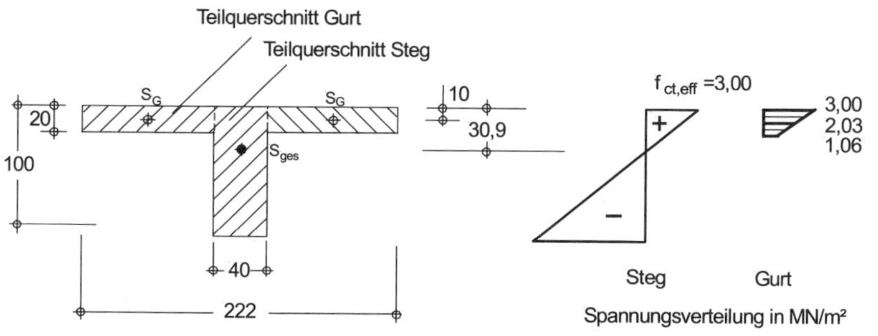

Abb. ÜB.6 Spannungsverteilung vor Rissbildung

$A_{s,min} = k_c \cdot k \cdot f_{ct,eff} \cdot A_{ct} / \sigma_s$

$$k_c = \frac{0{,}9\, F_{cr,Gurt}}{A_{ct} \cdot f_{ct,eff}} \geq 0{,}5$$ EC 2-1-1, Gl. 7.1

$F_{cr,Gurt} = 0{,}5 \cdot (3{,}0 + 1{,}06) \cdot 0{,}20 = 0{,}406$ MN/m

$A_{ct} = 0{,}20 \cdot 1{,}00 = 0{,}20$ m²/m

$f_{ct,eff} = 3{,}00$ MN/m² EC 2-1-1, Gl. 7.3

$$k_c = \frac{0{,}9 \cdot 0{,}406}{0{,}20 \cdot 3{,}00} = 0{,}61 > 0{,}5$$

$k = 0{,}8$ (für h = 20 cm < 30 cm)

$A_{ct} = 0{,}20 \cdot 1{,}00 = 0{,}20$ m²/m (je Meter Plattenbreite)

$\sigma_s = 400$ MN/m² (gewählt)

$A_{s,min} = 0{,}61 \cdot 0{,}8 \cdot 3{,}0 \cdot 0{,}20 / 400 = 0{,}000732$ m²/m $= 7{,}32$ cm²/m

Die Bewehrung wird etwa entsprechend dem Spannungsverlauf verteilt:

$A_{s,min,o} = A_{s,min} \cdot F_{cr,Gurt,o} / F_{cr,Gurt}$

$F_{cr,Gurt,o} = 0{,}5 \cdot (3{,}0 + 2{,}03) \cdot 0{,}10 = 0{,}252$ MN/m

$A_{s,min,o} = 7{,}32 \cdot 0{,}252/0{,}406 = 4{,}54$ cm²/m

$A_{s,min,u} = 7{,}32 - 4{,}54 = 2{,}78$ cm²/m

Im Gurt werden oben ∅ 8 – 10 (= 5,03 cm²/m) und unten ∅ 8 – 20 (= 2,51 cm²/m) als Längsbewehrung außerhalb der Wirkungszone der Biegezugbewehrung angeordnet.

$A_{s,vorh} = 5{,}03 + 2{,}51 = 7{,}54$ cm²/m (< $A_{s,erf} = 7{,}32$ cm²/m)

Rissbreitenbegrenzung für die Lastbeanspruchung

Der Nachweis ist für die quasi-ständige Last zu führen. Der Nachweis wird beispielhaft nur für die größte Beanspruchung im Feld durchgeführt, der Nachweis an der Stütze erfolgt analog.

vgl. S. BB.4
$\psi_2 = 0{,}6$ (Kategorie C)

quasi-st. Last $g_k = 39{,}0 / 1{,}35 = 29{,}0$ kN/m

$\psi_2 \cdot q_k = 0{,}6 \cdot 3{,}0 \cdot 5{,}0 = 9{,}0$ kN/m

Schnittgrößen $M_A = -29{,}0 \cdot 4{,}00^2 \cdot 0{,}5 = -232$ kNm

$V_b = -38{,}0 \cdot 12{,}0 \cdot 0{,}5 + 232/12{,}0 = -209$ kN

$M_{F,max} = 209^2 / (2 \cdot 38{,}0) = 575$ kNm

Stahlspannung Die Stahlspannung wird näherungsweise mit einem Hebelarm $z = 0{,}9d$ ermittelt.

$\sigma_s = M / (z \cdot A_s)$

$z \approx 0{,}90 \cdot 0{,}96 = 0{,}86$ m

$A_s = 29{,}5$ cm² (2 ∅ 20 und 4 ∅ 25)

$\sigma_s = 575/(0{,}86 \cdot 29{,}5) = 22{,}7$ kN/cm² $= 227$ MN/m²

Nachweis für Umweltklasse XC 1

Nachweis

$$\varnothing_s = \varnothing_s^* \cdot \frac{\sigma_s \cdot A_s}{4 \cdot (h-d) \cdot b \cdot f_{ct,0}} \geq \varnothing_s^* \cdot \frac{f_{ct,eff}}{f_{ct,0}}$$ EC 2-1-1, Gl. (7.7.1DE)

$\varnothing_s^* = 28$ mm

$f_{ct,eff} / f_{ct,0} = 2{,}9/2{,}9 = 1$ (Beton C30/37) EC 2-1-1, Tab. 7.2DE

$b = 0{,}40$ m

$$\frac{\sigma_s \cdot A_s}{4 \cdot (h-d) \cdot b \cdot f_{ct,0}} = \frac{227 \cdot 0{,}00295}{4 \cdot (1{,}00 - 0{,}96) \cdot 0{,}40 \cdot 2{,}9} = 3{,}6$$

$\varnothing_s = 28 \cdot 3{,}6 = 100$ mm $> \varnothing_s = 25$ mm

→ Nachweis erfüllt.

1.3.2.3 Begrenzung der Verformungen

Der Nachweis erfolgt über die Begrenzung der Biegeschlankheit (Anwendung von Konstruktionsregeln). Es gilt:

$$\frac{l}{d} = K \cdot \left[11 + 1{,}5\sqrt{f_{ck}}\,\frac{\rho_0}{\rho} + 3{,}2\sqrt{f_{ck}}\left(\frac{\rho_0}{\rho} - 1\right)^{3/2}\right] \leq (L/d)_{max}$$

EC 2-1-1, 7.4.2, Gl. (7.16a) bei $\rho < \rho_0$

$(L/d)_{max} \leq K \cdot 35$ (allgemein; keine bes. Anforderungen)
$K = 1{,}0$ (Nachweis als Einfeldträger; die günstige Kragarmwirkung wird vernachlässigt)
$\rho_0 = f_{ck}^{0,5} \cdot 10^{-3} = 30^{0,5} \cdot 10^{-3} = 0{,}0055$
$\rho = A_s / (b_{ers} \cdot d)$

Bei Plattenbalken wird der Bewehrungsgrad auf die Ersatzbreite eines Rechteckquerschnitts mit äquivalenter Biegesteifigkeit bezogen.

Für $I_c = 0{,}06452\ m^4$:

$b_{ers} = 12 \cdot 0{,}06452 / 0{,}96^3 = 0{,}875$ m

$\rho = 29{,}5/(87{,}5 \cdot 96) = 0{,}0035$ ($< \rho_0$; s. o.)

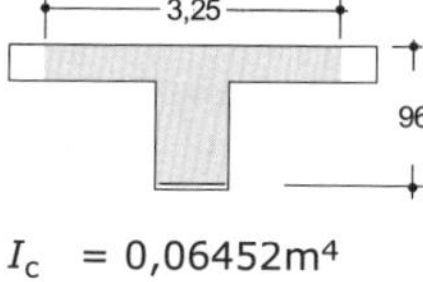

$I_c = 0{,}06452 m^4$

$$\left(\frac{l}{d}\right) \leq 1{,}0 \cdot \left[11 + 1{,}5 \cdot \sqrt{30} \cdot \frac{0{,}0055}{0{,}0035} + 3{,}2 \cdot \sqrt{30} \cdot \left(\frac{0{,}0055}{0{,}0035} - 1\right)^{3/2}\right] = 31{,}5$$

Der so ermittelte Wert kann bzw. muss noch wie folgt korrigiert werden:

- $k_1 = A_{s,prov} / A_{s,req} = 29{,}5/23{,}5 = 1{,}26$
- $k_2 = 0{,}8$ (wegen $b_{eff}/b_w = 3{,}25/0{,}40 = 8{,}1 > 3$)

$(L/d)_{zul} = 1{,}26 \cdot 0{,}8 \cdot 31{,}5 = 32 < (L/d)_{max} = 35$
$(L/d)_{zul} = 32 > (L/d)_{vorh} = 12{,}00 / 0{,}96 = 12{,}5$

$\Rightarrow$ Der Nachweis ist damit erfüllt.

1.4 Bewehrungsführung und bauliche Durchbildung

1.4.1 Mindestbewehrung

Der Nachweis wurde bereits im Rahmen der Biegebemessung geführt, es wird auf Abschn. 1.2.2 und 1.3.1.2 verwiesen.

1.4.2 Verankerungslängen

Grundmaß $l_{b,rqd}$ der Verankerungslänge: — EC 2-1-1, 8.4.3

Bei guten Verbundbedingungen ergibt sich für den Beton C30/37

$$l_{b,rqd,y} = \frac{f_{yd}}{4 \cdot f_{bd}} \cdot \varnothing$$ — EC 2-1-1, Gl. (8.3); vgl. Anm. S. HB.54

$$f_{bd} = 2{,}25 \cdot (f_{ctk,0.05}/\gamma_C) = 2{,}25 \cdot (2{,}0/1{,}5) = 3{,}0 \text{ MN/m}^2$$ — EC 2-1-1, Gl. (8.2)

$$l_{b,rqd,y} = \frac{500/1{,}15}{4 \cdot 3{,}0} \cdot \varnothing = 36{,}2 \cdot \varnothing$$

Bei mäßigen Verbundbedingungen ist das Grundmaß der Verankerungslänge mit $1/0{,}7 = 1{,}43$ zu multiplizieren.

Verankerung am Auflager B (Endquerträger): — EC 2-1-1, 9.2.1.4 und 8.4.4

Es wird der Lastfall extr. $V_{Ed,B}$ nachgewiesen. — Indirekte Auflagerung am Endquerträger

$$l_{bd,ind} = 1{,}0 \cdot l_{bd} = 1{,}0 \cdot \alpha_1 \cdot (A_{s,erf} / A_{s,vorh}) \cdot l_{b,rqd,y} \geq l_{b,min}$$

$\alpha_1 = 1{,}0$ (gerades Stabende) — EC 2-1-1, Bild 8.1

$A_{s,erf} = F_{Ed,R} / f_{yd}$

$F_{Ed,R} = V_{Ed} \cdot a_l / z \geq V_{Ed} / 2$ ($N_{Ed} = 0$)

$V_{Ed} = 343$ kN (Querkraft auf Auflager B)

$z = 0{,}9 \cdot 0{,}96 = 0{,}86$ m — EC 2-1-1, Gl. (NA.9.3)

$a_l = 0{,}5 \cdot z \cdot \cot\theta$ (für lotrechte Schubbewehrung)

Der rechnerische Wert $\cot\theta = 3{,}00$ (s. S. BB.8) darf wegen „Überbewehrung“ mit $a_{sw,erf}/a_{sw,vorh}$ – hier also $3{,}0/3{,}72 = 0{,}80$ – herabgesetzt werden. — Am Auflager B erhält man $a_{sw} \approx 3$ cm²/m, Rechengang nicht dargestellt.

$a_l \approx 0{,}5 \cdot 0{,}86 \cdot (3{,}00 \cdot 0{,}80) = 1{,}03$ m

$F_{Ed,R} = 343 \cdot 1{,}03 / 0{,}86 = 410$ kN

$A_{s,erf} = 410 / 43{,}5 = 9{,}43 \text{ cm}^2$

$l_{b,rqd,y} = 36{,}2 \cdot 2{,}5 = 91$ cm

$l_{bd,ind} = 1{,}0 \cdot (9{,}43/29{,}5) \cdot 91 = 29 \text{ cm} \geq l_{b,min}$ — $A_{s,vorh} = 6\ \varnothing\ 25$ ($= 29{,}5$ cm²)

Die Torsionslängsbewehrung wird mit l_{bd} im Endquertäger verankert. Die Verankerungslänge beträgt damit — Torsionslängsbewehrung $\varnothing$ 10 – 15

$$l_{bd} = 36{,}2 \cdot 1{,}0 = 36 \text{ cm}$$

1.4.3 Bügelbewehrung

Da die Bügel nicht nur zur Aufnahme der Querkräften, sondern auch der Torsionsmomente dienen, müssen sie durch Übergreifen geschlossen werden.

Übergreifungslänge l_0

$l_0 = \alpha_6 \cdot l_{bd} = \alpha_6 \cdot \alpha_1 \cdot (A_{s,erf} / A_{s,vorh}) \cdot l_{b,rqd,y} \geq l_{0,min}$

$l_{b,rqd,y} = 36$ cm	(∅ 10; guter Verbund)
$\alpha_1 = 1{,}0$	(gerades Stabende)
$(A_{s,erf} / A_{s,vorh}) = 6{,}48/6{,}54 \approx 1$	
$\alpha_6 = 1{,}0$	∅ < 16 mm; Stoßanteil 100 % (gegenseitiger Abstand $a \geq 8$ ∅)

Vgl. Abschn. 1.3.1.4

$l_0 = 1 \cdot 36 = 36 \text{ cm} \geq l_{0,min}$

Die Bügel werden an der Unterseite geschlossen, die Stöße werden verschwenkt (s. Skizze).

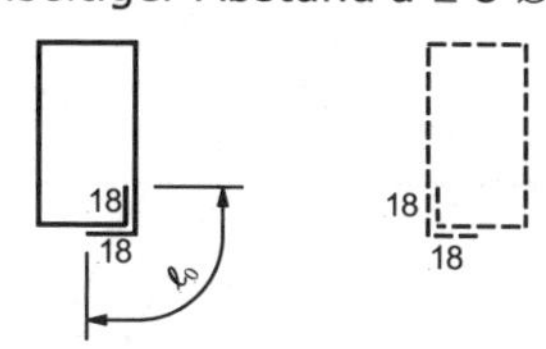

1.4.4 Übergreifung der Plattenbewehrung mit den Stegbügeln

Bei halbseitiger Verkehrslast muss das Moment aus Verkehr an die vorhandene Bügelbewehrung des Steges durch Übergreifen angeschlossen werden.

$l_0 = \alpha_6 \cdot l_{bd} = \alpha_6 \cdot \alpha_1 \cdot (A_{s,erf} / A_{s,vorh}) \cdot l_{b,rqd,y} \geq l_{0,min}$

$l_{b,rqd,y} = 41$ cm	(∅ 8; mäßiger Verbund)
$\alpha_1 = 1{,}0$	(gerades Stabende)
$(A_{s,erf} / A_{s,vorh}) < 0{,}5$	(Es muss nur der Verkehrslastanteil der Plattenbewehrung durch Übergreifen an die Bügel angeschlossen werden.)
$\alpha_6 = 1{,}0$	∅ < 16 mm; Stoßanteil 100 %; gegenseitiger Stababstand a ≥ 8 ∅

Ohne Darstellung des Rechengangs

$l_0 = 0{,}5 \cdot 41 = 21 \text{ cm} \geq l_{0,min}$

Die vorhandene Übergeifungslänge beträgt etwa

$l_{0,vorh} = 40 - 2 \cdot (2{,}0 + 1{,}0) = 34$ cm

und ist damit ausreichend.

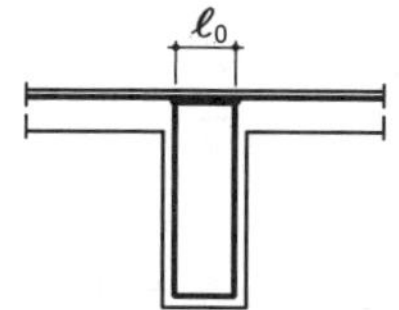

Die Übergreifungslänge muss „großzügig" vorhanden sein, da der lichte Abstand teilweise größer 4∅ bzw. 5 cm ist.

1.4.5 Zug- und Schubkraftdeckung

Die Zugkraft- und Schubkraftlinien sowie die Abdeckung der Zug- und Schubkräfte werden im Zusammenhang mit der Bewehrungszeichnung im Längsschnitt dargestellt.

Siehe folgenden Abschnitt 1.4.6

1.5 Zug-/Schubkraftdeckung; Bewehrungsdarstellung

Zugkraftdeckung

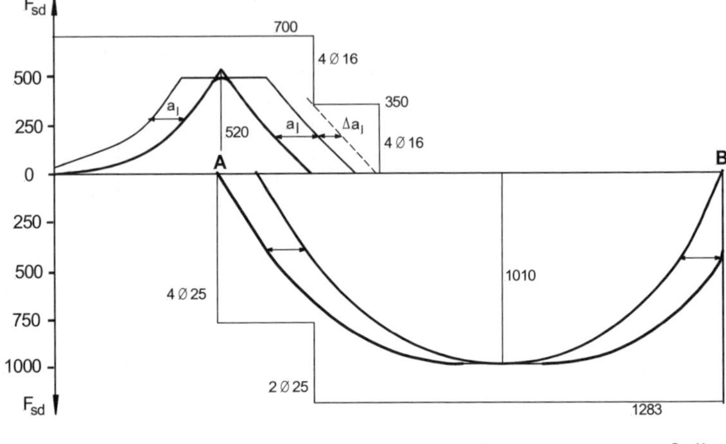

Bewehrung im Längsschnitt

Die Bewehrungsdarstellung dient zur Erläuterung des dargestellten Rechengangs sowie der Zug- und Schubkraftdeckung. Die Angaben und Verlegemaße sind unvollständig.

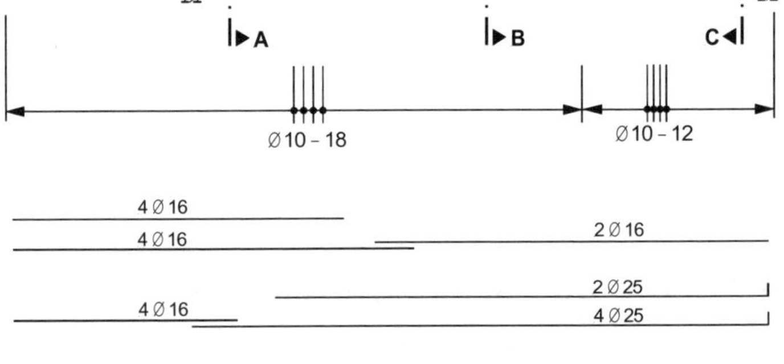

Schubkraftdeckung

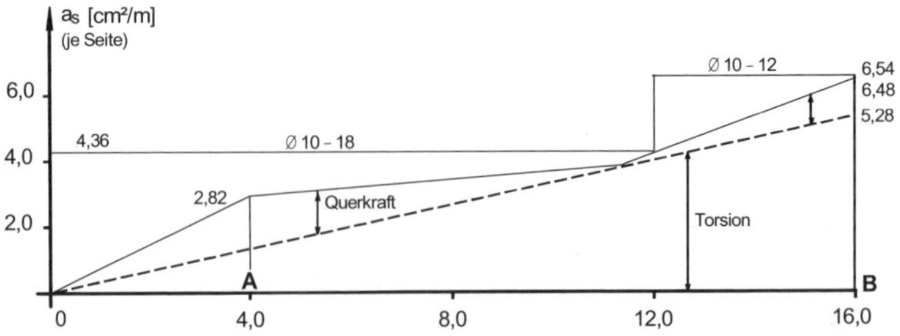

Bewehrungsdarstellung – Schnitte

Schnitt A–A:

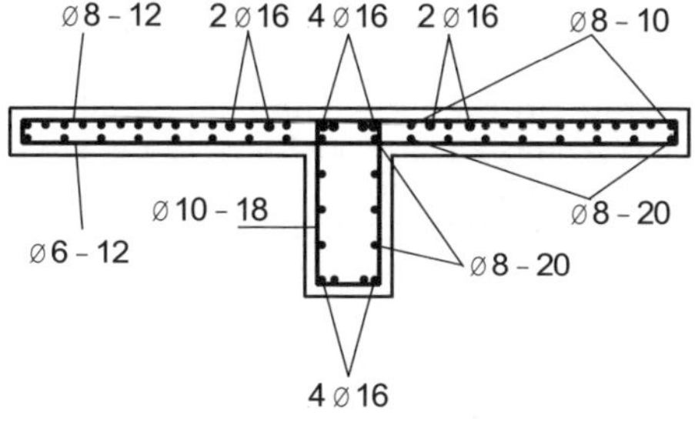

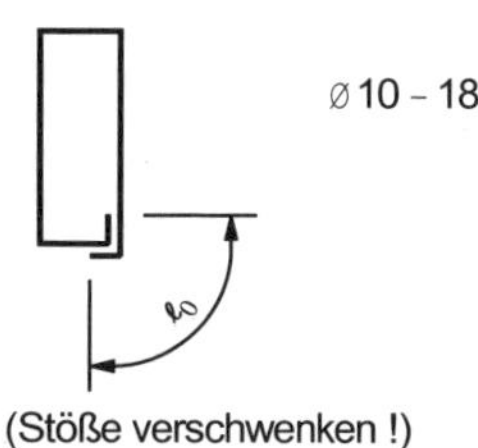

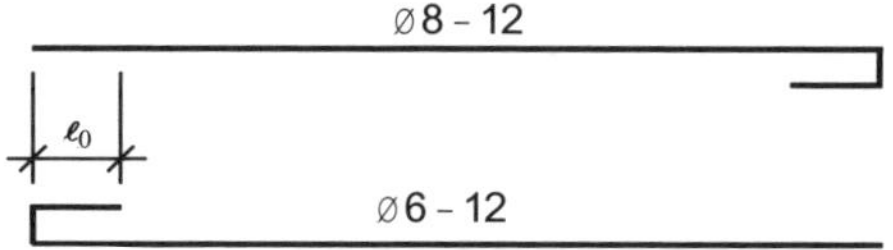

Schnitt B–B:

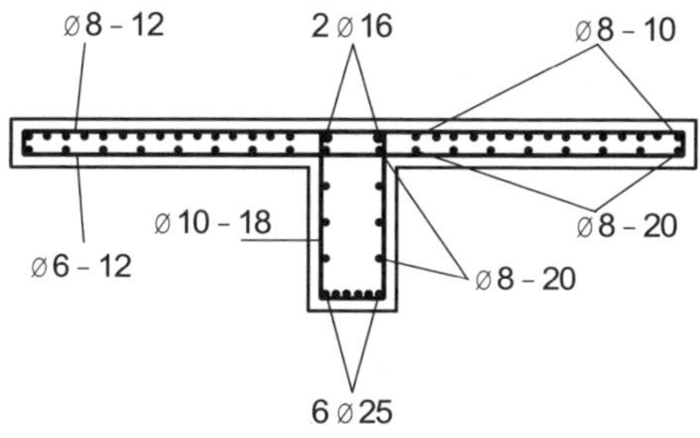

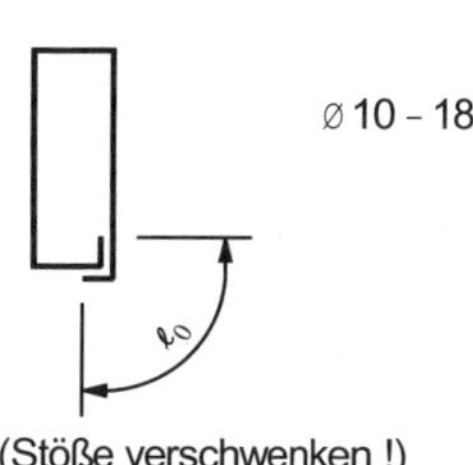

Schnitt C–C:

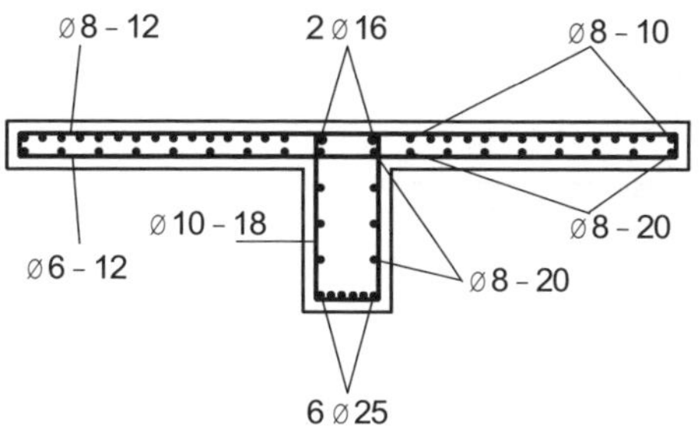

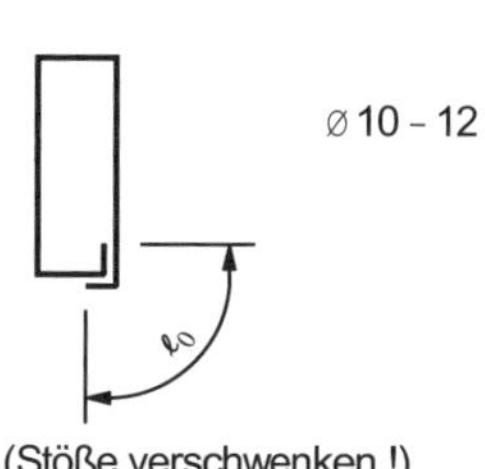

Abb. ÜB.6 Bewehrungsdarstellung im Längsschnitt und in Querschnitten

2 Endquerträger

2.1 System mit Belastung; Schnittgrößen

Der Querträger geht über die gesamte Brückenbreite und hat damit eine Länge von 3,50 m. Auflager werden jeweils 25 cm vom Rand vorgesehen. Vereinfachend wir unterstellt, dass die Lasten aus dem Haupttragwerk ausschließlich über den Steg in den Endquerträger eingeleitet werden. Es werden zwei Lastfälle betrachtet

- Lastfall 1: max. Auflagerkraft
- Lastfall 2: max. Torsionsmoment mit zugehöriger Auflagerkraft.

Als Baustoffe werden ein Beton C30/37 und eine Betonstahl B500B gewählt (wie Überbau).

2.1.1 Lastfall max. F_{Ed}

Vgl. Abschn. 1.3.1.1

EG-Träger: $g_d = 1{,}35 \cdot 0{,}40 \cdot 1{,}0 \cdot 25 = 13{,}5$ kN/m
Auflagerkraft B: $F_{Ed} = V_{Ed,b} = 343$ kN
Torsion T_{Ed}: $T_{Ed} = 0$

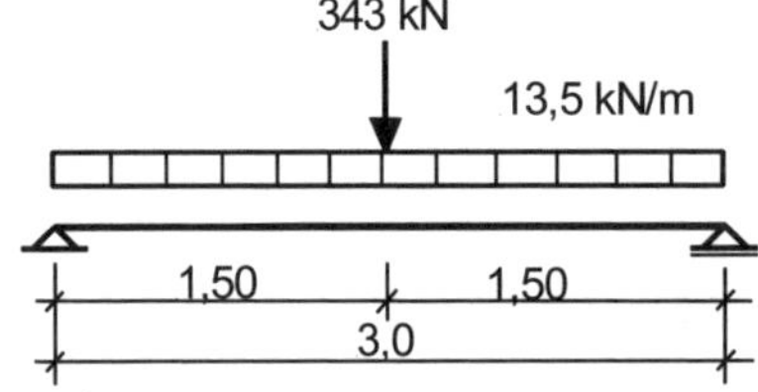

Schnittgrößen:

- Biegemoment $M_{Ed} = 343 \cdot 3{,}0/4 + 13{,}5 \cdot 3{,}0^2/8 = 272{,}4$ kNm
- Querkraft $V_{Ed} = 343 / 2 + 13{,}5 \cdot 3{,}0/2 = 191{,}8$ kN

2.1.2 Lastfall max. T_{Ed} mit zug. F_{Ed}

Vgl. Abschn. 1.3.1.1

EG-Träger: $g_d = 1{,}35 \cdot 0{,}40 \cdot 1{,}0 \cdot 25 = 13{,}5$ kN/m
Auflagerkraft B: $F_{Ed} = V_{Ed,b} = 268$ kN
Torsion T_{Ed}: $T_{Ed} = 135$ kNm

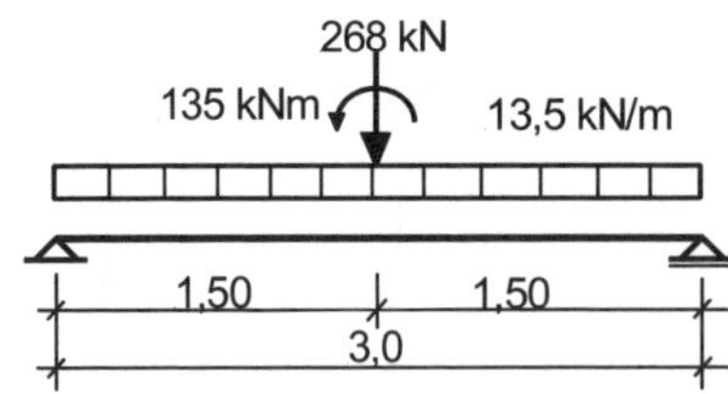

Schnittgrößen:

- Biegemoment $M_{Ed} = 268 \cdot 3{,}0/4 + 13{,}5 \cdot 3{,}0^2/8 + 135/2$
  $= 283{,}7$ kNm
- Querkraft $V_{Ed} = 268 / 2 + 13{,}5 \cdot 3{,}0/2 + 135/3{,}0$
  $= 199{,}3$ kN

2.2 Grenzzustände der Tragfähigkeit

2.2.1 Biegebemessung

Mitwirkende Plattenbreite

Der Querträger ist monolithisch mit der Platte verbunden. Für den Querträger ergibt sich als mittragende Plattenbreite

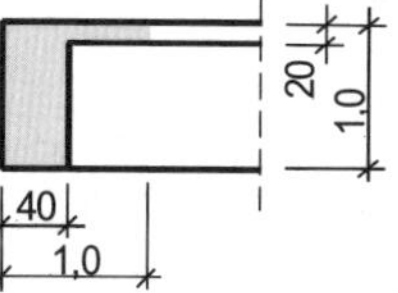

$b_{eff} = \Sigma b_{eff,i} + b_w$

$b_{eff,i} = 0{,}2\, b_i + 0{,}1\, L_0 \begin{matrix} \leq 0{,}2\, L_0 \\ \leq b_i \end{matrix}$

$L_0 = 3{,}0$ m

$b_{eff,i} = 0{,}2 \cdot 3{,}0 = 0{,}60$ m

$b_{eff} = 0{,}60 + 0{,}40 = 1{,}0$ m

Biegebemessung

Maßgebend ist der Lastfall max T_{Ed} mit zug. F_{Ed}.

s. Abschn. 2.1.2

$M_{Eds} = M_{Ed} = 284$ kNm
$d \approx 96$ cm

$$\mu_{Eds} = \frac{M_{Eds}}{b \cdot d^2 \cdot f_{cd}} = \frac{0{,}284}{1{,}00 \cdot 0{,}96^2 \cdot 17{,}0} = 0{,}0181$$

$\xi = 0{,}041 \rightarrow x = 0{,}041 \cdot 96 = 4 \text{ cm} < h_{Pl} = 20$ cm
Dehnungsnulllinie in der Platte, Bemessung als Querschnitt mit rechteckiger Druckzone

$\omega = 0{,}0184;\ \zeta = 0{,}99$

$$A_{s,erf} = \frac{\omega}{f_{yd} / f_{cd}} \cdot b \cdot d = \frac{0{,}0184}{435 / 17{,}0} \cdot 1{,}00 \cdot 0{,}96 \cdot 10^4 = 6{,}9 \text{ cm}^2$$

gew.: 3 ∅ 20 (= 9,4 cm²)

Mindestbewehrung (Duktilitätsbewehrung)

$A_{s,min} = M_{cr} / (z_{II} \cdot f_{yk})$

$M_{cr} = f_{ctm} \cdot I_I / z_{cu} = 2{,}9 \cdot 0{,}04850 / 0{,}592 = 0{,}238$ MNm

$A_{s,min} = 0{,}238 / (0{,}9 \cdot 0{,}96 \cdot 500) \cdot 10^4 = 5{,}5 \text{ cm}^2$ (nicht maßg.)

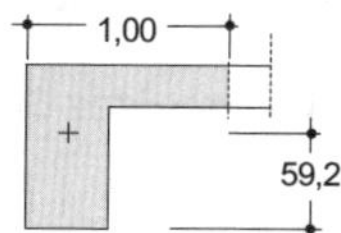

$I_y = 0{,}04850 \text{ m}^4$
$z_{cu} = 0{,}592$ m

2.2.2 Bemessung für Querkraft

Die Bemessung erfolgt näherungsweise in der theoretischen Auflagerlinie. Eine Abminderung der auflagernahen Einzellast ist nicht zulässig, da die Regelung nach EC 2-1-1, 6.2.2(6) nur für eine oberseitige Eintragung der Einzellast gilt.

EC2-1-1, 6.2.2(6): Bei Bauteilen mit **oberseitiger Eintragung** einer Einzellast im Bereich von $0{,}5d \leq a_v < 2d$ vom Auflagerrand (oder von der Achse verformbarer Lager) darf der Querkraftanteil dieser Last V_{Ed} mit $\beta = a_v / 2d$ multipliziert werden.

Nachweis der Querkraftbewehrung

$V_{Ed} = 199{,}3$ kN

$V_{Rd,sy} = a_{sw} \cdot f_{yd} \cdot z \cdot \cot\theta > V_{Ed}$

$z = 0{,}9d = 0{,}9 \cdot 0{,}96 = 0{,}86 \text{ m } (> d - 2 \cdot c_{v,l})$

$\cot\theta = 1{,}2 / (1 - V_{Rd,cc} / V_{Ed})$

$V_{Rd,c} = 0{,}24 \cdot f_{ck}^{1/3} \cdot b_w \cdot z = 0{,}24 \cdot 30^{1/3} \cdot 0{,}40 \cdot 0{,}86$
$= 0{,}257$ MN

$\cot\theta = 1{,}2 / (1 - 0{,}257 / 0{,}1993) < 0 \rightarrow \cot\theta = \mathbf{3{,}0}$

$a_{sw} = V_{Ed} / (f_{yd} \cdot z \cdot \cot\theta) = 0{,}1993/(435 \cdot 0{,}86 \cdot 3{,}0)$
$= 1{,}78 \cdot 10^{-4}\ m^2/m = 1{,}78\ cm^2/m$

Mindestbewehrung

$a_{sw,min} = \rho_w \cdot b_w = 0{,}93 \cdot 10^{-3} \cdot 40 \cdot 100 = 3{,}72\ cm^2/m$

→ Die Mindestbewehrung wird maßgebend.

gew.: ∅ **8/20** (= 5,0 cm²/ m)

Nachweis der Druckstrebe

$V_{Rd,max} = b_w \cdot z \cdot \alpha_{cw} \cdot f_{cd} / (\cot\theta + \tan\theta)$
$= 0{,}40 \cdot 0{,}86 \cdot 0{,}75 \cdot 17{,}0 / (3{,}0 + 0{,}33) = 1{,}316\ MN$
$> 0{,}1993\ MN$

2.2.3 Aufhängebewehrung

(vgl. EC 2-1-1, 9.2.5; indirekte Auflager)

Für den Überbau liegt eine indirekte Lagerung vor, es ist daher eine Aufhängebewehrung erforderlich. Sie wird für die maximale Auflagerkraft des Überbaus am Endquerträger bemessen.

$I_y = 0{,}04850\ m^4$
$z_{cu} = 0{,}592\ m$

erf A_s = 343/43,5 = 7,9 cm²
gew.: 4 Bü ∅ 14 (= 12,4 cm²)

Die gewählte Bewehrung darf in dem in nebenstehender Skizze dargestellten Bereich verteilt werden (EC 2-1-1, Bild 9.7).

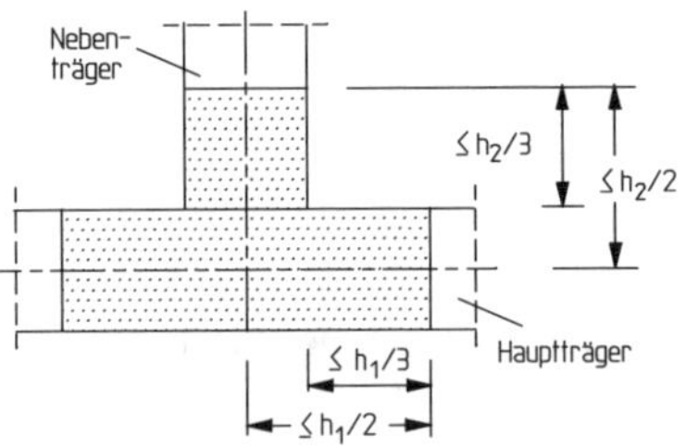

2.3 Nachweise der Gebrauchstauglichkeit

Im Rahmen des Beispiels wird auf entsprechende Nachweise verzichtet.

2.4 Bewehrungsführung/-darstellung

Auf Nachweise zur Bewehrungsführung wird verzichtet. Die Bewehrung wie wie nachfolgend dargestellt angeordnet.

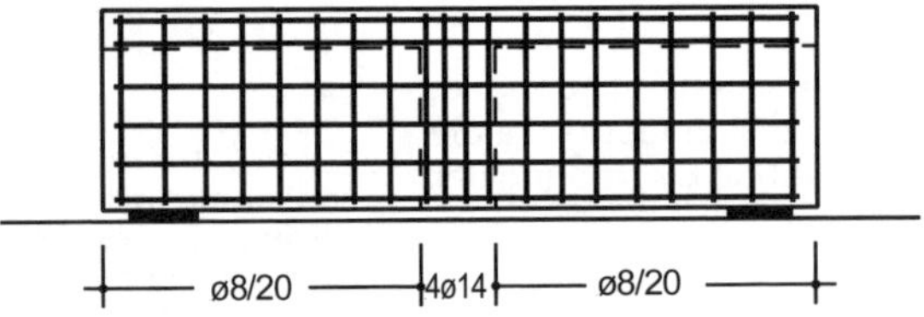

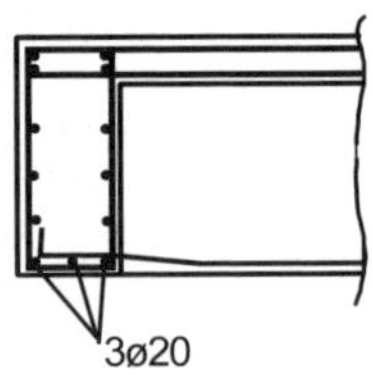

Abb. QT.1 Bewehrungsdarstellung für den Endquerträger

3 Stütze

3.1 System und Einwirkungen

Der Überbau ist am Auflager A auf eine Einzelstütze gelagert (vgl. Übersichtszeichnung, Abb. Ü1). Die Stütze wird kreisförmig ausgeführt. Als Stützenlänge wird 5,0 m angenommen.

Es wird unterstellt, dass die Stütze planmäßig nur zentrisch belastet ist, Lagerrückstellkräfte o. Ä. seien vernachlässigbar klein.

$N_{Ed,g} = 39{,}0 \cdot 16{,}0 \cdot (16{,}0 / 2) / 12{,}0 = 416$ kN
$N_{Ed,q} = 22{,}5 \cdot 16{,}0 \cdot (16{,}0 / 2) / 12{,}0 = 240$ kN

Vgl. Abschn. 1.3.1.1

Baustoffe:
C30/37; B500B

Abb. SF.1 System und Belastung

3.2 Bemessung als Druckglieder

3.2.1 Ersatzlänge und Schlankheit

Die Stütze wird als Kragstütze bemessen, eine Festhaltung am Stützenkopf wird nicht berücksichtigt.

$L_0 = \beta \cdot L_{col}$
$L_{col} = 5{,}00$ m | Abstand OK Fundament bis UK Überbau
$\beta = 2{,}2$ | elastisch eingespannte Stütze; Annahme
$L_0 = 2{,}2 \cdot 5{,}00 = 11{,}0$ m
$\lambda = L_0 / i$ | $i = (I/A)^{0,5} = (\pi \cdot r^4/(4 \cdot \pi \cdot r^2))^{0,5} = 0{,}5 \cdot r$
$= 11{,}00 / (0{,}5 \cdot 0{,}20) = 110$

$$\lambda_{lim} = \begin{cases} 25 \\ 16/|\nu_{Ed}|^{0,5} = 16 / 0{,}307^{0,5} = 29 \end{cases}$$

$|\nu_{Ed}| = N_{Ed} / (A_c \cdot f_{cd}) = 0{,}656 / (\pi \cdot 0{,}20^2 \cdot 17{,}0) = 0{,}307$
$\lambda = 110 > \lambda_{lim} = 29$
$\rightarrow$ Die Stütze ist nach Theorie II. Ordnung zu untersuchen.

Eine starre Einspannung ist wegen der elastischen Nachgiebigkeit des Baugrundes i.d.R. nicht realisierbar. Im Rahmen des Beispiels wird daher statt $\beta = 2{,}0$ (starre Einspannung) ohne rechnerischen Nachweis) $\beta = 2{,}2$ gewählt. Bezüglich der rechnerischen Ermittlug der Ersatzlängenbeiwerte bei elastischer Fundamenteinspannung wird auf die Fachliteratur verwiesen.

3.2.2 Imperfektionen

Für Einzeldruckglieder ist als ungewollte Lastausmitte zu berücksichtigen

$e_i = \theta_i \cdot L_0 / 2$
$\theta_i = \theta_0 \cdot \alpha_h \cdot \alpha_m$
mit $\theta_0 = 0{,}005$
$\alpha_h = 2 / L^{0,5} = 2/5{,}00^{0,5} = 0{,}89$ (< 1,0)
$\alpha_m = 1$ (Einzeldruckglied)
$\theta_i = 0{,}005 \cdot 0{,}89 = 0{,}00447$
$e_i = 0{,}00447 \cdot 11{,}00 / 2 = 0{,}025$ m

3.2.3 Bemessung

Die Bemessung erfolgt nach dem Modellstützenverfahren. Es wird zunächst die Bemessung „von Hand" gezeigt (d. h. rechnerische Ermittlung der Gesamtausmitte einschl. Ausmitte nach Theorie II. Ordnung) und anschließend mit Bemessungshilfen, in denen der Einfluss nach Theorie II. Ordnung bereits berücksichtigt ist.

Gesamtausmitte

Die Gesamtausmitte nach dem Modellstützenverfahren beträgt

$e_{tot} = e_0 + e_i + e_2$

$e_0 = M_{Ed}/N_{Ed} = 0$

$e_i = 0{,}025$ m

$e_2 = K_1 \cdot 0{,}1 L_0^2 \cdot (1/r)$

$K_1 = 1$ für $\lambda > 35$

$(1/r) = K_r \cdot K_\varphi \cdot (2 \cdot \varepsilon_{yd} / (0{,}9 \cdot d)$

$K_r = (N_{ud} - N_{Ed})/(N_{ud} - N_{bal}) \leq 1$

$|N_{Ed}| = 0{,}656$ MN (s. Abschn 3.1)

$N_{bal} = 0{,}40 \cdot f_{cd} \cdot A_c = 0{,}40 \cdot 17{,}0 \cdot (\pi \cdot 0{,}20^2) = 0{,}855$ MN

$K_r = 1$ (wegen N_{Ed} kleiner als N_{bal}; s. Skizze)

e_0 planmäßige Lastausmitte der maßg. LF-Kombination
e_i Vorverformung
e_2 Ausmitte nach Th. 2. Ordnung (einschließlich Kriechausmitte)

K_r Beiwert (erfasst die Krümmungsabnahme bei Anstieg der Längsdruckkraft)

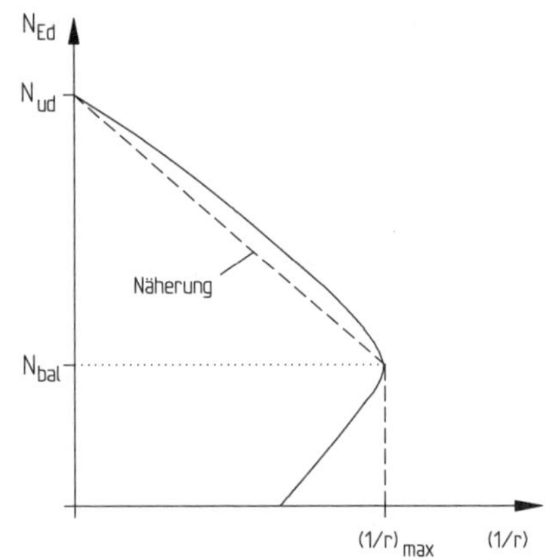

$\varepsilon_{yd} = f_{yd}/E_s = 435 / 200000 = 0{,}0022$

$K_\varphi = 1 + \beta \cdot \varphi_{ef} \geq 1$

$\beta = 0{,}35 + f_{ck}/200 - \lambda/150 = 0{,}35 + 30/200 - 110/150 = -0{,}23$
≥ 0 (maßg.); Kriechen wird daher nicht berücksichtigt.

$d = h/2 + i_s$ (da die Bewehrung teilweise parallel zur Biegeebene verteilt ist; EC2-1-1, 5.8.8.3(2))

$h/2 = 0{,}20$ m

$i_s \approx 0{,}7 \cdot r_s = 0{,}7 \cdot 0{,}16 = 0{,}11$ m

$d = 0{,}20 + 0{,}11 = 0{,}31$ m

$(1/r) = 2 \cdot 0{,}0022 / (0{,}9 \cdot 0{,}31) = 0{,}0158$

$e_2 = 0{,}1 \cdot 11{,}0^2 \cdot 0{,}0158 = 0{,}191$ m

$e_{tot} = 0 + 0{,}025 + 0{,}191 = 0{,}216$ m

i_s Trägheitsradius der gesamten Bewehrungsfläche

Bemessung mit Interaktionsdiagramm

$N_{Ed} = 656$ kN

$M_{Ed}^{II} = N_{Ed} \cdot e_{tot} = 656 \cdot 0{,}216 = 142$ kNm

$\nu_{Ed} = N_{Ed}/(\pi \cdot r^2 \cdot f_{cd}) = -0{,}656/(\pi \cdot 0{,}20^2 \cdot 17{,}0) = -0{,}307$
$\mu_{Ed} = M_{Ed}/(2\pi \cdot r^3 \cdot f_{cd}) = 0{,}142/(2\pi \cdot 0{,}20^3 \cdot 17{,}0) = 0{,}166$

Ablesung (Tafel mit $d_1/h = 0{,}040 / 0{,}40 = 0{,}10$)

$\omega_{tot} = 0{,}33$

$A_{s,tot} = \omega_{tot} \cdot \pi \cdot r^2 \cdot f_{cd} / f_{yd} = 0{,}33 \cdot \pi \cdot 0{,}20^2 \cdot 17{,}0/435 = 16{,}2 \cdot 10^{-4}\ m^2$
$= 17{,}2\ cm^2$

gew.: 8 ∅ 20 (=25,1 cm²)

Bemessungstafel s. [Goris/Schmitz – 14]

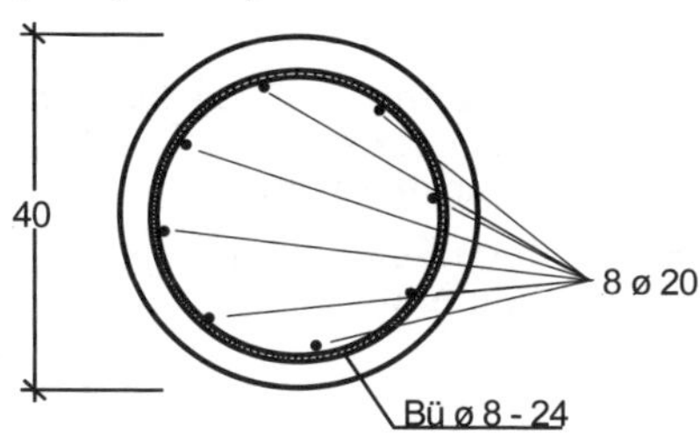

Die Bewehrung wird bewusst großzügig gewählt.

Abb. SF.2 Bewehrungsdarstellung im Querschnitt

Alternative Bemessung mit „Knickdiagramme"

$N_{Ed} = -656$ kN
$M_{Ed1} = (e_0 + e_i) \cdot N_{Ed} = 0{,}025 \cdot 656 = 16{,}4$ kNm

Maßgebende Tafel

$d_1/h = 0{,}04 / 0{,}40 = 0{,}10$
$\lambda_\varphi = \lambda = 110$ (Kriechen braucht nicht berücksichtigt zu werden)

Eingangswerte

$\nu_{Ed} = N_{Ed}/(\pi \cdot r^2 \cdot f_{cd}) = -0{,}656/(\pi \cdot 0{,}20^2 \cdot 17{,}0) = -0{,}307$
$\mu_{Ed} = M_{Ed}/(2\pi \cdot r^3 \cdot f_{cd}) = 0{,}0164/(2\pi \cdot 0{,}20^3 \cdot 17{,}0) = 0{,}019$

Ablesung

$\omega_{tot} = 0{,}32$

Man erhält in etwa das Ergebnis der vorher dargestellten Bemessung.

Kriechen kann durch eine Modifikation der Schlankheit λ erfasst werden; im vorliegende Fall darf Kriechen vernachlässigt werden (s. Abb.).

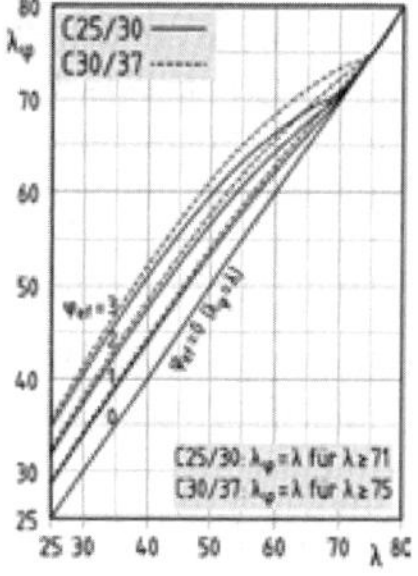

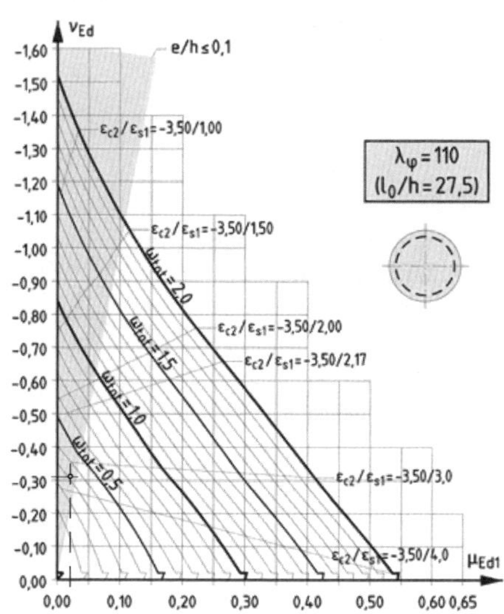

Knickdiagramm für $d_1/h = 0{,}1$, $\lambda = \lambda_\varphi = 110$ und Bewehrungsanordnung gemäß Skizze

Bemessungstafel s. [Goris/Schmitz – 14]

3.2.4 Bauliche Durchbildung

Mindest- und Höchstbewehrung (Längsbewehrung)

Mindestbewehrung

Es ist mindestens 15 % der Längskraft durch Bewehrung aufzunehmen. — EC 2-1-1, Gl. (NA.9.12)

$$A_{s,min} = 0{,}15 \cdot |N_{Ed}| / f_{yd} = 0{,}15 \cdot 0{,}656 \cdot 10^4 / 435 = 2{,}26 \text{ cm}^2$$

Außerdem ist zu prüfen:

- Die Längsstäbe müssen einen Durchmesser $\varnothing \geq 12$ mm aufweisen. — EC 2-1-1, NDP zu 9.6.2(1)
- Der Abstand der Längsstäbe darf maximal 30 cm betragen.
- Es sind mindestens 6 Stäbe (Kreisquerschnitt) anzuordnen. — EC 2-1-1, 9.5.2 und 9.5.3

Die Mindestbewehrung und die weiteren Forderungen sind eingehalten bzw. werden im vorliegenden Fall nicht maßgebend.

Höchstbewehrung

Der Bewehrungsquerschnitt darf an keiner Stelle – auch nicht im Bereich von Stößen – den maximalen Wert $0{,}09\,A_c$ überschreiten.

$$A_{s,max} = 0{,}5 \cdot 0{,}09 A_c = 0{,}5 \cdot 0{,}09 \cdot \pi \cdot 20^2 = 56{,}5 \text{ cm}^2$$

Die Ausbildung eines Vollstoßes am Stützenfuß bzw. an der Fundamentoberkante ist damit zulässig.

Verankerungs- und Übergreifungslänge — EC 2-1-1, 9.5.2

Verankerungslänge

Bei guten Verbundbedingungen ergibt sich für den Beton C30/37 und für $\varnothing$ = 20 mm als Grundwert der Verankerungslänge $l_{b,rqd,y}$

$$l_{b,rqd,y} = \frac{f_{yd}}{4 \cdot f_{bd}} \cdot \varnothing = \frac{500/1{,}15}{4 \cdot 3{,}0} \cdot 2{,}0 = 72 \text{ cm}$$

EC 2-1-1, Gl. (8.3) für $\sigma_{sd} = f_{yd}$

Übergreifungslänge

Die Längsbewehrung wird im Bereich des Stützenfußes durch Übergreifen gestoßen. Es wird ein Zugstoß nachgewiesen

$$l_0 = \alpha_6 \cdot l_{bd} \begin{cases} \geq 0{,}3 \cdot \alpha_6 \cdot l_{bd} \\ \geq 15\varnothing \\ \geq 20 \text{ cm} \end{cases}$$

EC 2-1-1, Gl. (8.10) u. (8.11)

$$l_{bd} = \alpha_1 \cdot \frac{A_{s,erf}}{A_{s,vorh}} \cdot l_{b,rqd,y} \begin{cases} \geq 0{,}3 \cdot l_{b,rqd,y} \\ \geq 10\,\varnothing \end{cases}$$

EC 2-1-1, Gl. (8.4)

$\alpha_1 = 1{,}0$ (gerade Stabenden) — EC 2-1-1, Tab. 8.2

$A_{s,erf}/A_{s,vorh} = 17{,}2/25{,}1 = 0{,}69$

$l_{bd} = 0{,}69 \cdot 72 = 49$ cm

$\alpha_6 = 2{,}0$ — EC 2-1-1, Tab. 8.3DE

$$l_0 = 2{,}0 \cdot 49 = 98 \text{ cm} \begin{cases} > 0{,}3 \cdot 2{,}0 \cdot 73 = 43 \text{ cm} \\ > 15 \cdot 2{,}0 = 30 \text{ cm} \\ > 20 \text{ cm} \end{cases}$$

gew.: 100 cm

Bügelbewehrung

Es ist der Durchmesser und der Abstand der Bügelbewehrung festzulegen.

- Mindestdurchmesser: — EC 2-1-1, 9.5.3(1)

  $\min \varnothing_{bü} \begin{cases} \geq 0{,}25\ \varnothing_l = 0{,}25 \cdot 20 = 5\text{ mm} \\ \geq 6\text{ mm} \end{cases}$

  gew.: $\varnothing_{bü} = 8$ mm

- Bügelabstände:

  Normalbereich — EC 2-1-1/NA, 9.5.3(3)

  $s_{bü} \begin{cases} \leq \min h \\ \leq 12\ \varnothing_l = 12 \cdot 2{,}0 = 24\text{ cm} \\ \leq 40\text{ cm} \end{cases}$

  gew.: 24 cm

  Stützenenden — EC 2-1-1, 9.5.3(4)

  $s_{bü} \leq 0{,}6 \cdot 24 = 15$ cm
  (über eine Höhe von max D = 40 cm)
  gew.: 15 cm

  Übergreifungsbereich — EC 2-1-1, 8.7.4.2; EC 2-1-1, 9.5.3(4)

  $s_{bü} \begin{cases} \leq 15\text{ cm} \\ \leq 0{,}6 \cdot 30 = 18\text{ cm} \end{cases}$
  (über eine Höhe von 100 cm)
  gew.: 10 cm

Darstellung der Bewehrung

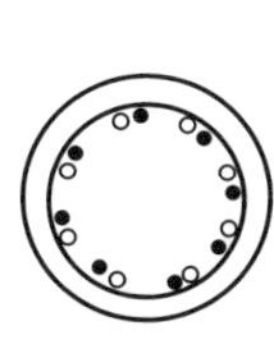

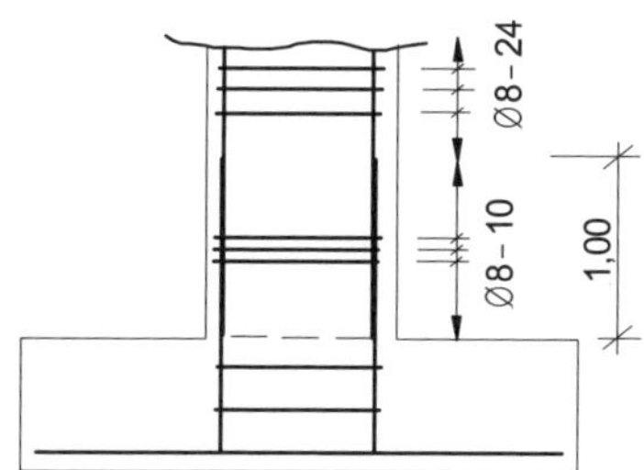

Abb. SF.3 Bewehrungsdarstellung (s. a. Abschn. 4.6)

4 Fundament

4.1 System und Einwirkungen

Die Einwirkungen ergeben sich aus Abschnitt 1 und 3. An OK Fundament erhält man als Bemessungslasten im Grenzzustand der Tragfähigkeit:

$$N_{Ed,g} = 39{,}0 \cdot 16{,}0 \cdot (16{,}0 / 2) / 12{,}0 + 1{,}35 \cdot \pi \cdot 0{,}20^2 \cdot 25 \cdot 5{,}00 = 416 + 21 = 437 \text{ kN}$$

$$N_{Ed,q} = 22{,}5 \cdot 16{,}0 \cdot (16{,}0 / 2) / 12{,}0 = 240 \text{ kN}$$

Zusätzlich sind die Auswirkungen nach Theorie II. Ordnung zu berücksichtigen. Hierfür erhält man (s. Abschn. 3):

$$M_{Ed}^{II} = N_{Ed} \cdot e_{tot} = 656 \cdot 0{,}216 = 142 \text{ kNm}$$

Für das Moment nach Theorie II. Ordnung kann die geringe Stützeneigenlast vernachlässigt werden.

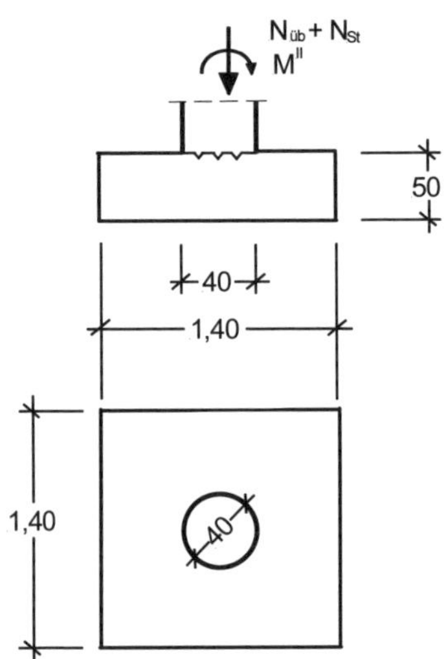

Baustoffe

Beton: C20/25

Betonstahl: B500B

Abb. SF.4 System und Belastung

Die Festlegung der Fundamentabmessungen b_x und b_y erfolgt nach bodenmechanischen Kriterien (Einhaltung von Bodenpressung u.a.), die Konstruktionsdicke *h* wird so gewählt, dass auf Durchstanzbewehrung verzichtet werden kann (s. Abschn. 4.3.2).

4.2 Bodenmechanische Nachweise

Der Nachweis der Bodenpressungen erfolgt nach EC 7 (hierbei sind zusätzlich die Eigenlast des Fundamentes, Bodenauflasten u.a. zu berücksichtigen). Das der Norm zugrunde liegende Sicherheitskonzept ist zu beachten. Im Rahmen des Beispiels ohne Nachweis.

4.3 Grenzzustand der Tragfähigkeit

4.3.1 Biegung

Beanspruchungen in der Fundamentsohle

$N_{Ed} = 437 + 240 = 677$ kN

$M_{Ed} = 142$ kNm (Moment nach Th. II. Ord.)

Für die Bemessung des Fundamentes werden die Biegemomente aus den dreiecks- bzw. trapezförmig verteilten Bodenpressungen ermittelt, die aus den Einwirkungen N_{Ed} und M_{Ed} entstehen. Fundamenteigenlasten beanspruchen das Fundament nicht.

Für die Fundamentbemessung gilt eine trapezförmige Spannungsverteilung.

Bemessungsmoment

Spannungsverteilung

$\sigma_1 = 677/(1{,}4 \cdot 1{,}4) - 142 \cdot 6 / (1{,}4 \cdot 1{,}4^2) \quad = \quad 35 \text{ kN/m}^2$

$\sigma_m = 677/(1{,}4 \cdot 1{,}4) \quad = 345 \text{ kN/m}^2$

$\sigma_2 = 677/(1{,}4 \cdot 1{,}4) + 142 \cdot 6 / (1{,}4 \cdot 1{,}4^2) \quad = 656 \text{ kN/m}^2$

Auf der sicheren Seite wird auf eine Momentenausrundung verzichtet.

$$m_{Ed} = \sigma_m \cdot \frac{b_x^2}{8} + (\sigma_2 - \sigma_m) \cdot \frac{b_x^2}{12}$$

$$= 345 \cdot \frac{1{,}4^2}{8} + (656 - 345) \cdot \frac{1{,}4^2}{12} = 135 \text{ kNm/m}$$

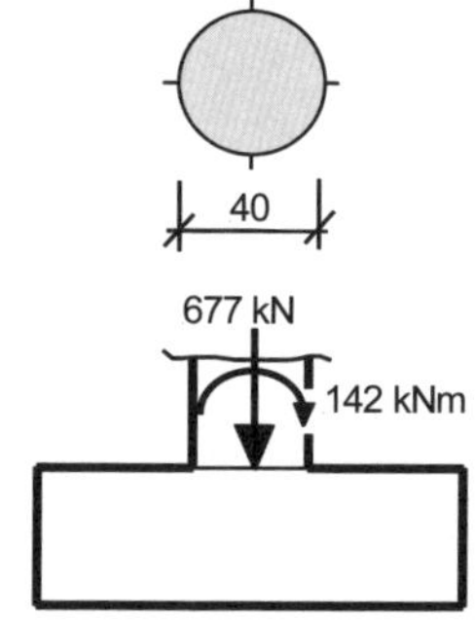

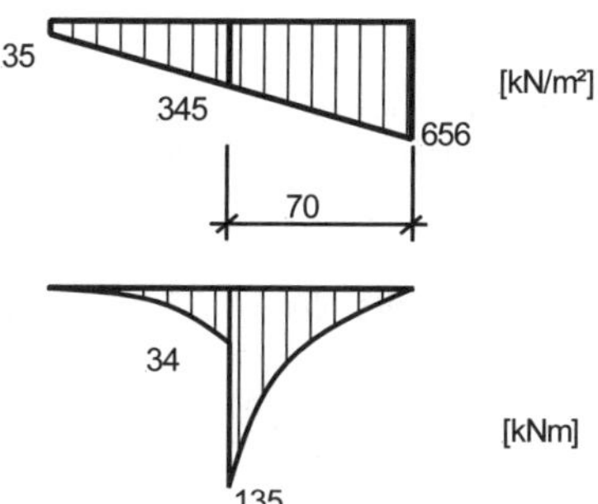

Abb. SF.5 Sohlpressungen und Biegemomente

Biegebemessung

Betondeckung und Nutzhöhe

$c_{min} = 2{,}0$ cm (Umgebungsklasse XC 2)

$\Delta c_{dev} = 3{,}5$ cm (Vorhaltemaß)

$c_{nom} = 5{,}5$ cm

Mit $c_{nom} = 5{,}5$ cm und für $d_{sl} \leq 16$ mm (s. nachfolgend) erhält man

$d_x = 50{,}0 - 5{,}5 - 1{,}6/2 \approx 44$ cm (1. Lage)

$d_y = 50{,}0 - 5{,}5 - 1{,}6 - 1{,}6/2 \approx 42$ cm (2. Lage)

Betonieren gegen unebene Sauberkeitsschicht: Vergrößerung des Vorhaltemaßes von 1,5 cm (XC 2) um 2,0 cm; vgl. EC2-1-1, 4.4.1.3(4)

Momentenverteilung

Die Konzentration der Beanspruchung in Stützennähe wird konstrukiv berücksichtigt.

Bemessung

$$\mu_{Eds} = \frac{m_{Eds}}{b \cdot d^2 \cdot f_{cd}} = \frac{135 \cdot 10^{-3}}{1,00 \cdot 0,42^2 \cdot (0,85 \cdot 20/1,5)} = 0,0675$$

$\rightarrow \omega = 0,0701;\ \zeta = 0,96$

$$A_s = \omega \cdot b \cdot d \cdot \frac{f_{cd}}{\sigma_{sd}} = 0,0701 \cdot 100 \cdot 42 \cdot \frac{0,85 \cdot 20/1,5}{435} = 7,67\ \text{cm}^2/\text{m}$$

bzw.

$A_s = 7,67 \cdot 1,40 = 10,7\ \text{cm}^2$

gew.: 9 ∅ 16 (= 18,1 cm²)

Bewehrungsskizze

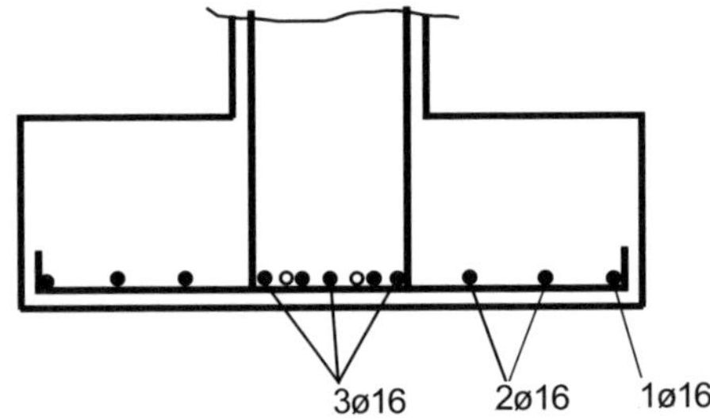

Abb. SF.6 Bewehrungsanordnung im Fundament

4.3.2 Durchstanzen

Mindestbiegezugbewehrung

Für den Durchstanznachweis müssen zunächst die Momente m_{Edx} und m_{Edy} je Längeneinheit nach EC 2-1-1, Abschnitt 10.5.6 nachgewiesen werden.

Wegen der relativ großen Momentwirkung wird eine Randstütze nachgewiesen.

$m_{Edx} = m_{Edy} \geq \eta \cdot V_{Ed}$

$\eta = 0,25$ („Randstütze"; EC 2-1-1, Tabelle NA.6.1.1)

$V_{Ed} = 677$ kN

$m_{Edx} = m_{Edy} = 0,25 \cdot 677 = 169$ kNm/m

$$\mu_{Eds} = \frac{m_{Ed}}{b \cdot d^2 \cdot f_{cd}} = \frac{169 \cdot 10^{-3}}{1,0 \cdot 0,43^2 \cdot (0,85 \cdot 20/1,5)} = 0,0806$$

(Nachweis näherungsweise mit $d = d_m$)

$\rightarrow \omega = 0,084$

$$a_{sy} = \omega \cdot b \cdot d \cdot \frac{f_{cd}}{\sigma_{sd}} = 0,084 \cdot 100 \cdot 43 \cdot \frac{0,85 \cdot 20/1,5}{435} = 9,41\ \text{cm}^2/\text{m}$$

Gemäß [DAfStb-H525] muss die Mindestbewehrung den kritischen Rundschnitt abdecken.

Die vorhandene bzw. gewählte Bewehrung ist ausreichend, es sind i. M. 18,1 / 1,4 = 12,9 cm²/m vorhanden.

Nachweis gegen Durchstanzen – Iterative Bemessung

Lasteinleitungsfläche

Die Lasteinleitungsfläche A_{load} muss folgende Bedingungen erfüllen:

$u_{load} \leq 12d \rightarrow 2\pi \cdot 0,20 = 1,26\ \text{m} < 12 \cdot 0,43 = 5,16\ \text{m}$

EC 2-1-1, 6.4.4 (2)

Lage des kritischen Schnitts u_{crit}

Der maßgebende Rundschnitt ist wegen $\lambda = 0{,}50/0{,}43 = 1{,}16 < 2{,}0$ iterativ zu bestimmen.

Aufzunehmende Querkraft (je Flächeneinheit)

Die Querkraft V_{Ed} darf um die günstige Wirkung aus den Bodenpressungen innerhalb der kritischen Fläche A_{crit} abgemindert werden.

$$v_{Ed} = \beta \cdot V_{Ed,red} / (u \cdot d)$$

EC 2-1-1, Gl. (6.38)

$$V_{Ed,red} = N_{Ed} - \sigma_0 \cdot A_{crit}$$

$$\sigma_0 = N_{Ed} / A = 0{,}677 / (1{,}40 \cdot 1{,}40) = 0{,}345 \text{ MN/m}^2$$

$$A_{crit} = \pi \cdot (0{,}2 + a_{crit})^2$$

$\beta = 1{,}4$[1)]

$\beta = 1{,}4$ für Randstützen (wegen exzentrischer Beanspruchung)

$$u = u_{crit} = 2 \cdot \pi \cdot (0{,}20 + a_{crit})$$

$$v_{Ed} = 1{,}40 \cdot (0{,}667 - 0{,}345 \cdot A_{crit}) / (u_{crit} \cdot 0{,}43)$$

Aufnehmbare Querkraft (Widerstand) $v_{Rd,c}$ ohne Durchstanzbewehrung

$$v_{Rd,c} = (0{,}15/\gamma_C) \cdot k \cdot (100\,\rho_l \cdot f_{ck})^{1/3} \cdot (2d/a_{crit}) \geq v_{min} \cdot (2d/a_{crit})$$

EC 2-1-1, Gl. (6.47)

$$k = 1 + (200/d)^{1/2} = 1 + (200/430)^{1/2} = 1{,}68$$

$$f_{ck} = 20 \text{ N/mm}^2 \qquad \text{(C20/25)}$$

$$\rho_l = (\rho_{lx} \cdot \rho_{ly})^{1/2}$$

$$b_x = 1{,}40 \text{ m} \rightarrow 9 \varnothing 16: \quad \rho_{ly} = 18{,}1/(140 \cdot 42) = 0{,}00308$$

$$b_y = 1{,}40 \text{ m} \rightarrow 9 \varnothing 16: \quad \rho_{lx} = 18{,}1/(140 \cdot 44) = 0{,}00294$$

$$\rho_l = (0{,}00308 \cdot 0{,}00294)^{1/2} = 0{,}0030$$

$$d = d_m = 0{,}43 \text{ m}$$

$$v_{min} = (0{,}0525/\gamma_C) \cdot k^{3/2} \cdot f_{ck}^{1/2} = (0{,}0525/1{,}5) \cdot 1{,}68^{3/2} \cdot 20^{1/2} = 0{,}341$$

$$v_{Rd,c} = (0{,}15/1{,}5) \cdot 1{,}68 \cdot (0{,}30 \cdot 20)^{1/3} \cdot (2 \cdot 0{,}43/a_{crit}) = 0{,}263/a_{crit}$$
$$< 0{,}341 \cdot (2 \cdot 0{,}43/a_{crit}) = 0{,}293/a_{crit} \text{ (maßgebend)}$$

Die Werte ρ_{lx} und ρ_{ly} werden mit einer Breite entspr. der Stützenabmessung zzgl. $3d$ pro Seite ermittelt. Diese Breite ist hier größer als die ganze Fundamentbreite, sodass letztere maßgebend wird.

Nachweis

Für den maßg. Schnitt im Abstand 0,23 m (nach Iteration) erhält man

$$v_{Ed} = 1{,}40 \cdot (0{,}667 - 0{,}345 \cdot A_{crit}) / (u_{crit} \cdot 0{,}293)$$

$$= \frac{1{,}40 \cdot (0{,}667 - 0{,}345 \cdot \pi \cdot (0{,}2 + 0{,}23)^2)}{0{,}293 \cdot [2 \cdot \pi \cdot (0{,}20 + 0{,}23)]}$$

$$v_{Ed} = 0{,}653/0{,}792 = 0{,}824 \text{ MN/m}^2$$

$$v_{Rd,c} = 0{,}293/a_{crit} = 0{,}293/0{,}23 = 1{,}274 \text{ MN/m}^2$$

$v_{Ed} < v_{Rd,c} \Rightarrow$ Nachweis erfüllt, keine Durchstanzbewehrung erforderlich.

---

1) Genauer wird β bestimmt aus:

$$\beta = 1 + 0{,}6 \cdot \pi \cdot ((M_{Ed} / V_{Ed,red}) / (D + 2 \cdot a_{crit})) \geq 1{,}1$$

EC 2-1-1, Gl. (6.42), bezogen auf a_{crit}

D Durchmesser der Kreisstütze

a_{crit} kritischer Schnitt

Mit ***obigen*** Werten ergäbe sich für β:

$$V_{Ed,red} = 0{,}667 - 0{,}345 \cdot \pi \cdot (0{,}2 + 0{,}23)^2 = 0{,}667 - 0{,}200 = 0{,}467$$

$$\beta = 1 + 0{,}6 \cdot \pi \cdot (0{,}142/0{,}467)/(0{,}40 + 2 \cdot 0{,}23) = 1{,}67$$

W analog zu EC 2-1-1, 6.4.3(3), jedoch bezogen auf den Rundschnitt u_{crit}

Der Wert $\beta = 1{,}67$ ist ungünstiger als der vereinfachend angenomme Wert $\beta = 1{,}4$. Es ist jedoch zu sehen, dass der Nachweis auch mit diesem vergrößerten Wert erfüllt ist. Allerdings müsste die Lage des kritischen Rundschnitts – und damit auch der Beiwert β – dafür neu bestimmt werden (Iteration). Im Rahmen des Beispiels wird hierauf verzichtet.

4.4 Grenzzustand der Gebrauchstauglichkeit

Es wird nur der Nachweis zur Beschränkung der Rissbreite für die Lastbeanspruchung geführt.

Beschränkung der Rissbreite

Für die Expositionsklasse XC 2 gilt die Mindestanforderung ein Rechenwert der Rissbreite $w_k \leq 0{,}3$ mm. Die Berechnung wird nur für die ungünstigere y-Richtung mit der geringeren Nutzhöhe d_y geführt. Der Nachweis erfolgt für die quasi-ständige Last. Für die Nutzlast gilt ein Kombinationsfaktor $\psi_2 = 0{,}6$.

EC 2-1-1, Tab. 7.1DE

EC 0/NA, Tab. NA. 1.1 (ungünstig wurde die Kategorie C zugrunde gelegt; s. S. BB.2)

$$N_{perm} = N_{gk} + \psi_2 \cdot N_{qk} = (437/1{,}35) + 0{,}6 \cdot (240/1{,}5) = 420 \text{ kN}$$

Vgl. Abb. SF.4

(Biegemomente resultieren aus dem Nachweis nach Theorie II. Ordnung und werden hier nicht berücksichtigt.)

Für das Moment M_{perm} erhält man

$$M_{perm} = 420 \cdot \frac{1{,}40}{8} = 73{,}5 \text{ kNm}$$

Die Stahlspannung unter der quasi-ständigen Last (infolge M_{perm}) ergibt sich für reine Biegung

$$\sigma_s = \frac{M_{perm}}{z \cdot A_s}$$

$z \approx 0{,}9 \cdot 0{,}42 = 0{,}38$ m $\quad (z \approx 0{,}9\,d)$

$A_s = 18{,}1$ cm² $\quad (9\,\varnothing 16)$

Es wird vereinfachend mit einer mittleren Höhe nachgewiesen.

$$\sigma_s = \frac{0{,}0735}{0{,}38 \cdot 18{,}1 \cdot 10^{-4}} = 107 \text{ MN/m}^2$$

Nachweis des gewählten Durchmessers

$$\varnothing_s = \varnothing_s^* \cdot \frac{\sigma_s \cdot A_s}{4 \cdot (h-d) \cdot b \cdot 2{,}9} \geq \varnothing_s^* \cdot \frac{f_{ct,eff}}{2{,}9}$$

$\varnothing_s^* > 41$ mm $\quad$ (für $\sigma_s = 107$ MN/m², $w_k = 0{,}3$ mm)

EC 2-1-1, Tab. 7.2DE

$$\frac{\sigma_s \cdot A_s}{4 \cdot (h-d) \cdot b \cdot 2{,}9} = \frac{107 \cdot 18{,}1 \cdot 10^{-4}}{4 \cdot (0{,}50 - 0{,}42) \cdot 1{,}0 \cdot 2{,}9} = 0{,}21$$

$f_{ct,eff}/2{,}9 = 2{,}2 / 2{,}9 = 0{,}76$

$f_{ct,eff} = f_{ctm} = 2{,}2$ MN/m² (Beton C20/25)

$\varnothing_s = \varnothing_s^* \cdot 0{,}76 = 41 \cdot 0{,}76 = 31$ mm

$\varnothing_s = 31$ mm $> \varnothing_{s,vorh} = 16$ mm $\Rightarrow$ Nachweis erfüllt.

4.5 Bewehrungsführung

4.5.1 Mindestbewehrung

Zur Sicherstellung gegen ein Versagen ohne Vorankündigung ist i. d.R. eine Mindestbewehrung anzuordnen (Duktilitätskriterium). Sie ist für das Rissmoment mit dem Mittelwert der Betonzugfestigkeit f_{ctm} und der Stahlspannung $\sigma_s = f_{yk}$ zu berechnen.

Bei Einzelfundamenten ohne äußeren Zwang darf, wenn die Schnittgrößen für Lasten nach EC 2-1-1, 5.4 ermittelt und alle Nachweise der Grenzzustände erfüllt werden, auf eine Mindestbewehrung verzichtet werden; EC 2-1-1/NA, 9.2.1.1.
Der Nachweis wird hier dennoch geführt.

$A_{s,min} = M_{cr} / (z \cdot f_{yk})$

$M_{cr} = f_{ctm} \cdot W = 2{,}2 \cdot (0{,}50^2 / 6) \cdot 1{,}40 = 0{,}128$ MNm

$z \approx 0{,}9d = 0{,}9 \cdot 0{,}43 = 0{,}39$ m

$A_{s,min} = 0{,}128 / (0{,}39 \cdot 500) \cdot 10^4 = 6{,}63$ cm²

Die Mindestbewehrung muss über die gesamte Fundamentlänge („Kragarm") durchlaufen. Die Mindestbewehrung ist mit $A_s = 18{,}1\ \text{cm}^2$ (9 ∅ 16) eingehalten, die Bewehrung wird nicht gestaffelt.

EC 2-1-1/NA, 9.2.1.1

4.5.2 Verankerung der Biegezugbewehrung

Der Nachweis der Verankerung erfolgt nach EC 2-1-1, 9.8.2.2. Die Randzugkraft F_s ist auf der Länge x zu verankern (s. Abb. SF.7).

EC 2-1-1, 9.8.2.2

$$F_s = R \cdot z_e/z_i$$
$$R = \sigma_m \cdot x$$
$$x = h/2 = 0{,}50/2 = 0{,}25$$
$$\sigma_m = N_{Ed}/b_F + M_{Ed} \cdot (0{,}5 \cdot (b_F - x)) / I_F$$
$$= 0{,}677/1{,}40$$
$$+ 0{,}142 \cdot (0{,}5 \cdot (1{,}4 - 0{,}25)) / (1{,}4^3/12)$$
$$= 0{,}841\ \text{MN/m}$$
$$R = 0{,}841 \cdot 0{,}25 = 0{,}210\ \text{MN}$$
$$z_e = (a_F - x/2) + 0{,}15\ b_{col}$$
$$= (0{,}50 - 0{,}25/2) + 0{,}15 \cdot 0{,}40 = 0{,}44\ \text{m}$$
$$z_i = 0{,}9 \cdot d_m = 0{,}9 \cdot 0{,}43 = 0{,}39\ \text{m}$$
$$F_s = 0{,}210 \cdot 0{,}44 / 0{,}39 = 0{,}237\ \text{MN}$$
$$A_s = (0{,}237/435) \cdot 10^4 = 5{,}45\ \text{cm}^2$$

Ermittlung der mittleren Sohlpressung am Angriffspunkt von R (näherungsweise bei $x/2$; s. Abb. SF.7)

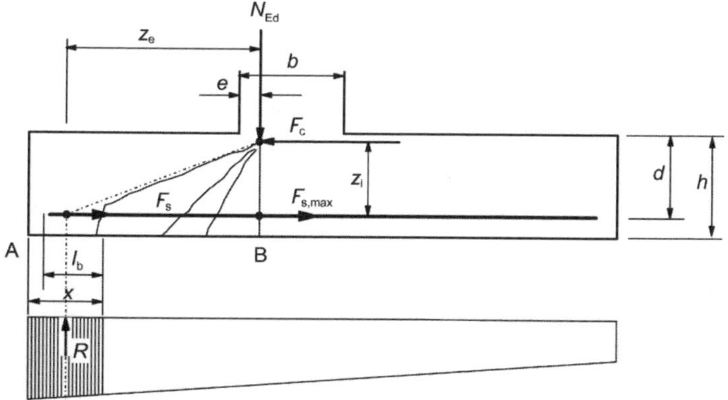

EC 2-1-1, Bild 9.13

Abb. SF.7 Modell zur Ermittlung der Verankerungslänge

$$l_{bd} = (A_{s,erf}/A_{s,vorh}) \cdot l_{b,rqd,y} \geq l_{b,min}$$
$$l_{b,rqd,y} = 0{,}25 \cdot (435/2{,}32) \cdot \varnothing = 46{,}9 \cdot 1{,}6 = 75\ \text{cm}$$
$$l_{b,min} = 0{,}3 \cdot l_{b,rqd,y} \geq 10\ d_s$$
$$= 0{,}3 \cdot 75 = 23\ \text{cm} > 10 \cdot 1{,}6 = 16\ \text{cm}$$
$$l_{bd} = (5{,}45/18{,}1) \cdot 75 = 23\ \text{cm}\ (\geq l_{b,min})$$

EC 2-1-1, Gl. (8.3) (für $\sigma_{sd} = f_{yd}$)

Die Verankerungslänge l_{bd} steht – unter Berücksichtigung der erforderlichen seitlichen Betondeckung – auf der Länge x nicht ganz zur Verfügung. Es werden daher Endhaken (Länge ≈ 15 d_s) gewählt; im Verankerungsbereich wird an den Rändern konstruktiv ein Querstab ∅ 8 angeordnet.

seitl. Betondeckung: $c_{nom} = 2{,}0 + 1{,}5 = 3{,}5\text{cm}$

Nachweis

Es wird die vertikale Hakenlänge für die am Rand zu verankernde Zugkraft nachgewiesen; sie wird aus der um das Versatzmaß $a_l = d$ verschobenen M_{Ed}/z-Linie bestimmt.

Der Krümmungsbeginn liegt bei (s. Abb. unten)

$x_0 = c_{nom} + \varnothing + D_{min} / 2 = 3{,}5 + 1{,}6 + 4 \cdot 1{,}6 / 2 \approx 8$ cm

D_{min} nach EC 2-1-1, Tab. 8.1DE

Das Moment ergibt sich zu

$$M_{Ed,x0} + \Delta M_{Ed,x0} = \frac{N_{Ed}}{b} \cdot \frac{(x_0 + a_l)^2}{2} = \frac{656}{1{,}40} \cdot \frac{(0{,}08 + 0{,}43)^2}{2} = 61 \text{ kNm}$$

Mit $z \approx d_m = 0{,}43$ m erhält man

$F_{sd} = 61 / 0{,}43 = 142$ kN

$A_{s,erf} = F_{sd} / f_{yd} = 142 / 43{,}5 = 3{,}26 \text{ cm}^2 < A_{s,vorh} = 18{,}1 \text{ cm}^2$

Zugkraftdeckung und Verankerung

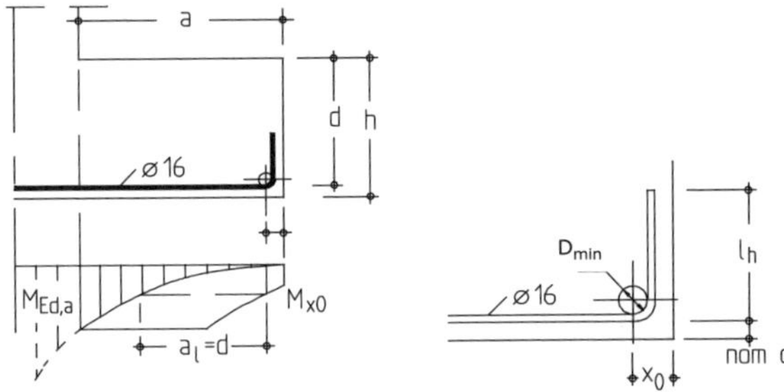

Abb. SF.8 Modell zur Ermittlung der Verankerungslänge (Verankerung „über Eck")

Die Verankerungslänge ergibt sich dann für ein *gerades* Stabende zu

$l_{bd} = (A_{s,erf}/A_{s,vorh}) \cdot l_{b,rqd,y} \geq l_{b,min}$

$l_{bd} = (3{,}26/ 18{,}1) \cdot 75 = 14$ cm

$l_{b,min} = 0{,}3 \cdot l_{b,rqd,y} = 0{,}3 \cdot 75 = 23 \text{ cm} \geq 10\, d_s = 16$ cm

$l_{bd} = 14 \text{ cm} < 23$ cm

Mindestmaß wird maßgebend.

Es wird eine Hakenlänge von ca. 25 cm gewählt; im Verankerungsbereich wird an den Rändern konstruktiv ein Querstab ∅ 8 angeordnet.

$l_{bd,vorh} \approx l_h = 25 + D_{min}/2 + \varnothing = 25{,}0 + 4 \cdot 1{,}6/2 + 1{,}6 = 30 \text{ cm} > 23$ cm

4.5.3 Sonstige Bewehrungsregeln

Der *Stababstand* in Längs- und Querrichtung darf maximal 25 cm betragen. Die gewählte Bewehrung erfüllt diese Anforderung.

EC 2-1-1/NA, 9.3.3.1

An *freien ungestützten Rändern* ist eine Längs- und Querbewehrung (Steckbügel) anzuordnen. Hierauf darf jedoch bei Fundamenten verzichtet werden.

EC 2-1-1/NA, 9.3.1.4(NA.3)

4.6 Bewehrungsskizze

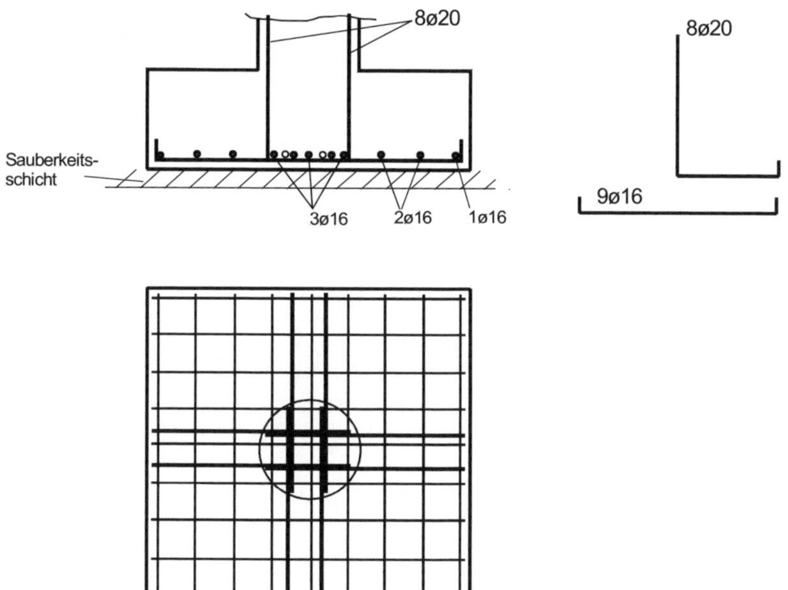

Abb. SF.9 Bewehrungsdarstellung (Fundament und Anschlussbewehrung Stütze)

Eine Abschrägung der Fundarmentoberkannte ist möglich.

Anhang

Bemessungs- und Konstruktionstafeln

Nachfolgend sind die wesentlichen Bemessungs- und Konstruktionstafeln, die im Rahmen der Projektbeispiele Verwendung finden, abgedruckt, um dem Leser ein lästiges Nachschlagen in verschiedenden Werken weitgehenst zu ersparen. Für weitere Tafeln wird auf das umfangreiche Werk [Goris/Schmitz - 14] verwiesen, das zahlreiche andere Parameter und zusätzliche Tafeln beinhaltet.

Abgedruckt sind nachfolgend:

- Tafel A1:
  Allgemeines Bemessungsdiagramm für Rechteckquerschnitte (Normalbeton der Festigkeitsklassen ≤ C50/60)
- Tafel A2:
  Bemessungstafel (μ_s-Tafel) für Rechteckquerschnitte ohne Druckbewehrung (Normalbeton der Festigkeitsklassen ≤ C50/60; Betonstahl B500 und γ_S = 1,15)
- Tafel A3:
  Dimensionsgebundene Bemessungstafel (k_d-Verfahren); Rechteckquerschnitt ohne Druckbewehrung (Normalbeton der Festigkeitsklassen ≤ C50/60 mit α_{cc}= 0,85; Betonstahl B500 und γ_S = 1,15)
- Tafel A4.1:
  Interaktionsdiagramm für 2-seitig symmetrisch bewehrte Rechteckquerschnitte (Normalbeton der Festigkeitsklassen ≤ C50/60; Betonstahl B500)
- Tafel A4.2:
  Interaktionsdiagramm für 4-seitig symmetrisch bewehrte Rechteckquerschnitte (Normalbeton der Festigkeitsklassen ≤ C50/60; Betonstahl B500)
- Tafel A.5.1:
  Interaktionsdiagramm nach dem Modellstützenverfahren für 2-seitig symmetrisch bewehrte Rechteckquerschnitte; *Auszug* (Normalbeton der Festigkeitsklassen ≤ C50/60 und Betonstahl B500)
- Tafel A.5.2:
  Interaktionsdiagramm nach dem Modellstützenverfahren für 4-seitig symmetrisch bewehrte Rechteckquerschnitte; *Auszug* (Normalbeton der Festigkeitsklassen ≤ C50/60 und Betonstahl B500)
- Tafel A.6:
  Maßgebender Rundschnitt und Durchstanzwiderstand bei mittig belasteten Einzelfundamenten, Beton ≤ C50/60 (Voraussetzung für die Anwendung: $a_{crit} \leq 2d$)
- Tafel A.7:
  Zusammenstellung geometrischer Größen für die Ermittlung der Stahl- und Betonspannung σ_{s1} und σ_{c2} unter reiner Biegung im Gebrauchszustand für Rechteckquerschnitte
- Tafel A.8:
  Zusammenstellung geometrischer Größen für die Ermittlung der Stahl- und Betonspannung σ_{s1} und σ_{c2} unter reiner Biegung im Gebrauchszustand für Plattenbalkenquerschnitte
- Tafel A.9:
  Querschnitte und Verankerungen von Stabstählen

Tafel A.1

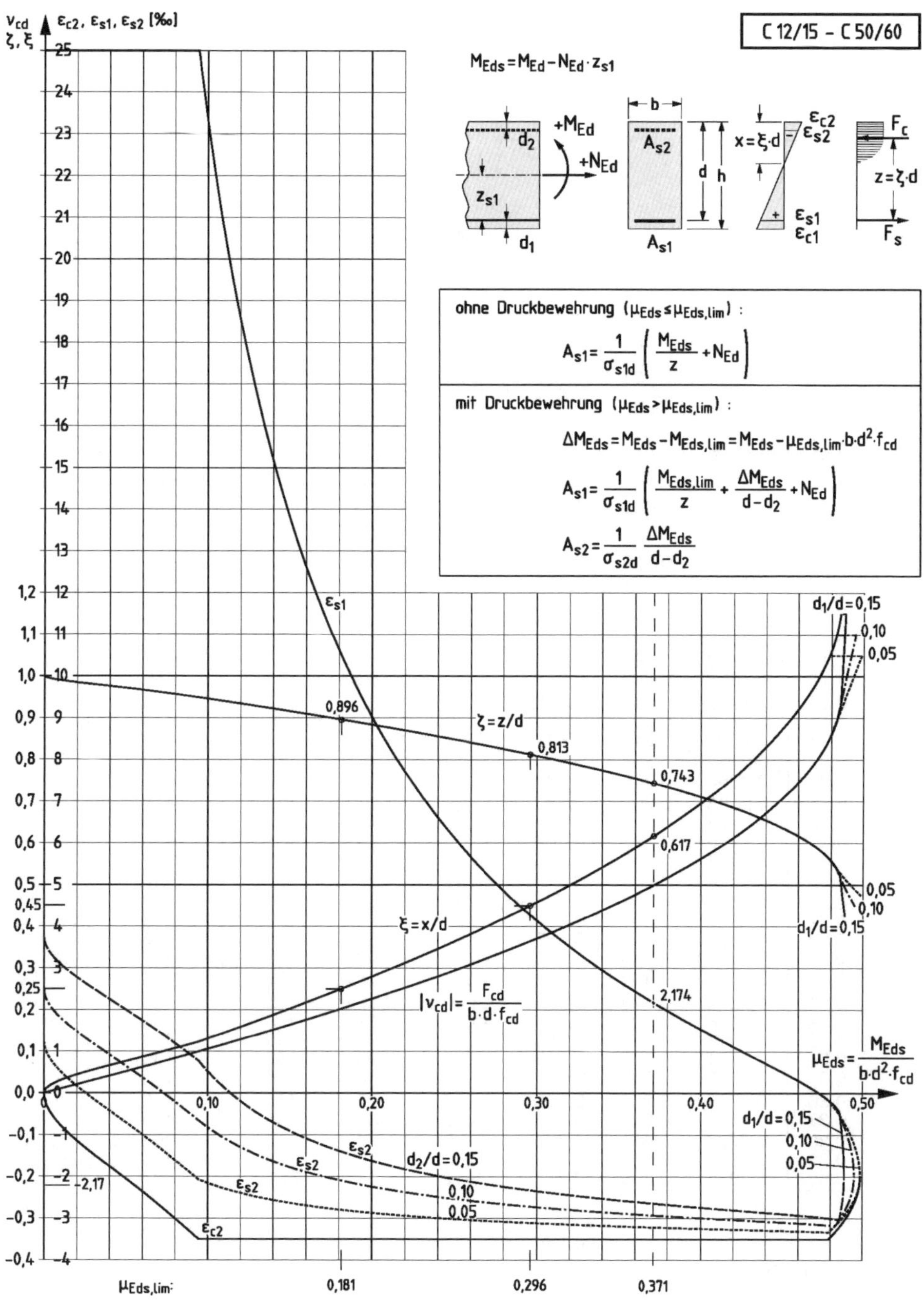

Allgemeines Bemessungsdiagramm für Rechteckquerschnitte
(Normalbeton der Festigkeitsklassen ≤ C50/60)

Tafel A.2

μ_s–Tafel
C12/15 – C50/60

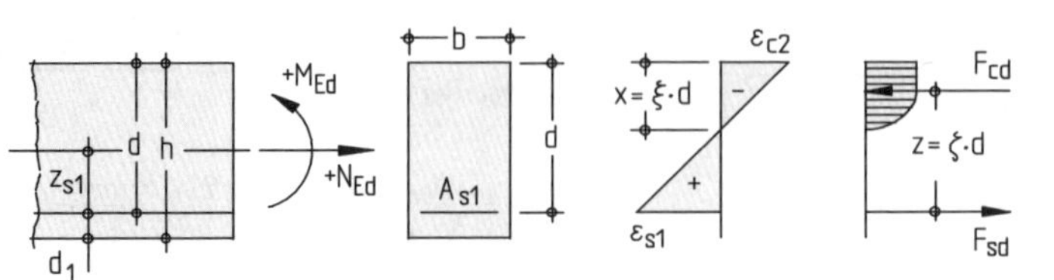

$$\mu_{Eds} = \frac{M_{Eds}}{b \cdot d^2 \cdot f_{cd}}$$

mit $M_{Eds} = M_{Ed} - N_{Ed} \cdot z_{s1}$
$f_{cd} = \alpha_{cc} \cdot f_{ck}/\gamma_C$ (i. Allg. gilt $\alpha_{cc} = 0{,}85$)

μ_{Eds}	ω	$\xi = \frac{x}{d}$	$\zeta = \frac{z}{d}$	ε_{c2} in ‰	ε_{s1} in ‰	σ_{sd} [1] in MPa B500	σ_{sd}^{*} [2] in MPa B500
0,01	0,0101	0,030	0,990	−0,77	25,00	435	457
0,02	0,0203	0,044	0,985	−1,15	25,00	435	457
0,03	0,0306	0,055	0,980	−1,46	25,00	435	457
0,04	0,0410	0,066	0,976	−1,76	25,00	435	457
0,05	0,0515	0,076	0,971	−2,06	25,00	435	457
0,06	0,0621	0,086	0,967	−2,37	25,00	435	457
0,07	0,0728	0,097	0,962	−2,68	25,00	435	457
0,08	0,0836	0,107	0,956	−3,01	25,00	435	457
0,09	0,0946	0,118	0,951	−3,35	25,00	435	457
0,10	0,1057	0,131	0,946	−3,50	23,29	435	455
0,11	0,1170	0,145	0,940	−3,50	20,71	435	452
0,12	0,1285	0,159	0,934	−3,50	18,55	435	450
0,13	0,1401	0,173	0,928	−3,50	16,73	435	449
0,14	0,1518	0,188	0,922	−3,50	15,16	435	447
0,15	0,1638	0,202	0,916	−3,50	13,80	435	446
0,16	0,1759	0,217	0,910	−3,50	12,61	435	445
0,17	0,1882	0,232	0,903	−3,50	11,56	435	444
0,18	0,2007	0,248	0,897	−3,50	10,62	435	443
0,19	0,2134	0,264	0,890	−3,50	9,78	435	442
0,20	0,2263	0,280	0,884	−3,50	9,02	435	441
0,21	0,2395	0,296	0,877	−3,50	8,33	435	441
0,22	0,2528	0,312	0,870	−3,50	7,71	435	440
0,23	0,2665	0,329	0,863	−3,50	7,13	435	440
0,24	0,2804	0,346	0,856	−3,50	6,60	435	439
0,25	0,2946	0,364	0,849	−3,50	6,12	435	439
0,26	0,3091	0,382	0,841	−3,50	5,67	435	438
0,27	0,3239	0,400	0,834	−3,50	5,25	435	438
0,28	0,3391	0,419	0,826	−3,50	4,86	435	437
0,29	0,3546	0,438	0,818	−3,50	4,49	435	437
0,30	0,3706	0,458	0,810	−3,50	4,15	435	437
0,31	0,3869	0,478	0,801	−3,50	3,82	435	436
0,32	0,4038	0,499	0,793	−3,50	3,52	435	436
0,33	0,4211	0,520	0,784	−3,50	3,23	435	436
0,34	0,4391	0,542	0,774	−3,50	2,95	435	436
0,35	0,4576	0,565	0,765	−3,50	2,69	435	435
0,36	0,4768	0,589	0,755	−3,50	2,44	435	435
0,37	0,4968	0,614	0,745	−3,50	2,20	435	435
0,38	0,5177	0,640	0,734	−3,50	1,97	395	395
0,39	0,5396	0,667	0,723	−3,50	1,75	350	350
0,40	0,5627	0,695	0,711	−3,50	1,54	307	307

unwirtschaftlicher Bereich

[1] Begrenzung der Stahlspannung auf $f_{yd} = f_{yk} / \gamma_S$ (horizontaler Ast der σ-ε-Linie)
[2] Begrenzung der Stahlspannung auf $f_{td,cal} = f_{tk,cal} / \gamma_S$ (geneigter Ast der σ-ε-Linie)

$$A_{s1} = \frac{1}{\sigma_{sd}} (\omega \cdot b \cdot d \cdot f_{cd} + N_{Ed})$$

Bemessungstafel (μ_s-Tafel) für Rechteckquerschnitte ohne Druckbewehrung
(Normalbeton der Festigkeitsklassen ≤ C50/60; Betonstahl B500 und γ_S = 1,15)

Tafel A.3

k_d–Tafel
$\gamma_c = 1,5$

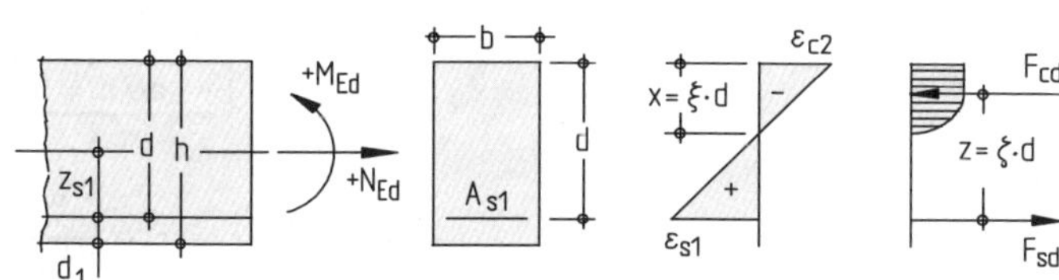

$$k_d = \frac{d\,[\mathrm{cm}]}{\sqrt{M_{Eds}\,[\mathrm{kNm}]\,/\,b\,[\mathrm{m}]}}$$ mit $M_{Eds} = M_{Ed} - N_{Ed} \cdot z_{s1}$

k_d für Betonfestigkeitsklasse C									k_s	κ_s	ξ	ζ	ε_{c2} in ‰	ε_{s1} in ‰
12/15	16/20	20/25	25/30	30/37	35/45	40/50	45/55	50/60						
14,34	12,41	11,10	9,93	9,07	8,39	7,85	7,40	7,02	2,32	0,95	0,025	0,991	-0,64	25,00
7,90	6,84	6,12	5,47	5,00	4,63	4,33	4,08	3,87	2,34	0,95	0,048	0,983	-1,26	25,00
5,87	5,08	4,54	4,06	3,71	3,44	3,21	3,03	2,87	2,36	0,95	0,069	0,975	-1,84	25,00
4,94	4,27	3,82	3,42	3,12	2,89	2,70	2,55	2,42	2,38	0,95	0,087	0,966	-2,38	25,00
4,39	3,80	3,40	3,04	2,77	2,57	2,40	2,27	2,15	2,40	0,95	0,104	0,958	-2,89	25,00
4,01	3,47	3,10	2,78	2,53	2,35	2,20	2,07	1,96	2,42	0,95	0,120	0,950	-3,40	25,00
3,74	3,24	2,90	2,59	2,36	2,19	2,05	1,93	1,83	2,44	0,96	0,138	0,943	-3,50	21,87
3,53	3,05	2,73	2,44	2,23	2,06	1,93	1,82	1,73	2,46	0,97	0,156	0,935	-3,50	18,88
3,35	2,90	2,60	2,32	2,12	1,96	1,84	1,73	1,64	2,48	0,97	0,174	0,927	-3,50	16,56
3,20	2,77	2,48	2,22	2,03	1,88	1,76	1,65	1,57	2,50	0,97	0,192	0,920	-3,50	14,70
2,97	2,57	2,30	2,06	1,88	1,74	1,63	1,53	1,46	2,54	0,98	0,227	0,906	-3,50	11,91
2,79	2,42	2,16	1,94	1,77	1,64	1,53	1,44	1,37	2,58	0,98	0,261	0,891	-3,50	9,92
2,65	2,30	2,06	1,84	1,68	1,55	1,45	1,37	1,30	2,62	0,99	0,294	0,878	-3,50	8,42
2,54	2,20	1,97	1,76	1,61	1,49	1,39	1,31	1,24	2,66	0,99	0,325	0,865	-3,50	7,26
2,45	2,12	1,90	1,70	1,55	1,43	1,34	1,26	1,20	2,70	0,99	0,356	0,852	-3,50	6,33
2,37	2,05	1,83	1,64	1,50	1,39	1,30	1,22	1,16	2,74	0,99	0,386	0,839	-3,50	5,57
2,30	1,99	1,78	1,59	1,45	1,35	1,26	1,19	1,13	2,78	0,99	0,415	0,827	-3,50	4,93
2,24	1,94	1,74	1,55	1,42	1,31	1,23	1,16	1,10	2,82	1,00	0,443	0,816	-3,50	4,40
2,19	1,90	1,70	1,52	1,39	1,28	1,20	1,13	1,07	2,86	1,00	0,471	0,804	-3,50	3,94
2,15	1,86	1,66	1,49	1,36	1,26	1,18	1,11	1,05	2,90	1,00	0,497	0,793	-3,50	3,54
2,11	1,82	1,63	1,46	1,33	1,23	1,15	1,09	1,03	2,94	1,00	0,523	0,782	-3,50	3,19
2,07	1,79	1,60	1,44	1,31	1,21	1,13	1,07	1,01	2,98	1,00	0,549	0,772	-3,50	2,88
2,04	1,77	1,58	1,41	1,29	1,19	1,12	1,05	1,00	3,02	1,00	0,573	0,762	-3,50	2,61
2,01	1,74	1,56	1,39	1,27	1,18	1,10	1,04	0,99	3,06	1,00	0,597	0,752	-3,50	2,36
1,99	1,72	1,54	1,38	1,26	1,17	1,09	1,03	0,98	3,09	1,00	0,617	0,743	-3,50	2,17

$$A_{s1}\,[\mathrm{cm}^2] = k_s \cdot \frac{M_{Eds}\,[\mathrm{kNm}]}{d\,[\mathrm{cm}]} + \frac{N_{Ed}\,[\mathrm{kN}]}{43{,}5\,[\mathrm{kN/cm}^2]}$$ (horizontaler Ast der Spannungs-Dehnungs-Linie)

alternativ:

$$A_{s1}^{*} = \kappa_s \cdot A_{s1}$$ (geneigter Ast der Spannungs-Dehnungs-Linie)

Bemessungstafel (k_d-Verfahren) für Rechteckquerschnitt ohne Druckbewehrung
(Normalbeton der Festigkeitsklassen ≤ C50/60 mit α_{cc}= 0,85; Betonstahl B500 und γ_S = 1,15)

Tafel A.4-1

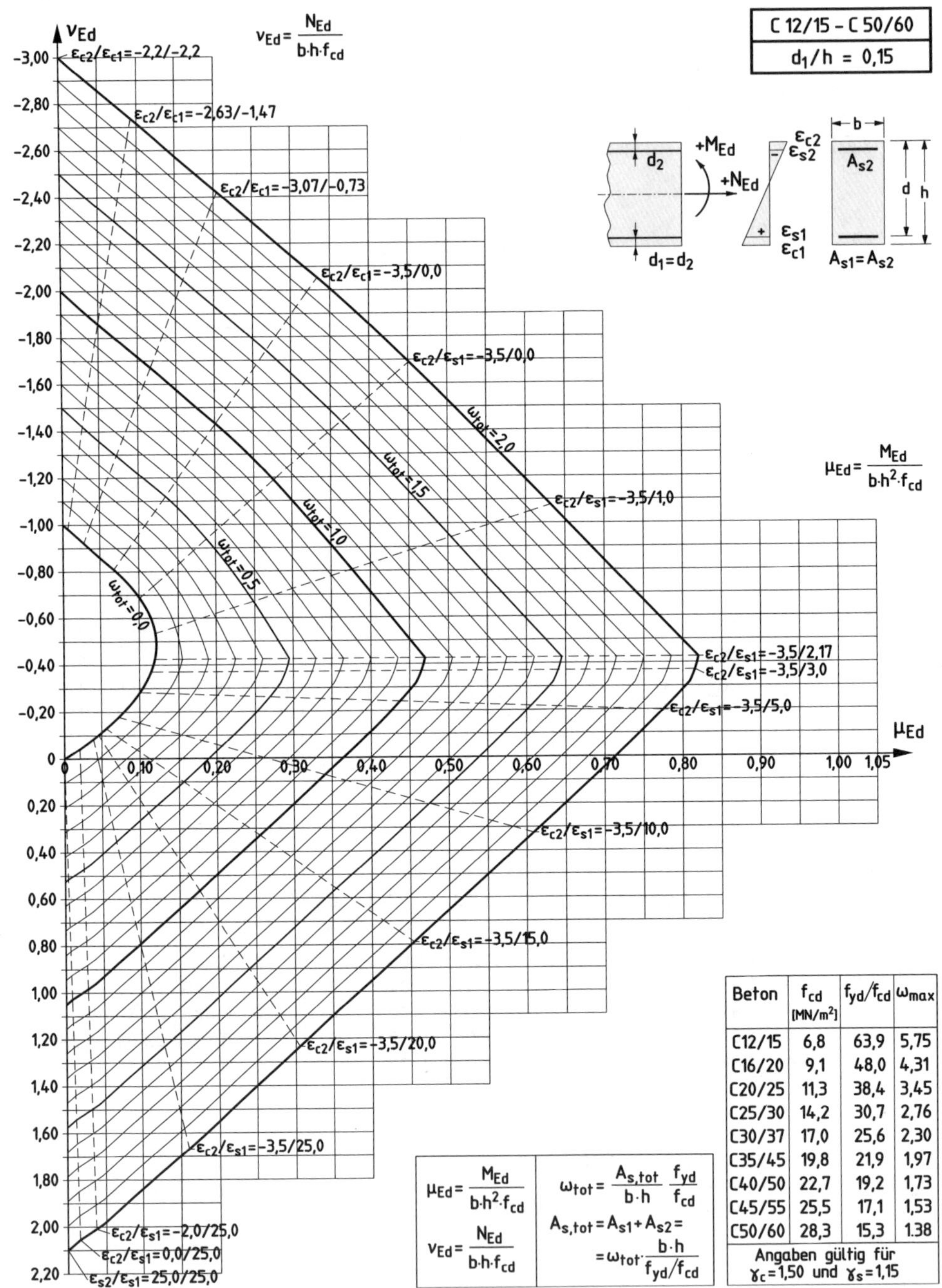

Beton	f_{cd} [MN/m²]	f_{yd}/f_{cd}	ω_{max}
C12/15	6,8	63,9	5,75
C16/20	9,1	48,0	4,31
C20/25	11,3	38,4	3,45
C25/30	14,2	30,7	2,76
C30/37	17,0	25,6	2,30
C35/45	19,8	21,9	1,97
C40/50	22,7	19,2	1,73
C45/55	25,5	17,1	1,53
C50/60	28,3	15,3	1.38

Angaben gültig für $\gamma_c = 1{,}50$ und $\gamma_s = 1{,}15$

Interaktionsdiagramm für 2-seitig symmetrisch bewehrte Rechteckquerschnitte
(Normalbeton der Festigkeitsklassen ≤ C50/60; Betonstahl B500)

Tafel A.4-2

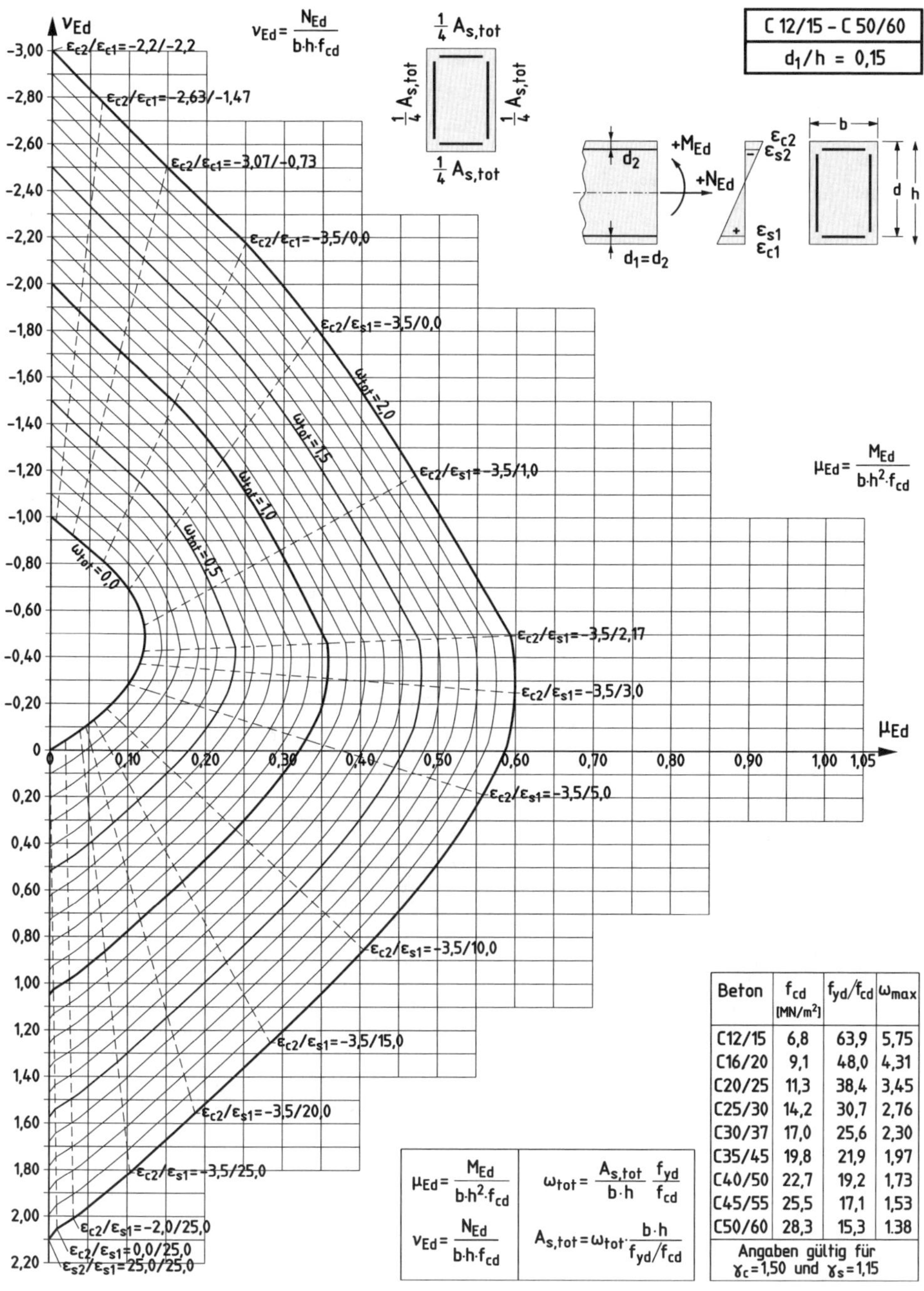

Beton	f_{cd} [MN/m²]	f_{yd}/f_{cd}	ω_{max}
C12/15	6,8	63,9	5,75
C16/20	9,1	48,0	4,31
C20/25	11,3	38,4	3,45
C25/30	14,2	30,7	2,76
C30/37	17,0	25,6	2,30
C35/45	19,8	21,9	1,97
C40/50	22,7	19,2	1,73
C45/55	25,5	17,1	1,53
C50/60	28,3	15,3	1.38
Angaben gültig für $\gamma_c = 1{,}50$ und $\gamma_s = 1{,}15$			

Interaktionsdiagramm für 4-seitig symmetrisch bewehrte Rechteckquerschnitte
(Normalbeton der Festigkeitsklassen ≤ C50/60; Betonstahl B500)

Tafel A.5-1

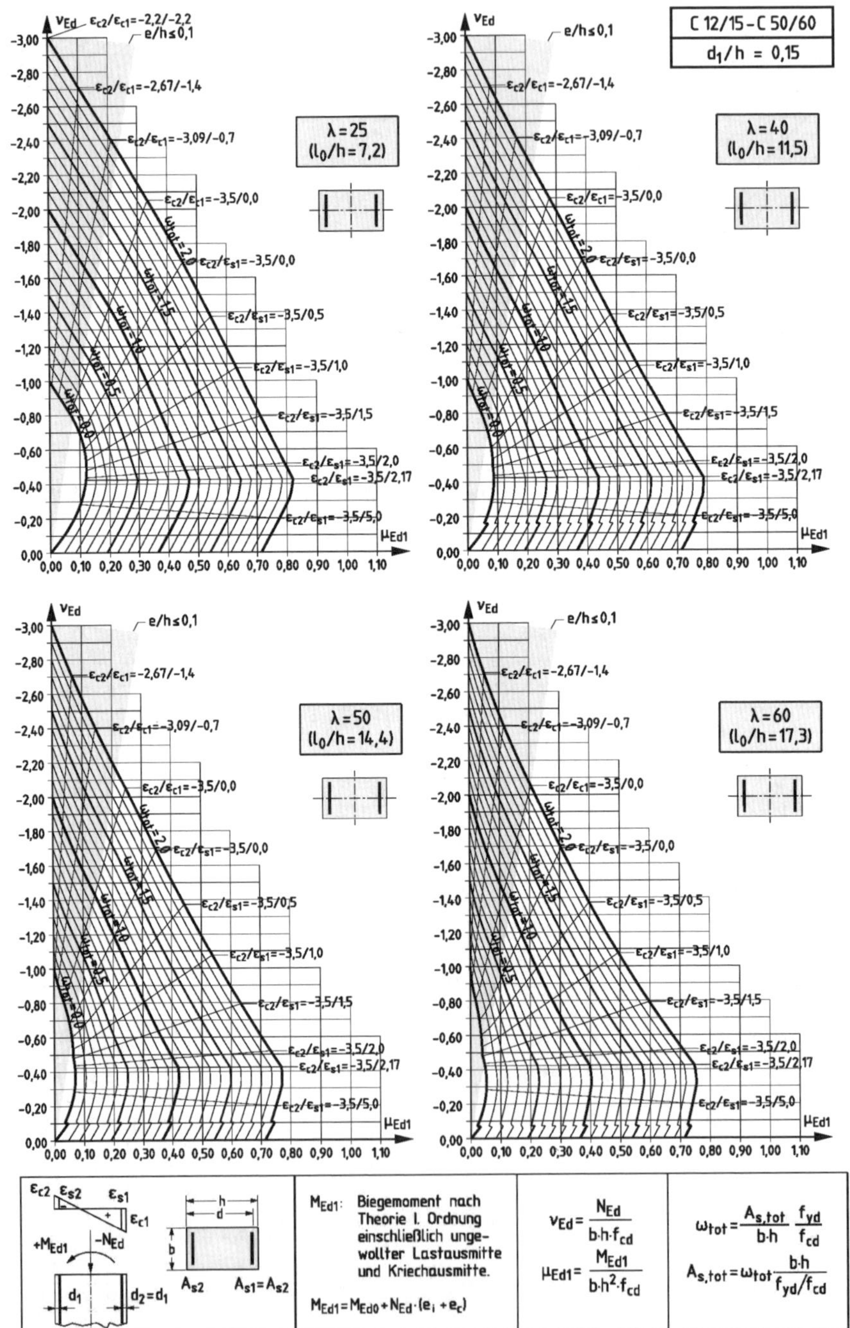

„Knick"-diagramm nach dem Modellstützenverfahren (*Auszug*), 2-seitige sym. Bewehrung
(Recteckquerschnitt, Normalbeton der Festigkeitsklassen ≤ C50/60 und Betonstahl B500)

Tafel A.5-2

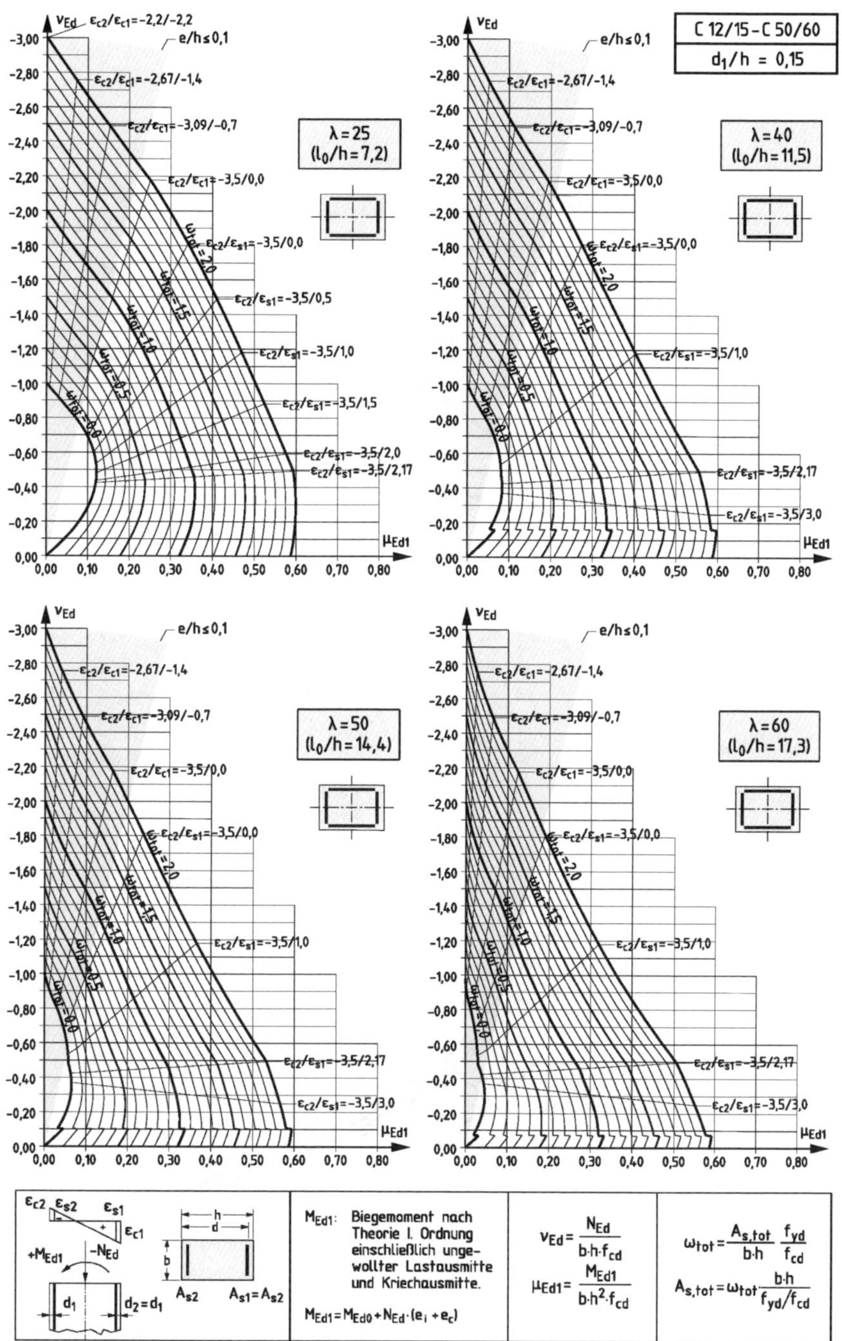

„Knick"-diagramm nach dem Modellstützenverfahren (*Auszug*), 4-seitige sym. Bewehrung
(Recteckquerschnitt, Normalbeton der Festigkeitsklassen ≤ C50/60 und Betonstahl B500)

Tafel A.6a

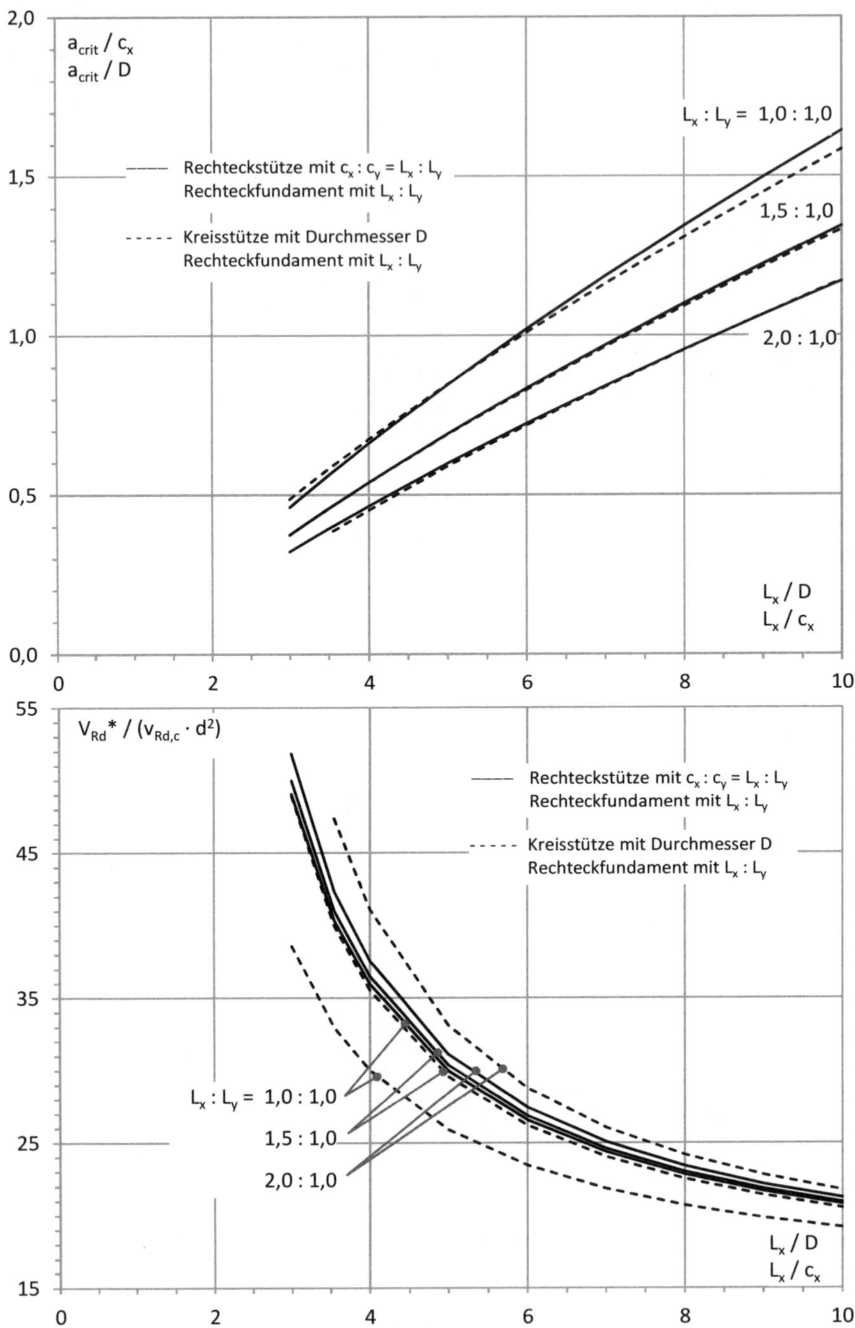

Maßg. Rundschnitt und Durchstanzwiderstand bei mittig belasteten Einzelfundamenten
Beton ≤ C50/60 (Voraussetzung für die Anwendung: $a_{crit} \leq 2d$)

Tafel A.6b

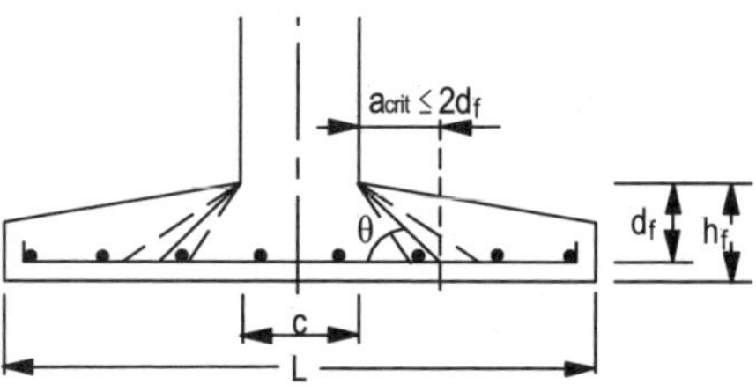

Lage des kritischen Rundschnitts a_{crit}/c_x bzw. a_{crit}/D

L_x/c_x bzw. L_x/D →			3	4	5	6	7	8	9	10
L_x/L_y	c_x/c_y									
1,0	1,0		0,461	0,661	0,846	1,020	1,185	1,343	1,495	1,641
	1,5		0,487	0,676	0,851	1,015	1,171	1,319	1,462	1,600
	2,0		0,498	0,680	0,850	1,008	1,159	1,302	1,440	1,573
1,5	1,0		0,343	0,516	0,677	0,828	0,972	1,109	1,241	1,369
	1,5		0,375	0,539	0,691	0,834	0,969	1,099	1,233	1,343
	2,0		0,390	0,548	0,695	0,833	0,964	1,089	1,209	1,325
2,0	1,0		(0,270) *)	0,425	0,570	0,707	0,837	0,962	1,081	1,197
	1,5		0,305	0,453	0,590	0,719	0,842	0,960	1,073	1,181
	2,0		0,322	0,465	0,598	0,723	0,841	0,955	1,064	1,169
1,0	–	Kreis	0,486	0,674	0,847	1,009	1,162	1,308	1,448	1,583
1,5	–	Kreis	0,374	0,538	0,689	0,830	0,964	1,091	1,214	1,332
2,0	–	Kreis	(0,304) *)	0,452	0,589	0,717	0,838	0,954	1,065	1,172

*) Bei den Werten in Klammern liegt der Durchstanzkegel teilweise außerhalb des Fundamentes, sie dürfen daher nicht direkt, sondern nur zu Interpolationszwecken angewendet werden.

Tragfähigkeit $V_{Rd}^* / (v_{Rd,c} \cdot d^2)$ ohne Durchstanzbewehrung

L_x/c_x bzw. L_x/D →			3	4	5	6	7	8	9	10
L_x/L_y	c_x/c_y									
1,0	1,0		49,1	35,9	30,0	26,6	24,3	22,8	21,6	20,8
	1,5		39,6	30,8	26,5	24,0	22,3	21,1	20,2	19,5
	2,0		35,6	28,5	24,9	22,8	21,3	20,3	19,5	18,8
1,5	1,0		66,2	44,3	35,3	30,4	27,4	25,3	23,8	22,6
	1,5		50,0	36,5	30,4	26,9	24,6	23,0	21,8	20,9
	2,0		43,5	33,1	28,1	25,2	23,3	21,9	20,9	20,1
2,0	1,0		(86,7) *)	53,1	40,6	34,1	30,2	27,6	25,7	24,2
	1,5		61,4	42,2	34,0	29,5	26,7	24,7	23,3	22,2
	2,0		51,8	37,5	31,1	27,4	25,0	23,4	22,1	21,2
1,0	–	Kreis	38,6	30,0	25,9	23,5	21,8	20,7	19,8	19,1
1,5	–	Kreis	48,9	35,5	29,6	26,2	24,0	22,5	21,4	20,5
2,0	–	Kreis	(60,6) *)	41,1	33,1	28,8	26,0	24,2	22,8	21,7

*) Bei den Werten in Klammern liegt der Durchstanzkegel teilweise außerhalb des Fundamentes, sie dürfen daher nicht direkt, sondern nur zu Interpolationszwecken angewendet werden.

Maßg. Rundschnitt und Durchstanzwiderstand bei mittig belasteten Einzelfundamenten,
Beton ≤ C50/60 (Voraussetzung für die Anwendung: $a_{crit} \leq 2d$)

Tafel A.7

a) Rechteckquerschnitt im Zustand I

	ohne Druckbewehrung	*mit* Druckbewehrung
1a	$\xi_I = \dfrac{0{,}5+\alpha_e \cdot \rho_I \cdot d/h}{1+\alpha_e \cdot \rho_I}$	$\xi_I = \dfrac{0{,}5+\alpha_e \cdot \rho_I \cdot d/h \cdot \left(1+\dfrac{A_{s2}\cdot d_2}{A_{s1}\cdot d}\right)}{1+\alpha_e \cdot \rho_I \cdot (1+A_{s2}/A_{s1})}$
1b	$\kappa_I = 1+12\cdot(0{,}5-\xi_I)^2+12\cdot\alpha_e\cdot\rho_I\cdot(d/h-\xi_I)^2$	$\kappa_I = 1+12\cdot(0{,}5-\xi_I)^2+12\cdot\alpha_e\cdot\rho_I\cdot(d/h-\xi_I)^2$ $+12\cdot\alpha_e\cdot\rho_I\cdot\dfrac{A_{s2}}{A_{s1}}\cdot(\xi_I-d_2/h)^2$
2	$x_I = \xi_I \cdot h$	$x_I = \xi_I \cdot h$
3a	$\lvert\sigma_{c2}\rvert = \dfrac{M}{I_I}\cdot x_I$	$\lvert\sigma_{c2}\rvert = \dfrac{M}{I_I}\cdot x_I$
3b	$\sigma_{s1} = \dfrac{M}{I_I}\cdot(d-x_I) = \lvert\sigma_{c2}\rvert\cdot\dfrac{\alpha_e\cdot(d-x_I)}{x_I}$	$\sigma_{s1} = \dfrac{M}{I_I}\cdot(d-x_I) = \lvert\sigma_{c2}\rvert\cdot\dfrac{\alpha_e\cdot(d-x_I)}{x_I}$
4a	$I_I = \kappa_I \cdot b\cdot h^3/12$	$I_I = \kappa_I \cdot b\cdot h^3/12$
4b	$S_I = A_{s1}\cdot(d-x_I)$	$S_I = A_{s1}\cdot(d-x_I)-A_{s2}\cdot(x_I-d_2)$

ξ_I auf die Bauhöhe *h* bezogene Druckzonenhöhe x^I; $\xi^I = x^I / h$
κ_I Hilfswert zur Ermittlung des Flächenmoments 2. Grades
ρ_I auf die Bauhöhe *h* bezogener Bewehrungsgrad; $\rho^I = A_{s1}/(b\cdot h)$
σ_{c2} größte Betonrandspannung des Gebrauchszustands
σ_{s1} Stahlzugspannung des Gebrauchszustands
I_I Flächenmoment 2. Grades (Trägheitsmoment) im Zustand I
S_I Flächenmoment 1. Grades (statisches Moment) der Bewehrung (Zustand I)
α_e Verhältnis der E-Moduln von Betonstahl E_s zu Beton $E_{c,eff}$

b) Rechteckquerschnitt im Zustand II

	ohne Druckbewehrung	*mit* Druckbewehrung
5a	$\xi_{II} = -\alpha_e\cdot\rho_{II}+\sqrt{(\alpha_e\cdot\rho_{II})^2+2\cdot\alpha_e\cdot\rho_{II}}$	$\xi_{II} = -\alpha_e\cdot\rho_{II}\cdot\left(1+\dfrac{A_{s2}}{A_{s1}}\right)+\sqrt{\left[\alpha_e\cdot\rho_{II}\cdot\left(1+\dfrac{A_{s2}}{A_{s1}}\right)\right]^2+2\cdot\alpha_e\cdot\rho_{II}\cdot\left(1+\dfrac{A_{s2}\cdot d_2}{A_{s1}\cdot d}\right)}$
5b	$\kappa_{II} = 4\cdot\xi_{II}^3+12\cdot\alpha_e\cdot\rho_{II}\cdot(1-\xi_{II})^2$	$\kappa_{II} = 4\cdot\xi_{II}^3+12\cdot\alpha_e\cdot\rho_{II}\cdot(1-\xi_{II})^2+12\cdot\alpha_e\cdot\rho_{II}\cdot\dfrac{A_{s2}}{A_{s1}}\cdot\left(\xi_{II}-\dfrac{d_2}{d}\right)^2$
6a	$x_{II} = \xi_{II}\cdot d$	$x_{II} = \xi_{II}\cdot d$
6b	$z_{II} = d - x_{II}/3$	
7a	$\lvert\sigma_{c2}\rvert = \dfrac{2M}{b\cdot x_{II}\cdot z_{II}}$	$\lvert\sigma_{c2}\rvert = \dfrac{M}{I_{II}}\cdot x_{II}$
7b	$\sigma_{s1} = \dfrac{M}{z_{II}\cdot A_{s1}} = \lvert\sigma_{c2}\rvert\cdot\dfrac{\alpha_e\cdot(d-x_{II})}{x_{II}}$	$\sigma_{s1} = \lvert\sigma_{c2}\rvert\cdot\dfrac{\alpha_e\cdot(d-x_{II})}{x_{II}}$
8b	$I_{II} = \kappa_{II}\cdot b\cdot d^3/12$	$I_{II} = \kappa_{II}\cdot b\cdot d^3/12$
8b	$S_{II} = A_{s1}\cdot(d-x_{II})$	$S_{II} = A_{s1}\cdot(d-x_{II})-A_{s2}\cdot(x_{II}-d_2)$

ξ_{II} auf die Nutzhöhe *d* bezogene Druckzonenhöhe *x*; $\xi = x / d$
κ_{II} Hilfswert zur Ermittlung des Flächenmoments 2. Grades
ρ_{II} auf die Nutzhöhe *d* bezogener Bewehrungsgrad; $\rho = A_{s1}/(b\cdot d)$
σ_{c2} größte Betonrandspannung des Gebrauchszustands
σ_{s1} Stahlzugspannung des Gebrauchszustands
I_{II} Flächenmoment 2. Grades (Trägheitsmoment) im Zustand II
S_{II} Flächenmoment 1. Grades (statisches Moment) der Bewehrung (Zustand II)
α_e Verhältnis der E-Moduln von Betonstahl E_s zu Beton $E_{c,eff}$

Zusammenstellung geometrischer Größen für die Ermittlung der Stahl- und Betonspannung σ_{s1} und σ_{c2} unter reiner Biegung im Gebrauchszustand für Rechteckquerschnitte

Tafel A.8

a) Plattenbalkenquerschnitt im Zustand I

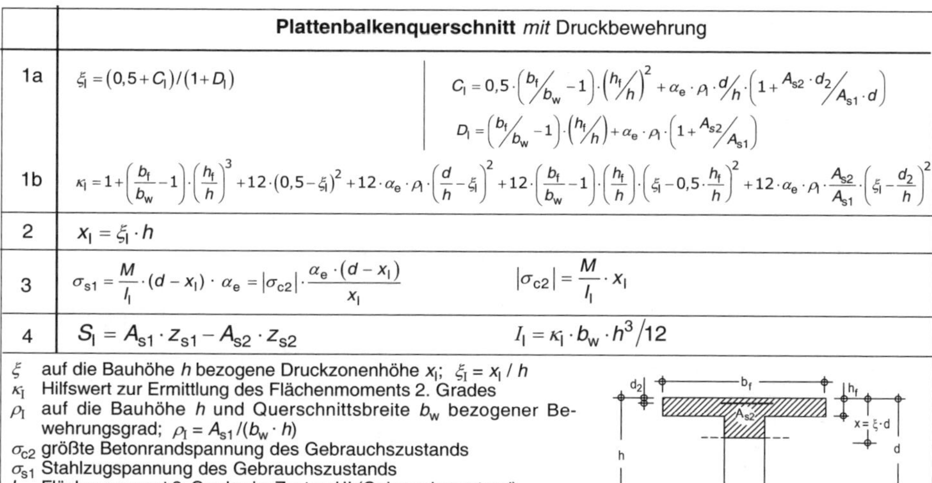

	Plattenbalkenquerschnitt *mit* Druckbewehrung	
1a	$\xi_I = (0{,}5 + C_I)/(1 + D_I)$	$C_I = 0{,}5 \cdot \left(b_f/b_w - 1\right) \cdot \left(h_f/h\right)^2 + \alpha_e \cdot \rho_I \cdot d/h \cdot \left(1 + A_{s2} \cdot d_2 / A_{s1} \cdot d\right)$ $D_I = \left(b_f/b_w - 1\right) \cdot \left(h_f/h\right) + \alpha_e \cdot \rho_I \cdot \left(1 + A_{s2}/A_{s1}\right)$
1b	$\kappa_I = 1 + \left(\frac{b_f}{b_w} - 1\right) \cdot \left(\frac{h_f}{h}\right)^3 + 12 \cdot (0{,}5 - \xi_I)^2 + 12 \cdot \alpha_e \cdot \rho_I \cdot \left(\frac{d}{h} - \xi_I\right)^2 + 12 \cdot \left(\frac{b_f}{b_w} - 1\right) \cdot \left(\frac{h_f}{h}\right) \cdot \left(\xi_I - 0{,}5 \cdot \frac{h_f}{h}\right)^2 + 12 \cdot \alpha_e \cdot \rho_I \cdot \frac{A_{s2}}{A_{s1}} \cdot \left(\xi_I - \frac{d_2}{h}\right)^2$	
2	$x_I = \xi_I \cdot h$	
3	$\sigma_{s1} = \frac{M}{I_I} \cdot (d - x_I) \cdot \alpha_e = \lvert\sigma_{c2}\rvert \cdot \frac{\alpha_e \cdot (d - x_I)}{x_I}$	$\lvert\sigma_{c2}\rvert = \frac{M}{I_I} \cdot x_I$
4	$S_I = A_{s1} \cdot z_{s1} - A_{s2} \cdot z_{s2}$	$I_I = \kappa_I \cdot b_w \cdot h^3/12$

ξ auf die Bauhöhe *h* bezogene Druckzonenhöhe x_I; $\xi_I = x_I / h$
κ_I Hilfswert zur Ermittlung des Flächenmoments 2. Grades
ρ_I auf die Bauhöhe *h* und Querschnittsbreite b_w bezogener Bewehrungsgrad; $\rho_I = A_{s1}/(b_w \cdot h)$
σ_{c2} größte Betonrandspannung des Gebrauchszustands
σ_{s1} Stahlzugspannung des Gebrauchszustands
I_I Flächenmoment 2. Grades im Zustand II (Gebrauchszustand)
S_I Flächenmoment 1. Grades (statisches Moment) der Bewehrung, bezogen auf die Schwerachse des gerissenen Querschnitts

b) Plattenbalkenquerschnitt im Zustand II

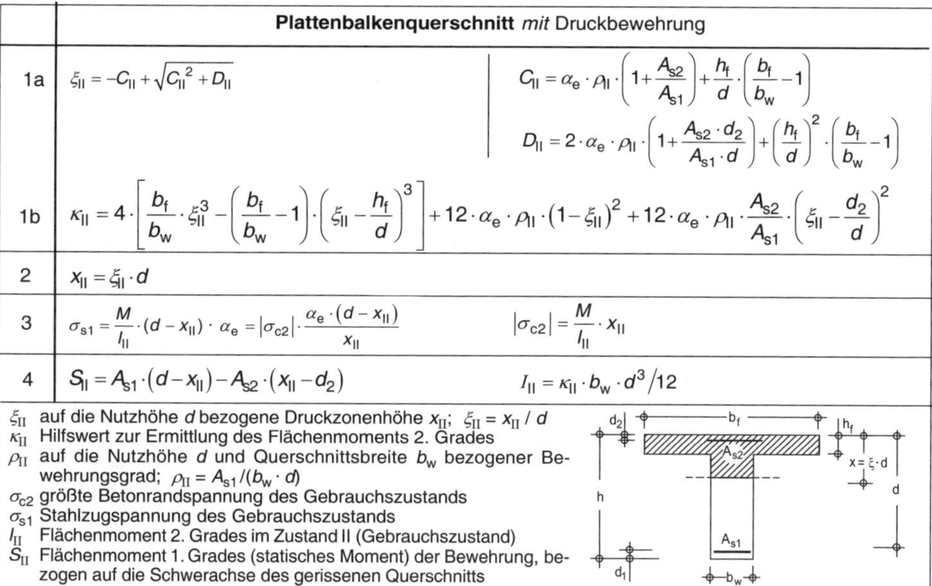

	Plattenbalkenquerschnitt *mit* Druckbewehrung	
1a	$\xi_{II} = -C_{II} + \sqrt{C_{II}^2 + D_{II}}$	$C_{II} = \alpha_e \cdot \rho_{II} \cdot \left(1 + \frac{A_{s2}}{A_{s1}}\right) + \frac{h_f}{d} \cdot \left(\frac{b_f}{b_w} - 1\right)$ $D_{II} = 2 \cdot \alpha_e \cdot \rho_{II} \cdot \left(1 + \frac{A_{s2} \cdot d_2}{A_{s1} \cdot d}\right) + \left(\frac{h_f}{d}\right)^2 \cdot \left(\frac{b_f}{b_w} - 1\right)$
1b	$\kappa_{II} = 4 \cdot \left[\frac{b_f}{b_w} \cdot \xi_{II}^3 - \left(\frac{b_f}{b_w} - 1\right) \cdot \left(\xi_{II} - \frac{h_f}{d}\right)^3\right] + 12 \cdot \alpha_e \cdot \rho_{II} \cdot (1 - \xi_{II})^2 + 12 \cdot \alpha_e \cdot \rho_{II} \cdot \frac{A_{s2}}{A_{s1}} \cdot \left(\xi_{II} - \frac{d_2}{d}\right)^2$	
2	$x_{II} = \xi_{II} \cdot d$	
3	$\sigma_{s1} = \frac{M}{I_{II}} \cdot (d - x_{II}) \cdot \alpha_e = \lvert\sigma_{c2}\rvert \cdot \frac{\alpha_e \cdot (d - x_{II})}{x_{II}}$	$\lvert\sigma_{c2}\rvert = \frac{M}{I_{II}} \cdot x_{II}$
4	$S_{II} = A_{s1} \cdot (d - x_{II}) - A_{s2} \cdot (x_{II} - d_2)$	$I_{II} = \kappa_{II} \cdot b_w \cdot d^3/12$

ξ_{II} auf die Nutzhöhe *d* bezogene Druckzonenhöhe x_{II}; $\xi_{II} = x_{II} / d$
κ_{II} Hilfswert zur Ermittlung des Flächenmoments 2. Grades
ρ_{II} auf die Nutzhöhe *d* und Querschnittsbreite b_w bezogener Bewehrungsgrad; $\rho_{II} = A_{s1}/(b_w \cdot d)$
σ_{c2} größte Betonrandspannung des Gebrauchszustands
σ_{s1} Stahlzugspannung des Gebrauchszustands
I_{II} Flächenmoment 2. Grades im Zustand II (Gebrauchszustand)
S_{II} Flächenmoment 1. Grades (statisches Moment) der Bewehrung, bezogen auf die Schwerachse des gerissenen Querschnitts

Zusammenstellung geometrischer Größen für die Ermittlung der Stahl- und Betonspannung σ_{s1} und σ_{c2} unter reiner Biegung im Gebrauchszustand für Plattenbalkenquerschnitte

Tafel A.9 Querschnitte und Verankerungen von Stabstähle

Abmessungen und Gewichte

Nenndurchmesser ∅ in mm	6	8	10	12	14	16	20	25	28	32	36	40
Nennquerschnitt A_s in cm²	0,283	0,503	0,785	1,13	1,54	2,01	3,14	4,91	6,16	8,04	10,18	12,57
Nenngewicht G in kg/m	0,222	0,395	0,617	0,888	1,21	1,58	2,47	3,85	4,83	6,31	7,99	9,87

Querschnitte von Flächenbewehrungen a_s in cm²/m

Stababstand s in cm	Durchmesser ∅ in mm									Stäbe pro m
	6	8	10	12	14	16	20	25	28	
5,0	5,65	10,05	15,71	22,62	30,79	40,21	62,83	98,17		20,00
6,0	4,71	8,38	13,09	18,85	25,66	33,51	52,36	81,81	102,63	16,67
7,0	4,04	7,18	11,22	16,16	21,99	28,72	44,88	70,12	87,96	14,29
8,0	3,53	6,28	9,82	14,14	19,24	25,13	39,27	61,36	76,97	12,50
9,0	3,14	5,59	8,73	12,57	17,10	22,34	34,91	54,54	68,42	11,11
10,0	2,83	5,03	7,85	11,31	15,39	20,11	31,42	49,09	61,58	10,00
11,0	2,57	4,57	7,14	10,28	13,99	18,28	28,56	44,62	55,98	9,09
12,0	2,36	4,19	6,54	9,42	12,83	16,76	26,18	40,91	51,31	8,33
13,0	2,17	3,87	6,04	8,70	11,84	15,47	24,17	37,76	47,37	7,69
14,0	2,02	3,59	5,61	8,08	11,00	14,36	22,44	35,06	43,98	7,14
15,0	1,88	3,35	5,24	7,54	10,26	13,40	20,94	32,72	41,05	6,67
16,0	1,77	3,14	4,91	7,07	9,62	12,57	19,63	30,68	38,48	6,25
17,0	1,66	2,96	4,62	6,65	9,06	11,83	18,48	28,87	36,22	5,88
18,0	1,57	2,79	4,36	6,28	8,55	11,17	17,45	27,27	34,21	5,56
19,0	1,49	2,65	4,13	5,95	8,10	10,58	16,53	25,84	32,41	5,26
20,0	1,41	2,51	3,93	5,65	7,70	10,05	15,71	24,54	30,79	5,00
21,0	1,35	2,39	3,74	5,39	7,33	9,57	14,96	23,37	29,32	4,76
22,0	1,29	2,28	3,57	5,14	7,00	9,14	14,28	22,31	27,99	4,55
23,0	1,23	2,19	3,41	4,92	6,69	8,74	13,66	21,34	26,77	4,35
24,0	1,18	2,09	3,27	4,71	6,41	8,38	13,09	20,45	25,66	4,17
25,0	1,13	2,01	3,14	4,52	6,16	8,04	12,57	19,63	24,63	4,00

Querschnitte von Balkenbewehrungen A_s in cm²

Stabdurchmesser ∅ in mm	Anzahl der Stäbe									
	1	2	3	4	5	6	7	8	9	10
6	0,28	0,57	0,85	1,13	1,41	1,70	1,98	2,26	2,54	2,83
8	0,50	1,01	1,51	2,01	2,51	3,02	3,52	4,02	4,52	5,03
10	0,79	1,57	2,36	3,14	3,93	4,71	5,50	6,28	7,07	7,85
12	1,13	2,26	3,39	4,52	5,65	6,79	7,92	9,05	10,18	11,31
14	1,54	3,08	4,62	6,16	7,70	9,24	10,78	12,32	13,85	15,39
16	2,01	4,02	6,03	8,04	10,05	12,06	14,07	16,09	18,10	20,11
20	3,14	6,28	9,42	12,57	15,71	18,85	21,99	25,13	28,27	31,42
25	4,91	9,82	14,73	19,64	24,54	29,45	34,36	39,27	44,18	49,09
28	6,16	12,32	18,47	24,63	30,79	36,95	43,10	49,26	55,42	61,58

Größte Anzahl von Stäben in einer Lage bei Balken

Werte gelten für ein Nennmaß der Betondeckung c_{nom} = 2,5 cm (bezogen auf den Bügel) ohne Berücksichtigung von Rüttellücken. Bei den Werten in ( ) werden die geforderten Abstände geringfügig unterschritten.

Balkenbreite *b* in cm	Durchmesser ∅ in mm						
	10	12	14	16	20	25	28
15	3	3	3	(3)	2	2	1
20	5	4	4	4	3	3	2
25	6	6	6	5	5	4	3
30	8	(8)	7	7	6	5	4
35	10	9	(9)	8	7	6	5
40	11	11	10	9	8	7	6
45	13	12	(12)	11	10	8	7
50	15	14	13	12	11	9	(8)
55	16	15	14	14	12	10	8
60	18	17	16	15	13	11	9
Bügeldurchmesser $\varnothing_{bü}$	≤ 8 mm				≤ 10 mm	≤ 12 mm	≤ 16 mm

Verbundbedingungen

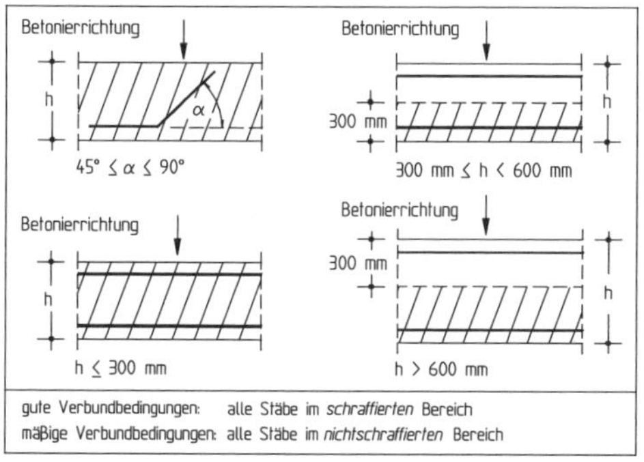

Verbundspannungen f_{bd} in N/mm²

(für Rippenstäbe mit ∅ ≤ 32 mm)

Beton	Verbundspannung f_{bd} in N/mm² guter Verbund	mäßiger Verbund
C12/15	1,6	1,1
C16/20	2,0	1,4
C20/25	2,3	1,6
C25/30	2,7	1,9
C30/37	3,0	2,1
C35/45	3,4	2,4
C40/50	3,7	2,6
C45/55	4,0	2,8
C50/60	4,3	3,0

Grundmaß der Verankerungslänge l_b in cm

Beton-festigkeits-klasse	Verbund-bedingung	Stabdurchmesser ∅ in mm								
		6	8	10	12	14	16	20	25	28
C12/15	gut	40	53	66	79	92	105	132	165	184
	mäßig	56	75	94	113	132	150	188	235	263
C16/20	gut	33	43	54	65	76	87	109	136	152
	mäßig	47	62	78	93	109	124	155	194	217
C20/25	gut	28	37	47	56	66	75	94	117	131
	mäßig	40	54	67	80	94	107	134	167	187
C25/30	gut	24	32	40	48	57	65	81	101	113
	mäßig	35	46	58	69	81	92	115	144	161
C30/37	gut	21	29	36	43	50	57	71	89	100
	mäßig	31	41	51	61	71	82	102	128	143
C35/45	gut	19	26	32	39	45	52	64	81	90
	mäßig	28	37	46	55	64	74	92	115	129
C40/50	gut	18	24	30	35	41	47	59	74	83
	mäßig	25	34	42	51	59	67	84	105	118
C45/55	gut	16	22	27	33	38	44	55	68	76
	mäßig	23	31	39	47	55	62	78	97	109
C50/60	gut	15	20	25	31	36	41	51	64	71
	mäßig	22	29	36	44	51	58	73	91	102

Literatur

Normen

Grundlagen und Einwirkungen

DIN EN 1990 - 10
Eurocode: Grundlagen der Tragwerksplanung. Dezember 2010

DIN EN 1990/NA - 10
Nationaler Anhang - National festgelegte Parameter zu DIN EN 1990. Dezember 2010

DIN EN 1990/NA/A1 - 12
Änderung A1 zu DIN EN 1990/NA Nationaler Anhang - National festgelegte Parameter - Eurocode: Grundlagen der Tragwerksplanung. August 2012

DIN EN 1991-1-1 - 10
Eurocode 1: Einwirkungen auf Tragwerke - Allgemeine Einwirkungen auf Tragwerke; Wichten, Eigengewicht und Nutzlasten im Hochbau. Dezember 2010

DIN EN 1991-1-1/NA - 10
Nationaler Anhang - National festgelegte Parameter zu DIN EN 1991-1-1. Dezember 2010

DIN EN 1991-1-2 - 10
Eurocode 1: Einwirkungen auf Tragwerke - Allgemeine Einwirkungen auf Tragwerke; Brandeinwirkungen auf Tragwerke. Dezember 2010

DIN EN 1991-1-2/NA - 10
Nationaler Anhang - National festgelegte Parameter zu DIN EN 1991-1-2. Dezember 2010

DIN EN 1991-1-3 - 10
Eurocode 1: Einwirkungen auf Tragwerke - Allgemeine Einwirkungen; Schneelasten. Dezember 2010

DIN EN 1991-1-3/NA - 10
Nationaler Anhang - National festgelegte Parameter zu DIN EN 1991-1-3. Dezember 2010

DIN EN 1991-1-4 - 10
Eurocode 1: Einwirkungen auf Tragwerke - Allgemeine Einwirkungen; Windlasten. Dezember 2010

DIN EN 1991-1-4/NA
Nationaler Anhang - National festgelegte Parameter zu DIN EN 1991-1-4. Dezember 2010.

DIN EN 1991-1-5 - 10
Eurocode 1: Einwirkungen auf Tragwerke - Allgemeine Einwirkungen; Temperatureinwirkungen. Dezember 2010

DIN EN 1991-1-5/NA
Nationaler Anhang - National festgelegte Parameter zu DIN EN 1991-1-5. Dezember 2010

DIN EN 1991-1-6 - 10
Eurocode 1: Einwirkungen auf Tragwerke - Allgemeine Einwirkungen; Einwirkungen während der Bauausführung. Dezember 2010

DIN EN 1991-1-6/NA - 10
Nationaler Anhang - National festgelegte Parameter zu DIN EN 1991-1-6. Dezember 2010

DIN EN 1991-1-7 - 10
Eurocode 1: Einwirkungen auf Tragwerke - Allgemeine Einwirkungen; Außergewöhnliche Einwirkungen. Dezember 2010

DIN EN 1991-1-7/NA - 10
Nationaler Anhang - National festgelegte Parameter zu DIN EN 1991-1-7. Dezember 2010

DIN EN 1991-2 - 10
Eurocode 1: Einwirkungen auf Tragwerke - Verkehrslasten auf Brücken. Dezember 2010

DIN EN 1991-2/NA - 12
Nationaler Anhang - National festgelegte Parameter zu DIN EN 1991-2. August 2012

DIN EN 1991-3 - 10
Eurocode 1: Einwirkungen auf Tragwerke - Einwirkungen infolge von Kranen und Maschinen. Dezember 2010

DIN EN 1991-3/NA - 10
Nationaler Anhang - National festgelegte Parameter zu DIN EN 1991-3. Dezember 2010

DIN EN 1991-4 – 10
Eurocode 1: Einwirkungen auf Tragwerke – Einwirkungen auf Silos und Flüssigkeitsbehälter. Dezember 2010

DIN EN 1991-4/NA
Nationaler Anhang – National festgelegte Parameter zu DIN EN 1991-4. Dezember 2010

Bemessung und Konstruktion

DIN EN 1992-1-1 – 11
Eurocode 2, Planung von Stahlbeton- und Spannbetontragwerken. Teil 1-1: Allgemeine Bemessungsregeln und Regeln für den Hochbau. Januar 2011

DIN EN 1992-1-1/A1 – 15
Eurocode 2, Planung von Stahlbeton- und Spannbetontragwerken. Teil 1-1: Allgemeine Bemessungsregeln und Regeln für den Hochbau. Änderung A1, März 2015

DIN EN 1992-1-1/NA – 13
Nationaler Anhang – National festgelegte Parameter - Eurocode 2, Planung von Stahlbeton- und Spannbetontragwerken. Teil 1-1: Allgemeine Bemessungsregeln und Regeln für den Hochbau. April 2013

DIN EN 1992-1-1/NA/A1 – 15
Nationaler Anhang – National festgelegte Parameter - Eurocode 2, Planung von Stahlbeton- und Spannbetontragwerken. Teil 1-1: Allgemeine Bemessungsregeln und Regeln für den Hochbau. Änderung A1, Dezember 2015

DIN EN 1992-1-2 – 10
Eurocode 2, Planung von Stahlbeton- und Spannbetontragwerken. Teil 1-2: Allgemeine Regeln – Tragwerksbemessung für den Brandfall. Dezember 2010

DIN EN 1992-1-2/NA – 10
Nationaler Anhang – National festgelegte Parameter – Eurocode 2, Planung von Stahlbeton- und Spannbetontragwerken. Teil 1-2: Allgemeine Regeln – Tragwerksbemessung für den Brandfall. Dezember 2010

DIN EN 1992-1-2/NA/A1 – 15
Eurocode 2, Planung von Stahlbeton- und Spannbetontragwerken. Teil 1-2: Allgemeine Regeln – Tragwerksbemessung für den Brandfall. Änderung A1, September 2015

DIN EN 1992-2 – 10
Eurocode 2, Planung von Stahlbeton- und Spannbetontragwerken. Teil 2: Betonbrücken – Bemessung- und Konstruktionsregeln. Dezember 2010

DIN EN 1992-2/NA – 13
Nationaler Anhang – National festgelegte Parameter – Eurocode 2, Planung von Stahlbeton- und Spannbetontragwerken. Teil 2: Betonbrücken – Bemessung- und Konstruktionsregeln. April 2013

DIN EN 1992-3 – 11
Eurocode 2, Planung von Stahlbeton- und Spannbetontragwerken. Teil 3: Silos und Behälterbauwerke aus Beton. Januar 2011

DIN EN 1992-3/NA – 11
Nationaler Anhang – National festgelegte Parameter – Eurocode 2, Planung von Stahlbeton- und Spannbetontragwerken. Teil 3: Silos und Behälterbauwerke aus Beton. Januar 2011

Baustoffe

DIN 488-1 – 09:
Betonstahl – Stahlsorten; Eigenschaften, Kennzeichnung. August 2009

DIN 488-2 – 09:
Betonstahl – Betonstahl. August 2009

DIN 488-3 – 09:
Betonstahl – Betonstahl in Ringen, Bewehrungsdraht. August 2009

DIN 488-4 – 09:
Betonstahl – Betonstahlmatten. August 2009

DIN 488-5 – 09:
Betonstahl – Gitterträger. August 2009

DIN 488-6 – 10:
Betonstahl – Übereinstimmungsnachweis. Januar 2010

DIN EN 206 - 14
Beton - Festlegung, Eigenschaften, Herstellung und Konformität, Juli 2014

DIN 1045-2 - 14
Tragwerke aus Beton, Stahlbeton und Spannbeton. Teil 2: Beton; Festlegung, Eigenschaften, Herstellung und Konformität; Anwendungsregeln zu DIN EN 206-1. August 2014

Bauausführung

DIN 1045-3 - 08
Tragwerke aus Beton, Stahlbeton und Spannbeton. Teil 3: Bauausführung - Anwendungsregeln zu DIN EN 13670. März 2011

DIN EN 13670 - 11:
Ausführung von Tragwerken. März 2011

Veröffentlichungen

[Brameshuber - 12]
Brameshuber, Wolfgang: Beton. In: Goris/Hegger (Hrsg.): Stahlbetonbau aktuell, Jahrbuch 2013. Bauwerk Verlag, Berlin

[Bachmann et al - 09]
Bachmann, H.; Steinle, A.; Hahn, V.: Bauen mit Betonfertigteilen im Hochbau. Beton-Kalender 2009, Ernst & Sohn, Berlin

[Brandt - 76/77]
Brandt, B.: Zur Beurteilung der Gebäudestabilität. Beton und Stahlbetonbau 7/76 und 3/77, Verlag Ernst & Sohn, Berlin

[DAfStb-H193 - 67]
Deutscher Ausschuss für Stahlbeton, H. 193: Mayer, H.; Rüsch, H.: Bauschäden als Folge der Durchbiegungen von Stahlbetonbauteilen. 1967, Verlag Ernst & Sohn, Berlin

[DAfStb-H220 - 79]
Deutscher Ausschuss für Stahlbeton, H. 220: Grasser / Kordina / Quast: Bemessung von Beton- und Stahlbetonbauteilen nach DIN 1045, Ausgabe 1978, 2. überarbeitete Auflage, 1979, Verlag Ernst & Sohn, Berlin

[DAfStb-H240 - 91]
Deutscher Ausschuss für Stahlbeton, Heft 240: Grasser, E.; Thielen, G.: Hilfsmittel zur Berechnung der Schnittgrößen und Formänderungen von Stahlbetontragwerken nach DIN 1045, Ausg. Juli 1988. 3. Auflage, 1991. Beuth Verlag, Berlin/Köln

[DAfStb-H373 - 86]
Deutscher Ausschuss für Stahlbeton, H. 373: Kordina / Schaaff / Westphal: Empfehlungen für die Bewehrungsführung in Rahmenecken und -knoten. 1986, Verlag Ernst & Sohn, Berlin

[DAfStb-H387 - 87]
Deutscher Ausschuss für Stahlbeton, H. 387: Dieterle / Rostasy: Tragverhalten quadratischer Einzelfundamente aus Stahlbeton. 1987, Verlag Ernst & Sohn, Berlin

[DAfStb-H399 - 93]
Deutscher Ausschuss für Stahlbeton, H. 399: Eligehausen / Gerster: Das Bewehren von Stahlbetonbauteilen. 1993, Beuth Verlag, Berlin

[DAfStb-H400 - 94]
Deutscher Ausschuss für Stahlbeton, H. 400: Kordina, K: Bewehrungsrichtlinien, Umlenkkräfte. 4. Auflage 1994, Beuth Verlag, Berlin

[DAfStb-H466 - 96]
Deutscher Ausschuss für Stahlbeton, H. 466: König, G.; Tue, N.: Grundlagen und Bemessungshilfen für die Rissbreitenbeschränkung im Stahlbeton und Spannbeton. 1996, Beuth Verlag, Berlin

[DAfStb-H484 - 98]
Deutscher Ausschuss für Stahlbeton, H. 484: Eligehausen, R.; Fabritius, E.: Grenzen der Anwendung nichtlinearer Rechenverfahren bei Stabtragwerken und einachsig gespannten Platten. 1998, Beuth Verlag, Berlin

[DAfStb-H525 - 10]
Deutscher Ausschuss für Stahlbeton, H. 525: Erläuterungen zu DIN 1045-1. 2010, Beuth Verlag, Berlin

[DAfStb-H526 – 03]
Deutscher Ausschuss für Stahlbeton, H. 526: Erläuterungen zu DIN EN 206-1, DIN 1045-2, DIN 1045-3, DIN 1045-4 und DIN 4226. 2003, Beuth Verlag, Berlin

[DBV-Beispiele – 11]
Beispiele zur Bemessung nach Eurocode 2; Bd. 1: Hochbau. Verlag Ernst & Sohn, Berlin 2011

[DBV-MBl-Abstandhalter – 02]
Merkblatt Abstandhalter. Deutscher Betonverein, Juli 2002

[DBV-MBl-Unterstützungen – 02]
Merkblatt Unterstützungen. Deutscher Betonverein, Juli 2002

[FDB – 09]
Betonfertigteile im Geschoss- und Hallenbau. Herausgeber: FDB – Fachvereinigung Deutscher Betonfertigteilbau e.V. Neuausgabe 2009

[Fingerloos/Richter – 07]
Fingerloos, F.; Richter, E.: Nachweis des konstruktiven Brandschutzes bei Stahlbetonstützen. Beton- und Stahlbetonbau, Heft 4, 2007

[Fingerloos et al – 12]
Fingerloos/Hegger/Zilch: Eurocode 2 für Deutschland: DIN EN 1992-1-1 Bemessung und Konstruktion von Stahlbeton- und Spannbetontragwerken, Teil 1-1: Allgemeine Bemessungsregeln und Regeln für den Hochbau mit Nationalem Anhang. Kommentierte Fassung. 2012, Beuth Verlag, Ernst & Sohn

[Goris – 13/1]
Goris, A.: Stahlbetonbau-Praxis nach Eurocode 2. Band 1: Grundlagen, Bemessung, Beispiele. 5. Auflage, Bauwerk/Beuth Verlag, Berlin 2013

[Goris – 13/2]
Goris, A.: Stahlbetonbau-Praxis nach Eurocode 2. Band 2: Bewehrung, Konstruktion, Beispiele. 5. Auflage, Bauwerk/Beuth Verlag, Berlin 2013

[Goris – 14]
Goris, A.: Zum Durchstanznachweis von Einzelfundamenten nach EC 2. Beton- und Stahlbetonbau 5/2015

[Goris – 15]
Goris, A.: Bemessung von Stahlbetonbauteilen nach Eurocode 2. In: Hegger/Mark (Hrsg.): Stahlbetonbau aktuell, Praxishandbuch 2015, Bauwerk/Beuth, Berlin 2015

[Goris/Schmitz – 13]
Goris, A.; Schmitz, U. P.: Eurocode 2 digital – Normentexte, Interaktive Bemessungshilfen, Hochbauprojekt. Version 4, Werner, Köln 2013

[Goris/Schmitz – 14]
Goris, A.; Schmitz, U. P.: Bemessungstafeln nach Eurocode 2 – Normalbeton, hochfester Beton, Leichtbeton. 2. Auflage, Bundesanzeiger, Köln 2014

[Goris/Schmitz – 16]
Goris, A., Schmitz, U.-P.: Stahlbetonbau und Spannbetonbau nach Eurocode 2. In: Albert, A. (Hrsg.): Schneider, Bautabellen für Ingenieure. 22. Aufl., Bundesanzeiger, Köln 2016

[Goris/Voigt – 16]
Goris, A. / Voigt, J.: Stahlbetonbau-Praxis, Tragwerksplanung im Bestand. Band 3: Werterhaltung, Entwicklung der Regelwerke und Baukonstruktionen, Schutz und Instandsetzung, Verstärken . 1. Auflage, Bauwerk/Beuth Verlag, Berlin 2016

[Hegger/Roeser – 04]
Hegger, J.; Roeser, W.: Rahmentragwerke gemäß DIN 1045-1. In: Avak/Goris (Hrsg.): Stahlbetonbau aktuell, Praxishandbuch 2004. Bauwerk Verlag, Berlin

[Hegger/Siburg – 10]
Hegger, J.; Siburg, C.: Durchstanzen. In: Gemeinschaftstagung Eurocode 2 für Deutschland. Beuth / Ernst & Sohn, Berlin 2010

[InfoGraph – 15]
InfoGraph, Software für die Tragwerksplanung: InfoCAD Studienversion 14.50. Copyright © Infograph GmbH, 1995-2015.

[Krüger/Mertzsch – 03]
Krüger, W.; Mertzsch, O.: Verformungsnachweise – Erweiterte Tafeln zur Begrenzung der Biegeschlankheit. In: Avak/Goris (Hrsg.): Stahlbetonbau aktuell, Praxishandbuch 2003. Bauwerk Verlag, Berlin, 2003

[Land - 03]
Land, H.: Bemessung und Konstruktion von Teilfertigdecken nach DIN 1045-1. In: Avak/Goris (Hrsg.): Stahlbetonbau aktuell, Praxishandbuch 2003. Bauwerk Verlag, Berlin, 2003

[Mann - 76]
Mann: Kippnachweis und Kippaussteifung von schlanken Stahlbeton-und Spannbetonträgern, Beton- und Stahlbetonbau, 1976

[Minnert - 15]
Minnert, J.: Stahlbeton-Projekt. 4. Auflage, Bauwerk/Beuth, Berlin, 2015

[NABau-Ausl-DIN1045-1 - 11]
Normenausschuss Bauwesen: Auslegungen zu DIN 1045-1; Stand 01.04.2011

[Quast - 04]
Quast, U.: Stützenbemessung. Betonkalender 2004. Verlag Ernst und Sohn, Berlin

[Ri-EDV-AP - 01]
Bundesvereinigung der Prüfingenieure für Bautechnik e.V. (Hrsg.): Richtlinie für das Aufstellen und Prüfen EDV-unterstützter Standsicherheitsnachweise. Der Prüfingenieur 2001

[Schlaich/Schäfer - 01]
Schlaich / Schäfer: Konstruieren im Stahlbetonbau. Beton-Kalender 2001, Verlag Ernst & Sohn, Berlin 2001

[Schmitz - 15]
Schmitz, U. P.: Statik. In: Hegger/Mark (Hrsg.): Stahlbetonbau aktuell, Praxishandbuch 2015. Bauwerk/ Beuth, Berlin 2015

[Schneider - 12]
Goris, A. (Hrsg.): Schneider, Bautabellen für Ingenieure mit Berechnungshinweisen und Beispielen. 20. Auflage, Werner Verlag, Köln 2012

[Stiglat - 71]
Näherungsberechnung der kritischen Kipplast von Stahlbetonbalken, Die Buatechnik 1991. Beton- und Stahlbetonbau 74, 1979, S. 1-5

[Stiglat - 91]
Stiglat, K.: Zur Näherungberechnung der Kipplast von Stahlbeton- und Spannbetonträgern über Vergleichsschlankheiten. Beton und Stahlbetonbau, 1991

[Stoffregen/König - 79]
Schiefstellung in vorgefertigten Skelettbauten. Beton- und Stahlbetonbau 74, 1979, S. 1-5

[Strohbusch - 10]
Beitrag zur Verformungsberechnung im Stahlbetonbau mit kritischer Bewertung bestehender Regelungen. Dissertation, Universität Siegen 2010

[Wommelsdorf/Albert - 12]
Wommelsdorff, O.; Albert, A.: Stahlbetonbau, Bemessung und Konstruktion, Teil 2 Stützen und Sondergebiete, 9. Auflage, Werner, Köln 2012

[Zilch/Rogge - 04]
Zilch, K.; Rogge, A.: Bemessung von Stahlbeton- und Spannbetonbauteilen nach DIN 1045-1. Beton-Kalender 2004. Verlag Ernst & Sohn, Berlin.